알차게 배우는

전기응용

Electric Application

공학박사 임헌찬 저

머 리 말

최근 4차 산업혁명은 여러 산업 분야와 일상생활에 광범위하게 접목되고 있다. 특히 인공지능(AI), 자율 주행 자동차, 사물 인터넷, 빅데이터 분석기술 등의 첨단 정보통신 기술(ICT)이 기존 산업과 융합하여 혁신을 가져올 것이라는 점은 분명해 보인다. 인간의 오감을 카메라나 센서, 신호처리 기술로 대체하여 네트워크화한 다음, 인공지능을 통해 사물이 스스로 생각, 판단, 결정하도록 하는 것이다. 특히 제조업 분야에서는 사물 인터넷을 통해 생산기기와 제품 간의 정보 교환을 가능하도록 하여 완전한 자동 생산 체계를 구축하고 생산과정 전반을 최적화하는 것을 목표로 할 것이다.

전 세계 국가는 첨단 정보통신기술(ICT)을 이용해 도시 속에서 유발되는 교통 문제, 환경 문제, 주거 문제 및 기반 시설의 비효율 등을 해결하여 시민들이 편리하고 쾌적한 삶을 누릴 수 있도록 편의성, 효율성, 쾌적성을 향상시킨 4차 산업혁명을 구현한 미래형 도시의 '스마트 시티'의 구축에 적극적으로 미래 성장동력으로 추진하고 있다.

오늘날 현대 과학은 4차 산업혁명과 더불어 대단히 빠르게 변화하고 있으며, 특히 고도의 정보화 및 첨단 산업사회를 이끌어 가는 전기·전자공학의 발달은 괄목할 만하다. 이를 기반으로 전기·전자 분야는 가전제품, 교통기관, 산업체 설비, 반도체 산업, 통신설비, 의료장비 등의 최첨단 설비에 폭넓게 접목되고 있고, 새로운 첨단 기술로의 응용 범위도 확장되어 갈 것이다.

본 교재는 조명공학, 전열공학, 전동력 및 정전력 응용, 전기철도공학, 전기화학으로 구성하였고, 부록에 전력용 반도체 소자들의 특성을 수록하였다. 또 풍부한 대학 강의와 현장 실무 경험을 바탕으로 독자들에게 4차 산업혁명의 시대적 패러다임에 적응하고 일조할 수 있도록 실제 적용 분야에 대한 현장 적응력과 응용력을 갖출 수 있도록 노력하였다.

본 교재의 특징은 다음과 같이 설명할 수 있다.

(1) 각 장마다 본문의 개념과 내용을 쉽게 이해할 수 있도록 다양한 **그림**들과 **예제**들을 제공하였다.

(2) 각 단원마다 본문과 밀접한 최적의 예제와 연습문제를 엄선하여 본문을 체계적으로 이해할 수 있도록 하였다.

(3) 각 장마다 중요 이론과 공식은 **참고**, **정리** 및 TIP 등을 별도 작성하여 내용을 쉽게 파악하고 기억할 수 있도록 하였다.

(4) 각 장의 연습문제는 혼자서 해결할 수 있도록 객관식은 상세한 **힌트**를, 주관식은 부록에 **풀이**를 상세히 수록하였다.

(5) 각종 국가기술자격의 (산업)기사, 기술직 공무원 및 대기업의 시험에 철저히 대비할 수 있도록 기출 문제들을 엄선하여 수록하였다.

본 교재는 전기·전자공학을 전공하는 학생 및 현장 기술자에게 도움이 될 수 있도록 충실하려고 최선을 다 하였으나 부족한 부분이 적지 않을 것으로 생각되므로 추후 독자들의 충고와 격려로써 수정 보완해 나가려 하오니 아낌없는 의견과 지도편달을 바란다.

본 교재를 발간하는 데 항상 옆에서 힘을 북돋아 준 가족에게 감사하며, 출판에 도움을 주신 동일출판사의 정창희 사장과 이영수 팀장에게 감사를 드린다.

저자 씀

차 례

제 1 편 조명 공학

제 1 장 조명의 기초

제 2 장 조도 계산

제 3 장 측광 및 배광

제 4 장 광 원

제 2 편 전열 공학

제 1 장 전열의 기초

제 2 장 전열의 응용

◎ 제 3 편 ◎ 전동력 및 정전력 응용

제 1 장 전동력 응용

제 2 장 정전력 응용

◎ 제 4 편 ◎ 전기 철도 공학

제 1 장 전기 철도

제 2 장 전차 선로와 전기 차량

제 3 장 운전 설비와 속도 제어

제 5 편 전기 화학

제 1 장 전기 화학 일반

제 2 장 기전력 응용

제 3 장 전해 및 전열 화학 공업

부록

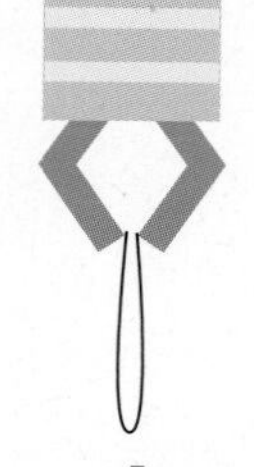

제 1 편

조명 공학

Chapter 1

조명의 기초

1.1 빛의 성질

1.1.1 빛

빛은 일종의 전자파로써 파동의 형태로 에너지가 전파되는 것이고, 일반적으로 사람의 눈으로 감지할 수 있는 **가시광선**(visible light)을 의미한다. 넓은 의미에서 눈으로 감지할 수 없는 적외선(infrared ray)과 자외선(ultraviolet ray) 등의 전자파도 포함한다.

빛의 발생은 백열전구와 같이 온도 상승에 의해 발광하는 **온도 복사**(**열복사** : temperature radiation)와 방전에 의해 발광하는 형광등, 수은등, 나트륨등의 방전등과 같이 온도 복사 이외의 모든 발광 현상인 **루미네선스**(luminescence)가 있다.

발광
- 온도 복사[열복사] : 온도 또는 열에 의한 발광 현상 (백열등, 전열선)
- 루미네선스[냉광] : 온도 복사 이외의 모든 발광 현상 (형광등, 수은등, 나트륨 등)

1.1.2 전자파와 복사

(1) 전자파

전자파는 파장에 따라 각각 고유의 성질을 가지고 있으며, 우주선, γ선, X선, 자외선, 가시광선, 적외선, 방송파 등을 총칭하여 **전자파**(electromagnetic wave)라 한다.

태양의 빛은 열 또는 온도가 파장에 따라 특성이 다른 여러 가지 전자파가 파동성의 형태로 에너지가 전달된다.

그림 1.1은 각 파장에 따른 여러 가지 종류와 성질을 나타낸 빛의 스펙트럼 분포이다.

스펙트럼 분포는 전자파가 어떤 임의의 파장을 얼마만큼 포함하고 있는지를 파장의 순서로 배열한 것이고, 복사 에너지가 파동성의 전자파로 방출될 때 파장의 배열을 나타낸 것이다.

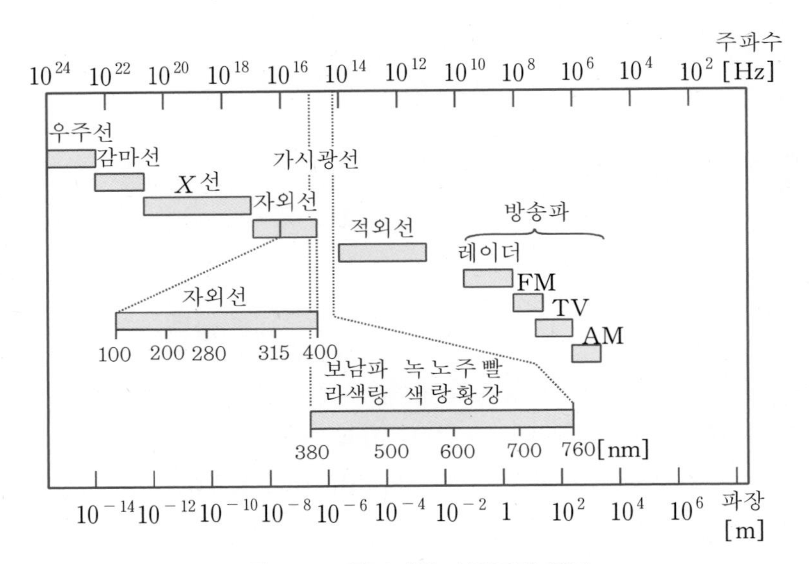

그림 1.1 ▶ 전자파의 스펙트럼 분포

사람의 눈으로 감지할 수 있는 전자파의 파장 범위는 380～760[nm]이고, **가시광선**이라 한다. 가시광선보다 짧은 파장 범위 100～380[nm]의 전자파를 **자외선**, 긴 파장 범위 760～3,000[nm]의 전자파를 **적외선**이라고 한다.

가시광선은 파장에 따라 다른 시감과 색감을 주는데 파장이 가장 긴 것은 적색이고, 이보다 짧아짐에 따라 주황, 노랑, 녹색, 파랑, 남색으로 느껴지고, 가장 짧은 파장의 빛은 보라색이 된다. 가시광선보다 파장이 긴 **적외선**은 자외선이나 가시광선에 비해 미립자에 의한 산란 효과가 적어서 공기 중을 비교적 잘 투과하고, **온열 효과**의 성질이 있기 때문에 **열선**이라고도 한다.

파장이 짧은 **자외선**은 직진성이 강하여 미립자에 의한 산란 효과가 커서 공기 중을 잘 투과하지 못하고, **살균**, **표백** 및 **형광 작용**의 성질이 있기 때문에 **화학선**이라고도 한다.

빛의 색(광원색)은 스펙트럼의 성질(분광 조성)에 의해 결정되며, 광원에 따른 스펙트럼의 종류와 성질은 다음과 같다.

① **연속 스펙트럼** : 어떤 파장 범위에 걸쳐 연속적으로 나타나는 스펙트럼이다. 주로 고체, 액체의 온도 복사(열복사)에 의해 나타난다.(태양, 백열전구)

② **선 스펙트럼** : 원자의 발광, 흡수에 의해 수반되어 불연속적인 선으로 나타나는 스펙트럼이다. 원자의 운동은 자유로운 기체 상태에서 나타나는 현상이고, 기체 상태의 모든 원소는 각기 고유의 선 스펙트럼을 가지고 있기 때문에 원소의 종류, 원자의 에너지 준위 및 성질을 알 수 있다.(수은등, 나트륨등, 네온관 등의 방전등)

③ **밴드 스펙트럼** : 방출되는 빛의 선 스펙트럼 중 다수의 빛이 한 곳에 모여서 띠 모양의 무리를 형성하는 스펙트럼이고, 약간 부자유스러운 분자 상태에서 나타난다. 밴드 스펙트럼은 띠 스펙트럼이라고도 한다.(형광등)

빛은 파동성과 입자성의 이중성을 가지고 있으며, 파동성의 입장에서 전자파 속도 c, 파장 λ, 진동수 f라 할 때, 이들의 관계는

$$c = f\lambda \tag{1.1}$$

이다. 진공 또는 공기 중에서 빛은 $c = 3 \times 10^8$ [m/s]의 속도로 직진하지만, 광학적 밀도가 다른 매질을 통과할 때 주파수는 변하지 않고 파장과 속도가 변화한다. 이 성질에 의해 경계면을 통과할 때 빛의 굴절 현상이 일어나는 것이다.

일반적으로 사용하는 전자파의 파장의 단위는 다음과 같다.

$$1\,[\mu\text{m}] = 10^{-3}\,[\text{mm}] = 10^{-6}\,[\text{m}], \quad 1\,[\text{nm}] = 10^{-9}\,[\text{m}] = 1\,[\text{m}\mu]$$

$$1\,[\text{Å}] = 10^{-8}\,[\text{cm}] = 10^{-10}\,[\text{m}]$$

가시광선 : 380 ~ 760 [nm] = 3,800 ~ 7,600 [Å]

(2) 복사

복사 또는 **방사**(radiation)는 열의 전달의 3요소 중의 한 종류로 태양의 빛과 같이 열이 매질에 관계없이 **파동성의 전자파** 형태로 에너지가 공간에 전달되는 현상을 말한다.

1.1.3 복사속

(1) 복사 에너지

파동성의 전자파 형태로 에너지가 전달되는 현상을 복사라고 배웠다. 또 복사에 의해 전달되는 에너지를 **복사 에너지** W라고 하고, 단위는 **줄**(Joule, [J])을 사용한다.

(2) 복사속

복사속(방사속, radiant flux)은 임의의 면에 복사 에너지가 통과할 때, 단위 시간당 복사 에너지의 양으로 정의한다. 복사속의 기호는 Φ, 단위는 **와트**([J/s] = [W])이다.

$$\Phi = \frac{W}{t} \ ([\mathrm{J/s}] = [\mathrm{W}]) \tag{1.2}$$

1.1.4 시감도와 비시감도

(1) 시감도

단위 시간당 복사 에너지, 즉 복사속은 같아도 빛으로써 밝음의 느낌은 파장과 개인차에 따라 다르다. 보통 사람의 눈은 동일한 에너지의 자극에 대해 밝음에 대한 감각이 같지 않고, 파장 555 [nm]의 황록색을 가장 밝게 느끼며 이보다 파장이 증가하거나 감소하면 밝음의 감각은 급격히 감소한다. 즉 복사 에너지에 대해 눈의 감각(시감)에 의해 밝음의 느낌이 파장에 따라 달라진다. 이와 같이 임의의 파장의 에너지가 빛(가시광선)으로 느껴지는 정도를 **시감도**(luminous efficiency)라고 한다. 시감도 K_λ는 광원에서 발산된 복사속에 대한 가시광선 범위의 임의의 파장의 광속의 비로 정의한다. 즉,

$$K_\lambda = \frac{\text{광속}}{\text{복사속}} = \frac{F_\lambda}{\Phi} \ [\mathrm{lm/W}] \tag{1.3}$$

으로 나타내고, 그 파장에서 **발광 효율**을 나타낸다. 이것은 광원에서 발산되는 모든 파장의 복사 에너지에 대해 가시광선에 해당하는 파장의 빛의 양(광량)의 비율이라고 생각하면 쉽게 이해할 수 있다.

최대 시감도는 파장 555 [nm] 인 **황록색**이고, 시감도(발광 효율)는 680 [lm/W] 이다.

(2) 비시감도

비시감도(V_λ, relative luminous efficiency)는 최대 시감도에 대한 상대적인 시감도, 즉 최대 시감도 680 [lm/W] 에 대한 임의의 파장의 시감도의 비로 정의한다.

$$V_\lambda = \frac{\text{임의의 파장의 시감도 [lm/W]}}{\text{최대 시감도 680 [lm/W]}} \tag{1.4}$$

최대 시감도를 100으로 하고 다른 파장에 대한 비시감도를 곡선으로 표시한 것을 비시감도 곡선이라 하며, **그림 1.2**에 나타낸다.

시감도에는 개인차가 있기 때문에 국제적인 약속으로써 표준 시감도를 정해두고 있다.

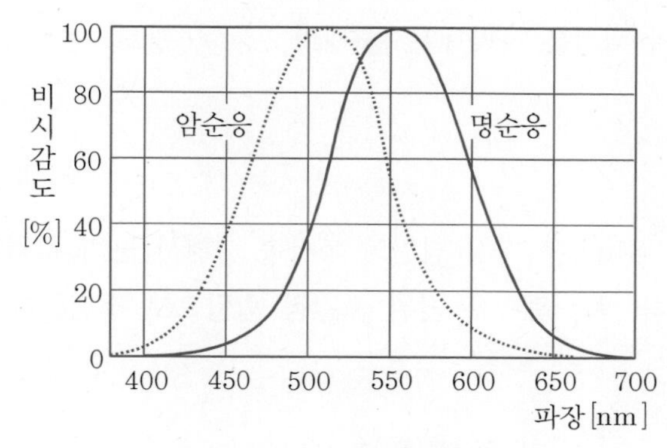

그림 1.2 ▶ 비시감도 곡선

(3) 순응

사람의 눈은 밝은 곳이나 어두운 곳으로 갑자기 이동할 때 명암의 급속한 변화에 적응하는데 시간이 걸린다. 이와 같이 감각 기관이 자극에 따라 감수성을 바꾸어 익숙해지는 과정을 순응(adaptation)이라 하고, 이러한 순응은 망막의 광화학 과정에 기인하며 명순응과 암순응으로 구분한다. 일반적으로 측광의 기준은 명순응으로 한다.

① **명순응** : 밝은 곳으로 나왔을 경우 눈부심이 없어지면서 그 밝음에 익숙하게 되는 상태, 명순응 시간은 약 1~2분 정도이다.(망막에 광화학 물질 소멸)

② **암순응** : 어두운 곳에 익숙하여 물건이 보이는 상태, 암순응 시간은 약 10~20분 정도이다.(망막에 광화학 물질 생성)

그림 1.2의 비시감도 곡선에서 명순응된 눈의 최대 비시감도의 파장은 555[nm]이고, 암순응된 눈의 최대 비시감도의 파장은 510[nm]로 짧은 파장 쪽으로 이동한다.

1.2 측광량

빛의 측정량에는 시감도의 관계 유무에 따라 구분된다. 즉 사람의 눈의 감각(시감)에 관계없는 **복사량**과 눈의 감각에 관계하는 **측광량**의 두 가지가 있다.

① **복사량** : 사람의 눈의 감각에 관계없이 결정되는 전자파 형태의 모든 복사 에너지에 관한 물리량(예 : 복사 에너지, 복사속, 복사 조도, 복사 발산도, 복사 휘도)

② **측광량** : 가시광선에 대하여 눈의 감각을 자극하는 정도, 즉 시감도를 기준으로 하여 측정된 빛의 세기를 나타내는 양(광량, 광속, 광도, 조도, 광속 발산도, 휘도 등)

1.2.1 광속

광속(luminous flux)은 가시 범위의 복사속 중에서 **눈의 감각(시감)**으로 측정한 **빛의 양**(**광량**, Q)이다. 즉, 광속은 **단위 시간당 광량**으로 정의한다.

$$F = \frac{Q}{t} \text{ [lm]} \tag{1.5}$$

광속의 기호는 F이고, 단위는 **루멘**(lumen, [lm])을 사용한다.

1.2.2 광도

광원의 지름보다 거리가 10배 이상인 광원은 점광원으로 취급할 수 있다. 점광원으로부터 발산하는 광속 중에서 임의의 방향에 대한 광속은 그 방향의 미소 입체각 내를 통과하게 된다. 즉, 광원으로부터 임의의 한 방향으로 통과하는 **단위 입체각당의 광속**을 **광도**(luminous intensity)라고 정의한다.

광도는 점광원이 임의의 한 방향에 대해 발산하는 광속으로 **빛의 세기**를 나타내는 양이다. 광도의 기호는 I이고, 단위는 **칸델라**(candela, [cd])를 사용한다.

그림 1.3과 같이 미소 입체각 $d\omega$ 내에서 dF의 광속이 발산한다면 그 방향의 광도는

$$\text{불균일 계 : } I = \frac{dF}{d\omega} \text{ [cd]} \tag{1.6}$$

이다. 또 입체각 ω 내에 광속 F가 발산하는 균일 계의 광도 I는 다음과 같다.

$$\text{균일 계 : } I = \frac{F}{\omega} \text{ [cd]} \quad (\therefore\ F = \omega I \text{ [lm]}) \tag{1.7}$$

모든 방향의 광도가 일정한 점광원을 **균등 점광원**이라 한다. 만약 균등 점광원의 광도를 I[cd]라 할 때, 균등 점광원에서 발산하는 **총 광속** F[lm]는 전 공간의 입체각 $\omega = 4\pi$[sr]이므로 식 (1.7)에 의해 다음과 같다.(입체각은 아래의 **참고**를 확인하기 바람)

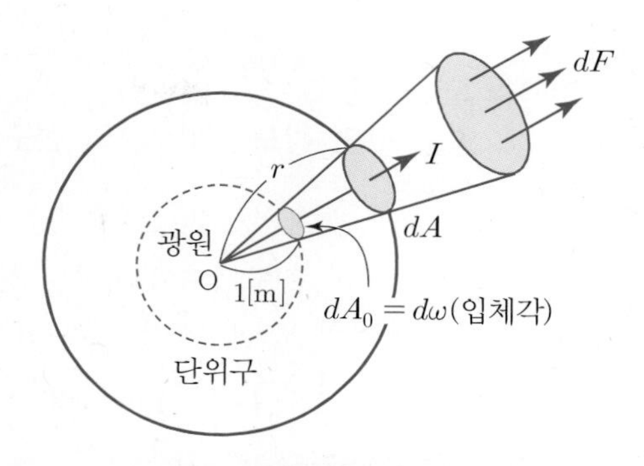

그림 1.3 ▶ 광도와 입체각

$$F = 4\pi I \text{ [lm]} \tag{1.8}$$

평균 구면 광도는 여러 가지 형태의 광원을 구형 광원으로 본 평균 광도이다. 구면의 입체각은 $\omega = 4\pi$[sr]이므로 **평균 구면 광도가 주어진 여러 형태의 광원**에 대한 **총 광속** F는 식 (1.8)의 균등 점광원과 같게 된다.

입체각

(1) 입체각의 정의

그림 1.3에서 면적 dA를 점광원 O와 연결하면 반지름 r인 원추체가 되고, 이를 중심점 O에서 바라 본 반지름 1[m]인 단위 구면상의 면적 dA_0를 입체각 $d\omega$라 한다.

$$\frac{dA}{dA_0} = \frac{4\pi r^2}{4\pi} = r^2 \qquad \therefore \text{ 입체각 : } d\omega = \frac{dA}{r^2} \text{ [sr]}$$

간단히 설명하면, 면적 A의 입체각 ω는 면적 A를 점광원과 연결한 반지름 r인 원추체에서 단위 구면의 면적 $A_0(\omega = A_0)$가 된다. 즉

$$\omega = \frac{A}{r^2} \text{ [sr]} \begin{cases} \text{① 전 구면의 입체각 : } \omega = \dfrac{A}{r^2} = \dfrac{4\pi r^2}{r^2} = 4\pi \text{ [sr]} \\ \text{② 반 구면의 입체각 : } \omega = \dfrac{A}{r^2} = \dfrac{2\pi r^2}{r^2} = 2\pi \text{ [sr]} \end{cases}$$

(2) 입체각과 평면각의 관계

원뿔(원추체)의 입체각**[그림 1.4]**

$$\omega = 2\pi(1 - \cos\theta) = 2\pi\left(1 - \frac{r}{\sqrt{r^2 + a^2}}\right)$$

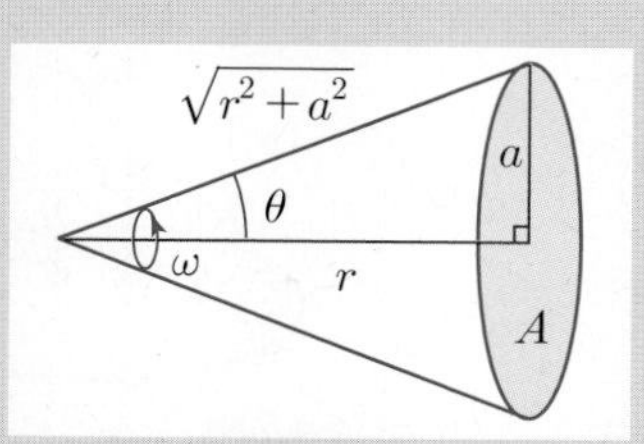

그림 1.4 ▶ 평면각의 관계

예제 1.1

평균 구면 광도 100[cd]의 전구 5개를 원형의 방에 점등할 때, 총 광속[lm]을 구하라.

풀이 평균 구면 광도의 광원은 전구 5개를 한 개의 균등 점광원으로 본 것이다. 즉, 공간의 모든 방향에 대해 일정한 광도이므로 총 광속 F는 식 (1.8)에 의해

$$F = 4\pi I = 4\pi \times 100 = 400\pi \text{ [lm]}$$

1.2.3 조도

임의의 평면 A에 광속 F가 입사할 때 단위 면적당의 입사 광속, 즉 **입사 광속 밀도**를 **조도**(illumination)라고 한다. 조도는 임의의 장소에서의 빛의 밝기를 나타내고, 밝음의 기준이 된다. 조도의 기호는 E이고, 단위는 **럭스**(lux, [lx])를 사용한다.

(1) 피조면에 광속의 수직 입사

그림 1.5와 같이 광속이 피조면에 수직으로 입사하는 경우 조도 E는 다음의 두 가지 방법을 생각할 수 있다.

첫째, **그림 1.5**(a)와 같이 면적 A에 광속 F가 수직으로 입사하면, 조도 E는 위의 정의에 의해 단위 면적당의 입사 광속(광속 밀도)를 의미하므로 다음과 같다.

$$E = \frac{F}{A} \text{ [lx]} \quad (\therefore\ F = EA \text{ [lm]}) \tag{1.9}$$

둘째, 광도 I[cd]인 균등 점광원을 r[m] 떨어진 구의 중심에 놓았을 때, 구면상의 모든 점에서의 조도 E는

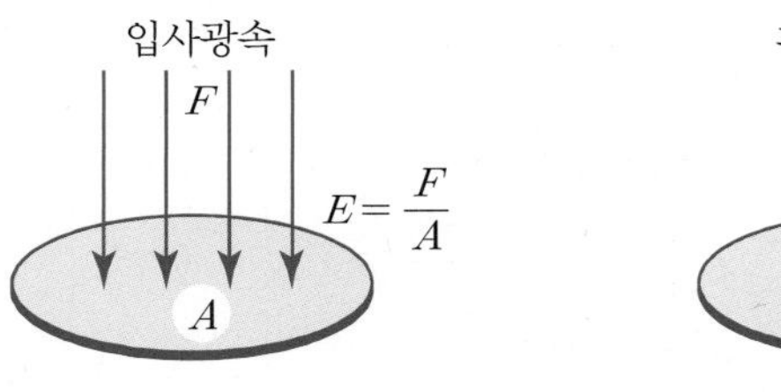

(a) 광속에 의한 조도　　(b) 광도에 의한 조도

그림 1.5 ▶ 조도

$$E = \frac{F}{A} = \frac{4\pi I}{4\pi r^2} = \frac{I}{r^2}\ [\text{lx}] \quad \begin{cases} F = 4\pi I \\ A = 4\pi r^2 \end{cases} \tag{1.10}$$

가 된다. 즉 구면 위의 조도는 광원의 광도에 비례하고 거리의 제곱에 반비례한다.

따라서 **그림 1.5**(b)와 같이 점광원의 어느 방향의 광도가 I[cd]일 때, 거리 r[m] 떨어진 빛의 방향과 수직인 면 위의 조도, 즉 **법선 조도** E_n은

$$E_n = \frac{I}{r^2}\ [\text{lx}] \tag{1.11}$$

이다. 이것을 조도에 관한 거리의 **역제곱 법칙**(inverse square law)이라 한다.

(2) 피조면에 광속의 기울어진 입사

그림 1.6과 같이 광속 F가 광속 방향에 대해 θ 만큼 기울어진 면적 A_2의 평면에 입사할 때, 피조면 A_2의 조도는 A_2에 수직인 조도 E_2가 된다. 피조면에 수직인 조도 E_2는 수평면 조도 E_h라 하고, 조도 $E_2(=E_h)$를 구해본다.

조도 E_1은 법선 조도, 즉 식 (1.9)의 E_n이다($E_1 = E_n$). 피조면 A_2의 조도 E_2는 E_1에 대한 면벡터 $\boldsymbol{A}_2$ 방향의 유효 성분이므로 $E_2 = E_1\cos\theta$의 관계가 성립한다.

그러므로 조도 E_2는

$$E_2 = E_1\cos\theta = E_n\cos\theta \qquad \therefore\ E_2 = \frac{I}{r^2}\cos\theta\ [\text{lx}] \tag{1.12}$$

가 된다. 조도는 입사각의 코사인에 비례하므로 **입사각의 코사인 법칙**이라 한다.

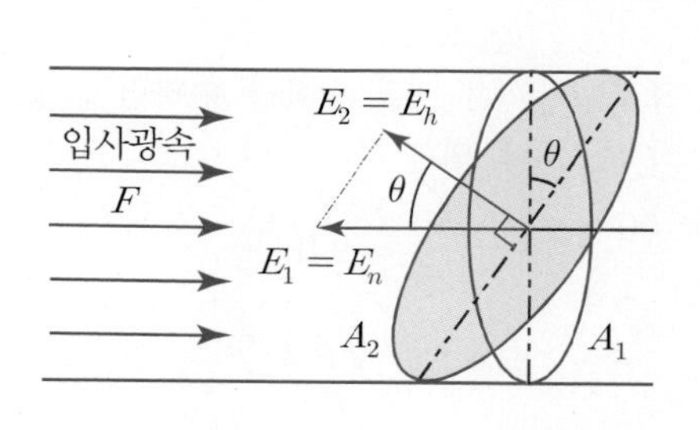

그림 1.6 ▶ 입사각의 코사인 법칙

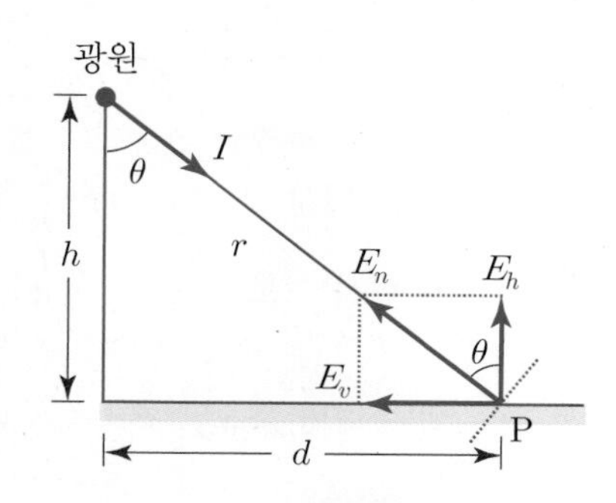

그림 1.7 ▶ 평면에서의 조도

이제 **그림 1.7**과 같이 점광원에서 거리 r 떨어진 평면에 입사각 θ로 투사되는 경우에 대해 조도를 구해본다.

점 P에 입사하는 광도는 평행한 것으로 근사할 수 있고, 점 P의 조도는 광도와 수직인 면의 조도를 법선 조도 E_n, 수평면의 바닥면 조도를 수평면 조도 E_h, 바닥과 수직인 벽면상의 조도를 수직면 조도 E_v와 같이 광도와 피조면의 위치에 따라 세 가지로 분류할 수 있다. 일반적으로 피조면의 조도는 **수평면 조도**를 의미한다.

조도의 피조면의 위치에 따른 분류는 면에 수직인 방향 성분을 나타내는 면벡터에 대해 조도의 유효 성분을 구하는 것을 고려하면 쉽게 이해할 수 있다. [임헌찬 저, ≪전기자기학≫, pp. 13~15, 20~21, 동일출판사]

$$\begin{cases} \text{법선 조도 : } E_n = \dfrac{I}{r^2} \\ \text{수평면 조도 : } E_h = E_n\cos\theta = \dfrac{I}{r^2}\cos\theta \\ \text{수직면 조도 : } E_v = E_n\sin\theta = \dfrac{I}{r^2}\sin\theta \end{cases} \qquad (1.13)$$

예제 1.2

그림 1.8과 같이 광원 L에서 점 P 방향의 광도가 50[cd]일 때, 점 P의 법선 조도[lx]와 수평면 조도[lx]를 구하라.

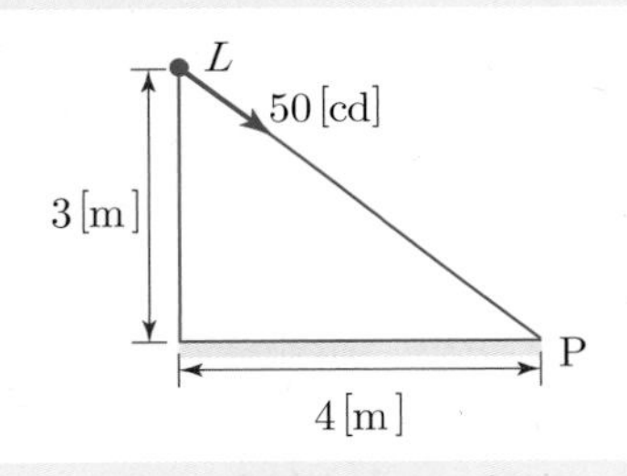

그림 1.8

풀이 광속과 수직인 면의 조도를 법선 조도 E_n, 점 P를 포함한 수평면 조도 E_h라 한다. 법선 조도와 수평면 조도는 식 (1.13)에 의해

① 법선 조도 : $E_n = \dfrac{I}{r^2} = \dfrac{50}{\left(\sqrt{3^2+4^2}\right)^2} = \dfrac{50}{25} = 2\ [\text{lx}]$

② 수평면 조도 : $E_h = E_n\cos\theta = \dfrac{I}{r^2}\cos\theta = 2\times\dfrac{3}{\sqrt{3^2+4^2}} = 1.2\ [\text{lx}]$

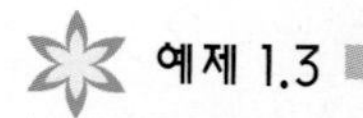
예제 1.3

$3\,[\mathrm{m}]$ 떨어진 점의 조도가 $200\,[\mathrm{lx}]$일 때, 이 방향의 광도$[\mathrm{cd}]$를 구하라.

풀이 $E = \dfrac{I}{r^2}$ $\quad \therefore\ I = Er^2 = 200 \times 3^2 = 1800\ [\mathrm{cd}]$

1.2.4 휘도

광원을 바라보면 동일한 광도를 가진 광원이라도 눈으로 느끼는 감각은 다르다. 유백색의 유리 글로브를 씌운 광원과 광원 자체 면을 바라보면 각각의 면에서의 눈부심, 즉 빛나는 정도는 다르다. 이와 같이 광원의 면 또는 발광면에서 빛나는 **눈부심의 정도**를 **휘도**(brightness)라 한다.

휘도는 일정한 넓이를 가진 광원(발광면) 또는 피조물의 반사, 투과체 표면의 밝기를 나타내는 양이다. 점광원으로 볼 수 없는 광원에서는 광도 대신 휘도를 사용한다.

휘도 B는 임의의 한 방향으로 들어오는 광도 I_θ를 그 방향에서 광원 및 발광면을 바라보았을 때의 투영 면적인 겉보기 면적 A'으로 나눈 값, 즉 **단위 투영 면적당의 광도(광도밀도)**로 정의한다. 휘도 B는 **그림 1.9**에서 정의에 의해 다음과 같이 나타낸다.

$$B = \frac{I_\theta}{A'} = \frac{I_\theta}{A\cos\theta}\ [\mathrm{cd/m^2}] \tag{1.14}$$

그림 1.9에서 휘도는 바라보는 방향과 광원에 따라 다음과 같이 나타낼 수 있다.

① 발광면에 수직 방향의 휘도[**그림 1.9**(a)] : $B = \dfrac{I}{A}$

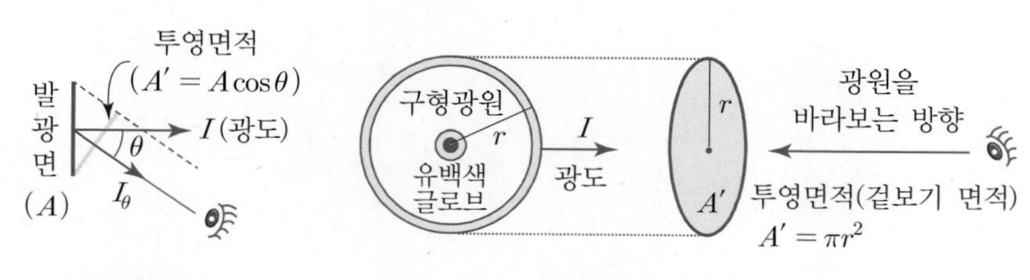

(a) 면광원의 휘도 (b) 구형 광원의 휘도

그림 1.9 ▸ 휘도

② 발광면에 θ 방향의 휘도[**그림 1.9**(a)] : $B = \dfrac{I_\theta}{A'} = \dfrac{I_\theta}{A\cos\theta}$

③ 구형 광원의 휘도[**그림 1.9**(b)] : $B = \dfrac{I}{A'} = \dfrac{I}{\pi r^2}$

휘도는 눈에서부터 광원까지의 거리에는 관계가 없고, 휘도차에 의해 물체를 식별하는 것이다. 휘도 B의 단위는 **니트**(nit, [nt]) 또는 **스틸브**(stilb, [sb])를 사용한다.

$$1\,[\text{nt}] = 1\,[\text{cd/m}^2], \quad 1\,[\text{sb}] = 1\,[\text{cd/cm}^2]$$

눈부심을 느끼는 휘도의 한계는 $0.5 \times 10^4\,[\text{cd/m}^2]$이다. 발광면의 휘도는 보는 방향에 따라 다르지만, **그림 1.9**(b)와 같은 구형 광원의 경우, 어떤 방향으로 보아도 휘도가 동일한 면을 가지고 있는데 이러한 면을 **완전 확산면**이라 한다.

1.2.5 광속 발산도

물체가 보이는 것은 그 물체 표면으로부터 발산한 광속이 눈에 들어오기 때문이며, 눈의 방향으로 발산하는 광속 밀도에 따라 물체의 밝기는 달라진다.

1차 광원이나 투과 및 반사에 의해 피조물에서 단위 면적당 발산하는 광속, 즉 **발산 광속 밀도를 광속 발산도**(luminous radiance)라 한다.

그림 1.10과 같이 발광하는 표면적 A에서 광속 F가 발산할 때, 광속 발산도 R은

$$R = \frac{F}{A}\,[\text{rlx}] \tag{1.15}$$

가 된다. 광속 발산도 R의 단위는 **래드럭스**(radlux, [rlx])이고, $1\,[\text{rlx}] = 1\,[\text{lm/m}^2]$의 관계가 있다.

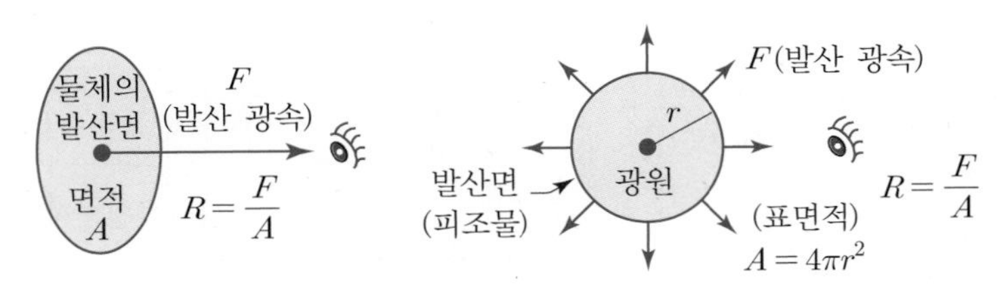

(a) 평면 광원(평면 피조물) (b) 구형 광원(구형 피조물)

그림 1.10 ▶ 광속 발산도

광속 발산도 R에서 A는 피조물의 표면적이고, 휘도 B에서 A'은 투영 면적을 구분하여 적용하기 바란다.

1.2.6 완전 확산면

발광면의 휘도는 보는 방향에 따라 다르지만, 어느 방향으로 보아도 **휘도**가 동일한 면을 **완전 확산면**이라 한다. 완전 확산성의 광원에 대해 측광량의 관계를 알아본다.

(1) 휘도와 광속 발산도의 관계

그림 1.10(b)와 같이 모든 방향에서 광도 I가 같고, 반지름 r인 구형 광원에서 구형의 표면적 $A=4\pi r^2$, 발산되는 총 광속 $F=4\pi I$이므로 광속 발산도 R은

$$R=\frac{F}{A}=\frac{4\pi I}{4\pi r^2}=\frac{I}{r^2} \quad (R=E) \tag{1.16}$$

가 된다. 또 광원의 글로브(피조물)에서 광속이 반사가 없이 모두 투과가 되면 광속 발산도 R은 조도 E와 같게 된다.

완전 확산성 구형 광원에서 투영 면적 $A'=\pi r^2$이고, 단위 투영 면적당의 광도인 휘도 B는

$$B=\frac{I}{A'}=\frac{I}{\pi r^2}=\frac{R}{\pi} \tag{1.17}$$

이다. 즉 식 (1.17)에 의해 **광속 발산도** R**과 휘도** B**의 관계**는

$$R=\pi B \tag{1.18}$$

가 성립한다.

(2) 광원의 종류에 따른 광속

완전 확산성의 구형 광원, 평판(평원판) 광원 및 원통 광원에서 각 광원에 대한 총 광속 F와 광도 I의 관계는 다음의 식으로부터 구할 수 있다.

$$F=RA=(\pi B)A \qquad \therefore\ F=\pi BA \tag{1.19}$$

(a) 구형 광원(태양, 확산 글로브) [**그림 1.11**(a)]

$$A=4\pi a^2,\ B=\frac{I}{A'}=\frac{I}{\pi a^2}\ \rightarrow\ F=\pi BA=\pi\left(\frac{I}{\pi a^2}\right)(4\pi a^2)$$

$$\therefore\ F=4\pi I\ (I:\ \text{평균 구면 광도}) \tag{1.20}$$

(b) 평판 및 평원판 광원(확산형 유리창, 매입형 확산 조명 기구) [**그림 1.11**(b)]

$$A=\pi a^2,\ B=\frac{I}{A'}=\frac{I}{\pi a^2}\ \rightarrow\ F=\pi BA=\pi\left(\frac{I}{\pi a^2}\right)(\pi a^2)$$

$$\therefore\ F=\pi I\ (I:\ \text{광원 면의 수직 방향 광도}) \tag{1.21}$$

(c) 원통 광원(형광등) [**그림 1.11**(c)]

$$A=2\pi aL,\ B=\frac{I}{A'}=\frac{I}{2aL}\ \rightarrow\ F=\pi BA=\pi\left(\frac{I}{2aL}\right)(2\pi aL)$$

$$\therefore\ F=\pi^2 I\ (I:\ \text{광원 축의 수직 방향 광도}) \tag{1.22}$$

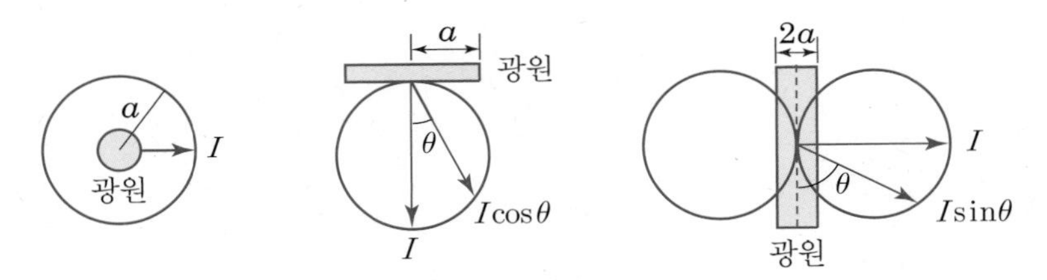

(a) 구형 광원 (b) 평판(평원판) 광원 (c) 원통 광원

그림 1.11 ▶ 완전 확산성 광원

정리 완전 확산성 광원

표 1.1 ▶ 광속 발산도와 휘도, 광속과 광도의 관계

구 분	구형 광원	평판(평원판) 광원	원통 광원
R, B 관계	$R=\pi B$	$R=\pi B$	$R=\pi B$
총 광속 F	$F=4\pi I$	$F=\pi I$	$F=\pi^2 I$

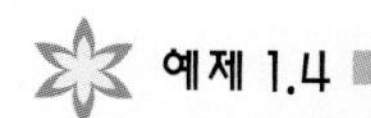

예제 1.4

완전 확산면의 광속 발산도가 2000[rlx]일 때, 휘도[cd/cm²]를 구하라.

풀이 $B=\dfrac{R}{\pi}=\dfrac{2000}{\pi}=637\ [\mathrm{cd/m^2}]\quad \therefore\ B=637\times 10^{-4}=0.064\ [\mathrm{cd/cm^2}]$

1.2.7 반사율, 투과율, 흡수율

그림 1.12와 같이 어떤 피조물의 면 A에 광속 F가 입사할 때, 그 피조면에서의 반사 광속 F_ρ, 투과 광속 F_τ 및 흡수 광속 F_α라 하면, 입사 광속 F는 $F_\rho+F_\tau+F_\alpha$가 된다. 이 때 피조물의 반사율 ρ, 투과율 τ 및 흡수율 α라 하면 각각

$$\text{반사율}:\ \rho=\frac{\text{반사 광속}}{\text{입사 광속}}=\frac{F_\rho}{F}\quad(\therefore\ F_\rho=\rho F)$$

$$\text{투과율}:\ \tau=\frac{\text{투과 광속}}{\text{입사 광속}}=\frac{F_\tau}{F}\quad(\therefore\ F_\tau=\tau F)\qquad(1.23)$$

$$\text{흡수율}:\ \rho=\frac{\text{흡수 광속}}{\text{입사 광속}}=\frac{F_\alpha}{F}\quad(\therefore\ F_\alpha=\alpha F)$$

가 된다. 또 ρ, τ 및 α의 관계식은 식 (1.23)에 의해 다음의 관계가 성립한다.

$$F=F_\rho+F_\tau+F_\alpha=\rho F+\tau F+\alpha F=(\rho+\tau+\alpha)F$$

$$\therefore\ \rho+\tau+\alpha=1\qquad(1.24)$$

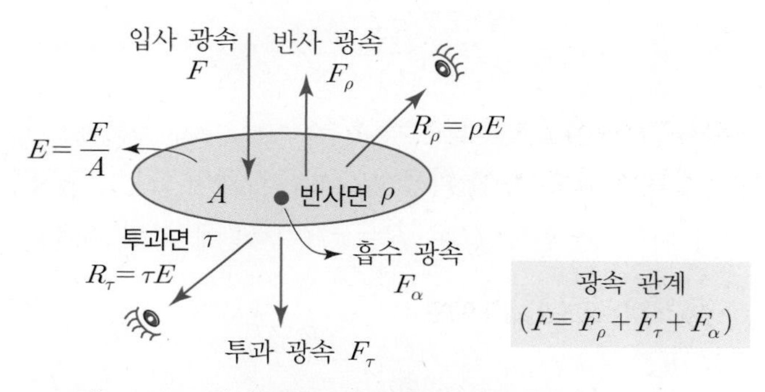

그림 1.12 ▶ 입사 광속, 반사 광속, 투과 광속

1.2.8 광속 발산도, 조도와 휘도의 관계

피조면에 직사 조도를 주면 반사가 일어나고 이들의 면 사이에서 반사가 반복되는 현상을 **상호 반사**라 한다. 상호 반사에 의해 나타나는 조도를 **확산 조도**라고 한다.

상호 반사에 의한 확산 조도가 있으면 투과한 피조물의 이면은 직사 조도와 확산 조도의 합이 되어 광속이 변화하고, 이에 따라 광속 발산도, 조도 및 휘도도 바뀌게 된다.

완전 확산성 평판과 반사가 없는 구형 글로브 광원은 확산 조도가 없는 피조물이고, 반사가 일어나는 구형 글로브 광원은 확산 조도가 있는 피조물이 된다.

이제 확산 조도가 없는 피조물과 확산 조도가 있는 피조물의 각각에 대해 광속 발산도 R, 조도 E와 휘도 B의 관계를 알아본다.

(1) 확산 조도가 없는 피조물(평판 및 구형 글로브 광원[$\rho=0$])

(a) 광속 발산도와 조도의 관계

그림 1.12의 피조면에서 조도 $E=F/A$, 반사 광속 $F_\rho=\rho F$, 투과 광속 $F_\tau=\tau F$일 때, 반사면과 투과면에서 광속 발산도 R은 각각 다음과 같다.

$$\text{피조물 표면(반사면)}: R=\frac{F_\rho}{A}=\frac{\rho F}{A}\ (F_\rho=\rho F) \quad \therefore\ R=\rho E$$
$$\text{피조물 이면(투과면)}: R=\frac{F_\tau}{A}=\frac{\tau F}{A}\ (F_\tau=\tau F) \quad \therefore\ R=\tau E \tag{1.25}$$

(b) 휘도와 조도의 관계

① 반사율 ρ, 면적 A의 완전 확산면에 광속이 입사할 때, 그 **반사체 표면**의 휘도 B는 식 (1.18)과 식 (1.25)의 관계 $R=\pi B=\rho E$에 의해 다음과 같다.

$$\text{반사면의 휘도}: B=\frac{R}{\pi}=\frac{\rho E}{\pi} \tag{1.26}$$

② 투과율 τ, 면적 A인 완전 확산성의 반투과체의 표면 조도를 E라 할 때, **피조물 이면**에서 바라 본 휘도 B는 $R=\pi B=\tau E$에 의해 다음과 같다.

$$\text{투과면의 휘도}: B=\frac{R}{\pi}=\frac{\tau E}{\pi} \tag{1.27}$$

(2) 확산 조도가 있는 피조물(구형 글로브 광원$[\rho \neq 0]$)

(a) 글로브 효율

그림 1.14와 같은 완전 확산성의 구형 글로브에서 글로브 내면의 반사율 ρ, 투과율 τ일 때, 글로브 내면에서 **상호 반사에 의한 확산 조도**를 고려하면, **글로브 효율** η는

$$\eta = \frac{\tau}{1-\rho} \tag{1.28}$$

가 성립한다. 여기서 글로브 효율은 구형 글로브에서 **투과 계수**를 의미한다.

(b) 투과 광속

광원의 광속이 F일 때, 글로브 내면의 반사 광속은 $F_\rho = \rho F$이다. 그러나 글로브 이면(외부)의 투과 광속 F_η는 글로브 효율에 의하여 다음과 같이 바뀌게 된다.

$$F_\eta = \eta F \tag{1.29}$$

(c) 광속 발산도 R, 조도 E와 휘도 B의 관계

구형 글로브 내면의 입사 조도를 E라 할 때, **구형 글로브 이면**의 **광속 발산도** R과 **휘도** B는 글로브 효율 η를 적용하여 다음의 관계식이 성립한다.

$$\begin{aligned} &\text{광속 발산도와 조도의 관계 : } R = \eta E \\ &\text{휘도와 조도의 관계 : } B = \frac{R}{\pi} = \frac{\eta E}{\pi} \end{aligned} \tag{1.30}$$

이상의 완전 확산형 구형 글로브 광원에서 상호 반사에 의한 글로브 효율의 상세한 설명은 제2.3.2절을 참고하기 바란다. 또 이 절의 내용은 **표 1.2**에 요약하여 정리하였다.

1.2.9 발광 효율과 전등 효율

(1) 발광 효율

발광 효율 ϵ은 광원으로부터 발산되는 복사속 $\Phi[\mathrm{W}]$에 대한 광속 $F[\mathrm{lm}]$의 비이다. 즉, 광원에서 발산된 복사속에 대한 시감으로 느끼는 광속의 비가 된다.

시감도는 임의의 한 파장에 대한 발광 효율을 의미한다. 파장 555[nm]의 황록색에서 최대 발광 효율은 680[lm/W]이다.

$$\epsilon = \frac{\text{광속}}{\text{복사속}} = \frac{F}{\Phi}\ [\text{lm/W}] \tag{1.31}$$

(2) 전등 효율

전등 효율 η는 광원에 공급되는 소비 전력 P[W]에 대한 광원으로부터 발산되는 광속 F[lm]의 비로 정의한다. 즉, 단위 소비 전력 1[W]당 광원의 발산 광속을 의미한다.

일반적으로 전등 효율은 발광 효율보다 약간 작다.

$$\eta = \frac{\text{광속}}{\text{소비 전력}} = \frac{F}{P}\ [\text{lm/W}] \tag{1.32}$$

표 1.2 ▶ 피조물의 측정 위치에 따른 측광량의 상호 관계

피조물	평판(ρ), 구형 글로브($\rho=0$) (확산 조도 없음)		구형 글로브(ρ) (확산 조도 있음)
	반사면(표면)	투과면(이면)	투과면(이면)
광 속	$F_1=\rho F$	$F_2=\tau F$	$F_2=\eta F\left(\eta=\frac{\tau}{1-\rho}\right)$
광 속 발산도	$R_1=\rho E$	$R_2=\tau E$	$R_2=\eta E$
휘 도	$B_1=\frac{R_1}{\pi}=\frac{\rho E}{\pi}$	$B_2=\frac{R_2}{\pi}=\frac{\tau E}{\pi}$	$B_2=\frac{R_2}{\pi}=\frac{\eta E}{\pi}$
관 련 공 식	$E=\frac{F}{A},\ R=\pi B$		$E=\frac{F}{A}(F=4\pi I),\ R=\pi B$
개념도	그림 1.13 ▶ 확산 조도 없는 피조물		그림 1.14 ▶ 확산 조도 있는 피조물

확산 조도에 따른 측광량의 적용 해법

(1) 광원에서 발산하는 광속은 피조물에서 반사 또는 투과(ρ, τ)를 하므로 피조물을 눈으로 보는 위치, 즉 피조물의 내면 또는 이면에 따라 측광량(광속, 조도, 광속 발산도, 휘도 등)의 물리량이 바뀌게 된다.

(2) 반사율 ρ 인 구형 글로브는 내면에서 상호 반사에 의한 확산 조도가 있는 조명 기구이므로 글로브 이면의 측광량은 단순히 투과율 τ 이 아닌 **글로브 효율** η 를 적용하여 구해야 한다.

(3) **표 1.2**는 피조물의 상호 반사에 의한 확산 조도의 유무와 측정 위치에 따른 측광량 적용의 상호 관계를 비교하여 나타낸 것이다.

(4) 실전 응용 문제의 해법
먼저 피조물에서 확산 조도(상호 반사)의 유무를 확인한 다음, 구하고자 하는 측광량이 피조물의 내면 또는 이면인지를 정확히 구분하여 다음을 적용해야 한다.

※ ① 확산 조도가 없는 피조물 : 평판(평원판), 구형 글로브(반사율 $\rho=0$)
피조물 이면의 측광량 : 투과율 τ 적용($F=\tau F_0$, $R=\pi B=\tau E$)

② 확산 조도가 있는 피조물 : 구형 글로브(반사율 ρ)
피조물 이면의 측광량 : 글로브 효율 η 적용($F=\eta F_0$, $R=\pi B=\eta E$)

※ 측광량의 이해와 실전 응용 문제의 해법은 다음의 예제를 통하여 학습하기로 한다.

예제 1.5

반사율 80 [%]의 완전 확산성의 종이를 100 [lx]의 조도로 비추었을 때, 종이의 광속 발산도 [rlx]와 휘도 [cd/m²]를 구하라.

① 평판의 종이(피조물) : 확산 조도 없음(피조물 이면의 측광량을 구할 때 고려)
② 완전 확산성의 의미 : 어느 방향에서나 휘도가 일정함
(확산 조도가 있는 의미가 아님)

(1) 반사율 ρ인 종이 표면의 광속 발산도 R

$$R=\rho E=0.8\times 100=80\ [\mathrm{rlx}]$$

(2) 종이 표면의 휘도 B

$$R=\pi B \quad \therefore\ B=\frac{R}{\pi}=\frac{\rho E}{\pi}=\frac{0.8\times 100}{3.14}=25.47\ [\mathrm{cd/m^2}]$$

예제 1.6

반사율 60[%], 흡수율 20[%]를 가지고 있는 완전 확산형 물체에 2000[lm]의 빛을 비추었을 때, 투과되는 광속[lm]을 구하라.

풀이) 피조물(물체) 이면의 투과 광속을 구하는 문제이므로 확산 조도 유무 확인함

TIP (1) 확산 조도 있는 피조물 : 구형 글로브(ρ, τ)
피조물의 이면 측광량 계산 : 투과율 τ 적용
(2) 확산 조도 없는 피조물 : 평판(ρ, τ), 구형 글로브($\rho = 0$)
피조물의 이면 측광량 계산 : 글로브 효율 η 적용

※ 완전 확산성 피조물의 의미 : 상호 반사에 의한 확산 조도가 있다는 것이 아니라 어느 방향에서나 휘도가 일정한 것을 의미함

① 반사율 ρ, 투과율 τ 및 흡수율 α의 관계식 $\rho + \tau + \alpha = 1$에 의한 투과율 τ

$$\tau = 1 - 0.6 - 0.2 = 0.2$$

② 구형 글로브가 아닌 물체이므로 확산 조도가 없는 피조물 : 투과율 τ 적용

$$F_\tau = \tau F = 0.2 \times 2000 = 400\ [\text{lm}]$$

예제 1.7

광속 5500[lm]의 광원에서 4[m²]의 투명 유리를 일정 방향 조사하는 경우, 유리 뒷면의 광속 발산도[rlx]와 휘도[nt]를 구하라. 단, 유리의 투과율은 80[%]이다.

풀이) 광원의 광속 $F_0 = 5500$[lm], 면적 $A = 4[\text{m}^2]$, 투과율 $\tau = 0.8$
평판의 투명 유리 : 확산 조도 없음(투과율 τ 적용)

(1) 투과율 τ인 유리 이면의 광속 발산도 R

유리 이면의 투과 광속 : $F = \tau F_0 = 0.8 \times 5500 = 4400$[lm]

$$\therefore\ R = \frac{F}{A} = \frac{\tau F_0}{A} = \frac{0.8 \times 5500}{4} = 1100\ [\text{lm/m}^2] = 1100\ [\text{rlx}]$$

(2) 유리 이면의 휘도 B

$$R = \pi B \quad \therefore\ B = \frac{R}{\pi} = \frac{1100}{3.14} = 350\ [\text{cd/m}^2] = 350\ [\text{nt}]$$

예제 1.8

반사율 10[%], 흡수율 20[%]인 5.6[m²]의 유리면에 광속 1000[lm]인 광원을 균일하게 비추었을 때, 그 이면의 광속 발산도[rlx]를 구하라. 단, 전등의 기구 효율은 90[%]이다.

풀이 유리(평판) : 확산 조도 없음(투과율 τ 적용 : $R=\tau E$)

① 반사율 ρ, 투과율 τ 및 흡수율 α의 관계식 $\rho+\tau+\alpha=1$에 의한 투과율 τ

$$\tau=1-0.1-0.2=0.7$$

② 유리면의 입사 광속 F는 기구 효율 η에 의해

$$F=\eta F_0 \ (F_0 \ : \text{광원의 광속})$$

기구 효율은 조명 기구의 제품 성능 및 이물질의 부착에 의한 오염도 등에 관계되는 것으로 글로브 효율과 다르다.

③ 유리 이면(투과율 τ)의 투과 광속 : $F'=\tau F=\tau(\eta F_0)$

④ 유리 이면의 광속 발산도 R

$$R=\frac{F'}{A}=\frac{\tau(\eta F_0)}{A}=\frac{0.7\times0.9\times1000}{5.6}=112.5 \ [\text{rlx}]$$

예제 1.9

반사율 60[%], 흡수율 20[%]인 완전 확산형 구형 글로브의 중심에 있는 광원에서 2000[lm]의 빛을 비추었을 때, 글로브를 투과하는 광속[lm]을 구하라.

풀이 광속 $F_0=2000\,[\text{lm}]$, $\rho=0.6$, $\alpha=0.2$

구형 글로브(ρ, τ) : 확산 조도 있음(글로브 효율 η 적용)

① 글로브 효율 η

$$\rho+\tau+\alpha=1 \rightarrow \text{투과율 } \tau=1-0.6-0.2=0.2$$

$$\therefore \ \eta=\frac{\tau}{1-\rho}=\frac{0.2}{1-0.6}=0.5$$

② 글로브의 투과 광속 F

$$F=\eta F_0=0.5\times2000=1000 \ [\text{lm}]$$

예제 1.10

완전 확산성인 지름 $20\,[\text{cm}]$의 외구 속에 광도 $100\,[\text{cd}]$의 전구를 넣었을 때, 외구 표면의 휘도$[\text{cd/m}^2]$를 구하라. 단, 외구의 흡수율은 $10\,[\%]$이고, 외구 내면의 반사는 이를 무시한다.

풀이 피조물은 구형 글로브이지만, 반사가 없으므로($\rho = 0$) 상호 반사에 의한 확산 조도 없음. 따라서 글로브 이면의 광속 발산도 및 휘도는 투과율 τ 적용

① 투과율 τ

$$\rho + \tau + \alpha = 1 \rightarrow \tau = 1 - 0 - 0.1 = 0.9 \qquad \therefore\ \tau = 0.9$$

② 외구 내부 표면의 조도 E, 외구 이면의 광속 발산도 R

$$E = \frac{I}{r^2},\quad R = \tau E = \frac{\tau I}{r^2} = \frac{0.9 \times 100}{0.1^2} = 9000\ [\text{rlx}]$$

③ 외구 이면의 휘도 B

$$R = \pi B \qquad \therefore\ B = \frac{R}{\pi} = \frac{9000}{\pi} = 2865\ [\text{cd/m}^2] = 2865\ [\text{nt}]$$

별해 완전 확산성 구형 광원의 총 광속 : $F = 4\pi I$

외구 이면의 투과 광속 : $F_\tau = \tau F = \tau(4\pi I)$

외구 이면의 광속 발산도 : $R = \dfrac{F_\tau}{A} = \dfrac{\tau F}{A} = \dfrac{\tau(4\pi I)}{4\pi r^2} = \dfrac{\tau I}{r^2}$

예제 1.11

반사율 ρ, 투과율 τ, 반지름 r인 완전 확산성 구형 글로브의 중심 광도 I인 점광원을 점등하였을 때, 광속 발산도를 구하라.

풀이 완전 확산성 구형 글로브(반사율 ρ) : 확산 조도 있음(글로브 효율 η 적용)
완전 확산성 구형 광원의 총 광속 : $F = 4\pi I$

글로브의 투과 광속 : $F_\eta = \eta F = \eta(4\pi I)$, 글로브 효율 : $\eta = \dfrac{\tau}{1-\rho}$

광속 발산도 : $R = \dfrac{F_\eta}{A} = \dfrac{\eta F}{A} = \dfrac{\eta(4\pi I)}{4\pi r^2} = \dfrac{\eta I}{r^2} = \dfrac{\tau}{1-\rho} \cdot \dfrac{I}{r^2}$

별해 $R = \eta E = \dfrac{\tau}{1-\rho} \cdot \dfrac{I}{r^2}$

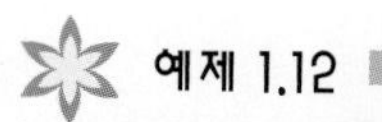

예제 1.12

40[W] 백색 형광 방전등의 광속이 2400[lm]이고, 안정기의 손실이 8[W]일 때 전등 효율[lm/W]을 구하라.

풀이) 형광등의 전체 소비 전력 $P=40+8=48$[W], 광속 : $F=2400$[lm]

$$\eta=\frac{F}{P}=\frac{2400}{48}=50\ [\mathrm{lm/W}]$$

표 1.3은 조명의 복사량과 측광량에 관한 기호, 단위 및 정의를 요약하여 정리한 것을 나타낸 것이다.

표 1.3 ▶ 복사량과 측광량의 기호, 단위 및 정의

측광량	기호(공식)	단위	정 의
복사 에너지	W	[J]	복사에 의해 전달되는 에너지
복 사 속	$\Phi=\frac{W}{t}$	[W], [J/s]	단위 시간당 복사 에너지
광 속	$F=\frac{Q}{t}$	[lm]	가시 범위의 복사속 중에서 눈의 감각(시감)으로 측정한 빛의 양 단위 시간당의 빛의 양(광량)
광 도	$I=\frac{F}{\omega}$	[cd]	임의의 방향으로 발산하는 단위 입체각당의 광속 : 빛의 세기
조 도	$E=\frac{F}{A}$	[lx] [lm/m^2]	단위 면적당 입사 광속(입사 광속 밀도) : 피조면의 밝기
휘 도	$B=\frac{I_\theta}{A'}$	[nt] [cd/m^2]	단위 투영 면적당 광도(광도 밀도) : 발광면의 눈부심의 정도
광속 발산도	$R=\frac{F}{A}$	[rlx] [lm/m^2]	단위 면적당의 발산 광속(발산 광속 밀도) : 물체의 밝기
발광 효율	$\epsilon=\frac{F}{\Phi}$	[lm/W]	광원의 복사속에 대한 발산 광속의 비
전등 효율	$\eta=\frac{F}{P}$	[lm/W]	광원의 소비 전력에 대한 발산 광속의 비 단위 소비 전력 1[W]당 광원의 발산 광속
글로브 효율	$\eta=\frac{\tau}{1-\rho}$	[%]	상호 반사에 의한 확산 조도가 있는 구형 글로브의 투과 계수

조명의 국제 단위계와 열의 전달(3요소)

(1) 조명의 국제 단위계

국제적으로 통용되는 SI 단위계는 기본 단위, 유도 단위, 보조 단위로 이루어져 있다. 기본 단위 중 조명에 관한 측광량은 광도 단위인 칸델라[cd]가 있으며, 광속, 조도, 휘도 등은 유도 단위이다.

1[cd]는 백금의 응고 온도에 있는 흑체(완전 복사체)의 1/600,000[m^2]의 면적에서 수직 방향의 광도로 정의한다.

(2) 열(온도)의 전달

열의 전달은 전도, 대류, 복사의 3요소로 구분된다.

① 전도 : 매질을 통해 열이 높은 곳에서 낮은 곳으로 전달되는 현상
② 대류 : 액체나 기체 등의 매질의 이동에 의해 열이 전달되는 현상
③ 복사 : 열이 매질에 관계없이 파동성의 전자파 형태로 에너지가 전달되는 현상

(3) 복사량과 측광량

① 복사량 : 사람의 눈의 감각에 관계없이 결정되는 전자파 형태의 모든 복사 에너지에 관한 물리량(예 : 복사 에너지, 복사속, 복사 조도, 복사 발산도, 복사 휘도)
② 측광량 : 가시광선에 대하여 눈의 감각을 자극하는 정도, 즉 시감도를 기준으로 하여 측정된 빛의 세기를 나타내는 양(광량, 광속, 광도, 조도, 광속 발산도, 휘도 등)

연습문제

객관식

01 가시광선의 파장 범위[Å]는 얼마인가?

① 3800 ~ 7600　② 2800 ~ 3100　③ 4000 ~ 4300　④ 5550 ~ 5800

힌트 가시광선 파장 : 380 ~ 760 [nm], 3800 ~ 7600 [Å]

02 시감도가 가장 좋은 광색은 무엇인가?

① 3800 ~ 7600　② 2800 ~ 3100　③ 4000 ~ 4300　④ 5550 ~ 5800

힌트 황록색 : 555 [nm], 5550 [Å]

03 광속이란 무엇인가?

① 복사 에너지를 눈으로 보아 빛으로 느끼는 크기로 나타낸 것
② 단위 시간에 복사되는 에너지의 양
③ 전자파 에너지를 얼마만큼의 밝기로 느끼게 하는가를 나타낸 것
④ 복사속에 대한 광속의 비

힌트 복사속을 눈의 감각[시감]으로 측정한 가시광선의 빛의 양(광량)

04 눈부심을 느끼는 한계 휘도[cd/m^2]의 값은 얼마인가?

① 0.5×10^4　② 5×10^4　③ 50×10^4　④ 500×10^4

05 3 [m] 떨어진 점의 조도가 200 [lx]이었다면, 이 방향의 광도[cd]를 구하라.

① 1800　② 2000　③ 2500　④ 3000

힌트 $E = \frac{I}{r^2}$　$\therefore I = r^2 E = 3^2 \times 200 = 1800$ [cd]

06 평균 구면 광도 I[cd]의 전등으로부터 방사되는 전 광속 F[lm]을 구하라.

① 4π　② π　③ $\pi^2 I$　④ $4\pi I$

힌트 평균 구면 광도의 광원(균등 점광원)의 전 광속 : 식 (1.8)의 $F = 4\pi I$

07 100[cd]의 점광원 바로 밑 2[m] 되는 곳에 있는 반사율 80[%]인 백색판의 광속 발산도[rlx]를 구하라.

① 20 ② 25 ③ 40 ④ 50

힌트 백색판 표면(반사면, ρ) : $R=\rho E=\rho\times\frac{I}{r^2}=0.8\times\frac{100}{2^2}=20$ [rlx]

08 반사율 50[%]인 완전 확산성의 종이를 100[lx]의 조도로 비추었을 때, 종이의 광속 발산도[rlx]를 구하라.

① 20 ② 25 ③ 40 ④ 50

힌트 종이 표면(반사면, ρ) : $R=\rho E=0.5\times 100=50$ [rlx]

09 반사율 70[%]의 완전 확산성 종이를 100[lx]의 조도로 비추었을 때, 종이의 휘도[cd/m^2]를 구하라.

① 약 22 ② 약 32 ③ 약 45 ④ 약 50

힌트 종이 표면(반사면, ρ) : $R=\pi B=\rho E$ $\therefore B=\frac{R}{\pi}=\frac{\rho E}{\pi}=\frac{0.7\times 100}{\pi}=22.3$ [cd/m^2]

10 반사율 50[%], 면적이 50[cm]×40[cm]인 완전 확산면에 100[lm]의 광속을 투사하면 그 면의 휘도[nt]를 구하라.

① 약 60 ② 약 80 ③ 약 100 ④ 약 120

힌트 완전 확산면(반사면, ρ) : $F=\rho F_0$, $R=\frac{F}{A}=\frac{\rho F_0}{A}$ $\therefore B=\frac{R}{\pi}=\frac{\rho F_0}{\pi A}=\frac{0.5\times 100}{\pi\times(0.5\times 0.4)}=80$ [nt]

11 넓이 20[m]×30[m]의 실내 높이 3[m]인 천장에 완전 확산성 유리를 끼고 그 내부에 전등을 다수 설치하여 천장에 균일한 휘도 0.004[cd/cm^2]를 얻었다. 이 때 중앙의 조도[lx]를 구하라.

① 14 ② 40 ③ 125.6 ④ 0.0126

힌트 유리(평판) 이면의 광속 발산도(투과면, $\tau=1$) : $R=\tau E$ $\therefore R=E$
(평판의 입사 광속과 투과 광속이 같으면 평판 표면과 이면의 조도는 광속 발산도와 같음)
즉, $R=\pi B=E$에 의해 조도 $E=\pi B=\pi\times 40$ ($B=0.004$[cd/cm^2]$=40$[cd/m^2]$=40$[nt])

12 지름 3[cm], 길이 1.2[m]인 관형 광원의 직각 방향의 광도를 504[cd]라고 하면, 광원 표면 위의 휘도[sb]를 구하라.

① 5.6 ② 4.4 ③ 2.6 ④ 1.4

힌트 $B=\frac{I}{A'}=\frac{504}{0.03\times1.2}=14000([cd/m^2]=[nt])=1.4([cd/cm^2]=[sb])$, ($A'$: 투영 면적)

13 반사율 40[%], 흡수율 10[%]를 가지고 있는 켄트지에 1500[lm]의 광을 비쳤을 때 투과 광속[lm]을 구하라.

① 500 ② 750 ③ 850 ④ 900

힌트 켄트지 이면(투과면, 확산 조도 없음 τ) : $\rho+\tau+\alpha=1$ ∴ $\tau=1-0.4-0.1=0.5$

투과 광속 : $F=\tau F_0=0.5\times1500=750$ [lm]

14 광속 5500[lm]의 광원에서 4[m^2]의 투명 유리를 일정 방향으로 조사하는 경우, 그 유리 뒷면의 광속 발산도 R[rlx] 및 휘도 B[nt]를 각각 구하라. 단, 투명 유리의 투과율은 80[%]이다.

① $R=1100$, $B=350$ ② $R=4400$, $B=1400$

③ $R=550$, $B=175$ ④ $R=2200$, $B=700$

힌트 유리 이면(투과면, 확산 조도 없음 τ) : 유리 표면 입사 광속 F_0, 유리 이면 발산 광속 F

유리의 입사와 투과 광속의 관계 : $F=\tau F_0$

① 광속 발산도(이면) : $R=\frac{F}{A}=\frac{\tau F_0}{A}=\frac{0.8\times5500}{4}=1100$ [rlx] $\left(R=\tau E=\tau\cdot\frac{F_0}{A}\right)$

② 휘도(이면) : $B=\frac{R}{\pi}=\frac{1100}{\pi}=350$ [cd/m^2]

15 투과율 40[%]인 완전 확산성의 우유빛 유리판을 천장 위에서 비추고 그 유리면의 조도를 측정하니 15,700[lx]이었다. 유리의 아래 바닥에서 본 유리면의 휘도를 구하라.

① 0.2[cd/cm^2] ② 1.3[cd/cm^2]

③ 2,000[cd/cm^2] ④ 13,000[cd/cm^2]

힌트 유리 이면(투과면, 확산 조도 없음 τ) : 유리 표면 조도 $E=15,700$[lx]

① 유리 이면의 광속 발산도 $R=\tau E$

② 휘도(이면) : $B=\frac{R}{\pi}=\frac{\tau E}{\pi}=\frac{0.4\times15700}{\pi}=1999[cd/m^2]=0.2[cd/cm^2]$

16 150[W]의 전구를 반지름 20[cm], 투과율을 80[%]인 글로브의 내부에서 점등시켰을 때, 글로브의 평균 휘도[cd/cm^2]를 구하라. 단, 글로브의 반사는 무시하고, 전구의 광속은 2,450[lm]이다.

① 0.124[cd/cm^2] ② 0.390[cd/cm^2]

③ 0.487[cd/cm^2] ④ 0.496[cd/cm^2]

힌트 글로브 이면(투과면, 반사 없으므로 확산 조도 없음 τ), $F_0 = 2,450$[lm]

① 글로브 이면의 광속 발산도 $R = \frac{F}{A} = \frac{\tau F_0}{4\pi r^2} = \frac{0.8 \times 2450}{4\pi \times 0.2^2} = 3899$[rlx] $\left(R = \tau E = \tau \cdot \frac{F_0}{A}\right)$

② 휘도(이면) : $B = \frac{R}{\pi} = \frac{3899}{\pi} = 1241$[cd/m²] $= 0.124$[cd/cm²]

17 모든 방향의 광도가 균일하게 1000[cd]인 광원이 있다. 이것을 지름 40[cm]의 완전 확산성 구형 글로브의 중심에 두었을 때, 그 휘도가 1[cm²] 당 0.56[cd]가 되었다. 글로브의 투과율[%]을 구하라. 단, 글로브의 내면 반사는 무시한다.

① 0.007 ② 70 ③ 20 ④ 0.002

힌트 구형 글로브 이면(투과면, 반사 없으므로 확산 조도 없음 τ)

광원의 광도 $I_0 = 1,000$[cd], 투과 광도 $I\,(I = \tau I_0)$, $B = 0.56$[cd/cm²]

$$B = \frac{I}{A'} = \frac{\tau I_0}{\pi r^2} \quad \therefore \tau = \frac{\pi r^2 B}{I_0} \times 100 = \frac{\pi \times 20^2 \times 0.56}{1000} \times 100 = 70.4[\%]$$

18 책상 위 2[m] 되는 곳에 광원이 있다. 이 광원을 반투명 아크릴로 에워싸고 0.7[m] 하향 배치시켰더니 책상 위 조도가 전과 같아졌다. 이 아크릴의 투과율을 구하라.

① 0.65 ② 0.54 ③ 0.42 ④ 0.34

힌트 광원의 광도 $I_0\,[E_1]$, 투과 광도 $I\,(I = \tau I_0)\,[E_2]$, $r_1 = 2$[m], $r_2 = 2 - 0.7 = 1.3$[m]

$$E_1 = \frac{I_0}{{r_1}^2},\ E_2 = \frac{I}{{r_2}^2} = \frac{\tau I_0}{{r_2}^2},\ (E_1 = E_2)\ \frac{I_0}{{r_1}^2} = \frac{\tau I_0}{{r_2}^2} \quad \therefore \tau = \frac{{r_2}^2}{{r_1}^2} = \frac{1.3^2}{2^2} = 0.42$$

19 휘도가 균일한 긴 원통 광원의 축 중앙 수직 방향의 광도가 200[cd]이다. 전 광속 F[lm]과 평균 구면 광도 I[cd]를 각각 구하라.

① 약 $F = 1974$, 약 $I = 200$ ② 약 $F = 1974$, 약 $I = 157$

③ 약 $F = 628$, 약 $I = 200$ ④ 약 $F = 628$, 약 $I = 100$

힌트 ① 휘도가 균일한 완전 확산성 원통 광원의 총 광속 F [식 (1.22)]

$$F = \pi^2 I = \pi^2 \times 200 = 1974\ [\text{lm}]$$

② 균등 점광원(원통 광원)으로 본 총 광속 F와 평균 구면 광도 I의 관계[식 (1.20)]

$$F = 4\pi I \quad \therefore I = \frac{F}{4\pi} = \frac{1974}{4\pi} = 157\ [\text{cd}]$$

20 점광원 150 [cd]에서 5 [m]의 떨어진 거리에서 그 방향에 직각인 면과 기울기 60°로 설치된 간판의 조도 [lx]를 구하라.

① 1 ② 2 ③ 3 ④ 4

힌트 $E=\frac{I}{r^2}\cos\theta=\frac{150}{5^2}\cos 60°=3$ [lx]

21 전등 효율이 14 [lm/W]인 100 [W] 백열전구의 구면 광도[cd]를 구하라.

① 약 119 ② 약 111 ③ 약 109 ④ 약 101

힌트 전등 효율 $\eta=\frac{F}{P}$ → 총 광속 $F=\eta P=14\times100=1400$ [lm]

총 광속 F와 평균 구면 광도 I의 관계 $F=4\pi I$ ∴ $I=\frac{F}{4\pi}=\frac{1400}{4\pi}=111$ [cd]

주관식

(풀이와 정답은 부록에 수록되어 있습니다.)

01 지름 50 [cm]의 완전 확산성의 글로브의 중심에 각 방향으로 100 [cd]의 광도를 갖는 전구를 넣고 점등하였을 때, 글로브 표면의 휘도[sb]를 구하라. 단, 글로브의 투과 효율은 95 [%]이다.

02 투과율이 50 [%]인 완전 확산성의 유리를 천장 뒤에서 비추었을 때, 마루에서 본 휘도가 0.2 [sb]인 경우 천장 뒤의 유리면의 조도[lx]를 구하라.

03 균일한 휘도를 가진 긴 원주 광원을 구형 글로브에 넣어 점등하고 그 구면 광도를 측정해 보니 200 [cd]였다. 이 글로브의 투과율을 80 [%]라 하면, 내부 원주광원 축 중앙 수직 방향의 광도[cd]를 구하라.

04 **그림 1.15**와 같은 광원 S에 의하여 단면의 중심이 O인 원통형 연돌을 비추었을 때, 원통의 표면상의 한 점 P에서의 조도[lx]를 구하라. 단, SP의 거리는 10 [m], ∠OSP = 10°, ∠SOP = 20°, 광원의 SP 방향의 광도를 1000 [cd]라고 한다.

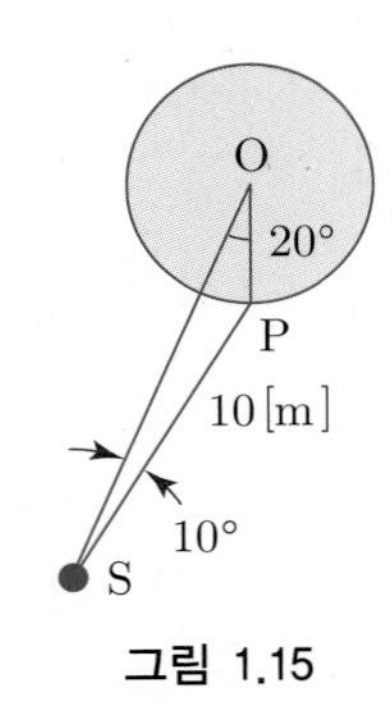

그림 1.15

05 그림 1.16과 같은 간판을 비추는 광원이 있다. 간판 면상 P점의 조도를 200[lx]로 하려고 할 때, 광원의 광도[cd]를 구하라.

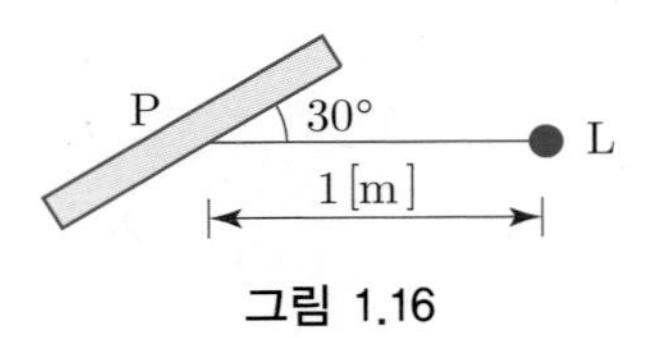

그림 1.16

06 그림 1.17과 같이 바닥 BC에서 높이 3[m], 벽 AB에서 거리 4[m] 되는 곳에 있는 광원 L에 의하여 모서리 B의 바닥에 생긴 조도가 20[lx]일 때, B로 향하는 방향의 광도[cd]를 구하라.

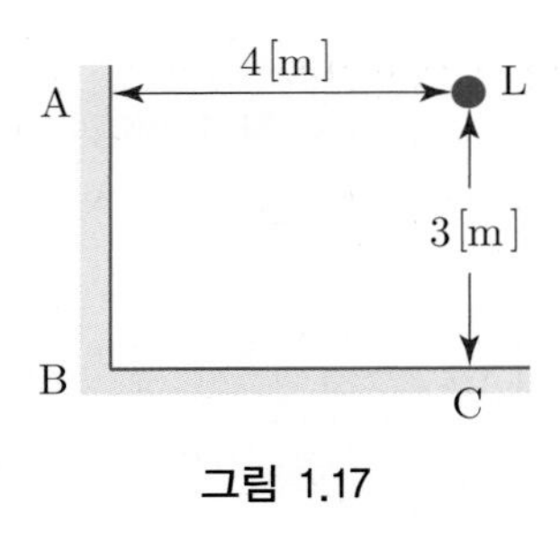

그림 1.17

07 균일한 휘도를 가진 긴 원통(원주) 광원의 축 중앙 수직 방향의 광도가 150[cd]이다. 원통 광원의 구면 광도[cd]를 구하라.

08 조도와 광속 발산도의 차이점을 설명하라.

Chapter 2

조도 계산

2.1 점광원에 의한 직사 조도

광원으로부터 직접 피조면에 도달하는 광속에 의한 조도를 **직사 조도**라 하고, 천장, 벽 등에 반사 또는 투과되어 피조면에 생기는 조도를 **확산 조도**라 한다.

직사 조도는 비교적 간단한 계산으로 처리가 가능하고, 주로 도로 조명, 광장 조명 및 투광 조명 등에 적용하지만, 확산 조도는 빛의 상호 반사를 고려해야 하기 때문에 계산이 매우 복잡한 점이 특징이다.

2.1.1 한 개 점광원에 의한 직사 조도

제 1.2.3 절의 **그림 1.7**과 같이 광속과 수직인 면의 조도를 법선 조도 E_n, 책상 위와 같은 수평면의 바닥면 조도를 수평면 조도 E_h, 바닥과 수직인 벽면상의 조도를 수직면 조도 E_v 등 광선과 피조면의 위치에 따라 분류할 수 있다.

그림 1.7에서 광원의 높이 h, 광원의 바로 아래에서 d 떨어진 점 P의 조도는 각각

$$\begin{cases} \text{법선 조도 : } E_n = \dfrac{I}{r^2} \\ \text{수평면 조도 : } E_h = E_n \cos\theta = \dfrac{I}{r^2}\cos\theta \\ \text{수직면 조도 : } E_v = E_n \sin\theta = \dfrac{I}{r^2}\sin\theta \end{cases} \tag{2.1}$$

이다. 일반적으로 조도(직사 조도)라 하면 **수평면 조도**를 의미한다.

2.1.2 다수의 점광원에 의한 직사 조도

광원이 L_1, L_2, L_3, …등 여러 개가 있을 때, 점 P에 생기는 직사 조도 E는 각각의 광원에 대한 조도의 합을 구하면 된다. 즉,

$$E = E_1 + E_2 + E_3 + \cdots\cdots \tag{2.2}$$

2.2 면광원에 의한 직사 조도

면광원의 대표적인 것은 광천장이 있고, 외구 속에 들어있는 전구나 형광등도 근거리의 조도 계산에서 면광원으로 취급한다. 또 면광원의 면은 어느 방향에서나 휘도가 같은 완전 확산면으로 취급하여 계산한다.

동일한 입체각에서 광원의 휘도가 같으면 광원의 형태나 거리에 관계없이 입체각 정점에서의 휘도는 같다. 이것을 **동일 입체각의 법칙**이라 한다.

그림 2.1의 A, B, C와 같은 단면에서 휘도가 같으면 점 P에 생기는 조도는 같기 때문에 점 P에서 관측되는 눈부심이 같은 광원은 정점에서 동일한 조도를 나타낸다.

2.2.1 평원판 광원에 의한 직사 조도

그림 2.2와 같이 반지름 a, 휘도 B인 평원판 광원(반구형 광원)에서 원판 중심의 수직

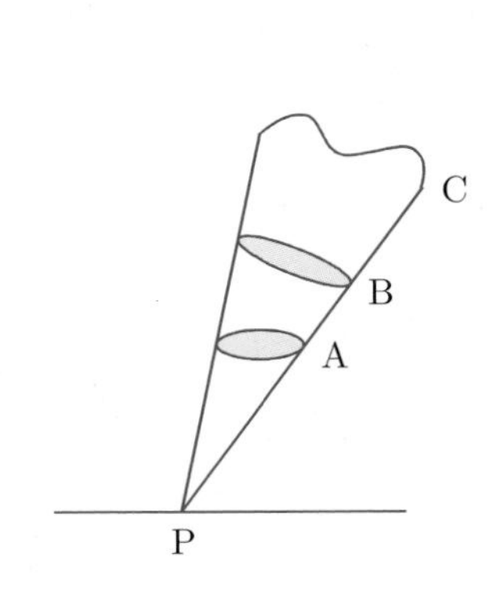

그림 2.1 ▶ 동일 입체각의 법칙

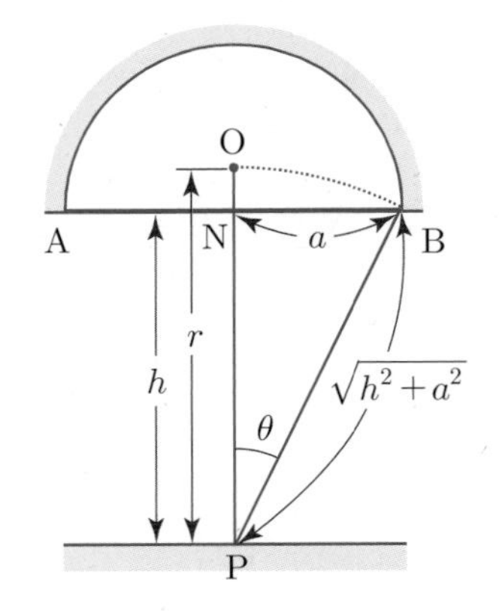

그림 2.2 ▶ 평원판 광원의 조도

하향 방향의 광도는 $I = A'B = \pi a^2 B$ (A' : 투영 면적)이다. 즉 점 P의 조도 E는

$$E = \frac{I}{r^2} = \frac{\pi a^2 B}{h^2 + a^2} \quad \left(\sin\theta = \frac{a}{\sqrt{h^2 + a^2}} \right)$$

$$\therefore \ E = \pi B \sin^2\theta \qquad (2.3)$$

이다. 또 동일 입사각의 법칙에 의해 동일한 입체각 내에 있는 광원은 천장 속의 형태에 관계없이 조도가 모두 같기 때문에 반지름 a가 같은 평원판 광원과 반구형 광원의 조도는 위의 결과의 식 (2.3)과 같은 동일한 값을 갖는다.

또 평원판 광원은 점광원으로 대체하여 구할 수 있다. 평원판 광원의 조도는 광도 $I = \pi a^2 B$인 점광원을 점 O의 위치에 놓고, 수직 하향의 점 P의 법선 직사 조도와 같다.

즉, 점 O의 위치는 $\overline{PB} = \overline{PO}$이고, 점광원의 광도 $I = \pi a^2 B$, 거리 $r = \overline{PO}$로부터 법선 조도의 식 (2.1)에 적용하면 다음과 같이 위의 결과와 동일한 값이 구해진다.

$$E = \frac{I}{r^2} = \frac{\pi a^2 B}{\overline{PO}^2} = \frac{\pi a^2 B}{h^2 + a^2} \quad \therefore \ E = \pi B \sin^2\theta \qquad (2.4)$$

2.2.2 구형 광원에 의한 직사 조도

그림 2.3과 같이 정점 P에서 구에 대한 접선을 포함한 입체각은 지름 AB인 평원판 광원의 입체각과 동일하다. 따라서 구형 광원에 의한 정점 P의 조도 E는 동일 입사각의 법칙에 의해 지름 AB인 평원판 광원에 의한 조도와 같다. 즉,

$$E = \frac{\pi \overline{BN}^2 B}{\overline{BP}^2} = \pi B \left(\frac{\overline{BN}}{\overline{BP}} \right)^2 = \pi B \left(\frac{a}{h} \right)^2 \quad \text{단, } \sin\theta = \frac{a}{h}$$

$$\therefore \ E = \pi B \sin^2\theta \qquad (2.5)$$

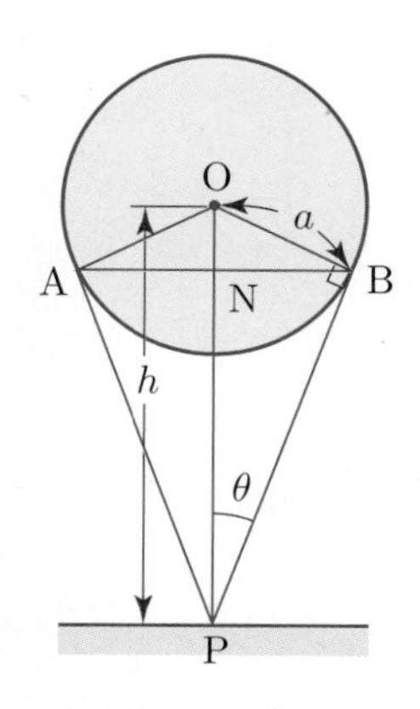

그림 2.3 ▶ **구형 광원의 조도**

또 구형 광원도 점광원으로 대체하여 구할 수 있다. 즉, 구형 광원의 조도는 광도 $I = \pi a^2 B$인 점광원을 점 O의 위치에 놓았을 때 점 P의 법선 직사 조도와 같다. 즉,

$$E = \frac{I}{h^2} = \frac{\pi a^2 B}{h^2} \quad \therefore \ E = \pi B \sin^2\theta \qquad (2.6)$$

2.3 상호 반사에 의한 조도

앞 절까지는 임의의 형체와 크기를 갖는 광원에 의한 직사 조도에 관한 것으로써 조도를 증가시키는 반사면이 없는 경우를 가정하여 설명하였다.

그러나 일반적으로 실내조명에서는 광원의 직사광 이외에 천장, 벽, 바닥 등의 면으로부터 반사광이 있기 때문에 직사 조도 이외에 반사에 의한 확산 조도를 추가로 고려해야 한다.

천장, 벽, 바닥 등의 면에 직사 조도를 주면, 이들의 면 사이에서 반사가 서로 반복되는 현상이 나타나는데 이것을 **상호 반사**라 하고, 상호 반사에 의해 나타나는 조도를 **확산 조도**라고 한다. 따라서 상호 반사를 고려한 면에서의 조도는 직사 조도만의 경우보다 확산 조도만큼 증가하게 된다.

2.3.1 평행 평면의 상호 반사

그림 2.4와 같이 천장 C와 바닥 F가 무한히 넓고 평행한 경우, 바닥면에 직사 조도 E가 주어질 때, 상호 반사에 의해 바닥과 천장에서 일어나는 조도의 변화에 대해 알아본다.

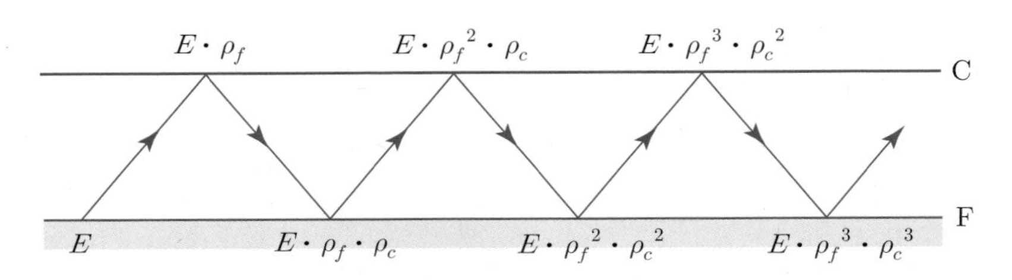

그림 2.4 ▶ 평행 평면의 상호 반사

바닥의 반사율 ρ_f, 천장의 반사율 ρ_c라 하면, 직사 조도 E에 의해 바닥의 광속 발산도는 식 (1.25)에서 $E \cdot \rho_f$가 된다. 바닥에서의 발산 광속 밀도인 광속 발산도는 천장 측에서 볼 때 모두 입사 광속 밀도인 조도가 되기 때문에, 천장의 입사 조도는 바닥의 광속 발산도와 같게 되어 $E \cdot \rho_f$가 된다.

또 입사 조도 $E \cdot \rho_f$에 의해 천장의 광속 발산도는 $E \cdot \rho_f \cdot \rho_c$가 되고, 다음의 바닥에 조도 $E \cdot \rho_f \cdot \rho_c$를 일으킨다.

이와 같이 상호 반사에 의해 바닥과 천장에 순차적으로 조도가 추가로 발생하여 증가하게 되며, 최종의 조도는 무한등비급수의 합이 되어 다음과 같은 식으로 표현된다.

$$\text{바닥의 조도 : } E_f = E + E \cdot \rho_f \cdot \rho_c + E \cdot (\rho_f \cdot \rho_c)^2 + \cdots\cdots$$
$$= E\{1 + \rho_f \cdot \rho_c + (\rho_f \cdot \rho_c)^2 + \cdots\cdots\}$$

$$\therefore \quad E_f = \frac{E}{1 - \rho_f \cdot \rho_c} \tag{2.7}$$

$$\text{천장의 조도 : } E_c = E \cdot \rho_f + E \cdot {\rho_f}^2 \cdot \rho_c + E \cdot {\rho_f}^3 \cdot {\rho_c}^2 + \cdots\cdots$$

$$\therefore \quad E_c = \frac{\rho_f E}{1 - \rho_f \cdot \rho_c} \tag{2.8}$$

최종의 바닥 조도 E_f는 반사율 ρ_f, ρ_c가 1에 가까운 경우에는 직사 조도 E에 비해 매우 크게 증가함을 알 수 있다.

2.3.2 구 내의 상호 반사

(1) 상호 반사에 의한 조도

그림 2.5에서 구의 반지름 r, 표면적 A, 내면의 반사율 ρ라 하고, 광원의 최초 광속 F_0에 의하여 구 내에 직사 조도 E_0가 분포한다면

$$F_0 = \int E_0 \, dA \tag{2.9}$$

가 성립한다.

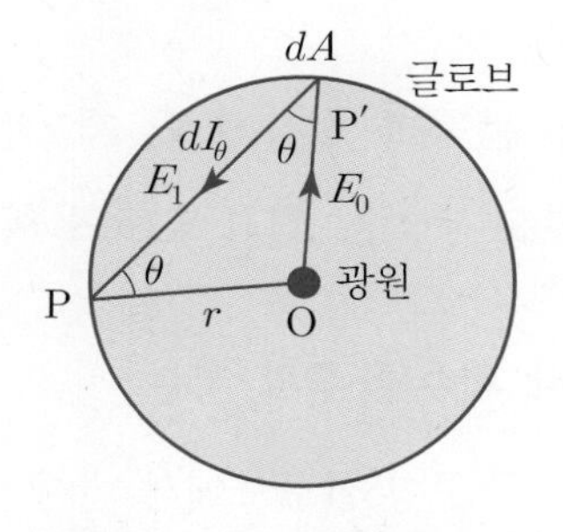

그림 2.5 ▶ 구 내의 상호 반사

직사 조도 E_0는 구면의 각 부에서 동일하지 않지만, 구의 내면은 $B=\frac{R}{\pi}=\frac{\rho}{\pi}E_0$인 휘도의 2차 광원으로 되며, 따라서 구면 위에 생긴 직사 조도 E_1은 구면의 각 부분에서 동일하게 된다.

이것은 **그림 2.5**에서 구면 위의 임의의 점 P′의 미소 면적 dA에 의해 점 P에 생기는 직사 조도 E_1은

$$dE_1=\frac{dI_\theta}{l^2}cos\theta=\left(\frac{\rho}{\pi}E_0\,dA\cos\theta\right)\cdot\frac{\cos\theta}{(2r\cos\theta)^2}=\frac{\rho E_0}{A}dA$$

$$\therefore\quad E_1=\int dE_1=\frac{\rho}{A}\int E_0\,dA=\frac{\rho F_0}{A}\left(=\frac{F_1}{A}\right)\qquad(2.10)$$

이다. 반사된 전 광속은 구면 위에 균일하게 분배되기 때문에 점 P의 위치에 관계없이 일정하다. 직사 조도 E_1일 때 구면의 광속은 식 (2.10)에서 $F_1=\rho F_0$이다.

점 P에서 광속 F_1의 재 반사에 의해 광속 F_2는 $F_2=\rho^2F_0$이고, F_2에 의한 조도 E_2는 다음과 같다. 또 연속적인 재 반사에 의한 조도 E_3, … 등도 나타내면

$$E_2=\frac{\rho^2F_0}{A}\left(=\frac{F_2}{A}\right),\ E_3=\frac{\rho^3F_0}{A}\left(=\frac{F_3}{A}\right),\ \cdots\cdots\qquad(2.11)$$

이다. 이와 같이 구 내에서 반사의 반복에 의한 구 내면의 전체 조도 E는

$$E=E_0+\frac{\rho F_0}{A}+\frac{\rho^2F_0}{A}+\cdots\quad\left(1+\rho+\rho^2+\rho^3+\cdots=\frac{1}{1-\rho}\right)$$

$$\therefore\quad E=E_0+\frac{\rho}{1-\rho}\frac{F_0}{A}=E_0+E_i\qquad(2.12)$$

가 된다. 우변 제1항의 E_0는 최초 직사 조도, 제2항은 상호 반사에 의해 증가된 확산 조도 E_i이다. 즉, **전체 조도는 최초 직사 조도와 확산 조도의 합**으로 나타난다.

(2) 상호 반사에 의한 반사 계수와 투과 계수

완전 확산성의 반지름 r인 구형 글로브에서 반사율 ρ, 투과율 τ, 흡수율 α라 하고, 광원의 광속을 직사 조도 F_0라고 할 때, 반사 계수와 투과 계수에 대해 알아본다.

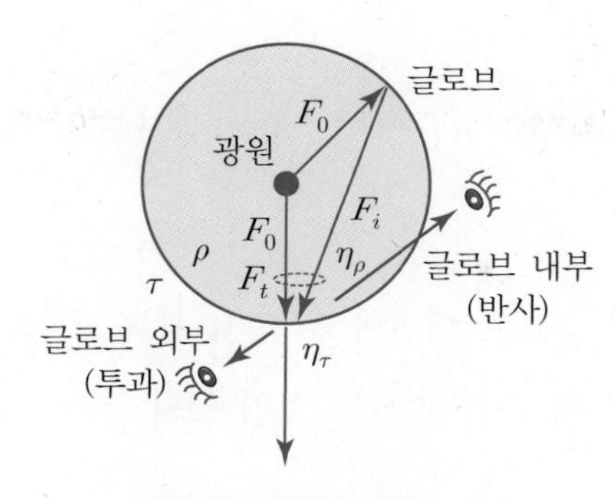

그림 2.6 ▶ 글로브 효율

(a) 반사 계수

그림 2.6의 구형 글로브 내에 있는 광원의 최초 광속 F_0 가 내벽에 입사하면 상호 반사에 의한 확산 광속 F_i 가 발생하고 최종적으로 글로브 내면의 입사 광속 F_t 는 최초 광속 F_0 보다 확산 광속 F_i 만큼 증가하게 되며, $F_t = F_0 + F_i$ 가 된다. 즉,

$$F_t = F_0 + F_i \tag{2.13}$$

따라서 확산 광속 F_i 와 광원의 최초 광속 F_0 사이의 관계는 식 (1.23)으로부터

$$F_i = \rho F_t = \rho(F_0 + F_i) \tag{2.14}$$

$$\therefore \quad F_i = \frac{\rho}{1-\rho} F_0 = \eta_\rho F_0 \tag{2.15}$$

가 성립한다. 여기서 η_ρ 는 구형 글로브의 내벽에서 상호 반사에 의한 **반사 계수**이다.

$$\text{반사 계수} : \eta_\rho = \frac{\rho}{1-\rho} \tag{2.16}$$

상호 반사에 의한 확산 조도 E_i 는 확산에 의한 광속 발산도와 같다. 따라서 **확산 조도** E_i 는 식 (2.16)의 반사 계수에 의해 최초 직사 조도 E_0 로 나타내면

$$\text{확산 조도} : E_i = \eta_\rho E_0 = \frac{\rho}{1-\rho} E_0 \tag{2.17}$$

가 된다. 즉 확산 조도 E_i 는 광원의 최초 광속 F_0 로 나타내면 다음과 같다.

$$E_i = \eta_\rho E_0 = \frac{\rho}{1-\rho} \cdot \frac{F_0}{A} = \frac{1}{4\pi r^2} \cdot \frac{\rho}{1-\rho} F_0 \tag{2.18}$$

(b) 투과 계수

상호 반사를 고려한 글로브 내면의 총 입사 광속 F_t 는 $F_t = F_0 + F_i$ 이므로, 내면의 조도는 최초 직사 조도와 확산 조도의 합이 된다. 즉,

$$E = \frac{F_t}{A} = \frac{F_0}{A} + \frac{F_i}{A} = E_0 + E_i \tag{2.19}$$

글로브 외부의 **광속 발산도** R은 식 (2.19)에 확산 조도 E_i 의 식 (2.17)을 대입하여 최초 조도 E_0 로 나타내면

$$R = \tau E = \tau(E_0 + E_i) = \frac{\tau}{1-\rho} E_0 \qquad \therefore\ R = \eta_\tau E_0 \tag{2.20}$$

가 성립한다. 여기서 η_τ 를 구형 글로브에서 **투과 계수**이고, **글로브 효율**이라고도 한다.

$$\text{투과 계수(글로브 효율)} : \eta_\tau = \frac{\tau}{1-\rho} \tag{2.21}$$

또 구면 외부에서의 휘도는 다음과 같다.

$$B = \frac{R}{\pi} = \frac{\eta_\tau E_0}{\pi} = \frac{\tau}{\pi(1-\rho)} \cdot \frac{F_0}{A} = \frac{\tau F_0}{4\pi^2 r^2 (1-\rho)} \tag{2.22}$$

예제 2.1

지름 $40\,[\mathrm{cm}]$인 완전 확산성 구형 글로브의 중심에 모든 방향의 광도가 균일하게 $120\,[\mathrm{cd}]$ 되는 전구를 넣고 탁상 $2\,[\mathrm{m}]$의 높이에서 점등하였다. 탁상 위의 조도 $[\mathrm{lx}]$를 구하라. 단, 글로브 내면의 반사율 $40\,[\%]$, 투과율 $50\,[\%]$이다.

풀이 완전 확산성 구형 글로브(반사율 ρ) : 확산 조도 있음(글로브 효율 η 적용)

$$\eta = \frac{\tau}{1-\rho} = \frac{0.5}{1-0.4} = \frac{5}{6} = 0.83$$

구형 광원의 직사 조도의 식 (2.5)에 의해 다음과 같이 구해진다.

$$E = \pi B \sin^2\theta = \pi \times 796 \times 0.1^2 = 25\ [\mathrm{lx}]$$

$$\begin{cases} B = \dfrac{I}{A'} = \dfrac{\eta I_0}{\pi a^2} = \dfrac{0.83 \times 120}{\pi \times 0.2^2} = 796\ [\mathrm{cd/m^2}] \\ \sin\theta = \dfrac{a}{h} = \dfrac{0.2}{2} = 0.1 \end{cases}$$

별해 구형 광원의 광속 : $F_0 = 4\pi I_0$, 투과 광속 : $F_\eta = \eta F_0$

탁자 조도 : $E = \dfrac{F_\eta}{A} = \dfrac{\eta F_0}{4\pi r^2}$ $\quad \therefore\ E = \dfrac{\eta I_0}{r^2} = \dfrac{0.83 \times 120}{2^2} = 25\ [\mathrm{lx}]$

2.4 평균 조도

면적 A인 평면상에 광속 F가 분포할 때, 임의의 점의 조도 E와 평균 조도 E_a는 각각

$$E = \frac{dF}{dA}, \qquad EdA = dF \tag{2.23}$$

$$E_a = \frac{\int dF}{A} \tag{2.24}$$

이다. 식 (2.24)에서 평균 광도 I인 경우 광속 F가 일정하고 $F = \omega I$이다. 즉 입체각 ω에서 평균 조도 E_a는

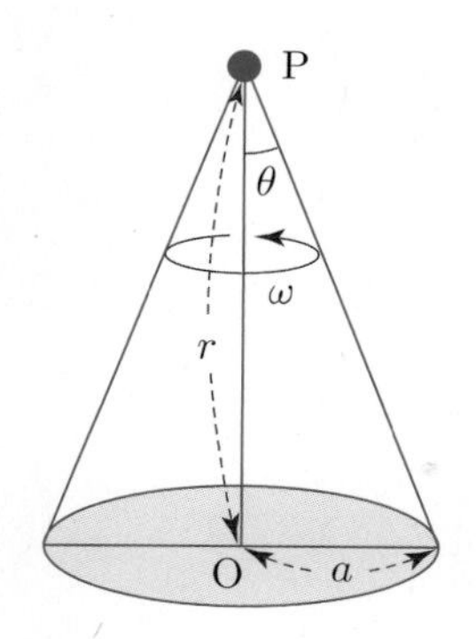

그림 2.7 ▸ 평균 조도

$$E_a = \frac{F}{A} = \frac{\omega I}{A} \tag{2.25}$$

가 구해진다. **그림 2.7**에서 입체각 ω, 평면각 θ라 할 때, 제1.2.2 절의 **참고**(입체각)에서 ω와 θ의 관계는 $\omega = 2\pi(1-\cos\theta)$이므로 **평균 조도**는 다음과 같이 표현된다.

$$E_a = \frac{\omega I}{A} = \frac{2\pi(1-\cos\theta)I}{\pi a^2} \quad \left(\text{단, } \cos\theta = \frac{r}{\sqrt{r^2 + a^2}}\right) \tag{2.26}$$

예제 2.2

그림 2.7과 같은 점광원으로부터 원뿔 밑면까지의 거리가 $4\,[\mathrm{m}]$이고, 밑면의 반지름이 $3\,[\mathrm{m}]$인 원형면의 평균 조도가 $100\,[\mathrm{lx}]$라고 할 때, 점광원의 평균 광도[cd]를 구하라.

풀이) **그림 2.7**에서 높이 $r=4\,[\mathrm{m}]$, 반지름 $a=3\,[\mathrm{m}]$, 평균 조도 $E_a=100\,[\mathrm{lx}]$일 때, 입체각 ω는

$$\omega = 2\pi(1-\cos\theta) = 2\pi\times\left(1-\frac{4}{\sqrt{3^2+4^2}}\right) = 0.4\pi\ [\mathrm{sr}]$$

평균 조도와 평균 광도의 관계는 식 (2.26)에 의해 광도는

$$E_a = \frac{F}{A} = \frac{\omega I}{A} = \frac{\omega I}{\pi a^2}$$

$$\therefore\ I = \frac{\pi a^2 E_a}{\omega} = \frac{\pi\times 3^2\times 100}{0.4\pi} = \frac{900}{0.4} = 2250\,[\mathrm{cd}]$$

연습문제

객관식

01 모든 방향의 광도 360[cd] 되는 전등을 지름 3[m]의 책상 중심 바로 위 2[m] 되는 곳에 놓았다. 책상 위의 최소 수평 조도[lx]를 구하라.

① 23 ② 46 ③ 62 ④ 90

힌트 $E=\frac{I}{r^2}\cos\theta=\frac{360}{\left(\sqrt{2^2+1.5^2}\right)^2}\times\frac{2}{\sqrt{2^2+1.5^2}}=\frac{360\times 2}{(2^2+1.5^2)^{3/2}}=46.1$ [lx]

02 지름 2[m]의 유리로 된 완전 확산면의 천장이 있다. 이것을 1000[lx]의 조도로 위에서 균일하게 비추었을 때, 천장에 평행된 마룻바닥의 원형 천장 바로 밑의 수평면 조도[lx]를 구하라. 단, 여기서 유리의 투과율은 80[%], 바닥과 천장의 높이는 3[m], 천장과 방바닥의 상호 반사는 무시한다.

① 1000 ② 800 ③ 80 ④ 50

힌트 휘도 $B=\frac{R}{\pi}=\frac{\tau E}{\pi}=\frac{0.8\times 1000}{\pi}=254.6$ [cd/m²]

원판 광원의 평균 조도 : $E=\pi B\sin^2\theta=\pi\times 254.6\times\left(\frac{1}{\sqrt{1^2+3^2}}\right)^2=80$ [lx]

03 반지름 a, 휘도 B인 완전 확산성 구면 광원의 중심에서 h 되는 거리의 점에서 이 광원의 중심으로 향하는 조도를 구하라.

① πB ② $\frac{\pi Ba^2}{h^2}$ ③ πBa^2h ④ $\frac{\pi Ba}{h}$

힌트 구면 광원의 조도 : $E=\pi B\sin^2\theta\left(\sin\theta=\frac{a}{h}\right)$ $\therefore E=\pi B\sin^2\theta=\frac{\pi Ba^2}{h^2}$

04 휘도가 B인 무한히 넓은 등휘도 완전 확산성 천장 바로 아래 h인 거리에 있는 점에서 수평 조도를 구하라.

① $\frac{B}{h^2}$ ② $\frac{B}{h}$ ③ πB ④ $\frac{\pi B}{h}$

힌트 무한히 넓은 천장 : **그림 2.2**의 평원판 광원(반구형 광원)에서 $a\to\infty$ 근사에 의해 $\theta\to 90°$

수평 조도 : $E=\pi B\sin^2\theta$ $(\sin 90°=1)$ $\therefore E=\pi B$

05 지름 1[m]의 원형 탁자의 중심에서의 조도가 500[lx]이고, 중심에서 멀어짐에 따라 조도는 직선으로 감소하여 주변에서의 조도는 100[lx]가 되었다. 평균 조도 [lx]를 구하라.

① 283 ② 233 ③ 123 ④ 332

힌트 $E = \frac{100+500+100}{3} = 233$ [lx]

06 지름 40[cm]인 완전 확산성 구형 글로브의 중심에 모든 방향의 광도가 균일하게 110[cd] 되는 전구를 넣고 탁상 2[m]의 높이에서 점등하였다. 탁상 위의 조도[lx]를 구하라. 단, 글로브 내면의 반사율 40[%], 투과율 50[%]이다.

① 약 53 ② 약 49 ③ 약 33 ④ 약 23

힌트 예제 2.1 참고 : $E = \frac{\eta I}{r^2} = \frac{\tau}{1-\rho} \cdot \frac{I}{r^2} = \frac{0.5}{1-0.4} \cdot \frac{110}{2^2} = 23$ [lx]

주관식 (풀이와 정답은 부록에 수록되어 있습니다.)

01 **그림 2.8**과 같이 높이 3[m]의 가로등 A, B가 8[m]의 간격으로 배치되어 있고, 그 중앙의 점 P에서 조도계를 A로 향하여 측정한 법선 조도가 1[lx], B를 향하여 측정한 법선 조도가 0.8[lx]라 한다. 점 P에서의 수평면 조도[lx]를 구하라.

02 **그림 2.9**와 같은 반구형 천장이 있다. 반지름 r은 30[cm], 반구 내의 휘도 B는 4,487[cd/m^2]로 균일하다. 이 때 $a=2.5$[m] 거리에 있는 바닥의 점 P의 조도[lx]를 구하라.

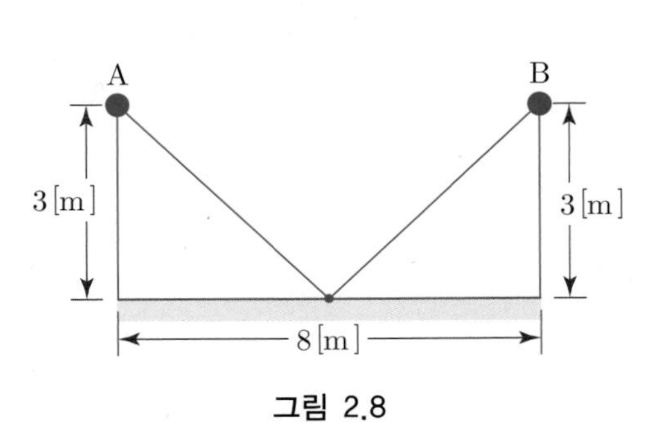

그림 2.8

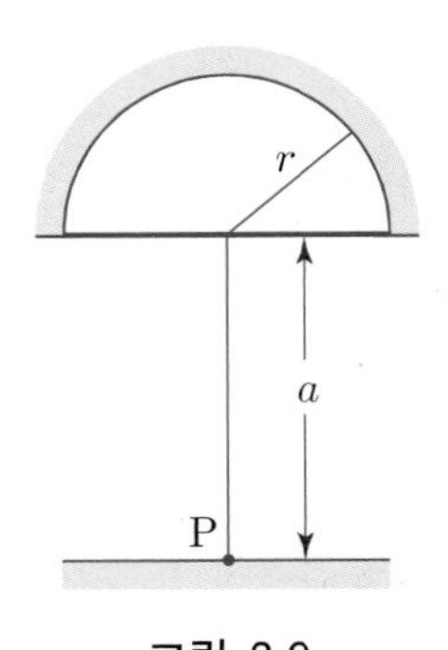

그림 2.9

03 반사율 ρ, 반지름 r 인 완전 확산 구면 내의 중심에 전 광속 F의 광원을 놓을 때, 구 내면상 한 점에서 확산 조도를 구하라.

04 모든 방향으로 860[cd]의 광도를 갖는 전등을 지름 4[m]의 원형 탁자 중심에서 수직으로 3[m] 위에 점등하였다. 이 원형 탁자의 평균 조도[lx]를 구하라.

05 h[m]의 높이에 있는 점광원에 의한 직사 조도에서 수평면 조도와 수직면 조도가 같게 되는 조건을 구하라. 단, 광원의 직하점에서 구하는 조도점까지의 거리를 d[m]라 한다.

Chapter 3

측광 및 배광

3.1 빛의 측정

측광은 가시 범위에 있는 광선에 대하여 눈의 감각을 자극하는 정도로써 빛의 세기를 측정하는 것을 의미한다.

조명 공학에서 중요한 측광량은 광속, 광도, 조도 등이 있으며, 측정 계기는 광속계, 광도계, 조도계 등이 있다.

3.1.1 표준 전구

국제적으로 통용되는 SI 단위계에서 조명에 관한 **측광량의 기본 단위는 광도** 단위인 **칸델라** [cd]이고, 광속, 조도, 휘도 등은 유도 단위이다.

1 [cd]는 백금의 응고 온도 2,042 [K]에서 흑체(완전 복사체)의 1/600,000 [m^2]의 면적에서 수직 방향의 광도로 정의한다.

이와 같이 광도 단위의 칸델라를 표준으로 정하는 원기는 **그림 3.1**과 같이 백금 흑체를 사용하며 이를 측광 **1차 표준기**(primary standard)라고 한다. 그러나 백금 흑체로는 제작 및 측광이 어렵기 때문에 실제는 이와 비교하여 광도가 미리 정해진 **2차 표준기**(secondary standard)로 텅스텐 전구를 사용한다. 이것을 **표준 전구**라고 하고 물체의 측광색 및 광도의 표준이 된다.

실제로 일반 실험실이나 전구 제조 회사에서는 텅스텐 전구인 표준 전구를 표준기로 사용하고 있으며, 전구 특성을 안정시키기 위하여 제작 시 세심한 주의가 요구된다.

측광 특성을 일정하게 유지하기 위하여 전구의 단자에서 전압을 직접 측정하고, 일정한 전압으로 점등한다.

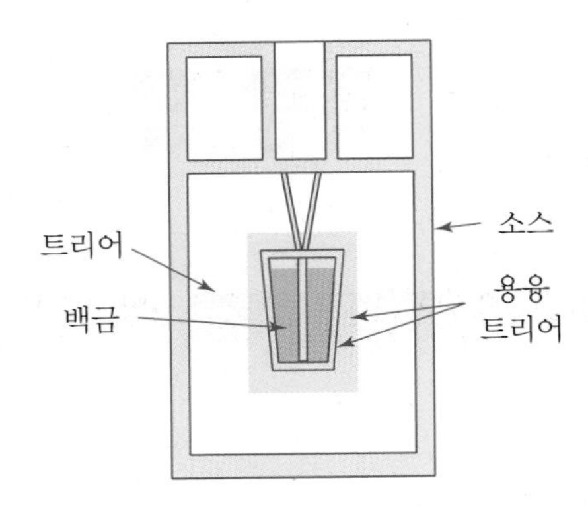

그림 3.1 ▶ 백금 흑체 표준기

3.1.2 광속계

광원의 광속은 **광속계**(integrating photometer)에 의해 측정하며, 일반적으로 구형 광속계를 사용한다. **그림 3.2**는 구형 광속계의 측정 원리를 나타낸 것이다.

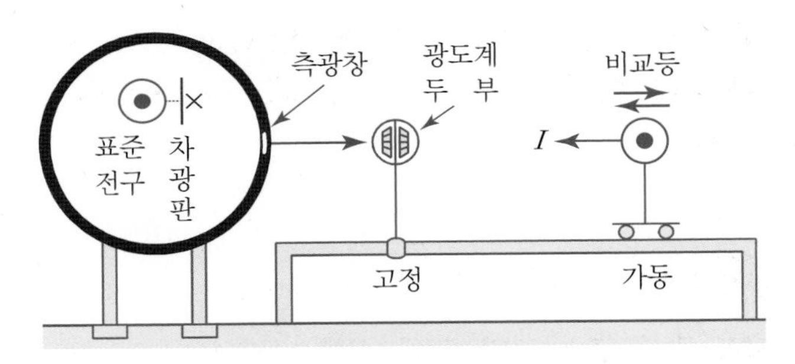

그림 3.2 ▶ 구형 광속계

구의 내면에 완전 확산성 백색 도료를 도포하고, 구벽에 우유 빛 유리의 재질로 된 측광창을 부착한다. 구 내에는 표준 전구 또는 측정하고자 하는 시험 전구를 부착하고, 이 광원의 직사광이 직접 측광창에 입사하지 못하도록 광원과 측광창의 중간에 구 내벽과 동일한 도료를 도포한 차광판(스크린)을 설치한다.

구의 반지름 r, 내벽의 반사율 ρ 및 광원의 전 광속을 F라 할 때, 구 내벽에서의 상호 반사에 의한 확산 조도는 내면에서 동일하도록 한다. 차광판에 의해 직사 조도는 차단되므로 측광창의 확산 조도 E는 식 (2.18)에 의해 다음과 같이 된다.

$$E = \eta_\rho \frac{F}{A} = \frac{1}{4\pi r^2} \cdot \frac{\rho}{1-\rho} F \tag{3.1}$$

완전 확산성 우유빛 유리 재질로 된 측광창의 투과율을 τ라 하면, 측광창의 휘도 B는 식 (1.30)에 의해

$$B = \frac{\tau E}{\pi} = \frac{\tau E}{4\pi^2 r^2} = \frac{\tau}{4\pi^2 r^2} \cdot \frac{\rho}{1-\rho} F = kF \tag{3.2}$$

가 된다. 여기서 k는 광속계의 구조에 의해 결정되는 상수이다.

확산 조도 및 휘도는 구 내부에 점등한 광원의 전 광속에 비례하므로 표준 전구와 시험 전구를 각각 구 내부에 교대로 넣고 점등하여 측광창의 휘도를 비교하면 시험 전구의 전 광속을 구할 수 있다.

구형 광속계의 지름은 소형 전구 30[cm], 백열전구 1~1.5[m], 형광등 2~5[m]를 사용한다.

3.1.3 광도계

광원의 광도를 측정하는 계기를 **광도계**(photometer)라 하고, 광원을 고정시키고 스크린이나 다른 광원을 이동하여 측정하는 계기를 **장형 광도계**(bar photometer)라 한다.

광도계의 스크린 부분을 광도계 두부(head)라 하고, 광도계 두부를 이용하여 광도의 평형을 조절한다. 일반적으로 광도계 두부는 루머 브로돈(Lummer- Brodhun)형이 사용되고 있고, 등휘형과 대비형이 있다.

장형 광도계의 측정 방법은 시험 전구를 표준 전구와 직접 비교하여 측정하는 **직접법**과 비교 전구와 비교하여 측정하는 **치환법**이 있다.

(1) 직접법

그림 3.3과 같이 고정된 표준 전구 A와 이동시킨 시험 전구 B에 의해 양 측면의 반사율이 같은 반사판(screen)에 비추어 휘도를 같게 하면 양면의 조도도 같아진다.

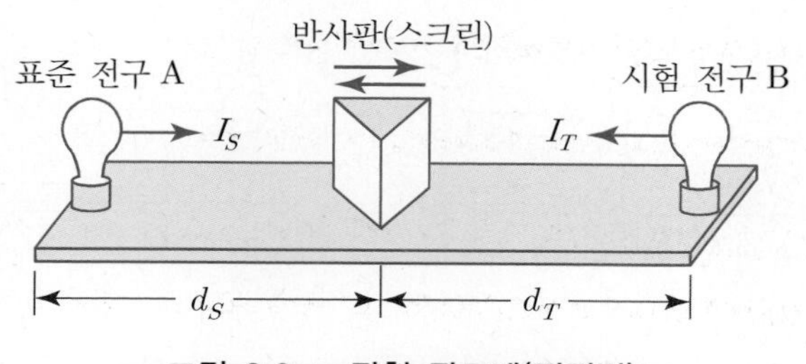

그림 3.3 ▶ 장형 광도계(직접법)

여기서 표준 전구의 광도 I_S, 시험 전구의 광도 I_T 및 스크린과 광원과의 거리 d_S, 시험 전구와의 거리 d_T라고 하면, 두 광원의 조도는 각각 다음과 같다.

$$E_S = \frac{I_S}{{d_S}^2}, \qquad E_T = \frac{I_T}{{d_T}^2} \tag{3.3}$$

또 양면의 조도와 반사율이 같다면($E_S = E_T$), 두 광원의 광도 I_S, I_T는

$$I_S = I_T\left(\frac{d_S}{d_T}\right)^2, \qquad I_T = I_S\left(\frac{d_T}{d_S}\right)^2 \tag{3.4}$$

이 된다. 이와 같이 직접법은 광원으로부터 수직으로 놓여진 반사판까지의 거리를 바꾸면서 미리 알고 있는 광도의 표준 전구와 측정해야 할 시험 전구의 광원에 의한 조도를 동일하게 한 다음, 조도에 대한 거리의 역제곱 법칙을 이용하는 방법이다.

(2) 치환법

치환법은 일차적으로 **그림 3.4**(a)와 같이 표준 전구 A와 비교 전구 C를 놓고 반사판에서 조도를 동일하게 한 다음, **그림 3.4**(b)와 같이 다시 표준 전구 대신에 시험 전구 B로 바꾸어 놓고 비교 전구 C와 시험 전구 B를 비교하여 측정하는 방법이다.

그림 3.4(a)에서 비교 전구 C를 이동시켜 반사판의 조도가 서로 일치할 때, 표준 전구(고정)와 비교 전구의 광도 I_S, I_C, 각 두 전구에서 반사판까지 거리 d, d_C라 하면, 비교 전구 C의 광도 I_C는 다음과 같다.

$$I_C = I_S\left(\frac{d_C}{d}\right)^2 \quad \left(\because\ E_S = E_C,\ \frac{I_S}{d^2} = \frac{I_C}{{d_C}^2}\right) \tag{3.5}$$

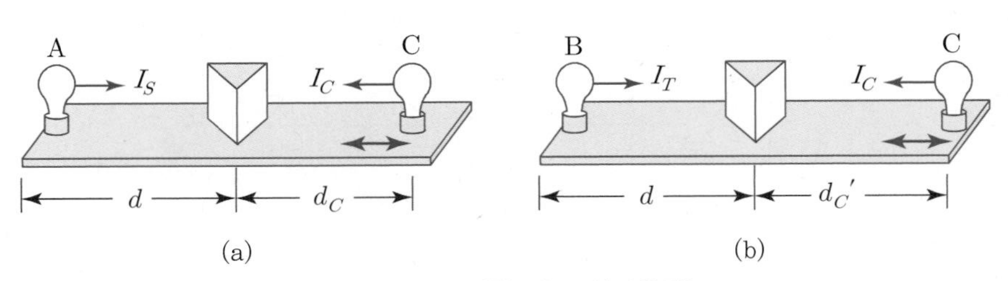

그림 3.4 ▸ 장형 광도계(치환법)

그림 3.4(b)와 같이 비교 전구 C를 그대로 두고 표준 전구 A 대신에 시험 전구 B로 바꾼 다음, 비교 전구를 이동시키면서 다시 조도를 동일하게 하였을 때, 두 전구와 반사판까지의 거리 d, $d_C{}'$를 구하면 시험 전구 B의 광도 I_T는

$$I_T = I_C\left(\frac{d}{d_C{}'}\right)^2 \quad \left(\because \quad E_T = E_C, \quad \frac{I_T}{d^2} = \frac{I_C}{d_C{}'^2}\right) \tag{3.6}$$

이다. 따라서 위의 두 식 (3.5)와 (3.6)으로부터 I_C를 소거하면, 시험 전구 B의 광도 I_T는 다음과 같이 구해진다.

$$I_T = I_S\left(\frac{d_C}{d}\right)^2\left(\frac{d}{d_C{}'}\right)^2 \qquad \therefore \quad I_T = I_S\left(\frac{d_C}{d_C{}'}\right)^2 \tag{3.7}$$

치환법은 시험 전구와 표준 전구를 직접 비교하는 직접법에 비해 복잡하고 번거로운 점이 있지만, 표준 전구의 점등 시간을 감소시켜 표준 전구의 특성 변동이 적다는 장점이 있다. 또한 백열전구의 광도를 측정하는 실제적인 방법이 된다.

예제 3.1

길이 2[m]인 장형 광도계로 10[cd]의 표준등에서 90[cm]인 곳에 광도계 두부가 있을 때 측광 평형이 얻어졌다면, 측정용 전구의 광도[cd]를 구하라.

풀이 두 광원의 광도 및 거리를 I_A, I_B, d_A, d_B라 하면, 측광 평형이므로 두 광원에 의한 조도가 같다. 즉, 거리의 역제곱 법칙에 의해 조도 I_B는 다음과 같다.

$$\frac{I_A}{d_A{}^2} = \frac{I_B}{d_B{}^2} \qquad \therefore \quad I_B = \left(\frac{d_B}{d_A}\right)^2 I_A$$

$$\therefore \quad I_B = \left(\frac{d_B}{d_A}\right)^2 I_A = \left(\frac{110}{90}\right)^2 \times 10 = 14.9\ [\mathrm{cd}] \fallingdotseq 15\ [\mathrm{cd}]$$

예제 3.2

반사갓이 붙은 60 [W] 전구를 책상 위 2 [m] 높이에서 점등하면 바로 밑 책상면의 조도가 17.5 [lx]이었다. 이 전구를 50 [cm]만큼 책상 방향으로 내릴 때, 책상면의 조도 [lx]를 구하라.

풀이 처음의 조도를 E_0, 50 [cm] 만큼 내릴 때의 조도를 E라 할 때, 조도 E는 거리의 역제곱 법칙에 의해 다음과 같다.

$$\frac{E}{E_0}=\left(\frac{2}{1.5}\right)^2 \qquad \therefore\ E=\left(\frac{2}{1.5}\right)^2\times E_0=\left(\frac{2}{1.5}\right)^2\times 17.5=31\ [\text{lx}]$$

(3) 루머 브로돈 광도계

(a) 루머 브로돈 등휘형

그림 3.5에서 P는 루머 브로돈 입방체(cube)로 한 쪽은 밑변의 양단이 잘린 삼각 프리즘 A, 다른 쪽은 삼각 프리즘 B이고, 두 프리즘은 밑부분이 맞붙어 있다. S는 산화마그네슘을 칠한 스크린이고 m, m'는 반사경이다.

두 광원으로 스크린 S에 빛을 비추면, 왼쪽의 피조면 상으로부터의 반사광은 m에서 전반사하여 프리즘 A의 중앙부를 직진하여 접안경 E에 도달한다.

S의 오른쪽 반사면의 반사광은 m'에서 전반사하여 프리즘 B의 중앙 부분에서 왼쪽

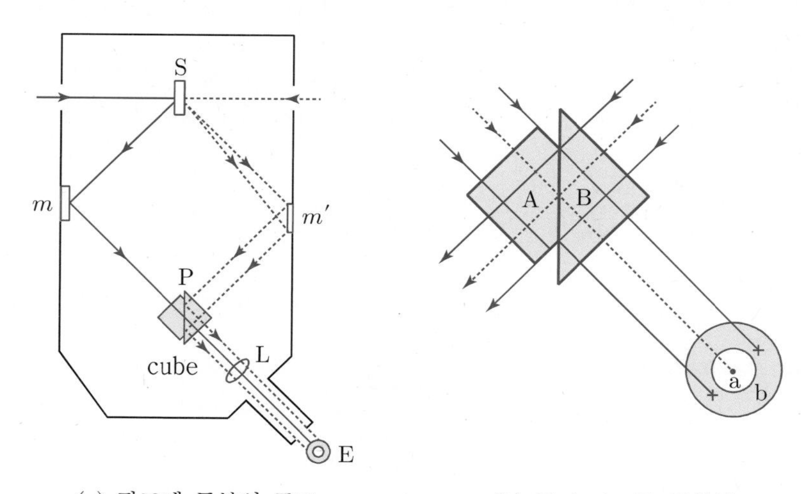

(a) 광도계 두부의 구조 (b) 루머 브로돈 등휘형

그림 3.5 ▸ 루머 브로돈 등휘형 광도계

으로 직통하지만, 프리즘 B 주위의 밑부분에 부딪친 빛은 전반사하여 접안경 E에 도달한다. 따라서 E 주위는 오른쪽 광원에 의한 S면의 휘도, 중앙부는 왼쪽 광원에 의한 S면의 휘도를 한눈으로 비교할 수 있게 된다.

S 양면의 조도가 같을 때에는 E에서 볼 때 주위와 중앙부와의 휘도가 같게 되어 내외의 경계가 없어져 버리는데, 이 점을 **평형점**이라 한다.

(b) 루머 브로돈 대비형

그림 3.6에 나타낸 바와 같이 프리즘 A에는 경계면 상에 동일한 간격으로 홈이 패여 있기 때문에 빛의 통로 및 시야는 그림과 같이 된다. g와 g′는 투과율이 같은 필터가 붙어 있으므로 시야에서 사다리꼴로 되어 있는 a와 b의 휘도가 같게 되어 중앙의 경계가 없어진 **평형점**이 된다.

육안으로는 대비형이 등휘형보다 S 상의 휘도 차이를 쉽게 찾을 수 있기 때문에 그만큼 정확한 측광을 할 수 있으며, 광도계의 스크린상의 조도는 10~20[lx] 정도가 좋다.

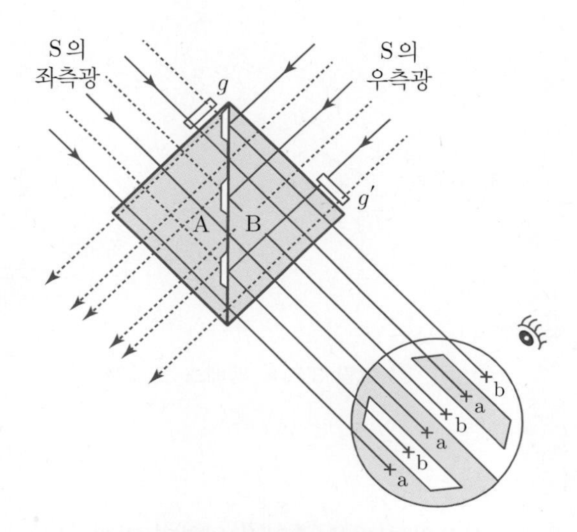

그림 3.6 ▶ 루머 브로돈 대비형 광도계

3.1.4 조도계

일반적으로 조도 측정은 시감에 의해 평형 측광한 후, 측정한 광도로부터 조도를 산출하는 비교적 간단한 방법을 취한다. 그러나 실용적으로는 미리 이 방법에 의해 교정된 조도계를 주로 사용한다. 조도계는 시감에 의해 측정하는 맥베스 조도계와 물리 수광기인 간이 조도계 및 광전지 조도계 등이 있다.

(1) 맥베스 조도계

그림 3.7은 맥베스 조도계(Macbeth illminometer)의 구조를 나타낸 것이다. 다이얼 B를 돌려 루머 브로둔 등휘형의 큐브 P와 전구 L과의 거리를 조절할 수 있고, 조도 눈금은 L이 움직이는 측에 표시되어 있으며 B에는 지침이 있다. 조정 상자에는 점등용 전원, 광도 조정용 가감 저항기 및 전류계가 있고 코드로 전구와 연결되어 있다.

측정 방법은 조도를 측정하려는 장소에서 시험판 S를 향하게 한 다음, 조도계의 접안경 E로부터 P를 보면서 다이얼을 돌려 평형을 맞추고 조도 눈금을 읽으면 시험판 S의 조도를 알 수 있다.

측정 범위는 10~250[lx]이지만, 필터를 사용하면 0.1~25,000[lx] 범위의 조도도 측정할 수 있다.

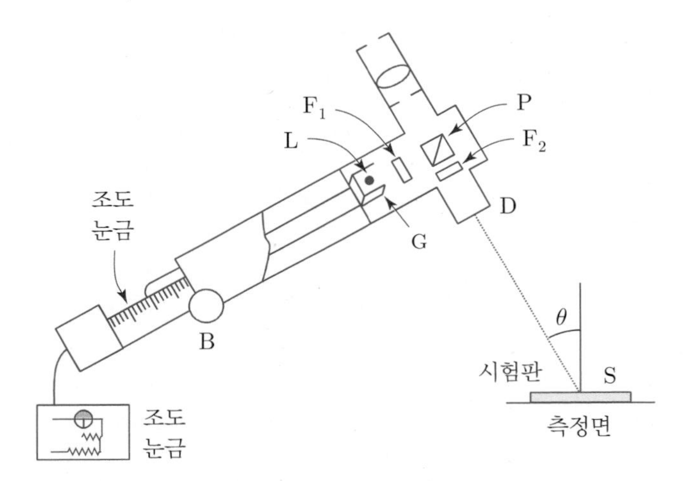

그림 3.7 ▶ 맥베스 조도계

(2) 간이 조도계

간이 조도계 개인의 시감의 차이를 줄이기 위하여 미리 교정된 물리 수광기이다. 조도계의 측정 범위는 3~40[lx]로 전구의 전류를 변화시켜 1/10 및 10배로 측정 범위를 변화시킬 수 있으며, 일반적으로 사용하는데 편리한 휴대용 간이 조도계가 있다.

(3) 광전지 조도계

셀렌 또는 산화구리에 빛을 조사하면 기전력이 발생하는데, 이 현상을 **광전지**라 한다. 발생하는 기전력은 조도에 비례하며, 이 현상을 이용한 것을 광전지 조도계라 한다. 광전지 조도계는 전류계 대신에 조도 눈금을 대체한 것으로 읽기가 간편한 잇점이 있다.

3.1.5 물리 측광

일반적인 광속계, 광도계, 조도계 등은 사람의 시감에 의해 휘도의 평형을 취하고 나서 측광하는 것이다. 그러나 시감은 개인차가 매우 크고 환경 및 조건에 따라 측정값이 달라진다. 그러나 사람의 시감에 의존하지 않고, 빛이 물질에 대하여 광전효과, 열효과, 화학작용 등을 일으키는 수광 소자 등의 물리적 반응, 즉 빛의 양에 비례하여 전류가 흐르는 현상을 응용하여 측광하는 방법이 있다.

이와 같이 미리 교정된 물리 수광기를 사용하여 두 개의 측광량을 비교하여 그의 비를 구하는 것을 **물리 측광**이라 하며, 시감 측정에 비해 매우 높은 정도와 확도를 얻을 수 있다. 시감 측광에서 눈이 비교하는 측광량은 휘도이지만, 물리 측광에서는 물리 수광기가 비교하는 측광량은 광속이 된다.

물리 측광은 광전지 조도계와 같이 시감에 의해 휘도를 비교하지 않고 즉시 측정값을 읽을 수 있는 장점이 있기 때문에 최근의 측광 방법은 거의 모두 이 방법으로 이루어지고 있다.

현재 물리 측광에는 저조도 측정, 자외선 측정 및 기타 정밀 측정에 사용되고 있는 광전관 조도계가 있고, 적외선의 장파장까지 측정할 수 있는 광전도 조도계 등이 있다.

3.2 배광 곡선과 루소 선도

3.2.1 배광 곡선

광원이 있는 공간에서의 **광도 분포**를 **배광**이라 하며, 광원의 중심을 지나는 평면상의 광도 분포를 광도와 방향각의 극좌표로 나타낸 곡선을 **배광 곡선**(distribution curve of light)이라 한다. **그림 3.8**과 같이 광원의 중심을 포함한 수평면(ϕ) 위의 배광 곡선을 **수평 배광 곡선**, 수직면(θ) 위의 배광 곡선을 **수직 배광 곡선**이라 한다.

일반적으로 **배광 곡선은 수직 배광 곡선을 의미**하며, 조명기구의 가장 중요한 특성을 나타내는 것으로 조명 설계의 기초가 된다.

그림 3.9는 백열전구를 아래 방향으로 점등하였을 때의 수평 배광 곡선과 수직 배광 곡선을 나타낸 것이다.

배광의 표시는 광원을 중심으로 하여 각 방향으로 직선을 긋고, 각각의 방향각에 대한 광도의 값을 직선에 비례한 길이의 점들을 연결하여 배광 곡선을 나타낸다.

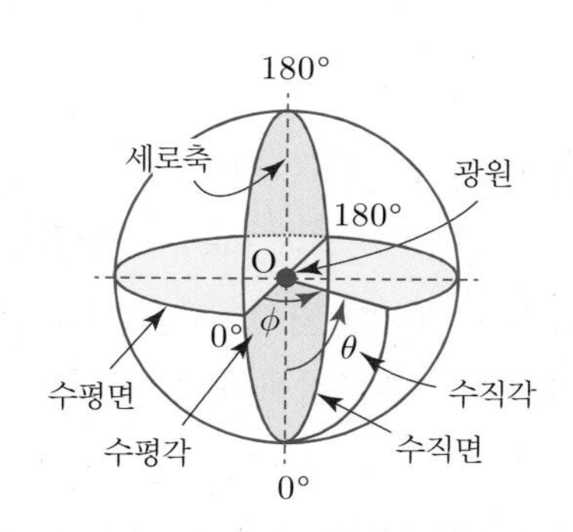

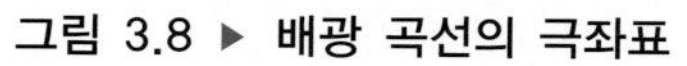
그림 3.8 ▶ 배광 곡선의 극좌표

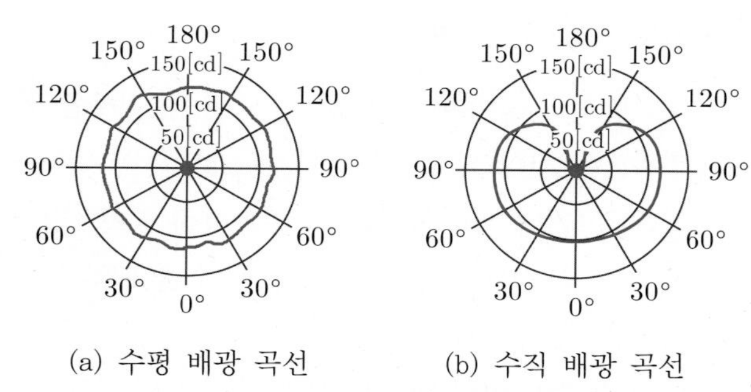

그림 3.9 ▶ 배광 곡선(백열전구)

3.2.2 완전 확산 광원의 배광 곡선

임의의 각 θ 방향에 대한 광원의 광도 I_θ 는 식 (1.14)에 의해 그 방향에서 광원을 바라보았을 때의 투영 면적 A' 에 휘도 B 를 곱한 값, 즉,

$$I_\theta = A'B \tag{3.8}$$

가 된다. 따라서 완전 확산성 광원은 어느 방향으로 보아도 휘도 B 가 같기 때문에 광원의 투영 면적 A' 만 구하면, 광도 분포를 나타낸 배광 곡선을 간단히 구할 수 있다.

(1) 구형 광원

반지름 a 인 완전 확산성의 구형 광원에서 휘도 B 가 일정하고, 어느 방향으로 보아도 광원의 투영 면적은 $A' = \pi a^2$ 이다. 즉, 식 (3.8)에 의해 방향에 관계없이 일정한 광도 I 는

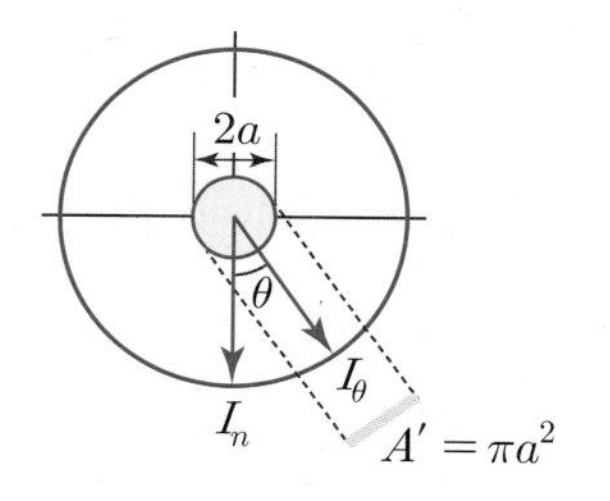

그림 3.10 ▶ 구형 광원

$$I = \pi a^2 \cdot B \qquad \therefore \ I_\theta = I(= I_n) \tag{3.9}$$

가 된다. **그림 3.10**과 같이 배광 곡선의 반지름은 $I = I_n$ 의 원으로 된다.

(2) 평원판 광원

반지름 a 인 완전 확산성의 평원판 광원에서 휘도가 B 일 때, **그림 3.11**의 광원 바로 아래쪽인 수직각 0°의 법선 방향의 투영 면적은 $A = \pi a^2$ 이고, 수직각 θ 방향의 투영 면적은 $A' = A\cos\theta = \pi a^2 \cos\theta$ 가 된다.

즉, 법선 광도 I_n과 임의의 각 θ의 광도 I_θ는 각각

$$\begin{cases} I_n = \pi a^2 \cdot B \\ I_\theta = \pi a^2 \cos\theta \cdot B \end{cases} \qquad \therefore \; I_\theta = I_n \cos\theta \tag{3.10}$$

이다. **그림 3.11**과 같이 식 (3.10)에 의해 배광 곡선의 지름은 법선 광도 I_n인 원이 된다.

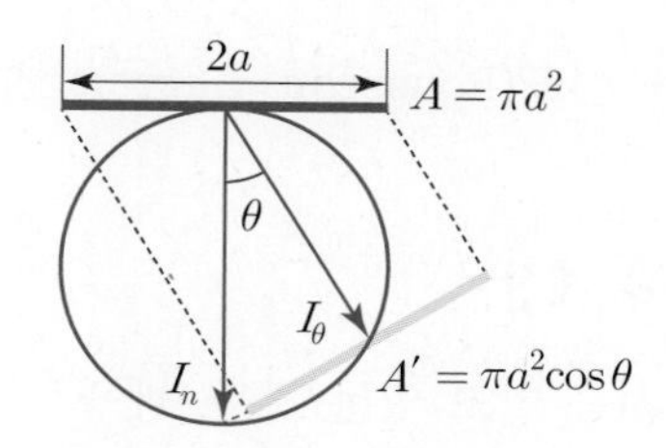

그림 3.11 ▸ 평원판 광원

(3) 원통 광원

반지름 $2a$, 길이 h인 완전 확산성의 수직 원통 광원에서 휘도가 B일 때, **그림 3.12**의 수평 법선 방향의 투영 면적은 $A=2ah$인 직사각형이고, 수직각 θ 방향의 투영 면적은 $A'=A\sin\theta=2ah\sin\theta$이다. 즉, 광도 I_n과 I_θ는 각각 식 (3.8)에 의해

$$\begin{cases} I_n = 2ah \cdot B \\ I_\theta = 2ah\sin\theta \cdot B \end{cases} \qquad \therefore \; I_\theta = I_n \sin\theta \tag{3.11}$$

가 된다. **그림 3.12**와 같이 식 (3.11)에 의해 배광 곡선의 지름은 법선 광도 I_n의 원이 된다.

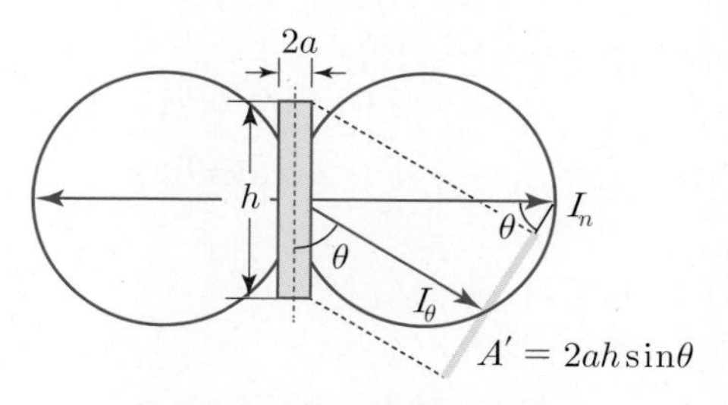

그림 3.12 ▸ 원통 광원

3.2.3 루소 선도

광원으로부터 발산하는 **광속 F를 구하는 방법**은 다음의 두 가지가 있다. 광도계에 의한 배광 곡선으로부터 구하는 방법에 관하여 설명한다.

① 광속계로 직접 측정하는 방법
② 광도계에 의한 배광 곡선으로부터 구하는 방법

광속 계산 : { 배광 곡선을 이용한 직접 계산법 / **루소 선도**(Rousseau diagram)**법** }

(1) 배광 곡선에 의한 광속 계산

점광원에 의한 배광 곡선을 알고 있는 경우, 배광 곡선으로부터 전 광속 F를 구하는 계산 방법에 대해 알아본다.

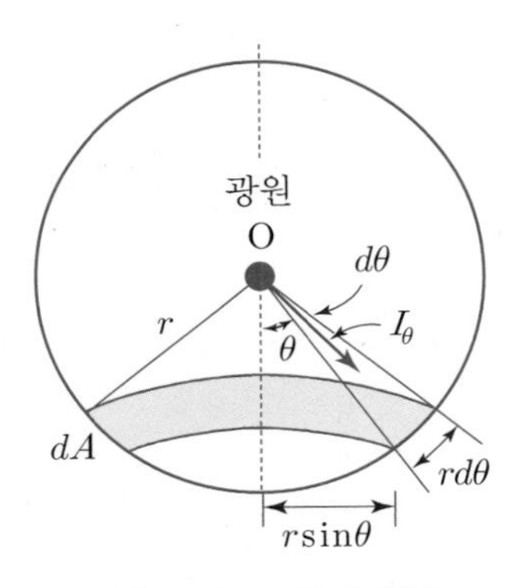

그림 3.13 ▸ 구대 광속

그림 3.13과 같이 광원 O를 중심으로 반지름 r인 구 표면을 수직축에 직각으로 자른 미소 표면적, 즉 구대를 생각한다. 구대는 수직각 θ와 $\theta+d\theta$ 사이의 폭($d\theta$)을 가지고 있을 때, 구대의 반지름과 길이는 각각

반지름 : $r\sin\theta$, 길이 : $2\pi r\sin\theta$

이므로, 표면적 dA는 다음과 같다.

$$dA = 2\pi r^2 \sin\theta \, d\theta \tag{3.12}$$

수직각 θ 방향의 광도를 I_θ 라 하면, 구 내면의 조도 E는 식 (1.6)과 식 (1.7)에 의해

$$E = \frac{I_\theta}{r^2}, \quad E = \frac{dF}{dA} \tag{3.13}$$

가 된다. 구대의 광속 dF는 식 (3.13)에 의해

$$dF = E \cdot dA = \frac{I_\theta}{r^2} \cdot 2\pi r^2 \sin\theta \, d\theta$$

$$\therefore \; dF = 2\pi I_\theta \sin\theta \, d\theta \tag{3.14}$$

이다. 이로부터 전 광속 F는 다음과 같이 적분으로 표현된

$$F = 2\pi \int_0^\pi I_\theta \sin\theta \, d\theta \tag{3.15}$$

가 된다. 이와 같이 적분 계산을 하면 광원의 전 광속을 구할 수 있다.

(2) 루소 선도

주어진 배광 곡선으로부터 구한 전 광속의 식 (3.15)는 실제 계산에서 매우 복잡하다. 그러므로 계산을 간단히 하기 위해 적분을 도해법으로 나타내는 방법이 있는데, 이것을 **루소 선도**(Rousseau diagram)라고 한다. 루소 선도는 축대칭 광원의 배광 곡선에서 전 광속 F와 평균 광도 I를 구하기 위한 선도이다.

(a) 루소 선도 작성법

루소 선도 작성법은 다음의 순서에 의해 작도하며 **그림 3.14**에 나타내었다.

① 주어진 배광 곡선을 오른쪽 반만 그린다.

② 광원의 중심에서 반지름 r 인 원을 그린 다음, OA, OB, OC, …… 등의 연장선을 원주와 만나도록 하면서 반지름을 여러 개 그린다.

③ 위의 반지름과 원주가 만나는 점에서 x 축과 평행선을 그린다.

단, 수직선 y 축으로부터 OA = aa′, OB = bb′, OC = cc′, …… 등이 되도록 한다. 따라서 x 축의 각각의 길이는 배광 곡선의 그 방향에 대한 광도 I_θ 를 나타내는 것이다.

④ a′, b′, c′, ……의 점들을 연결하면 하나의 곡선이 얻어진다.

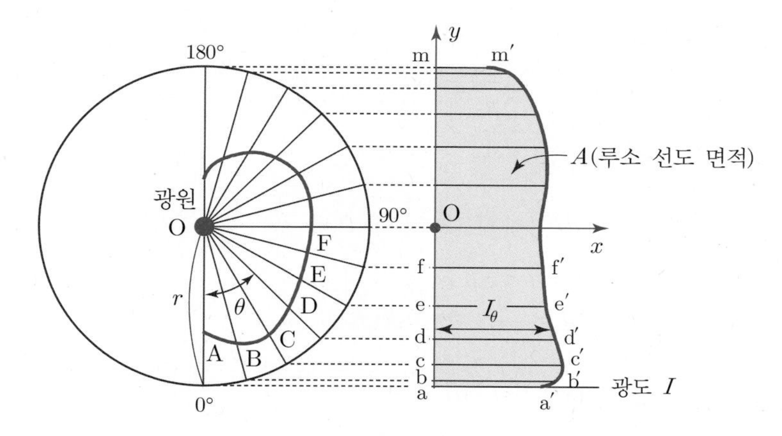

그림 3.14 ▶ 루소 선도의 작성

여기서 얻어진 곡선을 **루소 선도**라 한다. 루소 선도는 광원 광도 I_θ와 방향각 θ의 극좌표로 나타낸 배광 곡선을 직각 좌표 곡선의 형태로 변환한 것이다. 즉,

좌표 변환 : 배광 곡선 : $I_\theta / \underline{\arg(I_\theta)}$ [극 좌표계]
루소 선도 : $x = I_\theta,\ y = -r\cos\theta$ [직각 좌표계]

$$\text{루소 선도 좌표 : } (x,\ y) = (I_\theta,\ -r\cos\theta) \tag{3.16}$$

(b) 루소 선도에서 광속 구하는 방법

그림 3.14에서 광도 I_θ인 배광 곡선의 임의의 점 D를 루소 선도의 점 d′인 x, y 좌표는 다음과 같다.

$$x = I_\theta, \quad y = -r\cos\theta \tag{3.17}$$

곡선 a′, b′, c′, d′와 y축으로 이루어진 부분의 면적을 A라 하면, $dy = r\sin\theta d\theta$이므로 다음과 같이 나타낼 수 있다.

$$A = \int_0^{2r} x\,dy = r\int_0^{\pi} I_\theta \sin\theta\, d\theta \tag{3.18}$$

식 (3.15)와 식 (3.18)에 의해 광원의 전 광속 F와 루소 선도의 면적 A는 다음의 관계식이 성립한다.

$$\text{전 광속 : } F = \frac{2\pi}{r} \cdot A, \quad F = \frac{2\pi}{r} \times (\text{루소 선도 면적}) \qquad (3.19)$$

이와 같이 루소 선도 면적으로부터 식 (3.19)에 의해 전 광속 F를 구할 수 있고, 광속 F에 의해 평균 구면 광도 I도 구할 수 있다.

3.2.4 루소 선도에 의한 광속 계산

그림 3.14의 루소 선도에서 광도 I_θ인 점 x, y 좌표는 식 (3.16)에서

$$\text{루소 선도 좌표 : } (x,\ y) = (I_\theta,\ -r\cos\theta) \qquad (3.20)$$

이다. 좌표로부터 루소 면적 A를 계산하고 식 (3.19)에 의해 전 광속 F를 구한다.

(1) 구형 광원 (그림 3.15, 배광 곡선[루소 선도] A)

그림 3.15의 배광 곡선 A에서 균일한 구면 광도를 I_A라 하면, $x = I_\theta = I_A$이므로 $(x,\ y) = (I_A,\ 0)$이다. 즉 루소 선도의 기선($x=0$)으로부터 I_A 만큼 떨어져서 평행인 루소 선도 A와 같은 직선이 된다.

이로부터 루소 선도 A에 의한 루소 선도 면적은 $A = 2rI_A$이므로 전 광속 F는 식 (3.19)에 의해 다음과 같이 구해진다.

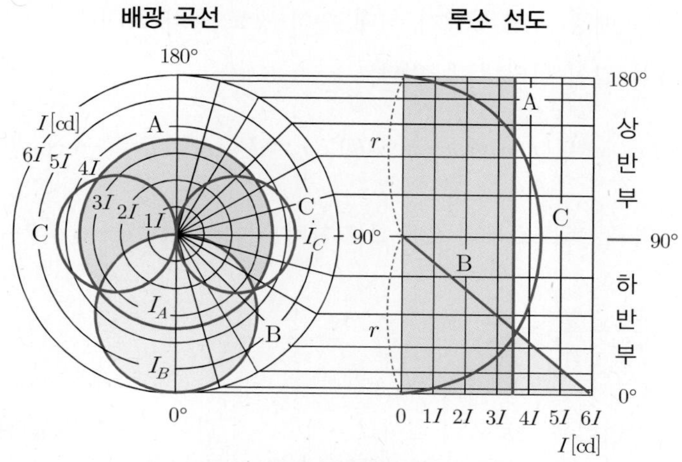

그림 3.15 ▶ 광원의 배광 곡선과 루소 선도

$$F = \frac{2\pi}{r} \cdot A = \frac{2\pi}{r} \times 2rI_A = 4\pi I_A \quad (\boldsymbol{F = 4\pi I}) \tag{3.21}$$

(2) 평원판 광원 (그림 3.15, 배광 곡선[루소 선도] B)

그림 3.15의 배광 곡선 B에서 최대 광도를 $I_B(0°)$라 하면, $I_\theta = I_B\cos\theta$ 이다. 즉,

$$(x,\ y) = (I_B\cos\theta,\ -r\cos\theta),\ x = I_B\cos\theta,\ y = -r\cos\theta \tag{3.22}$$

의 좌표가 된다. 두 좌표의 관계식에서 y를 x의 함수로 표현하면

$$y = -r\left(\frac{x}{I_B}\right) = -\frac{r}{I_B}x \tag{3.23}$$

가 된다. 식 (3.23)은 (r/I_B)의 음의 기울기를 갖는 1차 함수가 되므로 **그림 3.15**의 루소 선도 B와 같은 직선 그래프가 된다. 이로부터 루소 선도의 면적은 높이 r, 밑변 I_B인 직각 삼각형의 면적 $A = rI_B/2$이다. 그러므로 전 광속 F는 식 (3.19)에 의해 다음과 같이 구해진다.

$$F = \frac{2\pi}{r} \cdot A = \frac{2\pi}{r} \times \frac{rI_B}{2} = \pi I_B \quad (\boldsymbol{F = \pi I}) \tag{3.24}$$

(3) 원통 광원 (그림 3.15, 배광 곡선[루소 선도] C)

그림 3.15의 배광 곡선 C에서 최대 수직 광도 I_c라 하면, $I_\theta = I_c\sin\theta$가 된다. 즉, 좌표는 다음과 같이 나타낼 수 있다.

$$(x,\ y) = (I_c\sin\theta,\ -r\cos\theta),\ x = I_c\sin\theta,\ y = -r\cos\theta \tag{3.25}$$

식 (3.25)의 두 좌표로부터 θ를 소거하기 위하여 $\sin^2\theta + \cos^2\theta = 1$을 이용하면

$$\frac{x^2}{I_c^2} + \frac{y^2}{r^2} = 1 \tag{3.26}$$

이 된다. 이 방정식은 가로축의 길이 I_c, 세로축의 길이 r인 타원이 된다. 타원 방정식에 의해 **그림 3.15**의 루소 선도 C곡선과 같이 표시할 수 있다.

장축 a, 단축 b인 타원의 면적 공식은 πab이므로 루소 선도 C의 곡선에서 루소 선도 면적은 $A=\pi rI_c/2$이다. 따라서 전 광속 F는 식 (3.19)에 의해

$$F=\frac{2\pi}{r}\cdot A=\frac{2\pi}{r}\times\frac{\pi rI_c}{2}=\pi^2 I_c \quad (F=\pi^2 I) \tag{3.27}$$

로 구해진다.

표 3.1은 여러 가지 형상의 기하학적 광원에 대한 배광 곡선, 루소 선도와 조명 특성을 나타낸 것으로 참고하기 바란다.

표 3.1 ▶ 기하학적 광원의 배광 곡선

성질 \ 광원	직 선	원 판	평면판	원 통	구 면	반구면
전등축(광축) / 수직 배광 곡선	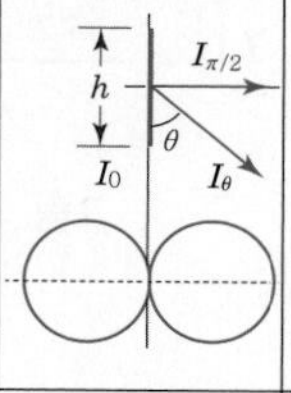	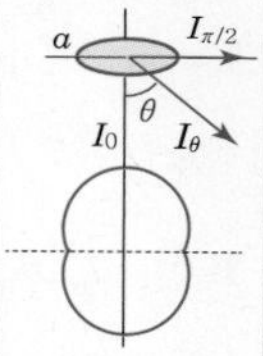	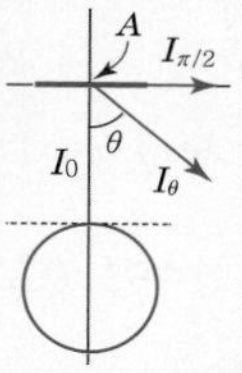	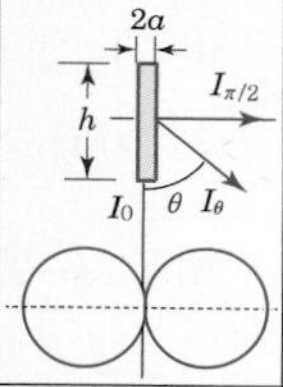	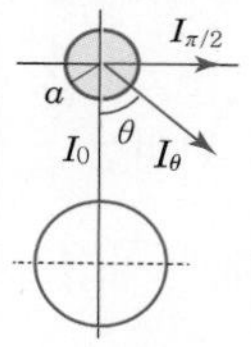	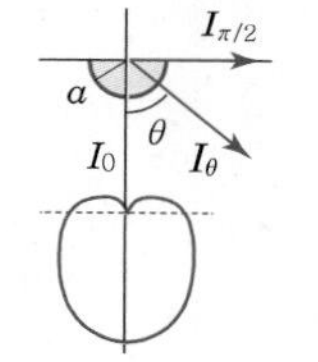
루소 선도	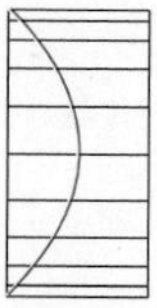	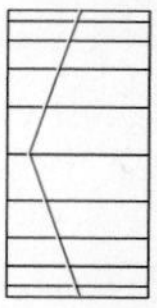	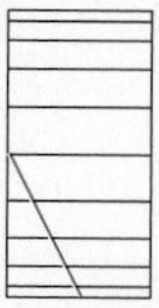	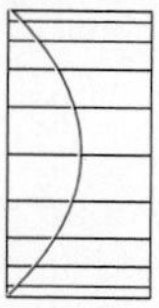	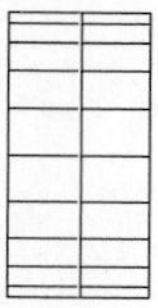	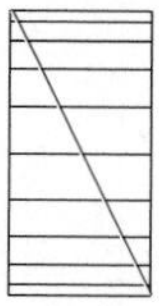
배광 곡선 I_θ	$I_{\pi/2}\sin\theta$	$I_{\pi/2}E(h)$	$I_0\cos\theta$	$I_{\pi/2}\sin\theta$	$I_{\pi/2}=I_0$	$I_{\pi/2}(\cos\theta+1)$
$I_{\pi/2}$	hL	$4aL$	0	$2ahL$	$\pi a^2 L$	$\pi a^2 L/2$
I_0	0	$2\pi aL$	AL	0	$\pi a^2 L$	$\pi a^2 L$
전 광속 F_0	$\pi^2 I_{\pi/2}$	$\pi^2 I_0$	πI_0	$\pi^2 I_{\pi/2}$	$4\pi I_0$	$2\pi I_0$
하 반 구 광 속	$\frac{F_0}{2}$	$\frac{F_0}{2}$	F_0	$\frac{F_0}{2}$	$\frac{F_0}{2}$	$\frac{3F_0}{4}$
상 반 구 광 속	$\frac{F_0}{2}$	$\frac{F_0}{2}$	0	$\frac{F_0}{2}$	$\frac{F_0}{2}$	$\frac{F_0}{4}$

예제 3.3

그림 3.16과 같이 루소 선도가 표시될 때, 다음을 각각 구하라.

(1) 배광 곡선의 식
(2) 하반구 광속
(3) 상반구 광속
(4) 총 광속

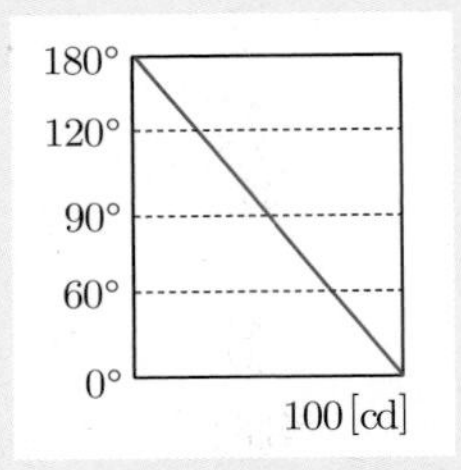

그림 3.16

풀이 루소 선도 해석법

① 광원 중심(90°) : 원점(0, 0)

② 좌표 : $(x,\ y) = (I_\theta,\ -r\cos\theta)$

③ y 축 $\begin{cases} 0° \sim 90° & : \text{하반구 광속(높이 } r) \\ 90° \sim 180° & : \text{상반구 광속(높이 } r) \\ 0° \sim 180° & : \text{전 광속(높이 } 2r) \end{cases}$

④ 편의상 $r = I(=100)$로 놓고 계산할 것

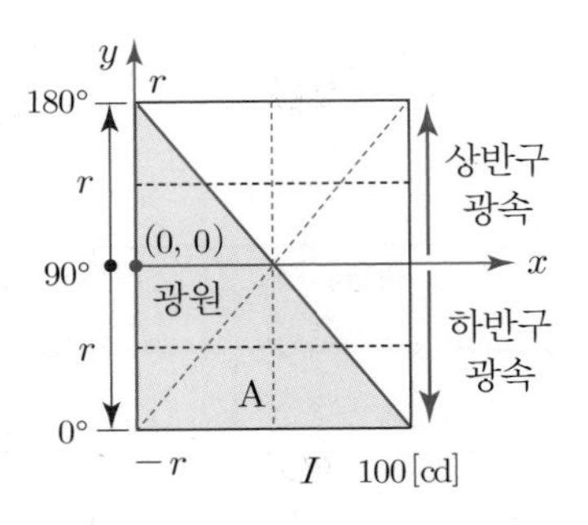

그림 3.17

(1) 배광 곡선 식 : 광도 I_θ의 함수를 θ로 표현, $I_\theta(\theta)$

(직선 그래프) 기울기 : $-\dfrac{2r}{I} = -2$, y 절편 : $r = 100$

일차 함수 : $y = -2x + 100$, 좌표 $(I_\theta,\ -r\cos\theta) = (I_\theta,\ -100\cos\theta)$ 대입

$\therefore\ I_\theta = 50(\cos\theta + 1)$

(2) 하반구 광속(0° ~ 90°) : 하반구 전 면적($rI = 10000$)의 3/4 해당

$$F = \frac{2\pi}{r} \cdot A = \frac{2\pi}{100} \times \left(10000 \times \frac{3}{4}\right) = 150\pi = 471\ [\text{lm}]$$

(3) 상반구 광속(90° ~ 180°) : 상반구 전 면적($rI = 10000$)의 1/4 해당

$$F = \frac{2\pi}{r} \cdot A = \frac{2\pi}{100} \times \left(10000 \times \frac{1}{4}\right) = 50\pi = 157\ [\text{lm}]$$

(3) 전 광속(0° ~ 180°) : 전 면적($2rI = 20000$)의 1/2 해당

$$F = \frac{2\pi}{r} \cdot A = \frac{2\pi}{100} \times \left(20000 \times \frac{1}{2}\right) = 200\pi = 628\ [\text{lm}]$$

(위에서 구한 하반구 광속과 상반구 광속의 합으로도 구할 수 있음)

연습문제

객관식

01 60[W] 전구를 책상 위 2[m]인 곳에서 점등하였을 때 전구 바로 밑의 조도가 18[lx]가 되었다. 이 전구를 50[cm]만큼 책상 쪽으로 가까이 할 때의 조도[lx]를 구하라.

① 약 13.5 ② 약 18 ③ 약 24 ④ 약 32

힌트 $E=\frac{I}{r^2}$, $E \propto \frac{1}{r^2}$(조도의 거리 역제곱 법칙), $E_1 : E_2 = 1.5^2 : 2^2$ $\therefore E_2 = \frac{2^2}{1.5^2} \times 18 = 32$ [lx]

02 루소 선도에서 전 광속 F와 루소 선도의 면적 S 사이에는 어떠한 관계가 성립하는가? 단, a, b는 상수이다.

① $F=\frac{a}{S}$ ② $F=aS$

③ $F=aS+b$ ④ $F=aS^2$

힌트 $F=\frac{2\pi}{R}S=aS$ (a : 상수)

03 루소 선도에 의하여 광원의 광속을 구할 경우, 광원을 중심으로 한 원의 반경을 R, 루소 선도의 면적 S라 하면 광원의 광속 F는 사이에는 어떠한 관계가 성립하는가? 단, a, b는 상수이다.

① $F=\frac{2\pi S}{R}$ ② $F=\frac{S}{2R}$

③ $F=\frac{4\pi S}{R}$ ④ $F=\frac{4\pi R^2}{S}$

힌트 $F=\frac{2\pi}{R}S=aS$ (a : 상수)

04 어떤 전구의 상반구 광속은 2000[lm], 하반구 광속은 3000[lm]이다. 평균 구면 광도[cd]를 구하라.

① 약 200 ② 약 400 ③ 약 600 ④ 약 800

힌트 전 광속 $F=2000+3000=5000$ [lm]

광속과 평균 구면 광도 관계식 $F=4\pi I$ $\therefore I=\frac{F}{4\pi}=\frac{5000}{4\pi}=398$ [cd]

주관식 (풀이와 정답은 부록에 수록되어 있습니다.)

01 길이 4 [m] 인 장형 광도계로 30 [cd] 의 표준등에서 1 [m] 인 곳에 광도계 두부가 있을 때 측광 평형이 되었다면, 피측정 전구의 광도 [cd] 를 구하라.

02 장형 광도계로 **그림 3.18**과 같이 광도 P 면을 수직으로 비추어 평형을 이루었을 때, 거리 D_1은 60 [cm] 이다. 거리 D_2를 구하라.

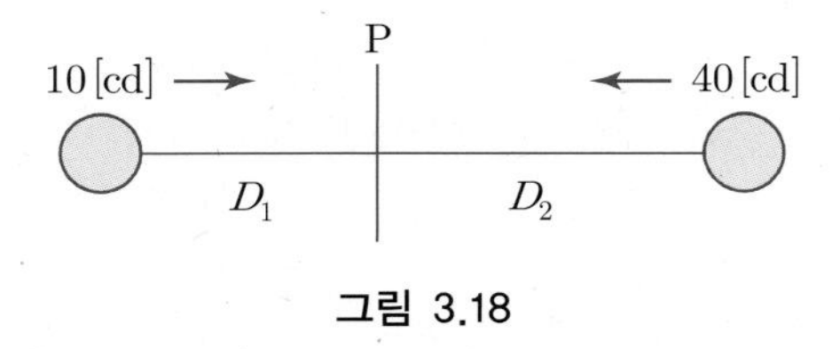

그림 3.18

03 광도 측정의 종류와 방법에 대해 설명하라.

04 배광 곡선과 루소 선도와의 상관 관계를 설명하라.

05 **그림 3.19**의 루소 선도에서 광원의 배광 곡선 식과 전 광속을 구하라.

06 **그림 3.20**의 루소 선도로 표시되는 광원의 하반구 광속, 상반구 광속과 전 광속 [lm] 을 각각 구하라. 단, 그림에서 곡선 BC는 사분원이다.

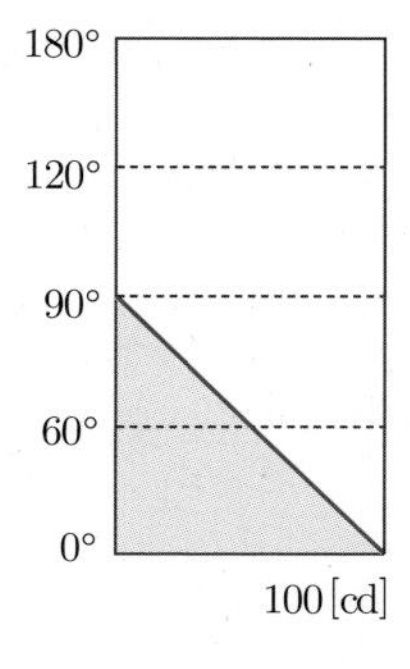

그림 3.19

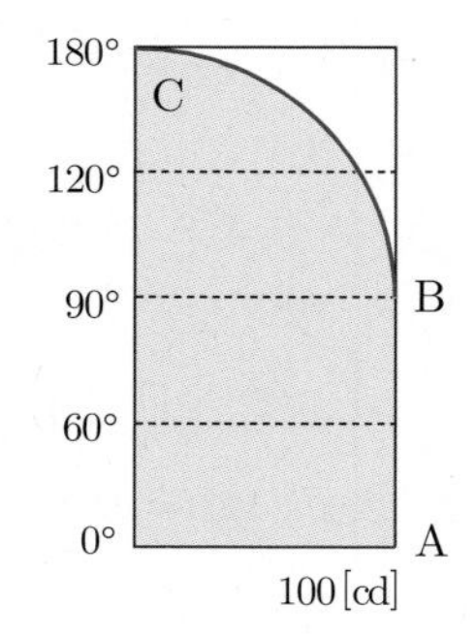

그림 3.20

Chapter 4

광 원

4.1 발광의 원리

4.1.1 온도 복사(열복사)

물체에 온도를 높여 가면 처음에는 적외선을 복사하고, 500[℃] 이상으로 하면 적색의 빛을 발산하기 시작한다. 더욱 더 온도를 높이면 적색이 감소하고 백색, 즉 백열의 상태가 된다. 이와 같이 물체 표면에서 온도(열)에 의해 여러 가지 파장의 전자파 에너지를 방출하는 현상을 **온도 복사**(**열복사** : temperature radiation)라 한다. 온도 복사의 파장 분포는 연속 스펙트럼이고, 백열등과 전열선 등이 해당한다.

흑체(black body)는 일정한 온도의 열적 평형에서 입사하는 모든 파장의 복사 에너지를 완전히 흡수함과 동시에 방출하는 반사가 없는 물체를 의미한다. 완전 흑체는 흡수율이 100[%]인 가상적인 물체로 현실적으로 존재하지 않지만, 백금흑(platinum black)이나 탄소 등이 이와 비슷한 성질을 가지고 있다.

흑체는 온도 복사가 일어나는 가장 이상적인 물체이고, 온도 복사 이론의 기준이 된다. 흑체에서 방출하는 온도 복사의 성질(복사 에너지, 파장)과 흑체 온도 사이에 간단한 관계가 성립한다.

이들의 관계는 **그림 4.1**의 일정 온도에서 파장에 따른 복사 에너지의 관계를 나타낸 흑체의 복사 에너지 특성 곡선에 나타낸다. 즉, **온도 상승과 더불어 복사 에너지는 급속히 증가**하고, **최대 복사 에너지를 내는 파장은 짧은 파장 쪽으로 이동**하는 것을 알 수 있다.

흑체의 온도 복사는 다음의 법칙들이 성립한다.

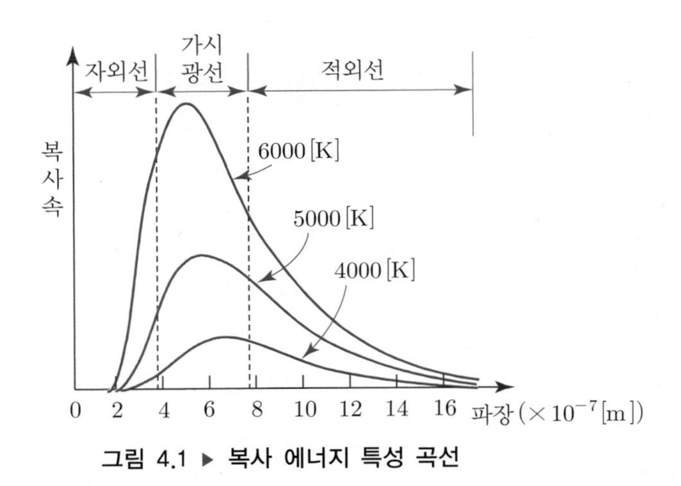

그림 4.1 ▶ 복사 에너지 특성 곡선

(1) 스테판-볼츠만 법칙

흑체의 단위 면적에서 방출되는 복사 에너지 W는 절대 온도 T[K]의 4제곱에 비례한다. 이것을 **스테판-볼츠만 법칙**(Stefan-Boltzmann's law)이라 한다.

$$W = \alpha T^4 \ [\mathrm{W/m^2}] \tag{4.1}$$

여기서 $\alpha = 5.6696 \times 10^{-8} \ [\mathrm{W/m^2 \cdot K^{-4}}]$이고, 스테판-볼츠만 상수라 한다.

(2) 빈의 변위 법칙

흑체에서 최대 분광 복사속 발산도를 발생하는 파장 λ_m은 절대 온도 T[K]에 반비례한다. 이것을 **빈의 변위 법칙**(Wien's displacement law)이라 한다.

$$\lambda_m = \frac{b}{T} \ [\mu\mathrm{m}] \quad (\text{단, } b = 2{,}898[\mu\mathrm{m} \cdot \mathrm{K}]) \tag{4.2}$$

(3) 플랑크의 복사 법칙

절대 온도 T[K], 임의의 파장 λ에서 분광 복사속 발산도 P_λ는 다음과 같다.

$$P_\lambda = \frac{C_1}{\lambda^5} \cdot \frac{1}{e^{C_2/\lambda T}} \ [\mathrm{W/m^2 \cdot nm}] \tag{4.3}$$

여기서 $C_1 = 3.714 \times 10^{20} \ [\mathrm{W/m^2 \cdot nm^4}]$, $C_2 = 1.438 \times 10^{-2} \ [\mathrm{m \cdot deg}]$이다.

(4) 색온도

어떤 광원의 광색이 어느 온도의 흑체의 광색과 같을 때, 그 흑체의 온도를 광원의 **색온도**(color temperature)라 하며, 색온도는 실제 온도보다 높다.

예제 4.1

시감도가 최대인 파장 555[nm]의 온도를 구하라.

풀이 빈의 변위 법칙 : 파장과 절대 온도의 관계(반비례)

$$T = \frac{b}{\lambda_m} = \frac{2898}{0.555} = 5221\ [\mathrm{K}]$$

예제 4.2

6,000[K]에서 최대 복사 에너지의 파장이 555[nm]일 때, 4,500[K]에서의 최대 복사 에너지의 파장과 색깔을 구하라.

풀이 빈의 변위 법칙 : 절대 온도와 최대 파장의 관계($T \propto 1/\lambda_m$, 반비례)

$$T_1 : T_2 = \lambda_{m2} : \lambda_{m1}$$

$$\therefore\ \lambda_{m2} = \frac{T_1}{T_2}\lambda_{m1} = \frac{6,000}{4,500} \times 555 = 740\ [\mathrm{nm}]\ (\text{적색})$$

4.1.2 루미네선스

루미네선스(luminescence)는 온도 복사 이외의 모든 발광 현상, 즉 열을 수반하지 않고 어떤 자극에 의해 빛을 발산하는 현상을 의미한다. 따라서 **냉광**(cold light)이라고도 한다. 열에너지의 소모가 거의 이루어지지 않기 때문에 에너지 변환 효율은 매우 높은 것이 특징이다.

루미네선스는 자극 후 발광의 지속 시간에 따라 형광과 인광으로 구분한다. **표 4.1**은 형광과 인광의 특성을 나타낸 것이다.

표 4.1 ▶ 루미네선스의 발광의 지속 시간에 따른 분류

종 류	성 질
형 광	① 자극이 주어지고 있는 시간만 발광하는 것 ② 물질 내의 전자가 여기 상태로 되었다가 곧 기저 상태로 돌아가면서 발광하는 경우
인 광	① 자극이 사라진 후에도 어느 정도 지속적으로 발광을 계속하는 것 ② 물질 내의 전자가 여기 상태에서 일단 준안정 상태로 이행한 다음에 다시 기저 상태로 돌아가는 경우

루미네선스는 자극의 종류에 따라 **표 4.2**와 같이 분류하고, 실제적으로 광원으로 사용하는 것은 전기 및 복사 루미네선스가 된다.

표 4.2 ▶ 루미네선스의 자극에 따른 분류

종 류	원 리	적 용
전기 루미네선스	기체 방전에 의한 발광 현상	방전등
복사 루미네선스	① 광선, 자외선 및 X선 등의 자극에 의해 그 파장보다 긴 파장의 빛을 발산(스토크스의 법칙) ② 보통 기체와 액체는 형광, 고체는 인광을 발산	형광등(형광) 야광도료(인광)
열 루미네선스	물체를 강하게 가열할 때 같은 온도의 흑체복사보다 더 강한 복사속을 발산하는 현상	금강석 대리석, 형석
음극선 루미네선스	형광체에 음극선의 조사에 의한 발광 현상	브라운관
파이로 루미네선스	휘발성 금속원소 또는 그 염류를 가스의 불꽃에 넣을 때 금속 증기의 발광 현상(알칼리 금속)	발염 아아크등 불꽃 반응
생물 루미네선스	① 생물에 의한 발광으로 일종의 광화학 반응 ② 발광물질은 루시페린이고, 열을 수반하지 않음	야광충 개똥벌레
화학 루미네선스	화학 반응, 특히 산화 과정에 의한 발광	황린의 자연발화
마찰 루미네선스	물질의 기계적 파괴 또는 마찰에 의해 순간적으로 발광	각설탕, 석영

스토크스의 법칙(Stokes' law)

형광체는 자극광의 빛에너지를 흡수하여 그 일부를 다시 빛에너지로 복사하는 물질이다. 형광체에서 발산하는 복사의 파장은 자극광의 파장보다 항상 길다. 이 현상을 **스토크스의 법칙**이라 한다. 일반적으로 복사 에너지는 파장과 반비례하기 때문에 자극광보다 에너지가 적은 형광의 파장은 자극광의 파장보다 항상 길다.

따라서 자극광은 가시범위의 파장보다 짧은 자외선이나 X선 등으로 조사해야 가시범위의 복사 루미네선스를 얻을 수 있다.

4.2 백열전구

4.2.1 원리와 구조

백열전구는 필라멘트에 전류를 흘려서, 고온으로 가열하여 온도 복사에 의한 발광 원리를 이용한 것이다. **그림 4.2**는 백열전구의 구조 및 각 부의 명칭을 나타낸다.

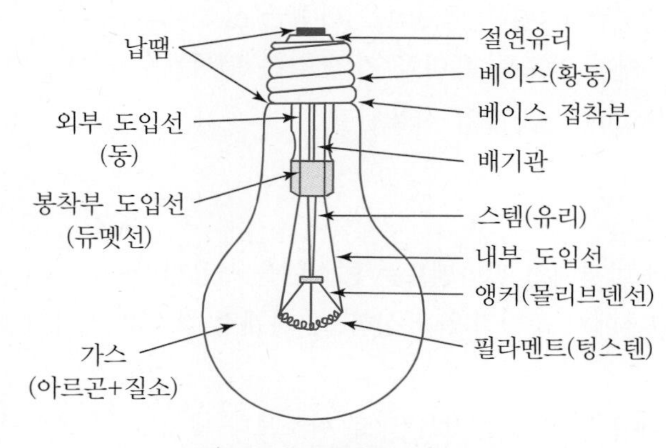

그림 4.2 ▸ 백열전구의 구조

(1) 유리구

일반용 전구는 연질유리의 소다석회 유리를 사용하고, 고용량의 전구는 내열용으로 경질유리의 붕규산 유리를 사용한다.

(2) 베이스

전구에 전원을 접속하기 위한 부분이고, 재질은 황동 또는 알루미늄으로 되어 있다. 기계적 강도 및 내부식성을 고려하여 알루미늄을 주로 사용한다.

베이스의 크기와 모양은 한국산업규격(KS)에서 규정하고 있다. 보통형은10～200[W], 대형은 300～1000[W]이다.

① 나사식(Edison base) : 일반 전구용(E)
　특소형(E10), 소형(E12), 중형(E17), 보통형(E26), 대형(E39)

② 차입식(Swan base) : 기차, 자동차, 선박용 전구 등의 진동이 심한 장소(S)

③ 바이포스트식(bipost base) : 형광등과 같은 긴 전구(G)

(3) 앵커

앵커(anchor)는 필라멘트의 지지용으로 내열성, 내진성이 요구되고, 고온에서 인장 강도가 변하지 않으며, 또한 유리와 밀착성이 강한 몰리브덴선을 사용한다.

(4) 도입선

베이스 단자와 필라멘트를 전기적으로 연결하는 부분이고, 외부 도입선, 봉착부 도입선, 내부 도입선의 세 부분으로 되어 있다.

외부 도입선은 구리, 내부 도입선은 니켈을 사용하고, 봉착부 도입선은 유리를 관통하므로 공기가 새지 않도록 유리와 거의 같은 팽창계수를 갖는 철-니켈합금에 구리를 피복한 **듀멧선**(dumet wire)이 사용된다.

(5) 필라멘트

백열전구에서 발광체인 필라멘트는 **텅스텐**을 사용한다. 탄소는 융점이 3,550[℃]로써 가장 높지만 고온에서 증발작용이 심하고, 기계적 강도가 약하기 때문에 현재에는 사용하지 않는다.

그러나 텅스텐은 융점이 3,392[℃]로 탄소보다 낮지만, 기계적 강도가 강하며, 고온에서 증발 작용이 적을 뿐만 아니라 가공이 용이하고, 선팽창계수가 작은 장점이 있다.

백열전구에서 텅스텐 필라멘트의 사용 온도는 2,145~2,750[℃]이다.

필라멘트는 보통 지름 10[μm]를 사용하며, 형태는 직선형, 코일형 및 2중 코일형이 있다. 30[W] 이하의 진공전구는 직선형, 40[W] 이상의 가스 봉입 전구는 코일형 또는 2중 코일형을 사용한다.

(6) 게터

유리구의 내부는 고온의 필라멘트의 산화를 방지하기 위하여 전구의 제조 시에 진공도 10^{-4}[mmHg]로 배기하지만, 미량의 남아있는 산소에 의해 유리구 내벽을 검게 하는 **흑화 현상**을 초래한다. 따라서 필라멘트의 산화를 방지하기 위하여 필라멘트에 발라놓은 **게터**(getter)를 사용한다.

게터는 처음에 점등하면 기화하여 산소와 화합하면서 진공도를 10^{-5}[mmHg]까지 높이게 되어 필라멘트의 산화를 방지한다.

게터는 30[W] 이하의 진공전구는 붉은 인, 40[W] 이상의 가스 봉입 전구는 질화바륨을 사용한다.

(7) 봉입 가스

필라멘트는 발광 효율을 높이기 위하여 고온으로 하기 때문에 표면에서 승화 작용이 매우 심하게 일어나면서 점차로 가늘어지고 수명도 짧아지게 된다. 따라서 **필라멘트의 승화 작용을 억제**하기 위하여 유리구 내부를 진공으로 한 후 고온에서 텅스텐과 화합하지 않는 **불활성 기체**를 봉입한다.

불활성 기체는 주기율표 18족 원소로써 헬륨(He), 네온(Ne), 아르곤(Ar), 크립톤(Kr), 크세논(Xe) 및 라돈(Rn)이 있고, 다른 물질과 화합하지 않는 안정된 성질이 있다.

또 고온에서 증발에 의해 압력을 상승시키며, 열전도율이 적고, 아크 방전전압이 낮으며, 방전 시 특유의 광색을 내는 특징이 있다. 이러한 특징으로 인하여 백열전구 및 방전등에 주로 봉입 가스로 사용하고 있다.

봉입 가스는 **아르곤**과 **질소**를 사용하며, 일반용 전구는 아르곤 85[%]와 질소15[%]로 하는 것이 표준이다. 불활성 기체 중 아르곤 대신에 크립톤, 크세논을 봉입한 전구도 사용되지만, 가격이 비싸지게 된다.

유리구 내부에서 봉입 가스의 작용을 알아보면 다음과 같다.

① 고온의 필라멘트에 의해 가열되어 심한 대류를 일으켜 유리구나 베이스의 온도를 상승시키면서 필라멘트를 냉각시킨다. 이 전력 손실을 가스손이라 하고, 필라멘트가 가늘수록 더욱 크게 나타난다.

② 가스 압력은 상온에서 1/2~3/4 기압, 점등 시에는 1 기압 정도이다.

③ 가스 압력을 상승시키면 필라멘트의 승화 작용을 감소시킬 수 있지만, 압력을 상승시키는 것은 한계가 있다. 따라서 필라멘트는 코일형과 **2중 코일형**의 형태로 가스와의 접촉 면적을 적게 하면서 가스손을 감소시키고, 발광 효율을 높게 할 수 있다.

④ 혼합 질소 가스는 유리구 내에서 대류 작용을 억제하여 아르곤의 낮은 아크 방전전압을 상승시키는 역할을 한다.

30[W] 이하의 전구는 진공, 40[W] 이상의 전구는 가스 봉입을 사용한다. 가스 봉입 전구는 가스손이 있음에도 불구하고 진공 전구보다 효율이 높다.

표 4.3은 진공 전구와 가스 봉입 전구의 비교를 나타낸 것이다.

표 4.3 ▶ 진공 전구와 가스 봉입 전구의 비교

종 류	소비전력	필라멘트	게 터	봉입 가스
진공 전구	30[W] 이하	직 선 형	붉은 인	-
가스 봉입 전구	40[W] 이상	코 일 형, 2중 코일형	질화바륨	아르곤, 질소

4.2.2 백열전구의 특성

(1) 동정 특성

새로 제작한 전구는 처음에 점등하면 필라멘트의 특성이 균일하지 않고 광속, 전류, 효율 등의 변화가 심하고, 수십 분 정도 지나면 **그림 4.3**과 같이 전구의 특성이 감소하면서 거의 일정한 값으로 안정화 되어간다.

① **에이징**(aging) : 최초의 점등에서 필라멘트의 특성을 안정화시키는 작업

② **초특성** : 약 1시간 정도의 에이징 후에 측정한 전구의 특성

③ **동정** : 에이징이 끝난 후 전구 특성의 변화하는 과정을 **동정**(performance), 동정의 특성 변화를 **그림 4.3**과 같은 곡선으로 나타낸 것을 **동정 곡선**, 전구의 수명이 1/2인 시점에서 측정한 전구의 특성을 **동정 특성**이라 한다.

④ **수명**(life) : 전구의 점등 후 필라멘트가 단선될 때까지의 시간

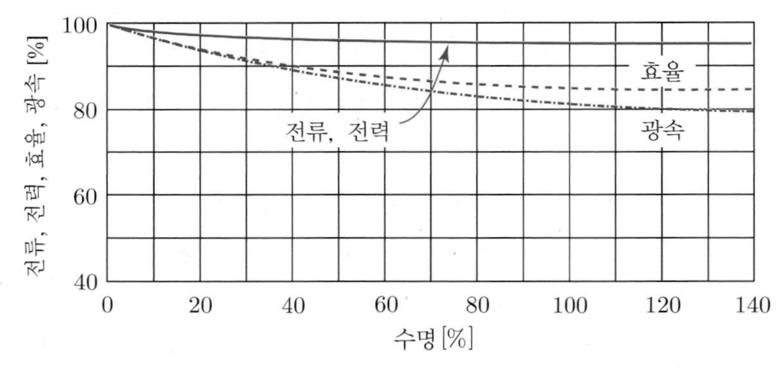

그림 4.3 ▸ 동정 곡선(200[W]의 백열전구)

(2) 전압 특성

백열전구는 전압 변동에 의해 필라멘트의 온도 변화가 일어나게 되고, 저항이 변화하여 전류, 광속, 효율 및 수명 등의 전구 특성이 변화하는데, 이를 **전압 특성**이라 한다.

그림 4.4는 가스 봉입 전구의 전압 특성을 나타낸 것이다. 전압 특성 변화는 전구에 따라 다소 차이가 있지만 일반적으로 다음의 실험식을 만족한다.

$$\text{광속 : } \frac{F}{F_0} = \left(\frac{V}{V_0}\right)^{3.6} \qquad \text{수명 : } \frac{L}{L_0} = \left(\frac{V}{V_0}\right)^{-13}$$

$$\text{광도 : } \frac{I}{I_0} = \left(\frac{V}{V_0}\right)^{3.6} \qquad \text{효율 : } \frac{\eta}{\eta_0} = \left(\frac{V}{V_0}\right)^{1.9}$$

$$전류 : \frac{I}{I_0} = \left(\frac{V}{V_0}\right)^{0.5} \qquad 전력 : \frac{W}{W_0} = \left(\frac{V}{V_0}\right)^{1.5}$$

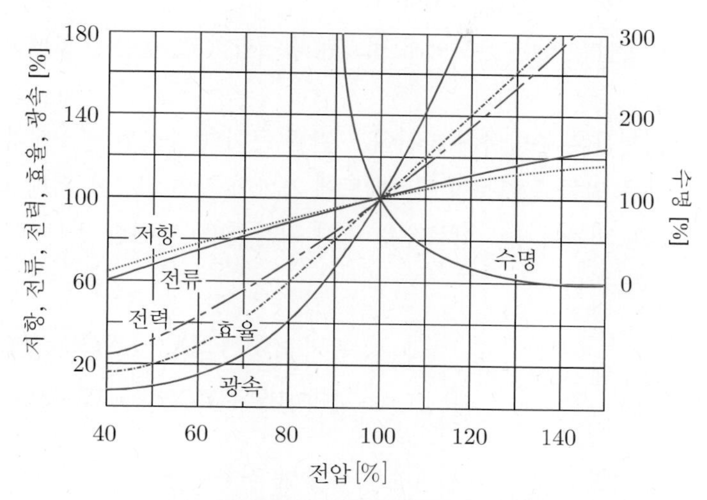

그림 4.4 ▶ 가스 봉입 전구의 전압 특성

(3) 효율과 수명

전구는 입력전압과 소비전력으로 표시한다. 실제 소비전력 중 빛으로 발산하는 효율은 6~12[%] 정도이고, 나머지는 적외선과 열손실로 소모된다. 특성은 필라멘트의 온도가 높을수록 발광 효율은 증가하지만, 증발속도가 커지기 때문에 수명이 짧아진다. 반면에 전압이 낮아지면 발광 효율은 저하하지만 수명은 길어진다. 즉, 효율의 증감은 수명에 큰 영향을 미치고, 백열전구의 수명은 900~1,500시간 정도이다.

백열전구는 소비전력 중 약 10[%] 정도가 빛에너지로 전환되고 나머지는 열로 발산되는 에너지 낭비의 주 요인이 되면서 에너지 정책에 따라 국내 시장에서 2013년부터 생산과 수입의 금지 품목으로 지정되어 있다. 백열전구의 특성 및 수명에 관한 한국산업규격(KS)을 부록에 수록하였으니 참고하기 바란다.

4.2.3 할로겐 전구

백열전구는 고온에서 텅스텐의 증발로 분자가 전구의 내벽에 부착하여 흑화 현상을 일으키면서 광속이 저하하고 효율도 낮아진다. 이를 개선한 것이 **할로겐 전구**이고, 미량의 할로겐 화합물을 봉입하여 할로겐 재생 사이클의 원리를 이용한 가스 봉입 전구이다.

할로겐 전구의 원리와 구조에 대하여 설명한다.

(1) 할로겐 전구의 원리

① 텅스텐의 증발작용을 감소시켜 수명을 증가하기 위하여 유리구 내에 미량의 할로겐 화합물(I_2, Br_2, Cl_2)을 봉입한다.

② 할로겐 화합물은 낮은 온도에서 텅스텐과 결합하고, 높은 온도에서 분해하는 성질이 있다.

③ 할로겐 화합물은 증발하여 확산하고 관벽 근처의 증발된 텅스텐과 결합하여 할로겐화 텅스텐을 만들고 이것이 필라멘트에 가까이 가면 고온에 의해 분해하여 텅스텐은 필라멘트로 되돌아가고 할로겐은 다시 확산한다. 이러한 반복 과정을 **할로겐 재생 사이클**이라 한다.

$$\text{할로겐 사이클의 반응 :} \begin{cases} \text{관벽 : } W + 2X \rightarrow WX_2 \text{(결합)} \\ \text{필라멘트 : } WX_2 \rightarrow W + 2X \text{(분해)} \end{cases}$$

④ 할로겐 사이클로 인하여 필라멘트의 증발 작용이 억제되고, 흑화가 거의 일어나지 않으므로 유리관을 소형화할 수 있다.

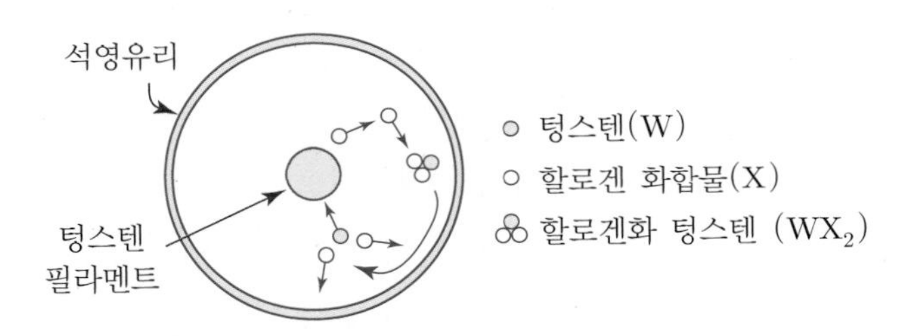

그림 4.5 ▶ 할로겐 재생 사이클

(2) 할로겐 전구의 구조

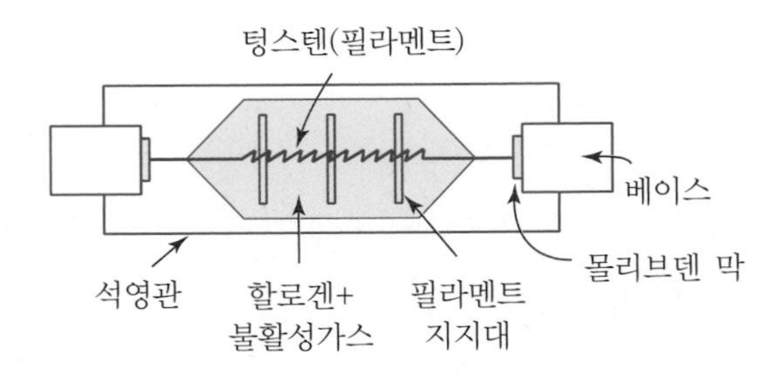

그림 4.6 ▶ 할로겐 전구의 구조

① 유리관 : 관형(석영관)
온도 : 250[℃](고온)

② 봉착부 도입선부 : 몰리브덴 막

③ 봉입가스 :
할로겐 화합물 : I_2, Br_2, Cl_2
불활성 가스 : Ar

(3) 할로겐 전구의 특징 및 용도

① 흑화가 거의 일어나지 않아 초소형으로 제작이 가능하다.(일반 전구 1/10 정도)

② 수명이 길고 광속 변화가 거의 없다.

③ 할로겐 화합물은 비중이 크므로 수평의 위치에서 점등한다.(기울어짐 한계 : 4°)

④ 비임 제어가 가능하고, 연색성이 양호하다.

⑤ 베이스가 고온이다.

⑥ 박물관, 투광 조명, 자동차용, 스포트라이트용, 복사기 및 광학용에 이용된다.

표 4.4 ▶ 백열전구와 할로겐 전구의 특성 비교

종 류	백 열 전 구	할로겐 전구
용 량 효 율 수 명	2~1000 [W] 7~22 [lm/W] 900~1500 [h]	500~1500 [W] 20~22 [lm/W] 2000~3000 [h]
점등 부속 장치	불 필 요	불 필 요
광질 및 특색	① 일반적으로 휘도가 높고 열복사 많음 ② 광색은 적색이 많고 배광 제어 용이 ③ 점등에 이르는 순응성이 큼	① 고휘도이고 광색은 적색 부분이 많음 ② 배광 제어가 용이 ③ 흑화가 거의 일어나지 않음
용 도	① 비교적 좁은 장소의 전반 조명, 액센트 조명의 분위기 조명 연출 ② 대형은 고천장 및 투광용 조명	① 장관형은 고천장이나 경기장, 광장 등의 투광용 조명 ② 단관형은 영사기용에 적합

4.2.4 적외선 전구

적외선 전구는 적외선에 의한 가열, 건조 등 산업용으로 활용되고 있다. 적외선 건조용 전구는 필라멘트의 색온도를 2,500[K] 정도로 낮게 하여 적외선 복사를 80[%]까지 높이고 있으며, 경질의 내열유리를 사용한다.

① 수명은 약 5,000 시간이다.

② 차량이나 기계의 도장 또는 섬유, 농수산물의 건조에도 많이 사용되고 있다.

③ 사람의 물리치료에도 응용되고 있다.

4.3 방전등의 원리

방전등은 기체 중의 방전 현상을 이용한 것으로 유리관에 두 전극을 넣고 전압을 인가하여 전류가 흐를 때 방출하는 빛을 이용하는 전기 루미네선스이다.

4.3.1 방전 이론

그림 4.7(a)와 같이 유리관 내에 낮은 압력의 기체를 넣고 평행평판 전극을 설치한 구조에서 직류 전압을 인가하면 처음에 미소전류가 흐르고, 더욱 전압을 상승시키면 전극 간의 기체의 절연이 파괴되면서 불꽃을 동반한 매우 큰 전류가 흐르기 시작한다.

이와 같은 기체의 절연 파괴를 **방전**(discharge)이라 한다.

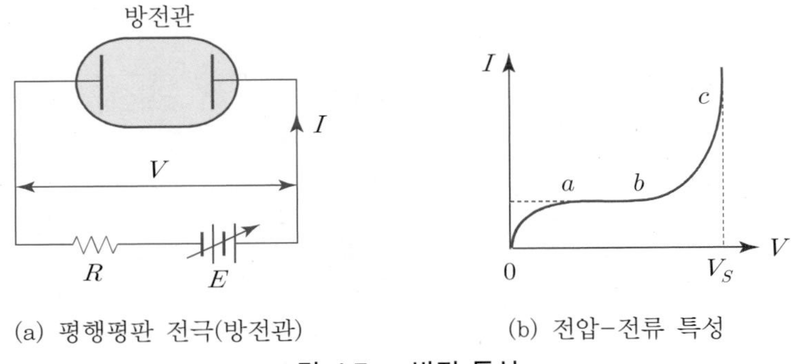

(a) 평행평판 전극(방전관)　　(b) 전압-전류 특성

그림 4.7 ▶ 방전 특성

그림 4.7(b)는 전압-전류 특성 곡선으로 각 영역별로 방전에 이르는 메커니즘을 설명한다. 공기 중의 기체는 우주선, 자외선, 방사선으로부터 약간이지만 항상 전리 작용이 일어나면서 전자와 양이온의 하전 입자가 발생하고, 부착, 재결합, 확산 등에 의해 소멸하는 과정을 반복한다.

이 기체를 두 전극 사이에 넣고 전압을 인가하면 하전 입자는 다음의 과정을 거치면서 방전에 이르게 된다.

① $0-a$ 영역 : 인가 전압의 상승과 더불어 하전 입자는 반대 극성의 전극으로 이동 속도를 증대시키고 전극에 유입되기 전에 소멸되는 비율이 적어지므로 전류는 점차로 상승한다.

② $a-b$ 영역 : 하전 입자의 생성 비율은 일정하고, 생성된 하전 입자가 전극 사이

에서 소멸되기 전에 모두 전극에 도달하여 나타나는 전류이므로 일정한 **포화 전류**가 흐른다. 즉 이 영역의 포화 전류는 하전 입자의 생성 비율에 의해 결정된다.

③ $b-c$ 영역 : 전압을 더욱 상승시키면 음극에서 방출된 전자는 충분한 에너지를 가지고 기체 중성 분자나 원자와 충돌하여 전리(충돌 전리 작용, α 작용)를 일으키고, 이 때 발생한 양이온이 재차 중성 분자 또는 음극과 충돌하여 전자를 방출(전자 방출 작용, γ 작용)시켜 하전 입자가 급증하는 전리 증식 과정인 **전자 사태**(electron avalanche)가 발생한다. 따라서 전류는 급격히 상승하고 불꽃(spark)을 동반한 방전을 개시하는데, 이때의 전압을 **불꽃 전압** 또는 **방전개시전압**, V_S라 하고, 이 영역의 방전을 **타운센드 방전**(Townsend discharge)이라 한다.

(1) 파센의 법칙

평등 전계에서 기체의 온도가 일정한 경우, 불꽃 전압 V_S는 압력 p와 전극간의 거리 d의 곱 pd의 함수로 결정된다. 이것을 **파센의 법칙**(Paschen's law)이라 한다.

$$V_S = f(pd) \tag{4.4}$$

그림 4.8은 공기, N_2 및 H_2의 파센의 법칙에 관한 관계를 나타낸 것이다.

이 곡선의 특징은 방전개시전압 V_S의 극소점이 있는 것이고, pd가 극소점보다 크거나 적으면 방전개시전압은 상승한다. 따라서 전극 간격이 고정된 방전등에서 방전개시전압을 낮추기 위하여 대체로 압력이 낮아야 하지만 너무 낮거나 높아도 되지 않고 적정의 압력을 필요로 하는 이유이다.

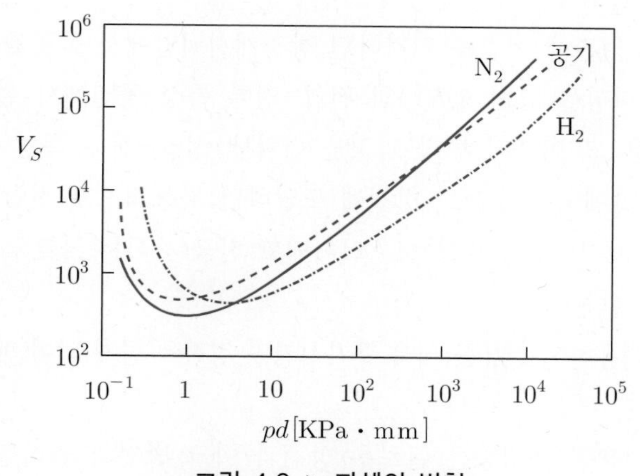

그림 4.8 ▶ 파센의 법칙

(2) 페닝 효과

두 종류의 혼합 기체에서 불활성 기체나 수은과 같이 준안정 상태에 있는 기체의 여기 전압이 미량으로 혼합된 다른 기체의 전리 전압보다 높으면 미량의 기체가 쉽게 전리가 일어나게 되어 혼합 기체의 방전개시전압이 매우 낮아지게 되는데, 이 현상을 **페닝 효과**(Penning effect)라고 한다.

방전등 및 형광등에 미량의 아르곤을 봉입하는 이유는 바로 페닝 효과를 이용한 방전개시전압을 낮추기 위한 것이다.

그림 4.9는 네온과 아르곤의 혼합 기체의 방전개시전압을 나타낸 것으로 페닝 효과를 만족하고 있다.

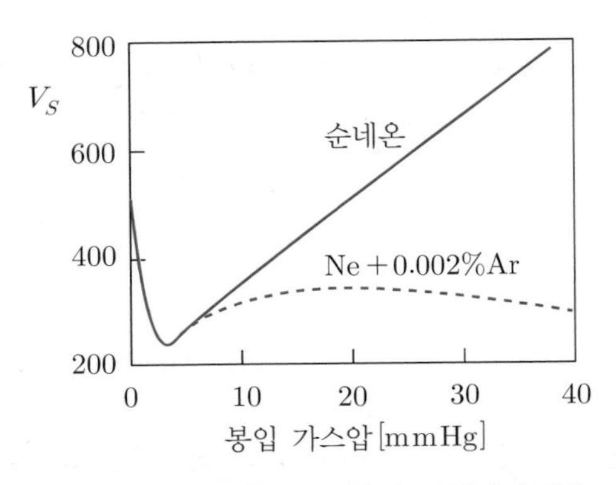

그림 4.9 ▶ 혼합 기체의 방전개시전압

4.3.2 방전의 종류

저기압의 방전관에 전압을 인가하면 방전개시전압에서 불꽃을 동반한 타운센드 방전이 일어나는 현상을 **그림 4.7**(b)의 전압-전류 특성 곡선에서 설명하였다.

그림 4.10은 그 이후의 변화 과정을 나타낸 전압-전류 특성 곡선이다.

방전개시전압에서 타운센드 방전에 도달하면 자동적으로 전압과 전류의 반비례 관계를 나타내는 부(−) 특성 부분으로 전이되고 전극 사이는 **글로우 방전**(glow discharge)에 머무르게 된다.

또 저항을 이용하여 전류를 더욱 증가시키면 정점을 넘게 되어 **아크 방전**(arc discharge)으로 진행한다.

방전관을 이용한 조명등은 글로우 방전과 아크 방전의 원리를 적용한 것이다.

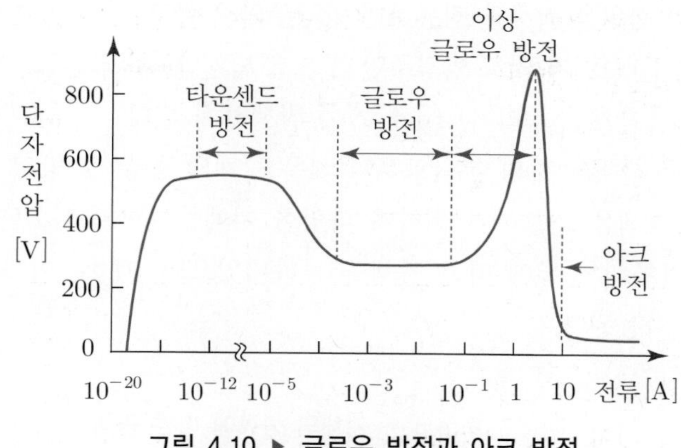

그림 4.10 ▶ 글로우 방전과 아크 방전

(1) 글로우 방전

압력이 비교적 낮은 0.1～1[mmHg] 정도의 기체가 봉입된 가는 유리관의 양단에 전극을 설치하고 고전압을 인가하면, 기체의 충돌 전리와 이때 발생한 양이온의 충돌에 의한 음극에서의 전자 방출이 일어나 기체 방전을 일으켜 발광하게 된다. 이 현상을 **글로우 방전**이라고 한다.

그림 4.11은 유리관 내부에서 글로우 방전의 발광상태 및 광도를 나타내었다. 즉 음극에서부터 아스톤 암부, 음극 글로우, 음극 암부, 좁게 빛나는 부글로우(4) 및 패러데이 암부의 순서로 되고, 이곳부터 양극까지 빛나는 것을 양광주(6)라고 한다.

양극 전극 자체의 면에서 약하게 빛나는 것을 **양극 글로우**라고 한다.

전극의 간격을 좁게 하면 음극 부근의 상태는 변화가 없지만 양광주는 짧아지고 더욱 단축시키면 사라진다. 이러한 경우에는 음극에서 **부글로우**만이 발광하게 된다.

따라서 네온관등 및 형광등은 관의 길이를 길게 하여 **양광주**를 이용하고, 네온전구는 전극 사이를 짧게 하여 **부글로우**를 이용한 조명등이다.

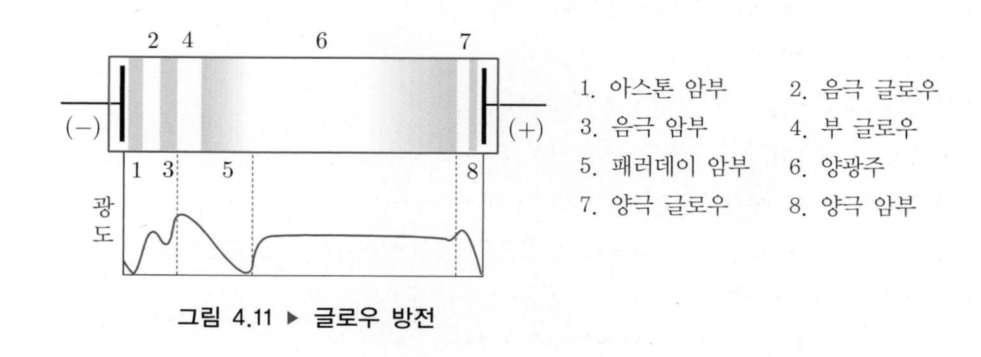

그림 4.11 ▶ 글로우 방전

그림 4.11의 전원을 교류로 점등하면 양광주와 부글로우가 두 전극에 번갈아 생기므로 패러데이 암부는 보이지 않고 양광주만 빛으로 되지만, 두 극의 근처는 약간 흐리며 빛의 명멸 현상인 깜빡거림(플리커, flicker)이 발생하게 된다.

글로우 방전 시 양광주와 부글로우의 색은 기체의 종류 및 방전 전류에 따라 다르며, 목적에 따라 광색을 연출하기 위하여 다양한 기체들이 사용되고 있다.

표 4.5는 기체의 종류에 따른 광색을 나타내었으며, 네온, 아르곤, 수은, 헬륨 등의 기체가 주로 사용된다.

표 4.5 ▶ 기체의 종류에 따른 광색

기체 종류	Ne	Ar	Hg	He	Na	N_2	O_2	CO_2	K
부글로우	등적	담청	청백	백록	황록	청	황백	청백	청
양 광 주	적	적자	청록	적황	황	황	황	백	녹

(2) 아크 방전

글로우 방전에서 전류를 더 증가시키면 음극에서 양이온의 충돌 작용은 더욱 가속화되어 국부적인 가열이 발생하면서 열음극에 의한 열전자 방출이 활발해진다. 따라서 음극의 전압 강하는 급격히 감소하고 전극 사이의 전압은 기체의 전리 전압에 가깝게 되어 양광주가 강렬하게 발광하는데, 이 현상을 **아크 방전**이라 한다.

아크 방전의 원리를 이용한 방전등은 탄소 아크등, 수은등, 나트륨등, 메탈 할라이드등이 있다.

방전의 종류는 방전등의 원리에 응용되고 있는 평행평판 전극 구조의 평등 전계에서 발생하는 **글로우 방전** 및 **아크 방전**이 있다. 또 침 전극 대 평판 전극과 같은 불평등 전계에서 발생하는 **코로나 방전**이 있다. 코로나 방전은 전기 집진 장치의 원리에 응용된다.

4.3.3 안정기

도체에서 전류가 증가하면 전압은 상승하고, 기체 방전에서는 반대로 전류가 증가하면 전압은 감소하는 현상이 나타난다. 도체에서와 같은 현상을 **정(+)특성**, 기체 방전에서의 현상을 **부(−)특성**이라 한다.

그림 4.10과 같이 글로우 방전이나 아크 방전의 기체 방전의 원리를 응용한 방전등은 부특성을 나타내기 때문에 일정 전압의 전원에서 일단 방전이 개시되면 급격한 전류의

상승으로 방전등을 손상시키기 때문에 회로에 안정된 전류를 공급하기 위하여 **전류 제한 장치**를 삽입할 필요가 있다. 방전등에서 안정된 전류를 공급하기 위하여 직렬로 접속하는 **저항**이나 **초크 코일**의 전류 제한 장치를 **안정기**(ballast)라고 한다.

안정기는 직류와 교류 회로에 따라 다음과 같이 분류된다.

(1) 직류 회로

그림 4.12(a)와 같이 방전관에 직렬로 저항을 접속하고 직류의 일정 전압이 공급되는 회로를 고려한다. 전원 전압 E, 저항 R, 방전관의 단자전압을 V라고 할 때

$$E = RI + V \tag{4.5}$$

의 관계가 된다.

직렬 저항을 접속하기 전의 방전관은 전압과 전류의 관계가 부특성이기 때문에 **그림 4.12**(b)의 ①과 같은 특성을 가진다.

그림 4.12(a)의 직렬 저항과 방전관을 포함하는 회로에서 전원의 단자 전압 V_t는 $RI + V$가 된다. 방전관은 전원 전압과 단자전압 $E = V_t$의 조건을 만족하는 전류 I가 흐를 때 점등하게 된다. 방전관의 점등 조건은 **그림 4.12**(b)에서 두 교점인 점 A와 점 B의 두 점이 존재한다. 점 A 근처는 부특성의 불안정한 점등 상태이고, 점 B 근처는 정특성의 안정한 점등 상태이다.

이와 같이 직류 회로는 직렬로 접속한 안정 저항(안정기) R에 의해 전압 강하분의 합성에 의한 점 B의 정특성의 안정 상태에서 점등할 수 있도록 한 것이다.

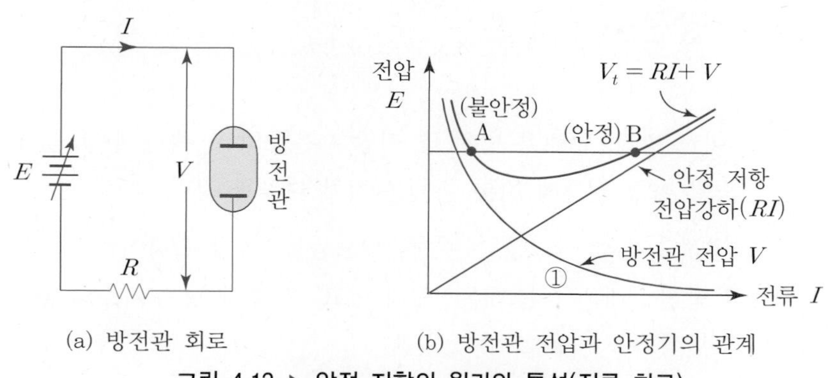

(a) 방전관 회로 (b) 방전관 전압과 안정기의 관계

그림 4.12 ▶ 안정 저항의 원리와 특성(직류 회로)

(2) 교류 회로

직류 회로에서 방전등의 전류 제한용 안정기는 직렬 저항만을 사용한다. 그러나 교류 회로에서는 직렬 저항 외에 직렬 인덕턴스 또는 LC 공진 회로를 이용한다.

교류 회로에서 직렬 저항의 안정기는 각 사이클마다 점등과 소멸을 반복하므로 빛의 명멸이 발생하여 직류용에 비해 효율이 떨어진다. 따라서 교류 회로의 안정기는 현재 인덕턴스 직렬 회로를 널리 사용한다.

(a) 인덕턴스 직렬 회로

교류의 직렬 저항 회로에서 전원 전압의 약 1/2 정도가 저항에 걸리므로 전력손실이 크고, 빛의 명멸이 심하게 일어난다. 그러나 인덕턴스 직렬 회로는 전력손실과 빛의 명멸이 적기 때문에 대부분의 형광 방전등, 수은등의 점등 회로에 이용되고 있다.

역률은 60[%] 정도이므로 역률 개선용으로 콘덴서를 삽입해야 한다. 또 램프 전압은 안정도와 빛의 명멸을 고려하여 전원 전압의 3/4을 초과하지 않아야 하고 보통은 50~70[%]로 설계한다.

(b) 자기 누설 변압기

고전압을 필요로 하는 네온사인과 같이 전원 전압으로 직접 기동할 수 없고 승압을 필요로 하는 경우에 자기 누설 변압기를 사용한다.

누설 변압기는 누설 리액턴스를 매우 크게 한 변압기로 1차 측의 전원 전압이 일정하고 부하 임피던스가 변동해도 거의 일정한 2차 전류가 흐르도록 한 변압기이다.

주로 네온관등, 방전등, 아크 용접기 및 전자렌지 등에 사용한다.

4.4 방전등

방전등은 아크 방전, 글로우 방전 및 저압 수은등의 관 속에 형광 물질을 도포한 것이다. **방전등의 발광 원리에 따른 광원**은 각각 다음과 같다.

① **아크 방전** : 탄소 아크등, 수은등, 나트륨등, 메탈 할라이드등, 크세논등

② **글로우 방전** : 네온사인, 네온전구가 있고, 관 속에 넣는 가스의 종류에 따라 여러 가지의 발광색을 이용

③ 저압 수은등의 관 속에 **형광 물질**을 도포(글로우 방전의 일종) : 형광 방전등 또는 간단히 형광등(일반 조명용)

4.4.1 탄소 아크등

그림 4.13과 같이 두 개의 탄소 막대 전극의 선단을 접촉하고, 그 사이에 전류를 흘리면서 전극을 서서히 떼어 놓으면, 두 전극 사이에 아크가 발생한다. 이것을 **탄소 아크등**(carbon arc lamp)이라 한다.

탄소 아크등은 다른 광원보다 높은 휘도와 광도를 얻을 수 있으므로 주로 청사진 제작이나 영사용으로 사용한다.

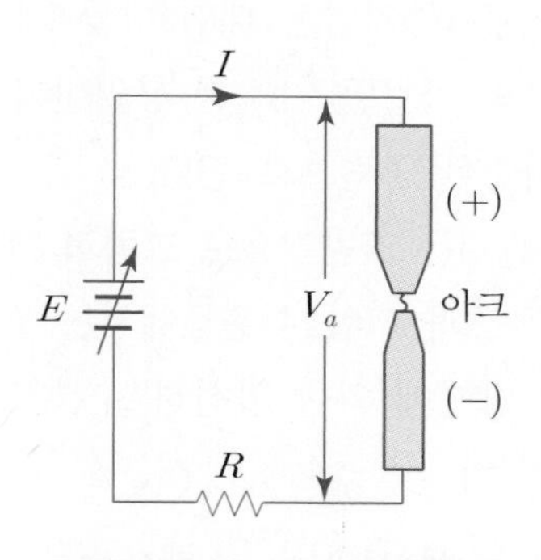

그림 4.13 ▸ 탄소 아크등

탄소 아크등은 전류가 일정값을 초과하면 소음이 발생하고 특성이 약간 불연속으로 되기 때문에 전류 제한용의 직렬 저항이 필요하다.

탄소 아크등에는 순탄소 아크등, 발염 아크등 및 고휘도 아크등이 있다.

① **순탄소 아크등** : 직류로 점등하고 흑연 전극을 사용하며, 양(+)극이 특히 세게 가열되어 전극 소모가 빠르므로 음극보다 굵은 전극을 사용해야 한다. 전극 소모를 자동적으로 보충하는 장치가 필요하다.

효율은 20[lm/W] 이하, 휘도는 9,000~15,000[cd/cm^2], 전극의 소모는 1[mm/min] 정도이고, 주로 실험용으로 사용된다.

② **발염 아크등** : 전극에 금속 염류를 함유한 것으로 금속의 특유 스펙트럼을 발산하는 빛을 광원으로 이용한다. 빛은 화구보다 화염에서 많이 나오므로 발광 면적이 크고 효율은 최고 80[lm/W] 정도이며, 주로 제판용, 소형 영사용, 광욕용 등에 사용한다.

③ **고휘도 아크등** : 양극의 중심에 불화세륨, 산화세륨 등의 발광제, 음극에는 탄소를 주로 한 발광제를 삽입한 것이다. 어느 전류 값에 도달하면 화구가 생기어 백색의 불꽃이 발생하고 화구의 온도는 4,200[K] 이하이지만, 양극의 온도는 최고

5,800[K] 정도가 된다. 광선은 연속 스펙트럼이 복사되고 특히 4,000[Å] 부근에서 높게 된다. 휘도는 최고 120,000[cd/cm^2] 정도이며, 주로 탐조등, 영사용에 사용된다.

4.4.2 수은등

수은등(mercury lamp)은 유리관 내에 봉입된 수은 증기압 중의 방전에 의한 발광을 이용한 것이다. 상온의 수은 증기압은 대단히 낮으므로 기동을 용이하게 하기 위하여 페닝 효과를 이용한 미량의 아르곤 가스를 봉입한다. 방전이 시작되면 온도의 상승에 따라 수은이 증발하여 적당한 압력으로 된다.

수은 증기압과 효율의 관계는 일반적으로 **그림 4.14**와 같이 수은 증기압이 높아질수록 효율이 좋지만, 저압 수은등과 고압 수은등에서는 효율이 떨어지는 곳이 있다.

수은 증기에서의 아크 방전에 의한 발산하는 복사 에너지는 증기압에 따라 다르며, 다음과 같이 분류할 수 있다.

① **저압 수은등**(0.01[mmHg]) : 선 스펙트럼

2,537[Å] : 강력한 자외선 발산

4,358[Å](청색), 5,461[Å](녹색) : 가시광선 일부 포함

② **고압 수은등**(800[mmHg]) : 선 스펙트럼

4,047~4,078[Å], 4,358[Å], 5,461[Å], 5,770~5,791[Å] : 가시광선 증가

③ **초고압 수은등**(20기압) : 연속 스펙트럼

연속 스펙트럼의 경향을 나타내고, 광색은 백색에 근접

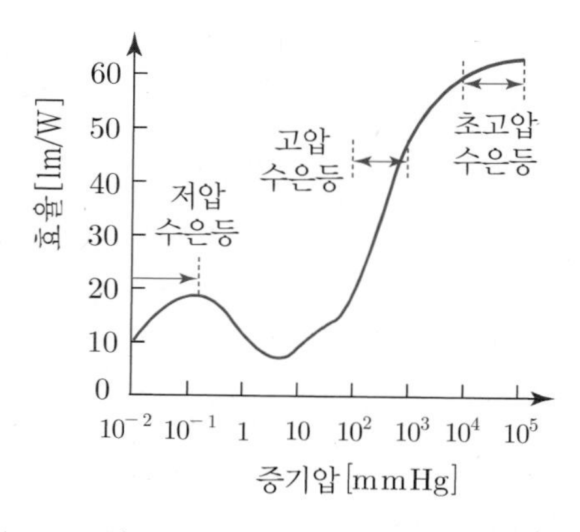

그림 4.14 ▶ 수은등의 증기압과 효율

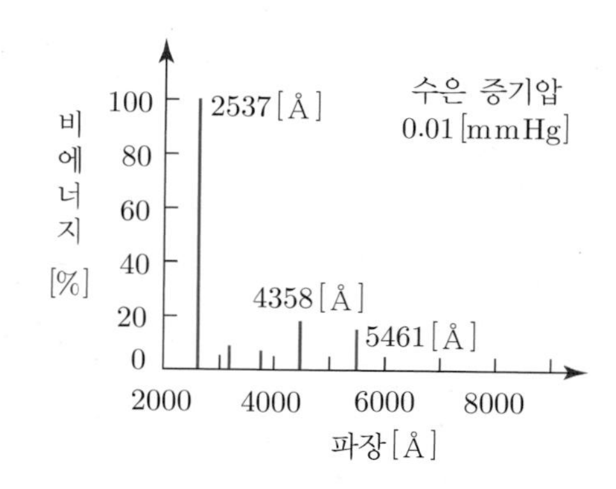

그림 4.15 ▶ 저압 수은등의 분광 분포

(1) 저압 수은등(low pressure mercury lamp)

저압 수은등은 수은을 봉입한 가늘고 긴 유리관의 양단에 전극을 설치한 방전관으로 증기압이 0.001~0.1[mmHg] 정도인 수은등을 의미한다.

그림 4.15는 수은 증기압 0.01[mmHg]에서 분광 분포를 나타낸 것이다. 수은의 공진선은 2,537[Å]으로 자외선이 가장 많고, 전 복사 에너지의 90[%] 이상이 된다. 또 가시 범위의 스펙트럼은 4,358[Å], 5,461[Å]이 가장 많기 때문에 광색은 청색이 된다.

저압 수은등은 발광 효율이 5[lm/W]로 직접 조명용으로 사용하지 않지만, 이를 응용하여 만든 살균등과 형광등을 사용하고 있다.

① **살균등** : 저압 수은등에서 2,537[Å]의 자외선이 가장 많이 나오는 것을 이용하여 응용한 것이다. 일반 유리는 자외선을 흡수하므로 석영관 또는 자외선 투과 유리관을 사용한다. 15[W] 살균등의 수명은 약 3,000시간 정도이다.

② **형광등** : 저압 수은등의 유리관 내면에 형광 물질을 도포하여 자외선을 가시광선이 나오도록 변환한 스토크스의 법칙을 응용한 것이다.

(2) 고압 수은등(high pressure mercury lamp)

고압 수은등은 100~760[mmHg]의 압력으로 봉입된 수은 증기의 방전에 의한 발광 현상을 이용한 것으로 투명형, 형광형 및 반사형이 있다.

그림 4.16과 **그림 4.17**은 고압 수은등의 구조와 분광 분포를 나타낸 것이다.

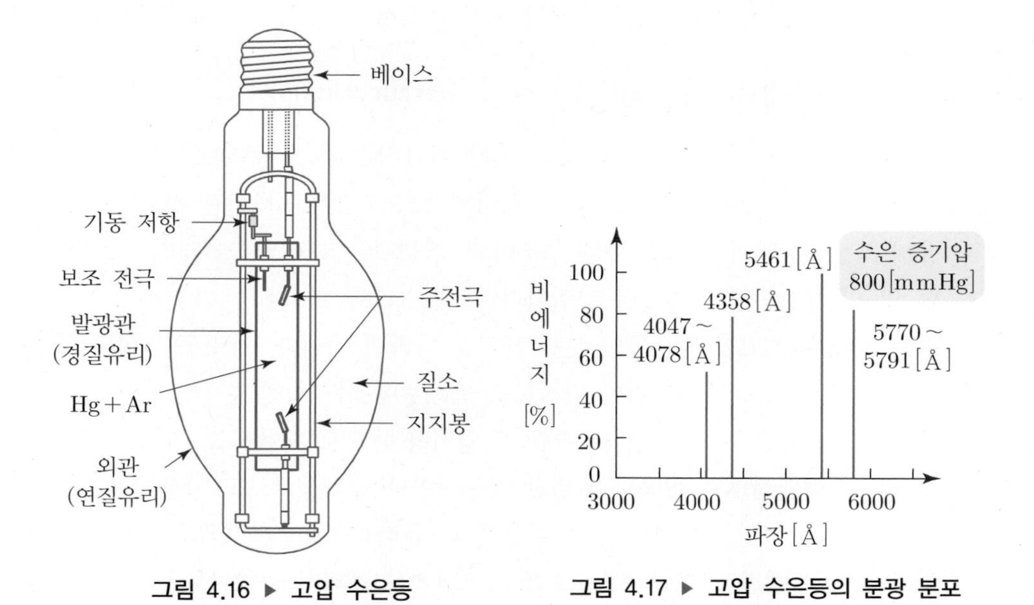

그림 4.16 ▶ 고압 수은등　　　그림 4.17 ▶ 고압 수은등의 분광 분포

유리구는 발광관과 외관의 이중 구조를 이루고, 발광관은 고온, 고압에 견딜 수 있는 석영유리 또는 내열 경질유리, 외관은 연질유리로 되어있다.

발광관은 수은과 미량의 아르곤이 봉입되어 있고, 아르곤은 페닝 효과를 이용한 기동 전압을 낮추기 위한 것이다. 외관은 발광관을 보호하며, 온도를 유지하고, 내부에 금속 부분의 산화를 방지한다. 또 자외선이 외부로 나오지 않도록 질소를 봉입한다.

수은의 증기압은 상온에서 매우 낮지만, 온도 상승에 따라 방전이 일어나면서 수은이 증발하기 시작하여 약 1기압의 압력에 도달한다.

고압 수은등의 기동은 전압이 인가되면 먼저 보조전극과 주전극 사이에 글로우 방전이 일어나고, 그 열이 수은을 증발시켜 주전극 사이로 방전이 이동한다.

고압 수은등의 기동은 약 8～10분 정도 걸리며, 이 때 발광관의 온도는 400～500[℃] 정도가 된다. 또 일단 소등 후에는 수은 증기압이 높기 때문에 재기동이 어려우며, 약 10분 정도 걸려 냉각된 후 재기동된다.

고압 수은등의 발광 효율은 20～50[lm/W]이고, 백열전구에 비해 3배 이상이 높다. 또 수명도 약 9,000～12,000시간으로 우수한 특성을 나타낸다.

광색은 수은의 선스펙트럼이 대부분이고 노랑을 띤 파란색으로 연색성이 나쁘기 때문에 일반 조명에 적당하지 않고 도로 조명, 광장 조명, 고천장 공장 조명 등에 널리 사용하고 있다.

이를 개선하기 위해 화학 물질을 혼입하고 형광 물질을 도포한 형광형 고압 수은등이 개발되어 다양한 색을 연출할 수 있도록 하였다.

고압 수은등의 특성에 관한 한국산업규격을 부록에 수록하였으니 참고하기 바란다.

(3) 초고압 수은등(super-high pressure mercury lamp)

초고압 수은등은 수은 증기압이 10～200기압이고, 발광 효율은 40～70[lm/W]에 도달하며 휘도가 매우 높은 초소형의 점광원으로 수명은 300시간 정도이다.

유리구는 발광관과 외관의 이중 구조이고, 발광관은 1.5[cm] 간격의 두 개의 전극과 수은 및 미량의 아르곤 가스를 봉입한다.

그림 4.18은 초고압 수은등의 분광 분포를 나타낸 것이다. 압력을 높이면 내부 중심 온도가 높아져 연속 스펙트럼이 발산하고 백색광에 가까워진다.

초고압 수은등은 옥외 조명용, 투광기, 영사용 등으로 사용하고, 외구가 백열전구와 비슷하므로 백열전구와 병용하여 일반 사무실이나 공장용으로도 사용된다.

초고압 수은 건강등은 외관을 자외선 투과 유리로 하고 다량의 자외선을 발산하게 하여 일광이 부족한 지하실 또는 보건용 조명에 이용되기도 한다.

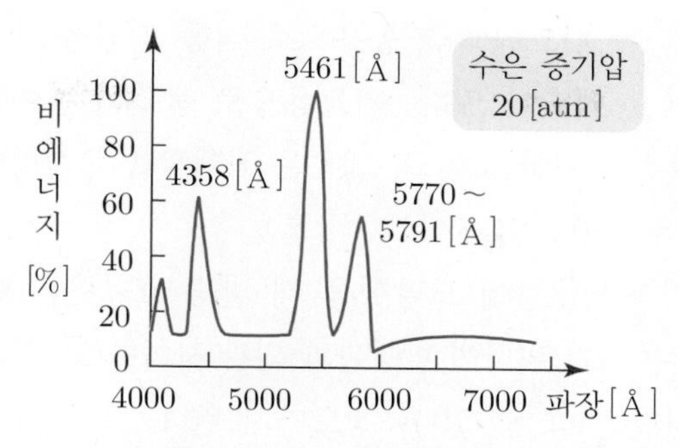

그림 4.18 ▶ 초고압 수은등의 분광 분포

4.4.3 나트륨등

(1) 저압 나트륨등(low pressure natrium lamp)

저압 나트륨등은 열음극을 가지고 있는 발광관과 외관으로 되어 있으며 그 사이는 단열 효과를 위하여 고진공으로 되어 있다. 외관 내벽은 산화석에 의한 적외선 반사막을 만들어 효율의 향상을 도모하고 있다.

발광관의 관 내에 분산 설치된 수 개의 돌기부(dimple)는 금속 나트륨의 저장 장소로써 점등 시에는 나트륨 증기를 균등하게 분산할 수 있도록 하고, 소등 시에는 다시 되돌아오면서 냉각시켜 저장하는 역할을 한다.

그림 4.19는 저압 나트륨등의 구조, **그림 4.20**은 분광 분포를 나타낸 것이다.

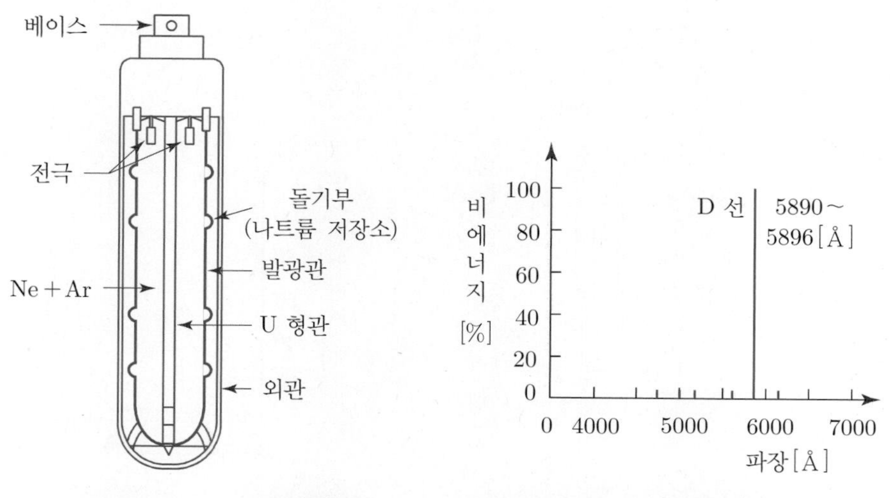

그림 4.19 ▶ 저압 나트륨등

그림 4.20 ▶ 저압 나트륨등의 분광 분포

발광관 내에는 금속 나트륨과 기동용으로 점등 전압을 내리기 위해 네온에 미량의 아르곤을 혼합하여 봉입되어 있다. 기동용으로 봉입하는 아르곤은 페닝 효과에 의한 방전개시전압을 낮추기 위한 것이고, 네온은 적색광을 복사하여 발광관을 가열시키면서 나트륨의 증발을 유도한다.

발광관의 온도가 270[℃]에 도달했을 때 발광 효율은 100~160[lm/W]로 최대가 되며, 이 온도를 유지하기 위하여 발광관과 외관 사이를 고진공으로 하는 것이다. 따라서 기동하는데 소요시간은 약 8~10분 정도가 걸린다.

저압 나트륨등은 포화 증기압 0.004[mmHg]의 나트륨 증기를 통하여 발생하는 전복사 에너지의 76[%]를 차지하는 D선(5,890~5,896[Å])을 빛으로 이용한다. D선은 등황색의 유일한 단색광으로 형체의 식별에는 우수하지만 연색성은 매우 나쁘다.

평균 수명은 6,000~9,000시간이고, 용도는 도로 조명, 터널 조명, 항만 조명, 표지 조명 등에 사용하고 있다.

(2) 고압 나트륨등(high pressure natrium lamp)

나트륨의 증기압을 0.004[mmHg]보다 높게 하면, 자기 흡수 때문에 발광 효율은 일단 떨어지지만 증기압을 더 높여가면 발광 효율은 다시 상승하며, 100~200[mmHg] 부근에서 최대가 된다. 따라서 발광 스펙트럼의 파장 영역도 바뀌면서 D선의 양측에 연속 스펙트럼의 발광이 분포되어 황백색으로 되고 색온도는 2,100[K]이다. 400[W] 고압 나트륨등에서 램프 효율은 120[lm/W], 평균 수명은 9,000시간 정도이다.

고압 나트륨등의 구조는 **그림 4.21**과 같이 고압 수은등이나 메탈 할라이드등과 유사

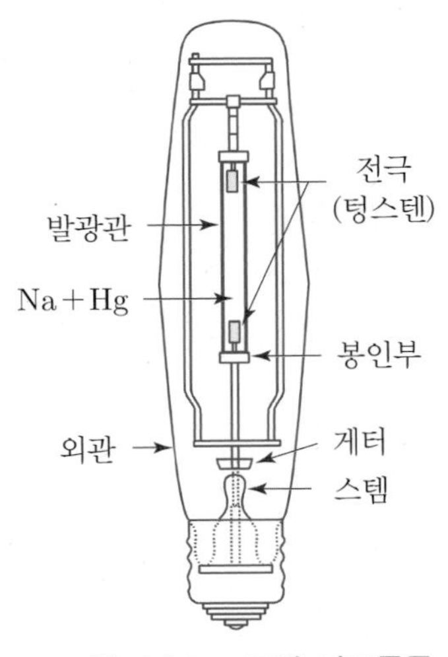

그림 4.21 ▶ 고압 나트륨등

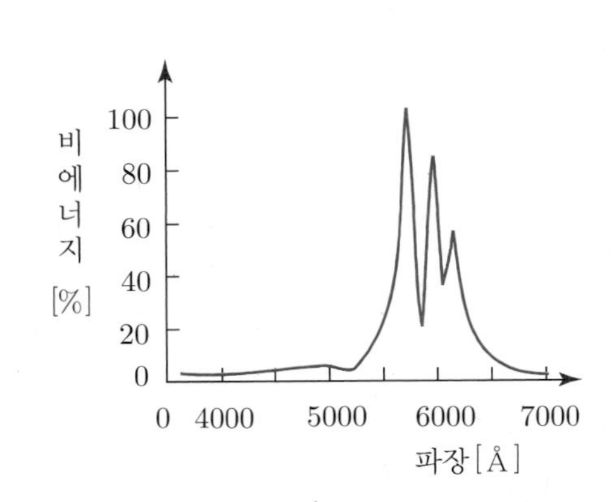

그림 4.22 ▶ 고압 나트륨등의 분광 분포

하다. 그러나 발광관은 700~800[℃]의 고온에서 나트륨에 침해당하지 않도록 고압 수은등이나 메탈 할라이드등의 발광관보다 가늘고 긴 유백색의 다결정 알루미나를 사용하고, 관 내부에는 나트륨, 수은 및 시동에 필요한 크세논 가스가 봉입된다.

고압 나트륨등의 효율은 수은등의 약 2배 정도이고, 점등 방향이 자유로우며, 점등 후 광속의 감소가 적다. 방전개시전압은 메탈 할라이드등보다 높고 1,500~2,500[V]가 필요하다. **그림 4.22**는 고압 나트륨등의 분광 분포를 나타낸 것으로 연속 스펙트럼이 나타난다. 고압 나트륨등의 특성은 부록에 수록하였으니 참고하기 바란다.

4.4.4 메탈 할라이드등(metal halide lamp)

메탈 할라이드등은 고압 수은등의 발광관에 금속 할로겐화물을 봉입하여 연색선과 효율을 개선한 방전등이다.

그림 4.23과 같이 구조는 고압 수은등과 거의 동일하지만, 발광관 내에 수은, 아르곤 외에 금속 할로겐화물이 봉입되어 있다. 현재 금속 할로겐화물은 나트륨(Na), 인듐(In), 탈륨(Ti) 및 토륨(Th) 등이 사용되고 있다.

그림 4.24는 메탈 할라이드등의 분광 분포를 나타낸 것이며, 연속 스펙트럼을 보이고 있다. 광색은 인체에 가장 이상적인 주광색이고, 연색성이 매우 우수하다.

발광 효율은 일반적으로 70~80[lm/W]으로 높고, 전력 소모는 수은등이나 백열전구보다 적다.

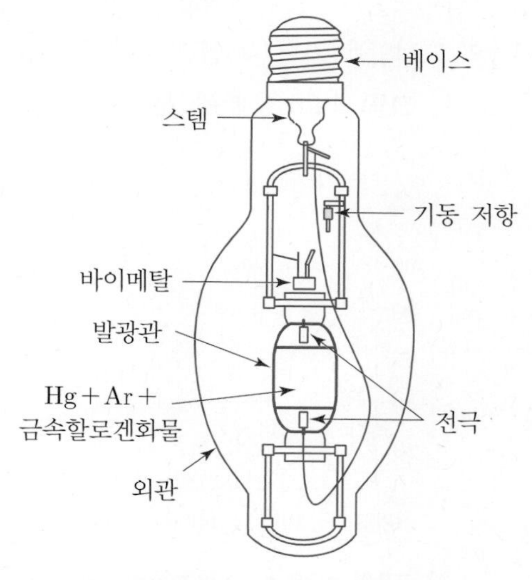

그림 4.23 ▶ 메탈 할라이드등

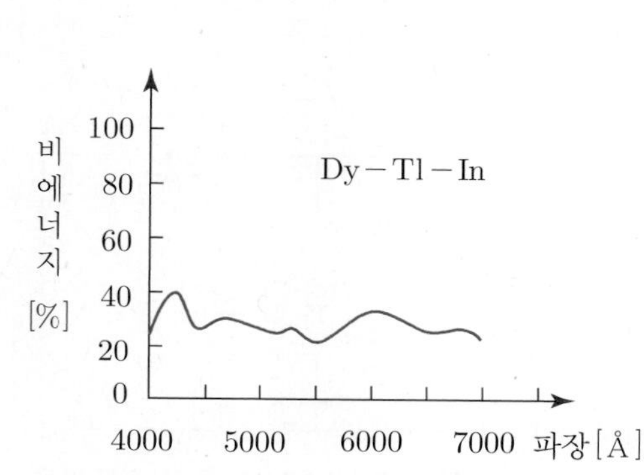

그림 4.24 ▶ 메탈 할라이드등의 분광 분포

기동 시간은 고압 수은등과 비슷하지만, 재점등 시에는 약간 길어 약 10분 정도를 냉각시킨 후 점등해야 한다. 수명은 고압 수은등보다 약간 짧고, 약 9,000～10,000시간 정도이다.

메탈 할라이드등의 특성(Dy－Tl－In)에 관한 한국산업규격을 부록에 수록하였으니 참고하기 바란다.

4.4.5 크세논등(xenon arc lamp)

크세논등은 크세논 가스의 방전을 이용한 것으로 초고압 수은등과 비슷하며, 아크의 형상에 따라 단아크등과 장아크등이 있다. 크세논 가스의 봉입 압력은 1～10기압이다.

① **단 아크등** : 직류로 점등하며, 기동에는 안정기 외에 고압펄스 발생장치가 필요하다. 석영관에 양극과 음극을 수 [mm]의 간격으로 설치하고, 봉입 가스는 점등 중 30기압 정도이다. 표준 백색 광원 및 고휘도로 영사용 광원에 이용한다.

② **장 아크등** : 교류로 점등하며, 효율은 23～29[lm/W]로 광장 조명, 운동장 및 건축물 투광 조명에 사용된다.

분광 스펙트럼은 4,000～7,000[Å]으로 적외선 영역부터 자외선 영역까지 연속적으로 나타나 자연광과 비슷하여 연색성이 가장 우수하다.

기동 시간은 매우 짧아서 점등과 동시에 안정된 광 출력을 얻을 수 있고, 순시 재점등도 가능한 것이 큰 특징이다.

크세논등의 기동은 최초의 봉입 가스가 고압이므로 파센의 법칙으로부터 기동 전압이 높아야 한다. 즉, 기동 시에만 20～50[kV]의 고전압을 가할 수 있는 특별한 기동장치가 필요하며, **그림 4.25**는 크세논등의 점등 회로, **그림 4.26**은 분광 분포를 나타낸다.

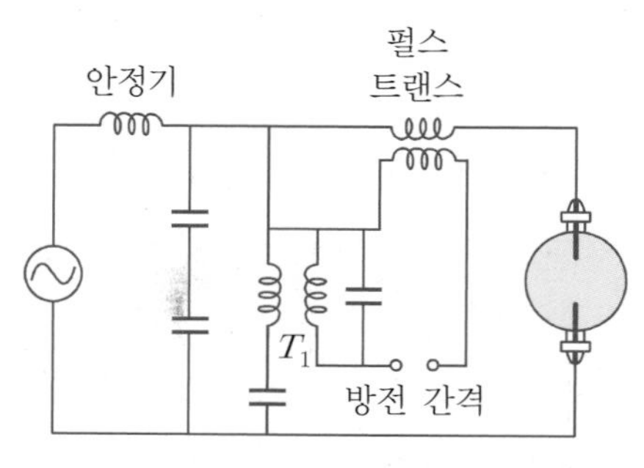

그림 4.25 ▶ 크세논등의 점등회로

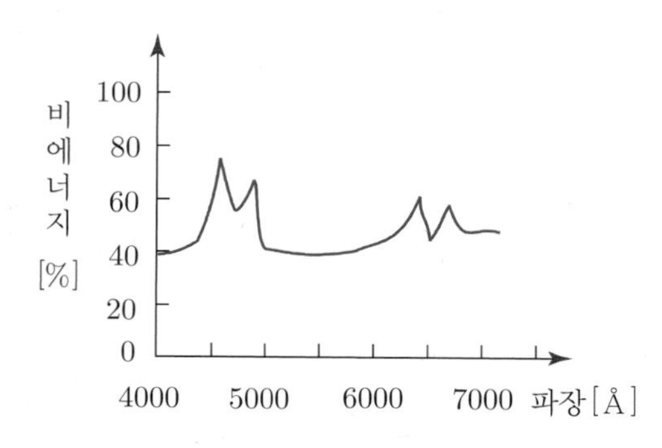

그림 4.26 ▶ 크세논등의 분광 분포

4.4.6 지르코늄 방전등(zirconium discharge lamp)

지르코늄 방전등은 현재 사용되고 있는 광원 중에서 가장 이상적인 점광원으로 색온도는 약 3,000[K]이고, **그림 4.27**과 같은 구조를 가지고 있다.

양극은 텅스텐 또는 몰리브덴 등의 금속판에 바늘구멍 정도의 구멍이 뚫려 있고, 음극은 탄탈 또는 텅스텐의 원통에 산화 지르코늄을 넣은 것이다.

전극 간격은 1[mm]로 하고 봉입 가스는 순 아르곤을 1기압 정도 넣고 방전시키면 음극부의 산화물은 환원되어 표면에 얇은 금속 층이 생기고 그 중앙에 밝은 음극점이 형성되며, 이 빛이 양극의 가는 구멍을 통하여 밖으로 나오게 된다.

매우 작은 점광원으로 휘도가 매우 높기 때문에 광학용 검사 광원으로 적당하다.

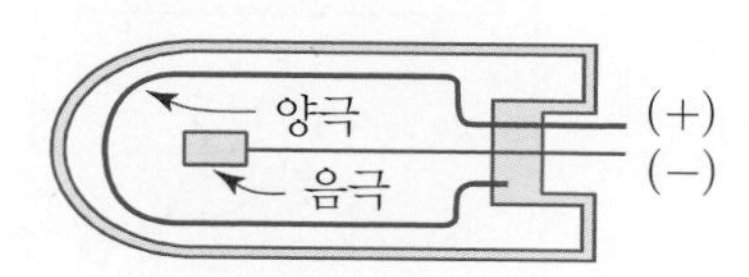

그림 4.27 ▶ 지르코늄 방전등

4.4.7 글로우 방전등

(1) 네온관등

네온관등(neon tube lamp)은 지름 12~15[mm]의 긴 유리관을 진공으로 한 다음 8[mmHg] 정도의 압력으로 불활성 가스 또는 수은을 봉입하고 원통형의 냉음극 전극에 고압의 교류를 가하면 양광주가 뚜렷이 빛난다.(**양광주 발광 이용**)

주로 광고용의 **네온사인**에 사용되고, 광색은 봉입 가스 및 유리관의 종류에 따라 **표 4.6**와 같이 여러 가지 색을 연출할 수 있다.

네온관은 길이 1[m] 당 약 1,000[V]의 전압을 필요로 하므로 특별한 누설 변압기가

표 4.6 ▶ 봉입 가스와 광색

봉입 가스	유리관 색	광 색	봉입 가스	유리관 색	광 색
네 온	투 명	등적색	헬 륨	투 명	백 색
네 온	청 색	등 색	헬 륨	황갈색	황갈색
아르곤+수은	투 명	청 색	아르곤	투 명	고동색
아르곤+수은	황록색	녹 색			

필요하며, 이 누설 변압기를 **네온관용 변압기** 또는 **네온 트랜스**라고 한다.

그림 4.28은 네온관등 회로를 나타낸 것이다. 네온관등은 네온관용 변압기로 점등하고 자동점멸장치를 조작하여 네온관에 2차 전압 3,000~15,000[V]를 인가한다.

즉 개폐 장치는 변압기의 2차 측이 고압이므로 아크가 발생하지 않도록 반드시 1차 측에서 접속해야 한다.

네온관용 변압기는 2차 전압 15,000[V], 2차 단락전류 50[mA]이하로 전기설비 기술기준에 정해져 있고, 실제적으로는 1차 전압 110/220[V], 2차 전압은 3,000/6,000/9,000/12,000/15,000[V], 2차 단락전류는 20[mA]를 정격으로 하고 있다.

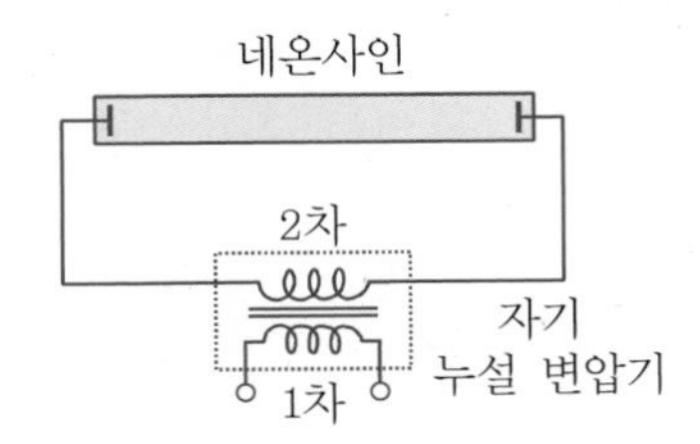

그림 4.28 ▸ 네온관등 회로

(2) 네온전구

그림 4.29와 같이 유리구 내에 전극 간격을 2~3[mm]로 하고, 네온 또는 아르곤을 수 10[mmHg]의 압력으로 봉입한 것으로, 베이스 내에 1,500~3,000[Ω]의 금속선의 안정 저항을 직렬로 삽입한다.

네온전구(neon lamp)는 전극 간격이 짧으므로 **부글로우**의 발광을 이용한 것이다.

네온전구의 용도는 다음과 같다.

① 소비전력이 매우 적으므로 배전반의 표시램프 등에 적합하다.

② 부글로우이기 때문에 직류의 극성 판별용에 이용된다.

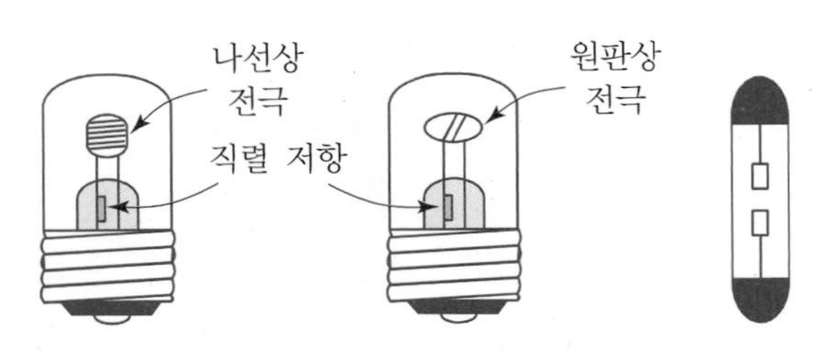

그림 4.29 ▸ 네온전구

③ 일정 전압에서 점화하므로 검전기, 교류 파고치의 측정에 사용된다.

④ 빛의 관성이 없고, 어느 범위에서는 광도와 전류가 비례하므로 오실로스코프, 스트로브스코프용에 이용된다.

용어

(1) 연색성(color rendering)

광원의 종류에 따라 대상물의 색이 보이는 상태가 달라진다. 즉 물체의 색감에 미치는 광원의 성질을 연색성이라 하고, 기호는 연색지수, R_a를 사용한다.

연색지수는 태양광 또는 백열전구와 같은 연속 스펙트럼을 가진 가장 좋은 광색, 즉 주광색(daylight)을 100으로 하여 비교한 수치이고, 일반적으로 연색지수가 80 이상인 광원을 연색성이 양호한 것으로 본다. **표 4.7**은 각종 조명등의 평균 연색지수이다.

(2) 색온도(color temperature)

광원의 광색이 어느 온도의 흑체의 광색과 같을 때, 그 흑체의 온도를 광원의 색온도라 한다. 색온도는 실제 온도보다 높다.

① 주광색 : 6,500 [K], ② 백 색 : 4,500 [K]

③ 은백색 : 3,000 [K], ④ 백열전구 : 2,700 [K]

(3) HID 램프(high intensity density lamp)

① HID 램프 : 고휘도 방전 램프

② 종류 : 고압 수은등, 고압 나트륨등, 메탈 할라이드등

③ HID 램프의 공통 특징

ⓐ 휘도가 매우 높고 발광관을 가지고 있음

ⓑ 점등 시간이 수분 지연되고 재점등 시에는 약간 더 소요됨

ⓒ 방전 시 고전압이 요구되므로 안정기를 포함한 별도의 점등 회로가 필요

ⓓ 발광관의 전극은 열음극에 의한 열전자 방출을 쉽게 하기 위하여 주기율표 2족 원소인 알칼리 토금속류의 산화 피막 전극 이용

④ HID 램프의 특성 비교 : **표 4.8**

표 4.7 ▶ 각종 조명등의 연색지수

종 류	연색지수	종 류	연색지수
백열전구 할로겐 전구	100	고압 수은등	30
크세논등	95	고압 나트륨등	25
메탈 할라이드등	80	형 광 등	65~95

표 4.8 ▶ HID 램프(고휘도 방전 램프)의 특성 비교

종 류	고압 수은등	나트륨등	메탈 할라이드등
용 량 효 율 수 명	250~1,000 [W] 30~55 [lm/W] 10,000 [h]	100~400 [W] 80~150 [lm/W] 10,000 [h]	175~1,000 [W] 70~80 [lm/W] 9,000 [h]
점 등 부속장치	안정기	안정기	안정기
광 질 특 색	① 고휘도 : 청백색 ② 배광 제어 용이 ③ 점등시간 : 10분 ④ 장수명	① 저압 : 등황색의 단색광 D선 파장(5890~5896 [Å]) ② 고압 : 2100 [K](황백색) ③ 수평 점등 원칙 ④ 연색성 불량(실내조명 부적합)	① 고휘도 : 주광색(6000 [K]) ② 배광 제어 용이 ③ 수평 점등 필요 ④ 장수명 ⑤ 연색성 우수
용 도	고천장, 투광용 조명 도로 조명	도로 조명, 터널 조명	고천장 조명, 옥외 조명

4.5 형광등

형광등(fluorescent lamp)은 **열음극 저압 수은등**의 일종이다. 저압 수은등에서 발산하는 강력한 자외선 2,537[Å]을 이용하여 방전관 내벽에 도포된 형광 물질을 자극시켜 가시광선으로 변환하고 발산하도록 한 스토크스의 법칙을 응용한 형광 방전등이다.

4.5.1 구조와 원리

그림 4.30과 같이 형광등의 전극은 텅스텐의 이중 코일에 열전자가 쉽게 방출하도록 주기율표 2족 원소인 알칼리 토금속의 바륨(Ba), 스토론듐(Sr), 칼슘(Ca) 등의 산화물을 피복하고, 관 내부에는 소량의 수은을 넣고 점등 중에 수은 증기압 0.01[mmHg]이 되도록 한다. 또 페닝 효과를 응용하여 방전을 쉽게 하기 위해 아르곤을 수 [mmHg]를 봉입하고, 관 내벽에 형광체를 도포한다.

형광등의 빛의 발생 원리는 필라멘트에 전류가 흐르면 전극에서 열전자가 방출되고 관 내부의 증기 상태인 수은 원자와 충돌하여 파장 2,537[Å]의 강한 자외선을 전 복사 에너지의 90[%] 이상을 방출한다. 방출된 자외선은 유리관 내부에 도포된 형광 물질을 자극하여 여기(exited state)시키면서 외부로 가시광선을 방출한다.

형광 물질을 사용하는 목적은 스토크스의 원리에 의해 눈에 보이지 않는 자외선을 이보다 긴 파장의 가시선으로 변환하여 볼 수 있도록 하기 위한 것이다.

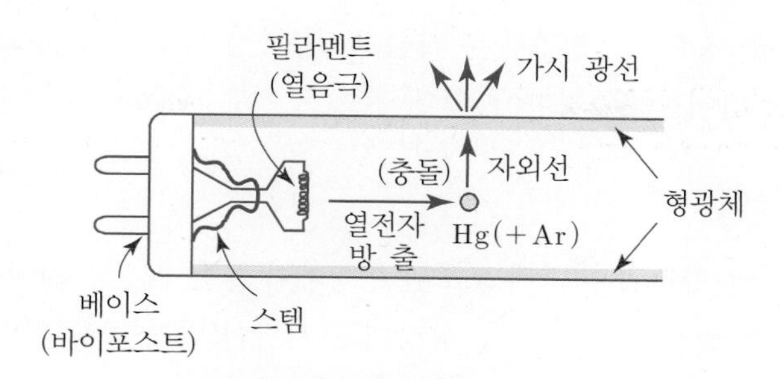

그림 4.30 ▶ 형광등의 구조와 원리

텅스텐 필라멘트의 이중 코일 전극은 전자를 방출하기 위하여 약 2,000[℃] 이상의 고온이 필요하지만, 알칼리 토금속의 산화물을 도포하면 900[℃] 정도에서도 충분한 열전자를 방출할 수 있다. 이와 같이 열음극을 이용하면 전극에 인가하는 전압을 그만큼 낮추어서 방전을 개시할 수 있는 장점이 있다.

(1) 점등 방식에 의한 형광등의 분류

글로우 방전을 이용한 형광 방전등의 전극은 냉음극과 열음극으로 분류된다.

냉음극은 주로 네온사인에 사용되고, 현재 주로 사용되고 있는 열음극형 형광 방전등은 기동 방법에 따라 **예열 기동형**(preheat start type), **속시 기동형**(rapid start type), **순시 기동형**(instant start type)으로 분류된다.

(a) 예열 기동형 형광등

일반적인 열음극 형광 방전등이며, **그림 4.30**과 같은 구조로써 바이 포스트식 베이스가 있고, 전극은 이중 코일형 텅스텐 필라멘트로 되어 있다. 점등 시에 전극을 2초 정도 예열한 후 전극 간에 전압이 인가되어 방전관이 기동되는 방식을 **예열 기동형**이라 한다.

(b) 속시 기동형 형광등

전극의 예열과 동시에 전극 간에 전압을 인가하여 점등관 없이 약 1초간에 점등이 되는 방식을 **속시 기동형**이라 한다. 이 방식은 삼중 코일형 텅스텐 필라멘트를 사용한다.

습기에 의한 기동 장해를 막기 위하여 유리관의 외면에 물이 묻지 않도록 실리콘막을 설치한 것도 있고, 이 경우에는 조명기구에 근접 도체를 필요로 한다.

(c) 순시 기동형 형광등

점등을 쉽게 하기 위하여 필라멘트 양단을 함께 놓은 것으로 외부 핀은 한 개로 되어 있다. 전극은 예열하지 않고 냉음극으로 순시에 수백 [V]를 인가하여 강제적으로 방전을 개시하는 방식을 **순시 기동형**이라 한다.

순시 기동에 사용되는 방전관은 가늘고 긴 특징 때문에 **슬림 라인**(slimline)이라고도 하며, 기동 전압이 높은 경향이 있다.

(2) 형광체

형광 방전관은 유리관 내벽에 도포된 형광체가 짧은 파장의 자극선인 자외선(여기 파장)에 의해 자극을 받으면 그보다 긴 파장의 가시광선(발기 파장)이 발산한다는 **스토크스의 법칙**을 이용한 것이다.

한국산업규격(KS)에는 형광등의 광색을 **주광색**(daylight, D)과 **백색**(white, W)으로 구분하고, 주광색과 백색의 색온도는 각각 6,500[K], 4,500[K]의 광색이 된다.

표 4.9와 같이 형광체의 종류에 따라 여러 가지 광색을 얻을 수 있으며, 짧은 시간의 잔광 현상이 나타난다.

표 4.9 ▶ 형광체의 종류와 특성

형 광 체	분 자 식	광 색	여기 파장[Å]		발기 파장[Å]		잔광시간
			범 위	극 대	범 위	극 대	
텅스텐 칼슘	$CaWO_4-Sb$	청 색	2,200 ~3,000	2,720	3,800 ~7,000	4,400	1×10^{-5}
텅스텐산 마그네슘	$MgWO_4$	청백색	2,200 ~3,200	2,850	3,800 ~7,200	4,800	5×10^{-5}
규산아연	$ZnSiO_3-Mn$	녹 색	2,200 ~2,960	2,537	4,500 ~6,200	5,250	14×10^{-3}
규산카드뮴	$CdSiO_2-Mn$	등 색	2,200 ~3,200	2,400	4,300 ~7,200	5,950	24×10^{-3}
붕산카드뮴	CdB_2O_5	핑크색	2,200 ~3,600	2,500	4,000 ~7,200	6,150	16×10^{-3}
할로린산 칼 슘	$2Ca_3(PO_4)_4\cdot Ca_2(Cl_2F_2)-$ Sb, Mn	황백색	1,500 ~3,200	2,537	3,800 ~7,200	5,950	30×10^{-3}

4.5.2 형광등의 점등 회로

방전관은 사용 전압보다 더 높은 전압으로 기동해야 하며, 전압과 전류의 관계가 부특성이기 때문에 정전압 회로로 점등하려면 안정기로써 초크 코일을 직렬로 삽입하여 안정 상태를 유지해야 한다. 안정기는 반드시 사용 전압에 맞도록 사용해야 하지만, 형광 방전관은 110[V]와 220[V]에 구별 없이 사용한다.

형광등의 점등 회로는 글로우 스타터(glow starter)형, 속시 기동(rapid starter)형, 순시 기동(instant starter)형, 전자 스타터형의 고주파 점등 회로가 있다.

(1) 글로우 스타터 점등 회로

그림 4.31은 고정 전극과 바이메탈 재질의 가동 전극으로 이루어진 **점등관**과 글로우 스타터 **점등 회로**를 나타낸 것이다.

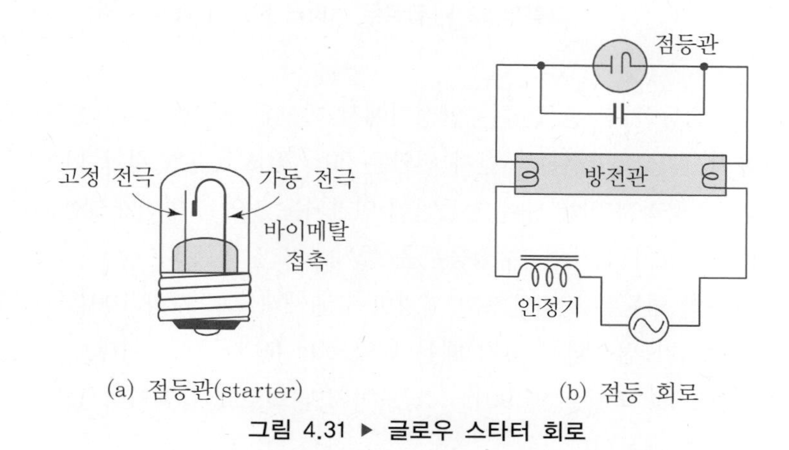

(a) 점등관(starter) (b) 점등 회로

그림 4.31 ▶ 글로우 스타터 회로

점등관은 **스타터**(starter) 또는 **글로우 램프**(glow lamp)라고도 하며, 점등관 내에는 아르곤 또는 네온 가스가 봉입되어 있다.

점등관을 이용한 글로우 스타터 방식의 전극은 예열 기동형이고, 점등 회로의 점등 과정은 다음과 같이 설명할 수 있다.

그림 4.31(b)의 회로에 전원이 인가되면 점등관의 고정 전극과 바이메탈의 가동 전극 사이에 글로우 방전이 일어나고, 글로우 방전에 의해 가열된 바이메탈은 팽창하여 1~2초간 두 전극이 접촉하게 된다. 이 때 회로에는 기동 전류가 흘러 형광 방전관 내의 필라멘트를 예열한다. 이 순간 점등관의 접촉 상태에서 글로우 방전은 멈추고 바이메탈은 다시 냉각되면서 고정 전극으로부터 분리하게 된다.

점등관의 바이메탈이 분리되는 순간, 예열 전류는 차단되고 안정기 양단에 $-L\frac{di}{dt}$의 높은 킥 전압(kick voltage)이 발생하여 형광등의 주전극 사이에서 방전이 개시되면서 점등 상태로 된다.

그림 4.32는 글로우 스타터 점등 회로의 점등 과정을 점등관과 방전관으로 나누어 나타낸 것이다.

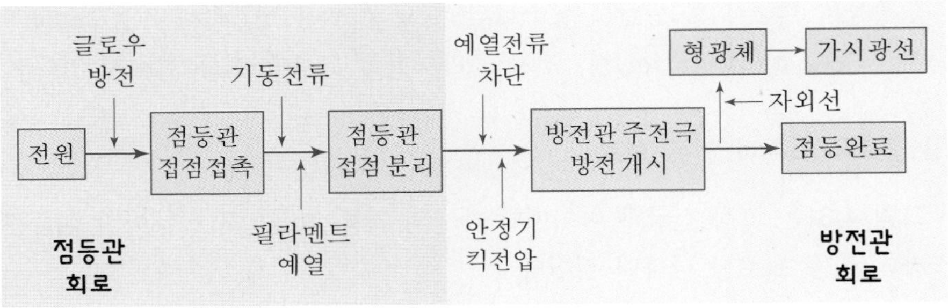

글로우 방전
기동전류
예열전류 차단
형광체 → 가시광선
자외선
전원 → 점등관 접점접촉 → 점등관 접점분리 → 방전관 주전극 방전개시 → 점등완료
필라멘트 예열
안정기 킥전압
점등관 회로
방전관 회로

그림 4.32 ▸ 글로우 스타터 회로의 동작 순서

형광등이 점등한 후 관 전류는 안정기에서 제한된 전류에 의해 형광등의 방전을 지속적으로 유지시키고, 방전관의 단자 전압은 60~70[V](전원 전압 110[V]인 경우) 정도로 내려간다. 따라서 점등 중에 점등관에 인가되는 전압은 방전개시전압보다 낮기 때문에 형광등에만 전압이 인가되고, 점등관은 동작하지 않게 된다.

백열 전구의 역률은 필라멘트의 저항만이 관계하므로 거의 100[%]이지만, 형광등은 직렬로 안정기가 접속되어 있기 때문에 약 50~60[%] 정도이다. 방전관 자체는 저항부하에 가깝고 그 역률은 약 90[%] 정도이지만 회로에 삽입되어 있는 안정기로 인하여 저역률로 되기 때문이다.

따라서 역률을 개선하기 위하여 역률 개선용 콘덴서를 전원과 병렬로 접속하며, 역률 85[%]의 고역률로 개선하기 위하여 정전 용량 3.5~5.5[μF] 정도의 콘덴서를 병렬 접속해야 한다.

(2) 속시 기동(래피드 스타터) 점등 회로

일반 형광등은 기동 시간이 지연되고, 기동에 높은 전압이 필요하며, 점멸을 자주하면 수명이 짧아지는 결점이 있다. 속시 기동 점등 회로는 이러한 결점을 보완하여 즉시 점등할 수 있는 회로이다.

그림 4.33과 같이 안정기에 별도로 전극 가열용 권선이 채택되어 있으며, 점등 시에 항상 3~6[V] 정도로 전극을 가열하고 있기 때문에 점등관이 필요 없는 회로이고, 전극은 삼중 코일 필라멘트를 사용한다.

형광등의 관 벽에 절연저항을 높게 하도록 실리콘을 도포하고, 기동 전압을 낮추기 위하여 접지된 **근접 도체**를 부착하여 형광등에 근접시켜 사용한다.

속시 기동 점등 회로의 특징은 짧은 시간에 점등이 되고 저전압에서도 기동되며 전원 전압이 낮아져도 소등되지 않는다.

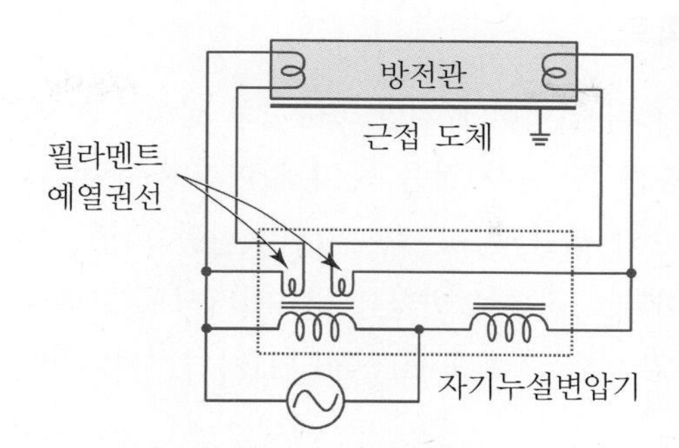

그림 4.33 ▶ 속시 기동 점등 회로

(3) 순시 기동(슬림 라인) 점등 회로

순시 기동 점등 회로는 **그림 4.34**와 같이 필라멘트를 예열하지 않고 직접 형광등에 고전압을 가하여 순간적으로 기동하는 점등 회로이며, 전극은 기동 시에는 냉음극, 동작 시에는 방전전류에 의한 열음극으로 작용한다.

기동 시 형광등에 고전압이 걸리므로 수명이 짧아지고 2차 전압도 높으므로 점등 장치가 비싸며 전력손실도 커진다.

순시 기동 회로에 사용되는 형광등을 **슬림 라인**이라고 하고, 예열 기동형 형광등보다 가늘고 길며 한 개의 베이스 핀을 가지고 있다.

(4) 전자 스타터 점등 회로

글로우 스타터 점등회로에서 안정기와 점등관 대신에 반도체의 사이리스터 회로로 바꾼 것으로 1초 이내에 점등이 가능하며 최근 많이 사용되고 있다.

그림 4.35에 전자 스타터 점등 회로를 나타낸다.

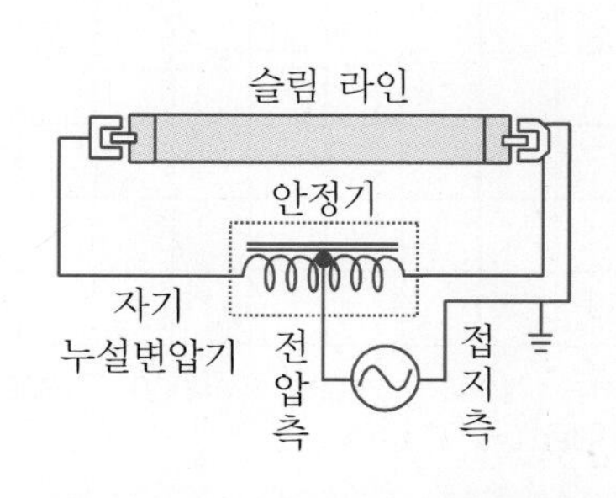

그림 4.34 ▶ 순시 기동 점등 회로

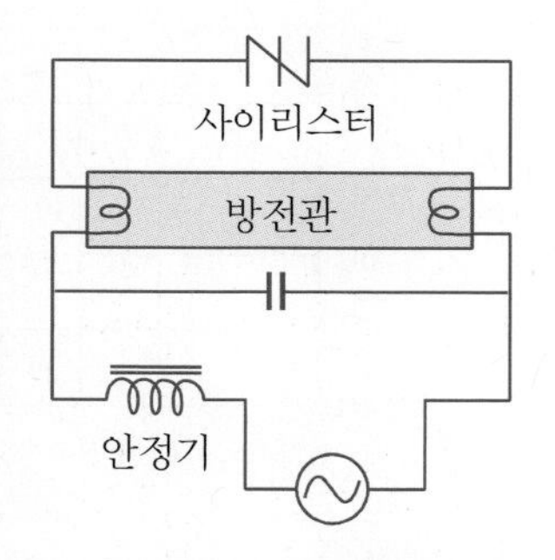

그림 4.35 ▶ 전자 스타터 점등 회로

(5) 고주파 점등 회로

형광등을 트랜지스터 인버터에 의한 고주파로 점등하면 회로손실의 감소, 플리커 현상의 감소, 효율의 증가 및 전자 잡음 등이 없어지고 안정기도 소형 경량화가 된다.

그림 4.36은 고주파 점등 회로, 즉 인버터 점등 회로를 나타낸 것이다. 입력 전원의 상용 주파수를 컨버터로 직류로 변환, 다시 인버터로 고주파의 교류로 변환하는 방식을 채택한 회로이다. 주파수는 대략 20~50[kHz]가 사용된다.

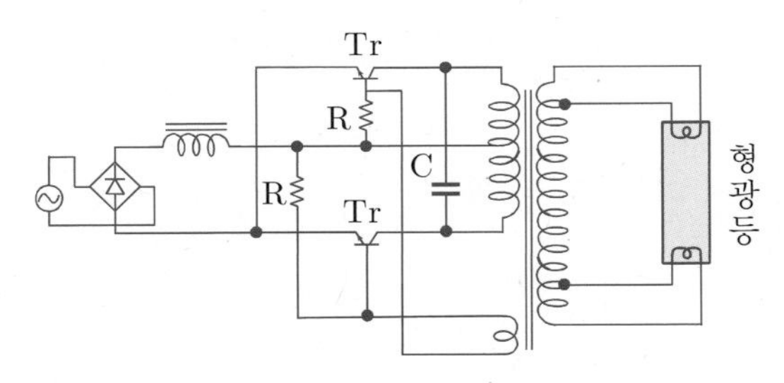

그림 4.36 ▶ 고주파 점등 회로

4.5.3 형광등의 특성

(1) 동정 특성

그림 4.37은 형광등의 **동정 곡선**(performance curve)이고, 점등 시간에 대한 광속의 관계를 나타낸 것이다.

형광등은 점등 후 100시간까지는 광속이 급격히 감소한 후 1,000시간까지는 완만한 감소를 보이면서 그 이후는 비교적 안정한 상태를 보이고 있다.

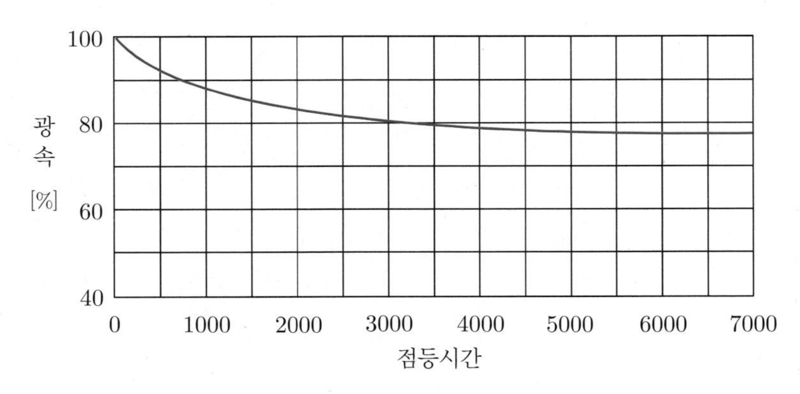

그림 4.37 ▶ 형광등의 동정 곡선

한국산업규격(KS)에서 형광등에 대한 초특성의 광속은 100시간 점등 후의 광속으로 하고, 동정 특성의 광속은 500시간 점등 후의 광속 값으로 규정하고 있다.

형광등의 수명은 점등 후 광속이 80[%]로 되었을 때의 시간과 방전 불능의 상태가 될 때까지의 시간 중 짧은 것으로 정한다. 규격품의 수명은 4,000시간으로 되어 있지만 7,000시간까지 수명을 가진 제품도 있다.

(2) 전압과 온도의 특성

그림 4.38은 전원 전압에 대한 형광등의 여러 가지 특성을 나타낸 곡선이다. 공급전압이 정격 전압보다 높아지면 전극이 필요 이상으로 가열되어 전극 소모로 인한 흑화가 진행되고, 정격 전압보다 낮아지면 전극에 대한 이온의 충격으로 불꽃 방전이 오래 지속되면서 수명이 짧아진다.

정격 전압 이상에서 전압 상승에 대한 광속 증가 비율은 관 전류의 증가 비율에 미치지 못하므로 상대적으로 효율도 떨어진다. 따라서 형광등은 정격 전압의 ±6[%]의 범위 내에서 사용하는 것이 바람직하다.

그림 4.39는 형광등의 온도에 관한 여러 가지 특성을 나타낸 것이다. 저온에서는 수은 증기압이 감소하므로 광속의 감소와 방전개시전압의 상승을 가져오지만, 고온에서는 방전개시전압은 감소하지만 관내의 압력이 증가하여 자외선의 여기 파장이 약하게 되므로 역시 광속의 감소를 초래한다.

즉, 형광등은 **주위 온도** 20~25[℃], **관벽 온도** 40~45[℃]에서 가장 적당한 조건이 된다. 이 때 **여기 파장** 2,537[Å]의 자외선 방출이 최대가 된다.

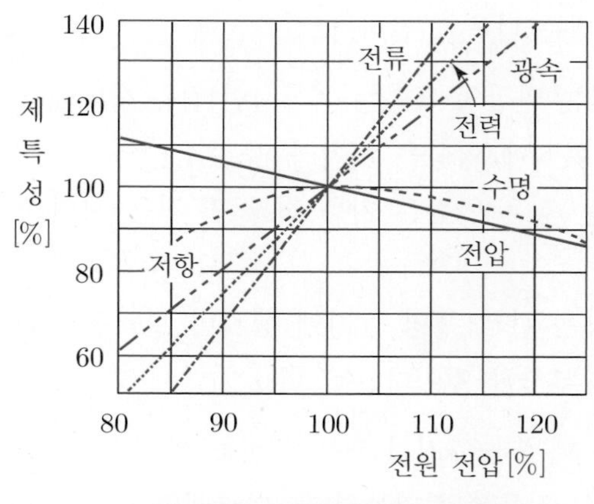

그림 4.38 ▶ 형광등의 전압 특성

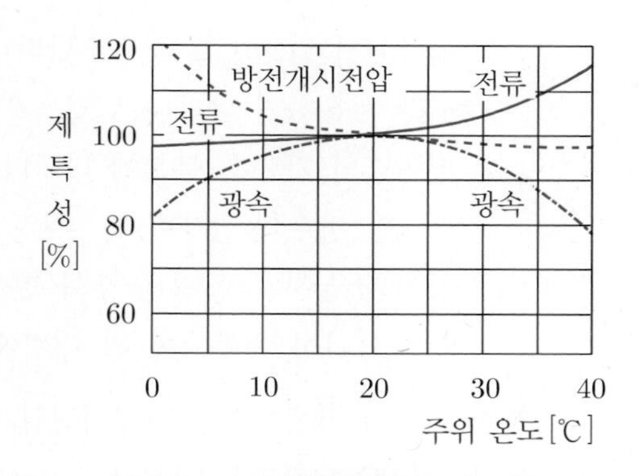

그림 4.39 ▶ 형광등의 온도 특성

표 4.10은 백열전구와 형광등의 특성을 비교한 것이다. 형광등의 특성에 관한 한국 산업규격은 부록에 수록하였으니 참고하기 바란다.

표 4.10 ▶ 백열전구와 형광등의 특성 비교

종 류	백 열 전 구	형 광 등
용 량 효 율 수 명	2~1000 [W] 7~22 [lm/W] 900~1,500 [h]	4~110 [W] 40~80 [lm/W] 2,400~8,000 [h]
점등부속장치	불 필 요	안 정 기
광질 및 특색	① 고휘도, 열복사 많음 ② 광색 : 적색, 배광 제어 용이 ③ 즉시 점등	① 저휘도, 광색 조절은 비교적 용이 ② 열복사 적음 ③ 점등 시간 소요(속시 기동형 제외)
용 도	① 좁은 장소의 전반 조명, 액센트 조명 (분위기 조명 연출) ② 대형은 고천장 및 투광용 조명	① 옥내외의 전반 조명, 국부 조명에 적합 ② 경제적인 명시 조명에 효과적 ③ 간접 조명에 의한 분위기 조명에 효과적

4.5.4 형광등의 흑화 현상

형광등의 양단이 검게 되는 **흑화 현상**은 안정기 선정의 부적절, 점멸 횟수의 빈번함, 전압 변동 등에 의해 발생하며, 이러한 원인이 심한 경우에는 동정 특성에도 나쁜 영향을 미치게 된다. 형광등을 사용함에 따라 광속이 감소하는데 그 원인은 다음과 같다.

① 전극에서의 전자 방출의 감소

② 전극물질이 승화하여 방전관 양단의 흑화

③ 형광체의 열화

형광등의 양단에 나타나는 흑화의 형태는 다음과 같다.

① 전극에서 5 [cm] 부근에서 나타나는 환상의 흑화는 정상적인 점등 상태에서 수십 시간 사용하면 나타나는 것으로 특성에 영향을 미치지 않는다.

② 베이스의 가까운 부분에 나타나는 짙은 반점은 기동 전류 및 점등 시의 전류가 과대한 경우에 발생한다.

③ 방전관 끝부분의 넓은 흑화 현상은 관의 수명 말기에 생기며 필라멘트 표면의 바륨(Ba)이 승화되어 관 내벽에 부착한 것이다.

흑화 현상이 발생하면 방전개시전압은 매우 높아지기 때문에 점등관이 동작하면 필라멘트만 가열되고 점멸을 반복해도 안정된 점등은 불가능하다. 형광체의 열화는 수은과 형광체가 혼합되거나 자외선의 심한 자극으로부터 열화한 것이다.

4.5.5 플리커 개선 및 역률 개선

(1) 플리커 개선

형광등을 교류로 점등하면 주파수의 2배의 횟수로 점멸이 일어나고, 전류가 흐르지 않는 순간에도 형광체의 잔광 현상에 의해 빛은 파형으로 되어 눈에서 반복되는 빛의 명멸을 느끼게 된다. **빛의 명멸 현상**을 **플리커**(flicker)라 하며, 다음의 식으로 표시한다.

$$\text{플리커} = \frac{\text{최대 광도} - \text{평균 광도}}{\text{평균 광도}} \times 100\ [\%] \qquad (4.4)$$

형광등의 플리커 현상은 정상 점등 시에 시감할 수 없지만, 움직이는 물체를 장시간 보게 되면 감지할 수 있고 눈의 피로도를 가중시키며, 백열전구에 비해 대단히 크다. **표 4.11**은 각종 광원에 대한 플리커를 나타낸다.

표 4.11 ▶ 각종 광원의 플리커

광 원	플리커 [%]	광 원	플리커 [%]
백열전구 40 [W] 백열전구 100 [W]	13 5	형광등 백색(1등용) 형광등 백색(2등용) 형광등 백색(3등용)	45 20 6
형광등 주광색(1등용) 형광등 주광색(2등용) 형광등 주광색(3등용)	60 28 8	형광등 청색 (1등용) 형광등 녹색 (1등용) 형광등 분홍색(1등용)	95 20 20

그림 4.40과 같이 형광등 두 개를 동일 기구에 설치하고, 콘덴서를 직렬로 접속하여

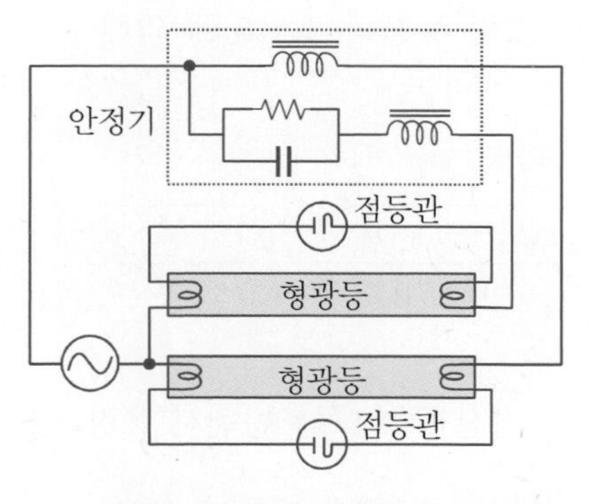

그림 4.40 ▶ 플리커리스 형광등

한 쪽 형광등의 전류 위상을 90° 빠르게 하면, 주광색 형광등은 28[%], 백색 형광등은 20[%]로 플리커 현상을 감소시킬 수 있다. 이 형광등을 **플리커리스**(flickerless) 형광등이라 한다.

3상 회로의 선간에 세 개의 형광등을 각각 설치하면 플리커는 더욱 감소하여 6~8[%]로 되고, 전류도 각 상이 평형을 이루어 역률도 개선되는 장점이 있다.

(2) 역률 개선

백열전구는 필라멘트의 저항만으로 이루어져 있으므로 역률은 거의 100[%]이다. 그러나 형광등에서 방전관 자체는 저항 부하로 약 90[%]이지만, 유도성 부하의 안정기가 접속되어 있으므로 50~60[%]의 저역률이 된다.

역률을 개선하기 위하여 수배전 선로의 부하측에 전력용 콘덴서를 접속하는 것과 마찬가지로 회로에 콘덴서를 병렬로 삽입한다.

그림 4.41은 부하의 역률을 $\cos\theta_1$에서 $\cos\theta_2$로 개선하기 위하여 콘덴서의 용량 Q_c를 구하기 위한 벡터도이다.

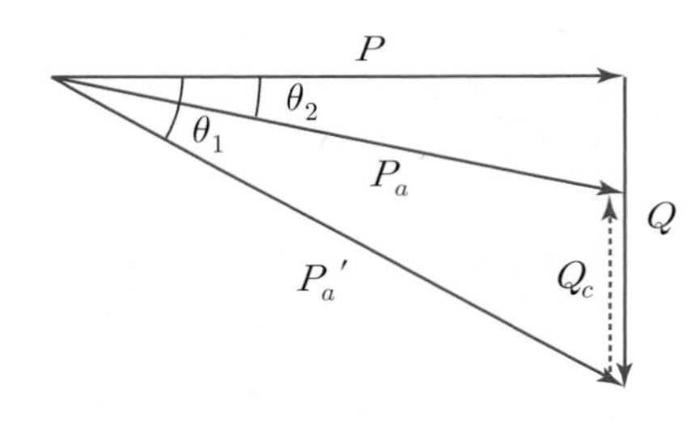

Q_c : 콘덴서 용량[kVar]
P : 부하의 유효전력[kW]
$\cos\theta_1$: 개선 전 역률
$\cos\theta_2$: 개선 후 역률
P_a : 개선 전 피상전력[kVA]
P_a' : 개선 후 피상전력[kVA]

그림 4.41 ▶ 역률 개선

콘덴서의 용량 Q_c는 **그림 4.41**의 벡터도에 의해

$$\begin{aligned} Q_c &= P(\tan\theta_1 - \tan\theta_2) \\ &= P\left\{\frac{\sqrt{1-\cos^2\theta_1}}{\cos\theta_1} - \frac{\sqrt{1-\cos^2\theta_2}}{\cos\theta_2}\right\} \end{aligned} \tag{4.5}$$

가 된다. 이때 콘덴서의 정전용량 C는 콘덴서 용량 $Q_c = \omega CV^2$에 의해 다음과 같이 구해진다.

$$C = \frac{Q_c}{\omega V^2} = \frac{P}{2\pi f V^2}(\tan\theta_1 - \tan\theta_2) \quad (4.6)$$

형광등의 역률을 85[%]의 고역률로 개선하려면 한 등당 3.5~5.5[μF]의 콘덴서를 **병렬로 접속**하여야 한다.

4.5.6 형광등의 특성

① **수명이 길다.** : 형광등의 평균 수명은 약 7,000시간으로 전구의 수명 1,000시간에 비해 매우 길다.

② **효율이 높다.** : 형광등의 효율은 백열전구의 효율보다 3~4배 높다.(**표 4.10** 참고)

③ **열이 거의 발산하지 않는다.** : 백열전구는 전 복사 에너지의 90[%], 형광등은 약 45[%] 정도가 열로 복사된다.

④ **임의의 색광을 얻을 수 있다.** : 형광체에 따라 원하는 색광을 얻을 수 있으며, 효율이 높다.

⑤ **휘도가 낮다.** : 광원의 발광면적이 넓으므로 휘도가 0.6~10[cd/cm^2]이다. 장시간 동안 볼 수 있는 휘도의 한계는 0.5[cd/cm^2]로 이보다 휘도가 높으면 눈부심을 느낀다.

⑥ **전원 전압의 변화에 대한 광속 변동이 적다.** : 백열전구의 전압변화에 비해 광속의 변화가 적으며, 전압 1[%] 변화에 대해 1~2[%]의 광속변동만 있다.

⑦ **역률이 낮다.** : 안정기의 사용으로 역률이 60[%] 정도로 나쁘기 때문에 역률을 개선하기 위하여 병렬로 콘덴서를 접속한다.

⑧ **주위온도의 영향을 받는다.** : 주위온도가 20~25[℃]에서 효율이 가장 높고, 이보다 높거나 낮으면 효율이 떨어진다.

⑨ **기동시간이 길다.** : 점등관식은 약 3초 정도 걸리며, 주위온도가 낮아지면 시간이 더 걸린다. 기동시간을 줄이기 위해 속시기동형과 순시기동형이 사용된다.

⑩ **전원 주파수의 변동이 광속과 수명에 영향을 미친다.** : 안정기로 초크 코일이나 콘덴서를 사용하므로 주파수의 영향을 받아 광속과 수명에 영향을 미친다.

⑪ **빛의 명멸(flicker)이 있다.**

⑫ **라디오에 장해를 준다.** : 형광등에서 방해 전파가 발생하여 라디오에 잡음 장해를 준다.

4.5.7 전구형 형광등(삼파장 형광등)

네덜란드의 필립스사에서 개발한 전구형 형광등(삼파장 형광등)은 삼파장 전구 및 삼파장 형광등으로 불리어지고 있다. 그러나 백열전구와 형광등의 장점을 결합한 의미에서 **전구형 형광등**이 가장 적당할 것으로 생각된다.

기존 형광등의 형광 물질은 적색의 발광 성분이 부족하기 때문에 청색광의 차가운 느낌을 주고 연색성도 떨어진다.

이를 보완하기 위하여 개발된 전구형 형광등은 기존의 할로린산 칼슘과 같은 형광체 대신에 적색의 발광 성분을 포함한 희토류 원소를 형광체로 사용하여 광원의 삼원색인 적색(R), 녹색(G), 청색(B)의 삼파장의 광색을 발산하도록 한다. 따라서 백열전구와 같은 분위기 조명 효과와 연색성을 좋게 하면서 효율의 개선 효과를 얻을 수 있다.

희토류 원소는 주기율표 3A족인 란탄계열의 원자번호 57～71의 15원소와 스칸듐(Sc), 이트륨(Y)을 합친 17원소를 총칭한 것으로 지구상에 적은 양이 분포되어 가격이 비싼 것이 결점이다.

일반 형광등은 한 개의 파장을 이용한 선스펙트럼이지만, **그림 4.42**와 같이 전구형 형광등은 적색(R), 녹색(G), 청색(B)의 가시광선의 폭 넓은 파장 영역이 강력하게 나오는 연속 스펙트럼을 보이고 있다.

그림 4.43과 같이 희토류 형광체를 사용한 전구형 형광등은 수명이 끝날 때까지 광속의 저하가 적다.

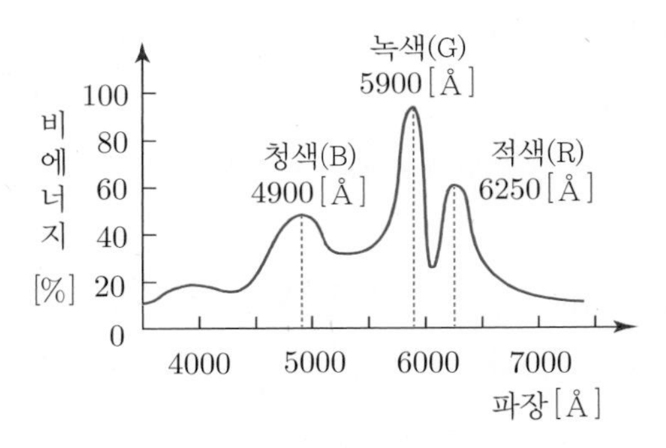

그림 4.42 ▸ 삼파장 형광등의 분광 분포

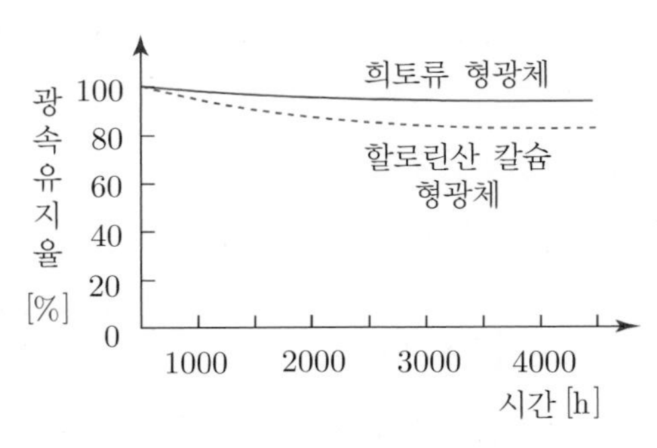

그림 4.43 ▸ 희토류 원소의 광속 유지율

전구형 형광등은 지름 12[mm] 정도로 가늘고, 관 전체 길이에 비해 짧게 보이도록 U자 모양으로 구부린 후 다시 2～3개를 연결한 구조이고, 유리구 내면에 형광 물질을 도포하는 방법은 다음의 두 가지가 있다.

① 1층 도포법 : 유리구 내에 희토류 형광 물질을 도포하는 것으로 도포량이 많기 때문에 가격 상승 요인이 된다.

② 2층 도포법 : 유리구 내벽에 직접 할로린산 칼슘의 형광물질을 도포하고, 그 위에 희토류 형광 물질을 도포하는 것으로써 1층 도포법에 비해 연색성과 효율은 떨어지지 않으면서 경제적인 방법이 된다.

방전관과 안정기가 일체형인 전구형 형광등의 효율은 삼파장 형광 물질 외에 전자식 안정기가 큰 역할을 한다.

고주파 점등 회로를 채택한 전자식 안정기는 방전 초기의 급격한 전류 상승으로 인한 형광등의 소손을 막아주고, 상용 주파수 60[Hz]를 인버터에 의해 20~50[kHz]로 변환시켜주기 때문에 플리커 현상의 감소와 전력손실을 감소시켜 준다.

전구형 형광등의 특징은 다음과 같다.

① 백열전구는 전 복사 에너지에서 가시광선이 약 5[%] 정도이지만, 전구형 형광등은 열손실이 적기 때문에 약 25[%] 이상으로 효율이 높다.

② 수명은 백열전구보다 약 6배 정도 길다.

③ 광색은 태양과 비슷한 자연 주광에 가깝고, 연색성이 우수하다.

④ 순간 점등이 가능하며 소음이 없고 플리커 현상이 매우 적다.

⑤ 10[%]의 전력절감 효과가 있지만, 가격이 비싼 것이 결점이다.

4.6 EL 램프

EL **램프**(electro-luminescent lamp)는 가장 이상적인 **면광원** 램프이다.

그림 4.44에서 **도전 피막**과 **금속 피막 전극** 사이에 **교류 전압을 인가**하여 형광체가 발광하고 유리판을 통하여 외부로 방사되는 구조이다.

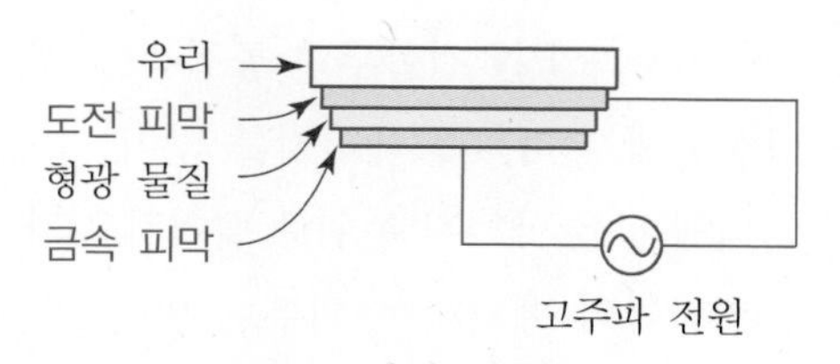

그림 4.44 ▶ EL 램프

EL 램프의 구조는 유리면에 투명한 도전 피막을 부착하고, 도전 피막의 투명 전극 면에 황화 아연계의 특수한 형광 물질을 유기 도체와 혼합하여 박막화한 것을 부착한다. 또 형광 물질 위에 알루미늄 등의 금속 피막 전극을 부착한다.

도전 피막의 투명 전극과 **금속 피막**의 전극 사이에 교류 전압을 인가하여 형광체의 발광에 의해 유리면을 통하여 빛을 발산하게 된다.

발광 효율은 0.5~5[lm/W]로 적으므로 휘도가 낮은 일반 조명과 노트북, 시계, 계측기 및 표시등의 조명에 사용된다.

4.7 LED(발광 다이오드)

발광 다이오드(LED, Light Emitting Diode)는 기본적으로 **반도체 소자**에 전류를 흘려 전기에너지를 빛에너지로 변환시켜 발산하는 발광 소자이다.

발광 다이오드는 **그림 4.45**(a)와 같이 진성 반도체에 불순물로 도핑한 정공(hole)의 P형 반도체와 전자로 도핑한 N형 반도체를 접합한 PN 접합 다이오드의 구조이다.

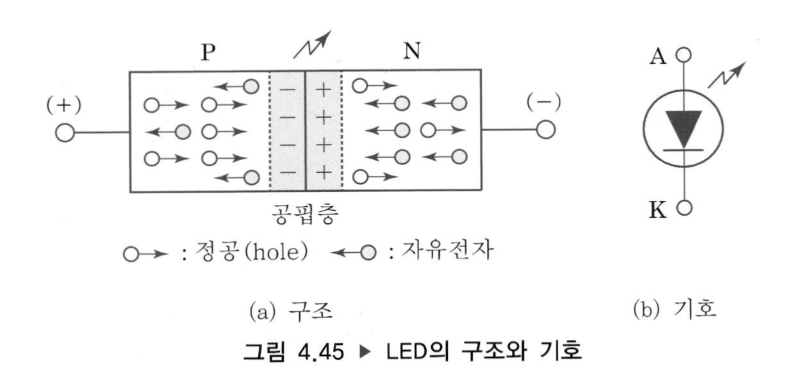

(a) 구조　　(b) 기호

그림 4.45 ▶ LED의 구조와 기호

직류 전압을 P형 반도체에 (+), N형 반도체에 (−)의 순방향으로 인가하면 각각 불순물로 도핑한 정공과 전자가 PN 접합부의 공핍층을 지나가면서 접합부에서 재결합이 일어나면서 빛을 발산하게 된다. 즉 에너지를 많이 가지고 있는 자유전자는 정공과 접합부에서의 재결합에 의해 낮은 에너지 준위로 떨어지고 자신은 중성으로 바뀌게 되면서 이때 낮아진 에너지 준위만큼의 에너지는 외부로 빛을 방출하게 되는 것이다.

4가의 진성 반도체인 실리콘(Si)이나 게르마늄(Ge)을 모재로 한 PN 접합 반도체는 불투명하기 때문에 외부로 빛을 방출할 수 없다. 그러나 3가나 5가의 화합물 반도체인 GaP, GaAs, GaAsP, GaAlAs, GaN 등의 **갈륨**(Ga) **계열**을 모재로 한 PN 접합 반도체는 반투명성을 가지고 있기 때문에 외부로 빛의 일부가 방출하여 발광 소자로 사용할 수 있다.

현재 실용화되고 있는 발광 다이오드는 기본적인 3가나 5가의 화합물 반도체에 약간의 첨가물 등을 넣어 적색(R), 녹색(G), 청색(B) 등의 조합에 의한 다양한 색상을 연출할 수 있다.

발광 다이오드는 반도체를 적용한 점광원이기 때문에 선광원, 면광원 및 숫자, 문자, 기호 등을 나타내는 디지털 표시기 등의 다양한 형태의 광원으로 응용하여 사용하고 있다. 휴대폰, 노트북, TV용 LCD의 백라이트, 자동차 내장 및 외장용 전구 등의 용도로 사용하고, 특히 적외선 LED는 도난 경보 시스템 등에도 사용된다. 또 LED는 다양한 파장을 방출하기 때문에 일반 조명 외에 자외선 및 적외선의 의료용 광원, 집어등, 해충 퇴치용 광원 등의 다양한 용도로 사용하고 있다.

LED는 발광 효율이 80～100[lm/W]인 전력소모가 적은 **고효율 반도체 광원**의 특징이 있다.

연습문제

객관식

01 발광 현상에서 복사에 관한 법칙이 아닌 것은?

① 스테판-볼츠만의 법칙 ② 빈의 변위 법칙
③ 입사각의 코사인 법칙 ④ 플랑크의 법칙

02 발광 현상이 없는 것은 무엇인가?

① 온도 방사 ② X선 ③ 전기불꽃 ④ 인광

03 파이로 루미네선스를 이용한 것은 무엇인가?

① 텔레비전 영상 ② 수은등 ③ 형광등 ④ 발염 아크등

04 적외선 전구는 다음의 어떤 목적에 사용되는가?

① 살균용 ② 건조용 ③ 조명용 ④ 장식용

05 다음 광원 중 루미네선스에 의한 발광 현상을 이용하지 않은 것은 무엇인가?

① 형광등 ② 수은등 ③ 백열전구 ④ 네온전구

06 진공 전구에 적린 게터를 사용하는 이유는 무엇인가?

① 광속을 많게 한다. ② 전력을 적게 한다.
③ 효율을 좋게 한다. ④ 수명을 길게 한다.

07 광원 중 램프효율이 가장 좋지 않은 것은 무엇인가?

① 백열전구 ② 수은램프 ③ 형광램프 ④ 메탈 할라이드램프

08 백열전구의 앵커에 사용되는 재료는 무엇인가?

① 철 ② 크롬 ③ 망간 ④ 몰리브덴

09 백열전구에 가스를 봉입하는 이유와 관계가 없는 것은 무엇인가?

① 필라멘트의 증발 억제 작용을 한다. ② 수명을 길게 한다.
③ 발광 효율이 높아진다. ④ 휘도가 낮아진다.

10 가스를 넣은 전구에서 질소 대신 아르곤을 쓰는 이유는 무엇인가?

① 값이 싸다. ② 열의 전도율이 크다.
③ 열의 전도율이 작다. ④ 비열이 작다.

11 가스입 전구에 아르곤 가스를 넣을 때, 질소를 봉입하는 이유는 무엇인가?

① 대류 작용 촉진 ② 아크 방지
③ 대류 작용 억제 ④ 흑화 방지

12 형광등에서 아르곤을 봉입하는 이유는 무엇인가?

① 연색성 개선한다. ② 효율을 개선한다.
③ 역률을 개선한다. ④ 방전을 용이하게 한다.

13 텅스텐 필라멘트 전구에서 2중 코일의 주목적은 무엇인가?

① 수명을 길게 한다. ② 광색을 개선한다.
③ 휘도를 줄인다. ④ 배색을 개선한다.

14 백열전구에 필라멘트의 재료로서 필요조건 중 틀린 것은 무엇인가?

① 고유저항이 적어야 한다. ② 선팽창률이 적어야 한다.
③ 가는 선으로 가공하기 쉬워야 한다. ④ 기계적 강도가 커야 한다.

15 백열전구의 동정 곡선은 다음 중 어느 것을 결정하는 중요한 요소가 되는가?

① 전류, 광속, 효율, 시간 ② 전류, 광속과 전압
③ 광속, 휘도와 전류 ④ 전류, 광도 및 전압

16 형광 램프의 동정 특성에서 광속은 어느 때 측정한 값을 말하는가?

① 제조 직후 ② 점등 100시간 후
③ 점등 500시간 후 ④ 점등 1000시간 후

17 전구의 봉합부 도입선으로 쓰이는 재료는 무엇인가?

① 구리선　② 몰리브덴　③ 구리에 니켈강을 피복한 것　④ 니켈강에 구리를 피복한 것

18 복사 루미네선스 중 자극을 주는 조사가 계속되는 동안만 발광 현상을 일으키는 것은 무엇인가?

① 형광　② 마찰　③ 인광　④ 파이로

19 다음은 어느 법칙에 해당하는가?

"평등전계 하에서 방전개시전압은 기체의 압력과 전극거리와의 곱의 함수가 된다."

① 스토크스 법칙　② 스테판-볼츠만 법칙　③ 파센의 법칙　④ 플랑크의 법칙

20 일반적으로 발광되는 파장은 발광시키기 위하여 가한 원복사의 파장보다 길다는 법칙은 무엇인가?

① 스토크스 법칙　② 스테판-볼츠만 법칙　③ 파센의 법칙　④ 플랑크의 법칙

21 형광등의 주위 온도는 몇 [℃]일 때 가장 효율이 높은가?

① 5～10　② 10～15　③ 20～25　④ 35～40

22 형광등의 관벽 온도는 몇 [℃]일 때 가장 효율이 높은가?

① 10～20　② 20～30　③ 30～40　④ 40～50

23 다음 광원 중 효율이 가장 높은 것은 무엇인가?

① 자동차전구　② 백열전구　③ 탄소 아크등　④ 형광등

24 고압 수은등 10^{-2}[mmHg]에서 방전할 경우 발생하는 스펙트럼의 최대에너지의 파장은 얼마인가?

① 5,791　② 4,358　③ 3,663　④ 2,537

25 방전등의 일종으로서 효율이 대단히 좋으며, 광색은 순황색이고 연기나 안개 속을 잘 투과하며 대비성이 좋은 램프는?

① 수은등　② 형광등　③ 나트륨등　④ 옥소전구

26 나트륨등의 이론 효율[lm/W]은 약 얼마인가?

① 255 ② 300 ③ 395 ④ 500

27 다음 램프 중에서 분광 에너지 분포가 주광 에너지 분포와 가장 가까운 것은 무엇인가?

① 수은등 ② 형광등 ③ 나트륨등 ④ 고압 수은등

28 직류 극성을 판별하는데 이용하는 것은?

① 형광등 ② 수은등 ③ 네온전구 ④ 나트륨등

29 네온관등의 발광에 이용하는 것은 무엇인가?

① 양광주 ② 부글로우 ③ 음극 글로우 ④ 양극 광막등

30 투명 네온관등에 네온가스를 봉입하였을 때, 가장 적당한 방전의 색은?

① 등색(주황색) ② 황색 ③ 등적색 ④ 백색

31 방전등의 전압-전류 특성은 마이너스(부특성)이므로 이것을 일정 전압의 전원에 연결하면 전류가 급속히 증대되어 방전등을 파괴한다. 이것을 방지하기 위하여 필요한 장치는 무엇인가?

① 점등관 ② 콘덴서 ③ 안정기 ④ 초크 코일

32 다음 등 중에서 방전등이 아닌 것은 무엇인가?

① 나트륨등 ② 크세논등 ③ 형광등 ④ EL등

33 네온전구의 용도에서 잘못된 것은?

① 소비 전력이 적으므로 배전반의 파일럿, 종야등에 적합하다.

② 일정 전압에서 점화하므로 검전기, 교류 파고값 측정에 필요 없다.

③ 음극만 빛나므로 직류의 극성 판별용에 사용된다.

④ 빛의 관성이 없고 어느 범위 내에서는 광도와 전류가 비례하므로 오실로스코프용, 스트로브스코프 등에 이용된다.

주관식 (풀이와 정답은 부록에 수록되어 있습니다.)

01 온도가 2,000[K] 되는 흑체의 전 방사 에너지는 1,000[K]일 때 값의 몇 배가 되는지 구하라.

02 완전 흑체의 온도가 4,000[K]일 때, 단색 방사 발산도가 최대가 되는 파장은 730[mμ]이다. 최대의 단색 방사 발산도가 555[mμ]인 흑체의 온도[K]를 구하라.

03 3,300[K]에서 흑체의 최대 파장[mμ]을 구하라.

04 파센의 법칙과 페닝의 효과를 설명하라.

05 스토크스의 법칙을 설명하라.

06 글로우 방전과 아크 방전을 구분하여 설명하라.

07 방전관에서 안정기의 역할을 설명하라.

08 고휘도 방전등의 종류는 무엇이 있는지 설명하라.

Chapter 5

조명 설계

5.1 우수한 조명의 조건

조명 설비는 총 전력에너지 소비량의 약 20[%] 정도의 비중을 차지하고 있다. 따라서 조명 설계는 주어진 장소의 사용 목적에 가장 알맞은 명시 조건을 만족시키고, 조명 대상물의 환경과 조화를 이루면서 경제적인 측면을 고려하여 광원과 기구의 종류, 크기 및 위치 등의 조명 시설을 결정하는 것이다

이와 같이 조명 설계는 여러 가지 수치만이 중요한 것이 아니라 조명 대상물의 용도 및 환경을 충분히 고려하여 최적의 조명의 목적을 달성할 수 있어야 한다.

조명 설계는 크게 **명시 조명**과 **분위기 조명**으로 분류할 수 있고, 이들이 조명의 목적이 된다. 명시 조명과 분위기 조명은 각각 다음과 같이 설명할 수 있다.

① **명시 조명** : 물체가 잘 보이고 육체적, 정신적 피로를 최대한 적게 할 목적으로 작업 능률을 중요시하는 실리적 조명(학교, 사무실, 공장, 작업장 등)

② **분위기 조명** : 건축 환경의 미적 효과와 심리적 효과를 극대화할 수 있는 기분 및 분위기를 중요시하는 장식적 조명(백화점, 음식점, 호텔, 극장 등)

우수한 조명의 조건은 명시 조명과 분위기 조명을 동시에 고려해야 하지만 반드시 그렇지만은 않다. 조명 대상물의 용도 및 환경에 따라 조명의 목적을 검토하여 두 가지 조명 중에서 강조할 조명을 적재적소에 채택하는 것이다.

조명 설계의 실제 조건으로 필요한 사항은 다음과 같다.

(a) **조도** : 물체를 보거나 작업에 필요한 밝음

표 5.1은 활동 유형에 따른 조도 분류, 조도 범위와 표준 조도를 나타낸 것이다.

표 5.1 ▶ 활동 유형에 따른 조도 분류와 조도 범위(KS A3011)

활동 유형	조도분류	조도 범위[lx]	조명 방법
어두운 분위기 중의 시식별 작업장	A	3–4–6	공간의 전반 조명
어두운 분위기의 이용이 빈번하지 않은 장소	B	6–10–15	
어두운 분위기의 공공장소	C	15–20–30	
잠시 동안의 단순 작업장	D	30–40–60	
시작업이 빈번하지 않은 작업장	E	60–100–150	
고휘도 대비 혹은 큰 물체 대상의 시작업 수행	F	150–200–300	작업면 조명
일반휘도 대비 혹은 작은 물체 대상의 시작업 수행	G	300–400–600	
저휘도 대비 혹은 매우 작은 물체 대상의 시작업 수행	H	600–1000–1500	
비교적 장시간 동안 저휘도 대비 혹은 작은 물체 대상의 시작업 수행	I	1500–2000–3000	전반조명과 국부조명을 병행한 조명
장시간 동안 힘든 시작업 수행	J	3000–4000–6000	
휘도 대비가 거의 안 되며 작은 물체의 매우 특별한 시작업 수행	K	6000–10000–15000	

(비고) 조도 범위 : (최저)–(표준)–(최고)

(b) **광속 발산도 분포** : 시야 내의 균일한 밝음(휘도차가 없는 균일 분포)

광속 발산도 분포가 일정하지 않으면 대상물을 보기가 힘들어진다. 또한 대상물과 그 주위와의 휘도 대비가 커도 이런 일이 발생한다.

표 5.2는 시야 내의 휘도 분포의 허용 한도를 나타낸 것이다.

표 5.2 ▶ 시야 내 휘도의 분포 허용 한도

시야 내 범위	사무실, 학교	공 장
작업 대상물과 그 주위와의 사이 (Ex : 책과 책상면)	3 : 1	5 : 1
작업 대상물과 그것으로부터 떨어진 면 (Ex : 책과 바닥)	10 : 1	20 : 1
조명 기구 또는 창과 그 부근 면과의 사이 (Ex : 천장, 벽면)	20 : 1	50 : 1
보통 통로 내의 각 부	40 : 1	80 : 1

(c) **눈부심**(glare) : 광원의 직접 또는 반사에 의한 눈부심이 없을 것(눈부심 방지)

눈부심의 허용 한계 :
- 항상 시야 내에 들어오는 광원 : 0.2[cd/cm^2] 이하
- 때때로 시야 내에 들어오는 광원 : 0.5[cd/cm^2] 이하

(d) **그림자** : 밝고 어두움의 비(명암비)가 적당해야 할 것(가장 적당한 명암비 3 : 1)
(e) **분광 분포** : 각 파장의 에너지가 같은 것을 요구하며, 물체 보임의 결정적 요소
(f) **심리적 효과** : 조명에 의한 분위기 조성
(g) **미적 효과** : 조명기구 배치 및 의장(design)의 미적 효과와 조명 대상물과의 조화
(h) **경제성** : 조명등의 효율과 유지보수 비용의 검토

표 5.3은 명시 조명과 분위기 조명에 대해 우수한 조명의 요건별로 점수화하여 그 특성을 상호 비교 검토한 것이다.

표 5.3 ▶ 명시 조명과 분위기 조명의 비교

우수한 조명 요 건	명시 조명(실리적 조명)		분위기 조명(장식적 조명)	
	물체의 보임 장시간의 작업에 눈의 피로 감소 목적	점수	미적, 심리적 효과 중시 단시간의 작업 오락	점수
조　도	밝을수록 좋지만 경제상 한계 고려	25	환경에 따라 낮고 높은 조도 필요	5
광속 발산도 분　포	밝음의 차가 없을수록 좋음 주변 3 : 1, 작업면 5 : 1	25	계획에 따라 명암의 조도 배분을 고려	20
눈 부 심	광원의 직접 또는 반사가 없도록 함 (휘도 $0.5[cd/cm^2]$ 이하)	10	눈부심이 가장 사람의 시선을 집중	0
그 림 자	방해되는 그림자가 없어야 함 명암비 3 : 1 최적(보통 2 : 1 ~ 7 : 1)	10	입체감, 원근감 때문에 가끔 2 : 1 이하 또는 7 : 1 이상도 사용	0
분광 분포	표준 주광이 좋고 적외선, 자외선이 없는 것이 좋음	5	심리적으로 난색, 한색, 색의 미화의 색광을 이용	5
심리적 효과	맑은 날 옥외의 감각이 좋음	5	목적에 따라 다른 감각 필요	20
미적 효과	간단한 기구와 기하 도형 배열이 좋음	10	계획된 미의 배치 및 조합이 필요	40
경 제 성	광속 효율이 높을 것	10	광속, 조도는 수치의 대소보다 조명 효과의 달성도를 고려	10
완전 설계에 대한 총점수		100		100

5.2 조명 방식

조명 방식은 조명 기구의 의장, 배광, 배치, 설치 및 건축화 조명 등에 의해 분류하며, 조명 대상물의 구조 및 사용 목적에 따라 조명 효과가 달라지므로 조명 방식의 선정에 신중을 기해야 한다.

5.2.1 조명 기구의 의장에 의한 분류

광원이 보이는 모양에 따라 단등 방식, 다등 방식, 연속열 방식 및 면 방식으로 분류하며, 조명기구의 의장(design)에는 장식적인 것과 효율적인 것으로 되어 있다.

(1) 단등 방식

광원이 점 또는 점에 가까운 모양으로 기구가 배치되는 방식이며, 일반적인 배치 방식이다.

(2) 다등 방식

몇 개의 광원을 한 곳에 모아서 배치하는 방식으로 조도가 높고 화려하게 보이는 배치 방식이다.

(3) 연속열 방식

전체적인 광원의 모양이 선 또는 선형으로 배치되는 방식으로 사무실, 복도 등에 설치하며, 진취적이고 행동감을 느낄 수 있는 방식이다.

(4) 면 방식

발광면이 평면으로 보이도록 배치되는 방식이며, 광원면이 밝아 깨끗한 느낌을 줄 수 있으므로 백화점 및 호텔의 1층 로비 등에 주로 사용한다.

5.2.2 조명 기구의 배광에 의한 분류

조명 기구의 배광에 따라 직접 조명, 반직접 조명, 전반 확산 조명, 반간접 조명 및 간접 조명 방식의 5종류로 분류된다.

(1) 직접 조명 방식

① 발산 광속은 하향으로 90~100[%]이고, 작업면을 직접 투사하여 효율이 가장 높으며 일반적인 조명 방식이다.

② 작업면에서는 높은 조도를 얻을 수 있지만 휘도의 차이가 심하고 그림자와 눈부심이 있다.

③ 눈부심을 피하기 위하여 반사갓의 보호각을 15°~20° 정도로 적당히 설치할 필요가 있다.

④ 설치 높이가 높은 곳에서는 빛을 집중시키는 기구를 적용하고, 설치 높이가 낮은 곳에서는 빛을 분배시키는 기구를 적용한다.

(2) 반직접 조명 방식

① 발산 광속은 하향으로 60~90[%] 직사하고 상향으로 10~40[%]의 빛을 천장이나 위벽 부분에 반사하여 반사광이 조도를 증가시키는 방식이다.
② 하면 개방형이고 갓은 젖빛 유리나 플라스틱을 사용한다.
③ 사무실, 학교, 주택 조명용으로 사용한다.

(3) 전반 확산 조명 방식

① 발산 광속이 하향과 상향 40~60[%]로 고르게 발산하는 조명 방식이다.
② 젖빛 외구형은 발광면을 크게 함으로써 광원의 휘도를 감소시켜 눈부심을 느끼지 않도록 하고, 외구 내의 온도상승 억제 목적으로 외구의 크기 조절을 한다.
③ 사무실, 학교, 상점 등에 사용한다.

표 5.4 ▶ 조명 기구의 배광에 의한 분류

	직접 조명	반직접 조명	전반확산 조명	반간접 조명	간접 조명
형태 분류 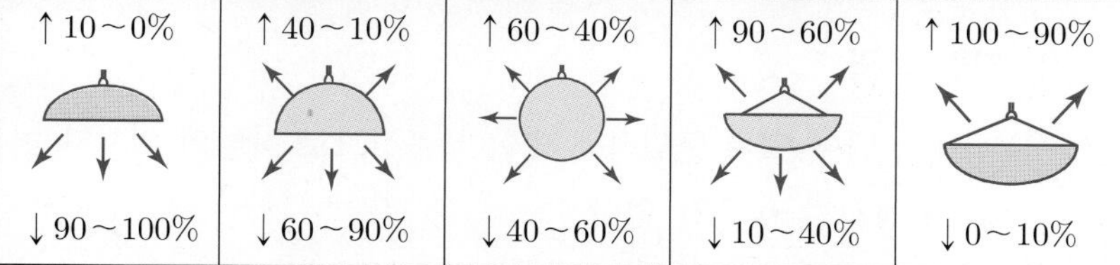	↑10~0% ↓90~100%	↑40~10% ↓60~90%	↑60~40% ↓40~60%	↑90~60% ↓10~40%	↑100~90% ↓0~10%
배광 곡선 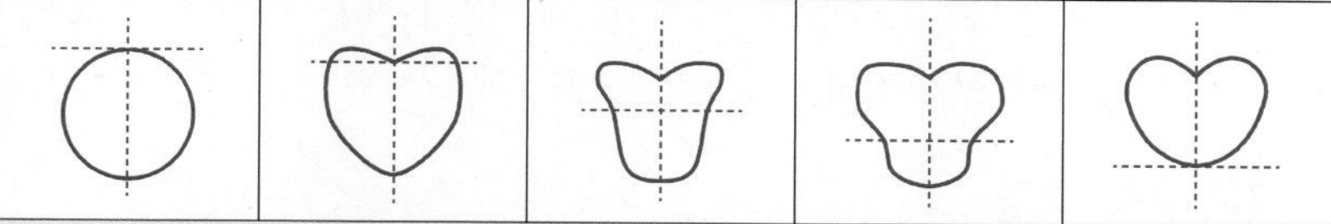					
분광분포 (상부 100 / 50 / 0, 하부 50 / 100) 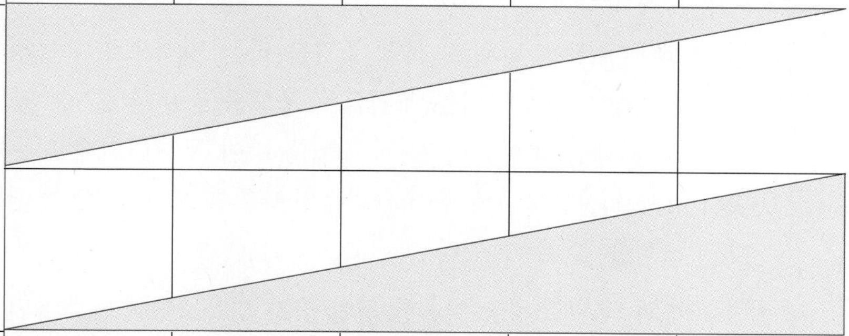					
용도	공장 다운라이트	사무실 학교, 주택	사무실 학교, 상점	병실, 침실	병실, 침실

(4) 반간접 조명 방식

① 발산 광속이 상향으로 60～90[%]로 천장을 주광원으로 이용하기 때문에 천장의 색과 유지율을 고려하여야 한다.

② 장시간 정밀 작업을 하는데 적당하다.

③ 휘도는 0.5[cd/cm^2]를 초과하지 않도록 한다.

(5) 간접 조명 방식

① 발산 광속이 상향으로90～100[%] 정도 발산하며, 천장 및 위벽 부분에서 반사하여 방의 각 부분으로 확산되도록 하는 방식이다.

② 직사 눈부심이 없고, 천장과 위벽 부분은 빛이 잘 확산되도록 광택이 없는 마감을 이용한다.

③ 우수한 확산성과 낮은 휘도를 얻을 수 있다.

④ 경상비와 유지비가 많이 소요되는 단점이 있다.

표 5.4는 조명 기구의 배광에 의한 분류를 정리하여 나타낸 것이다.

5.2.3 조명 기구의 배치에 의한 분류

(1) 전반 조명

① 실내 전반에 걸쳐 균일하게 빛이 분포하므로 작업의 위치가 변해도 조명 기구의 배치를 변경시킬 필요가 없다.

② 기구나 전등의 종류를 적게 할 수 있기 때문에 보수가 용이하다.

③ 그림자가 부드럽다.

(2) 국부 조명

① 각 대상마다 작은 범위로 개별 조명을 하는 방식으로 유동성이 있다.

② 필요한 대상마다 요구되는 조건으로 조도를 충분히 줄 수 있고, 개별 소등이 가능

③ 어떤 조명 대상물에 특히 높은 조도를 주어 두드러지게 하는데 효과적이다.

④ 빛의 방향을 자유로이 바꾸어 그림자의 변화를 줄 수가 있기 때문에 같은 사물이라도 다른 느낌을 줄 수가 있다.

전반 조명과 국부 조명을 병용한 전반 국부 병용조명을 채택하면 경제적이고 실용적인 조명을 얻을 수 있다.

5.2.4 조명 기구의 설치에 의한 분류

국부 조명은 스탠드인 이동형 기구와 지향성이 강한 기구를 천장에 직접 붙이거나 매입 또는 벽이나 기둥 등에 가설하는 방식이 있다. 최근에는 트롤리선을 따라 이동되는 이동형 기구를 많이 사용한다.

전반 조명은 천장에 부착하는 기구가 대부분이며, 매달림, 바로 붙임 또는 매입하는 방식이 있다. 특수 조명으로써 다음에서 설명하는 건축화 조명을 들 수 있다.

5.2.5 건축화 조명에 의한 분류

건축화 조명은 건축 구조나 표면 마감을 조명 기구의 일부로 이용할 수 있다는 개념에서 건축물의 일부를 광원화하여 장식 및 반사광에 의한 조명 방식이다.

건축화 조명은 등기구의 매입 방법에 따라 다음과 같이 분류하며 그 방법과 설치 효과를 설명한다.

① **천장면 건축화 조명** : 광천장 조명, 다운 라이트 조명, 코퍼 조명, 광량 조명 트로퍼 조명, 코브 조명, 루버 조명

② **벽면 건축화 조명** : 코너 조명(천장, 벽), 코니스 조명(벽 하방) 밸런스 조명(벽 상・하방)

(1) 광천장 조명

① 천장에 광원을 설치하고 그 하부에 확산 투과재로 천장 마감한 방식(**그림 5.1**) 확산 투과재는 젖빛 플라스틱이 사용되며 메탈 아크릴 수지판의 특성이 가장 우수

② 천장 전면의 낮은 휘도로 부드럽고 깨끗한 분위기를 연출할 수 있다.

③ 보수가 용이하고, 고조도(1000～1500[lx])를 필요로 하는 장소에 가장 유리하다. (1층 홀, 쇼룸)

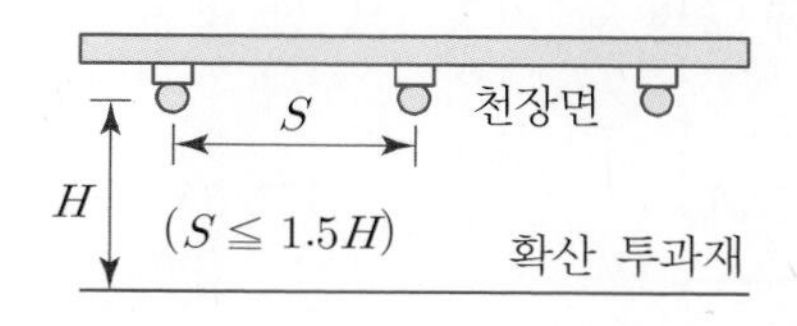

(a) 광천장 조명의 기본 구조

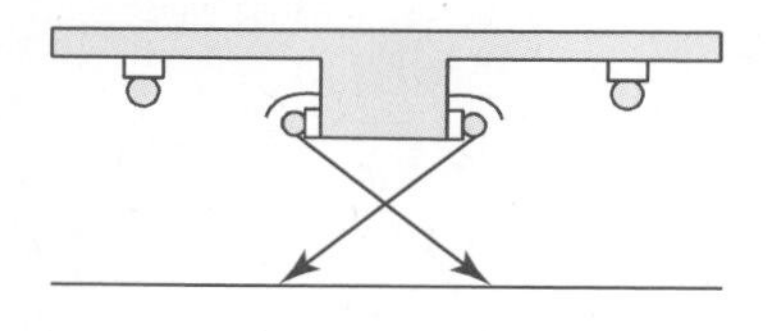

(b) 보가 있는 경우

그림 5.1 ▶ 광천장 조명

④ 설계 시 유의 사항

㉠ 발광면의 휘도 차이로 밝음에 얼룩이 생기면 미관상 좋지 않으므로 램프 배열을 고려해야 한다.

㉡ 천장 내부와 보, 덕트에 의해 그늘이 생기지 않도록 하고, 특히 작은 보 등이 있는 경우에는 보조 조명을 활용한다.

(2) 다운 라이트(down light) 조명

① 천장에 작은 구멍을 뚫어 그 속에 조명 기구를 삽입하여 조명하는 방식

② 천장면은 어두우나 조명 효과 및 분위기를 연출할 수 있다.

③ 구멍이 극히 작은 것을 핀홀 라이트(pinhole light) 조명이라 하며, 등간격 배치 방법과 임의 배치 방법이 있다.

④ 전시장, 영화관 등

(3) 코퍼(coffer) 조명

① 사각이나 동그라미 등의 여러 형체의 천장 매입기구로 단조로움을 깨는 조명 방식

② 기구는 천장면에 매입하고 밑면에 플라스틱을 붙이거나 코퍼의 중앙에 반간접 기구를 매다는 방식으로 높은 천장의 은행 영업실, 빌딩의 홀, 백화점 1층 등에 사용

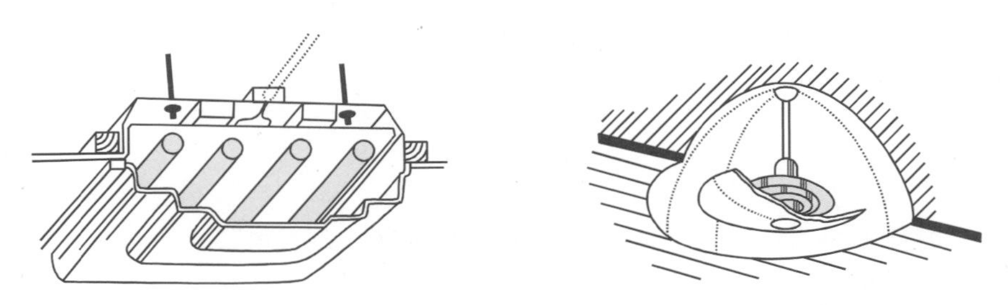

그림 5.2 ▶ 코퍼 조명

(4) 광량 조명

① 연속열 방식의 천장매입으로 건축화 조명 중 가장 간단한 방법

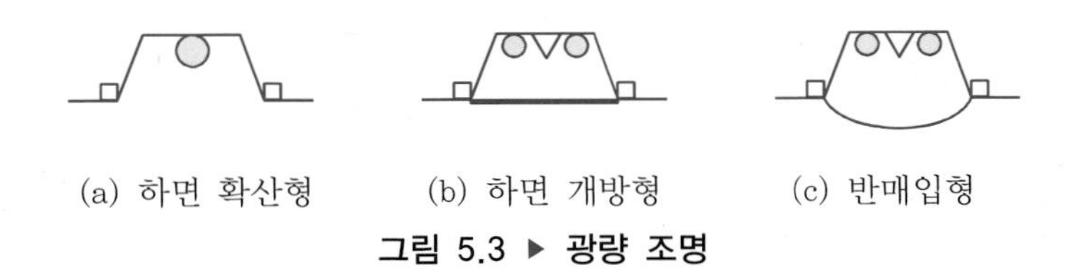

그림 5.3 ▶ 광량 조명

② 사무실, 호텔 등의 복도에 적용

※ 트로퍼(troffer)조명 : 설치방법은 광량조명과 동일하지만 연속열기구가 아닌 방식

(5) 코브(cove) 조명

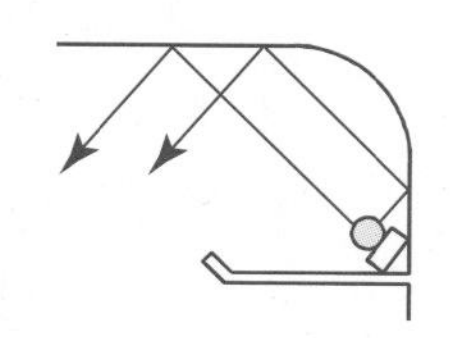

그림 5.4 ▸ 코브 조명

① 코브의 벽이나 천장을 이용한 간접조명으로 그의 반사광을 채광하는 방식

② 효율면에서 가장 나쁜 조명이나 눈부심과 그림자가 없기 때문에 실내 공간의 부드럽고 차분한 분위기 연출(건축화 조명의 대표적 조명 방법)

③ 코브의 높이와 천장 폭과의 비율은 약 1 : 5가 적당

④ 코브는 목재, 플라스틱으로 만들며, 일반적으로 열차 및 유람선에 채택

(6) 루버(louver) 조명

① 천장에 광원을 취부하고 그 하부에 루버를 설치하는 방식

② 직사 눈부심이 없고 밝은 직사광을 얻고 싶은 곳과 천장면에 배관, 부설물이 있어 미관이 좋지 않은 곳에 사용하며, 루버는 손상하기 쉽고 보수가 곤란한 단점

③ 보호각 30° : $S \leqq 1.5H$, 보호각 45° : $S \leqq H$

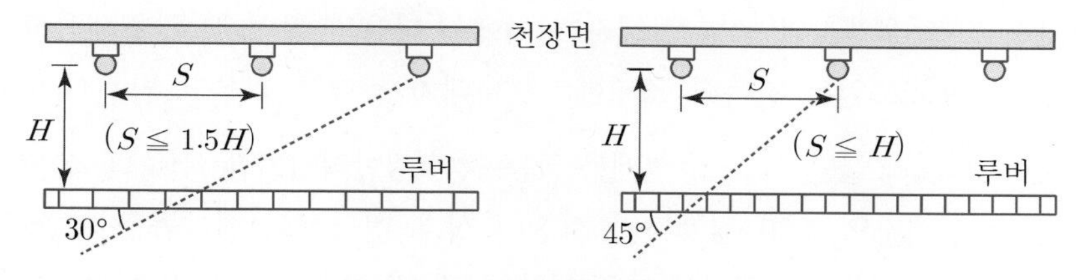

그림 5.5 ▸ 루버 조명의 보호각

(7) 코너(corner) 조명

천장과 벽면의 경계 구석에 기구를 배치하여 천장과 벽면을 동시에 조명하는 방식으로 지하도 조명에 이용한다.(**그림 5.6**)

(8) 코니스(cornice) 조명

① 천장과 벽면의 경계에 차광판을 사용한 광원을 벽면 하방으로 배치하여 벽면을 조명하는 방식으로 형광등을 주로 이용한다.(**그림 5.7**)

② 벽화, 벽지, 붉은 벽돌 및 돌 등으로 되어 있는 벽면에 효과적이다.

(9) 밸런스(valance) 조명

① 창이나 벽면 상부에 광원을 부착하고 광원 앞에 밸런스판을 설치하여 벽 또는 커튼의 하부와 상부 방향으로 광원이 나오도록 하여 실내 전반을 조명하는 방식으로 **그림 5.8**에 나타낸다.

② 직사광은 아래쪽의 벽이나 커튼에, 위쪽은 천장면에 반사하여 분위기 조명을 연출

③ 밸런스판은 목재, 금속판 등을 이용

④ 호텔의 객실 등

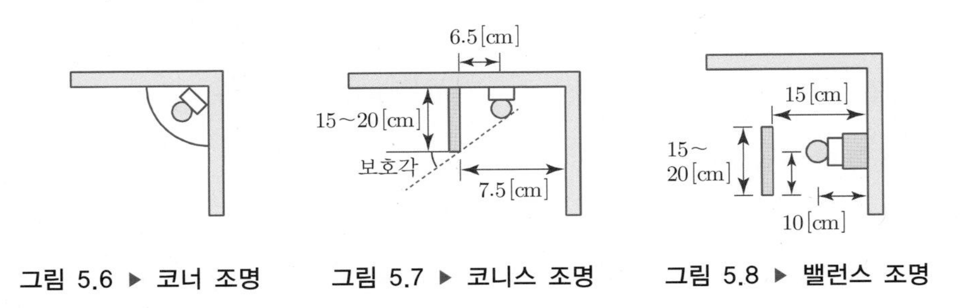

그림 5.6 ▶ 코너 조명 **그림 5.7 ▶ 코니스 조명** **그림 5.8 ▶ 밸런스 조명**

건축물은 고층화, 현대화, 고급화됨에 따라 고급 빌딩일수록 건물의 외형과 의장도 중요하지만 건축화 조명 설비를 우수하게 하여 건축물을 한층 돋보이게 할 수 있다.

따라서 건축 설계자와 조명 설계자 사이에는 다음과 같이 상호 협의하고 설계에 반영하여 일반화되고 있는 건축화 조명에 대한 대처 능력을 키우고 발전시켜야 한다.

① 건축 설계가 끝난 후 조명 설계를 하는 것이 일반적이지만, 건축화 조명에서는 반드시 건축 설계자와 조명 설계자가 사전에 상호 협의하여 설계를 진행한다.

② 건축 설계자는 건축 공간에 대한 의장, 천장 및 마감 등을 사전 협의하고, 조명 설계자는 건축에 알맞은 광원의 효율, 광색 및 배치를 고려하여 설계에 반영하도록 한다.

5.3 실내 조명 설계

피조면에서 조도의 산출은 축점법과 광속법이 이용되고 있다.

① **축점법** : 피조면 임의의 점에서 거리 역제곱의 법칙에 따라 조도를 계산하고 각 점에서의 조도를 비교하면서 설계하는 방법(국부 조명에 주로 사용)

② **광속법** : 방의 형태, 조명률 및 감광보상률 등을 고려하여 기준조도에 따라 사용 등수를 결정하는 방법(사무실, 학교 등과 같이 실내 전체의 균일한 조도를 얻기 위한 전반 조명을 요구하는 장소에서 사용)

광속법을 이용하는 **전반 조명의 설계 과정**은 다음과 같다.

① 조명 대상물의 철저한 파악
② 필요 조도의 결정
③ 광원의 선택
④ 조명 기구의 선택
⑤ 조명 기구의 간격과 배치
⑥ 실지수의 결정
⑦ 조명률의 결정
⑧ 감광보상률(유지율)의 결정
⑨ 광원의 크기 계산
⑩ 실내면의 광속 발산도 계산

(1) 조명 대상물의 철저한 파악

① 건축물의 조건 조사 : 목적 및 성격, 내부 구성, 자연채광
② 각 공간의 조건 조사 : 사용목적, 방의 구조 및 치수, 채광창
③ 우수한 조명의 요건 : 명시 조명, 분위기 조명, 조명 방식 선택 및 적용

(2) 필요 조도의 결정

물체를 보거나 작업을 하는 데 필요한 밝음이 있다. 즉 조도가 높을수록 좋으나 경제성의 한도가 있다. 이와 함께 조명 대상물의 용도, 목적, 작업 내용 등을 고려하고, **표 5.1**의 조도 기준표를 참고하여 각 실에 적합한 필요 조도를 결정한다.

(3) 광원의 선택

① 조명 목적에 적합한 광원 선택 : 연색성, 눈부심을 고려한 광색, 효율, 수명 및 경제성을 고려
② 옥내 조명 : 백열전구, 형광등, 할로겐전구
③ 옥외 조명 : 수은등, 나트륨등, 메탈 할라이드등, 크세논등

(4) 조명 기구의 선택

① 설치 장소에 알맞은 조명 기구의 선택
② 설치 장소의 특성, 조도, 휘도, 그림자 및 의장 등을 고려하여 선정

(5) 조명 기구의 간격과 배치

① 균등한 조도 분포를 얻기 위한 조명 기구의 간격과 배치 고려

② 조명 기구의 간격 및 배치는 **표 5.5**와 같으며, 이들의 관계는 원칙적인 것이고 실제 설계에서는 조명률표와 조명 기구에 따라 설치 간격이 표시되어 있는 것을 이용한다.

표 5.5 ▶ 조명기구의 간격 및 배치

구　분	직접 조명(반직접, 전반 확산 조명)	간접 조명(반간접 조명)
문자 설명	H : 작업면에서 광원의 높이 H_0 : 작업면에서 천장의 높이 S : 광원의 간격	H : 작업면에서 천장의 높이 H_1 : 천장에서 광원의 높이 S : 광원의 간격
작업면에서 광원의 높이	$H=\frac{2}{3}H_0$	–
광원의 상호 간격	$S \leqq 1.5H$ (일반적인 경우) (기구에 따라 별도 적용)	$S \leqq 1.5H$ (일반적인 경우) (기구에 따라 별도 적용)
천장과 광원의 높이	$H_1=\frac{1}{3}S$	$H_1=\frac{1}{5}S$
벽과 광원의 간격	$S_0 \leqq 0.5H$ (벽 이용하지 않는 경우)	
	$S_0 \leqq \frac{1}{3}H$ (벽 이용하는 경우)	

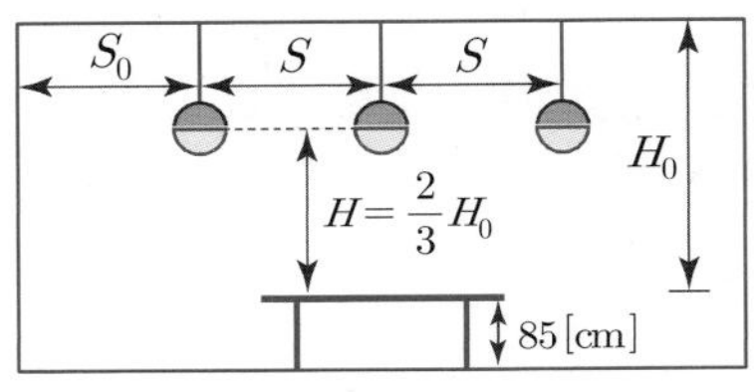

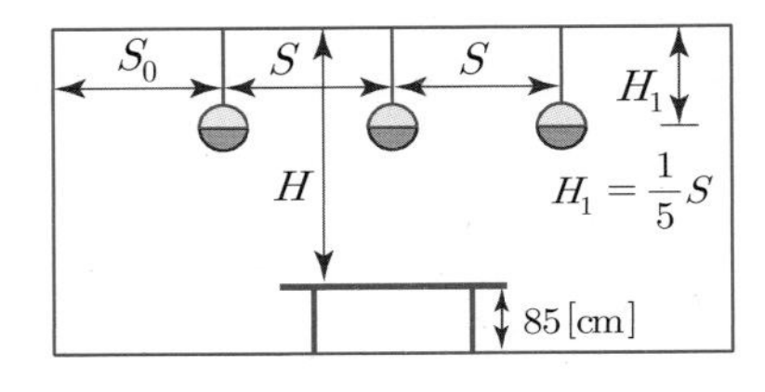

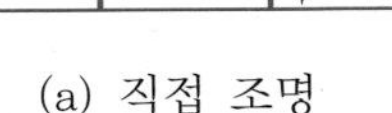

(a) 직접 조명　　　(b) 간접 및 반간접 조명

그림 5.9 ▶ 각종 조명 방식에서 전등의 높이와 간격

(6) 실지수의 결정

① 조명률을 결정하기 위하여 실지수를 결정

② 천장 높이에 비해 바닥면이 넓은 큰 방은 빛을 흡수하는 벽면이 적으므로 작은 방보다 빛의 효율이 높고, 또 같은 이유로 천장 높이가 낮은 방도 효율이 높다.

이와 같이 방의 크기, 모양, 광원의 위치에 따라 결정되는 계수를 **실지수**(room index) 또는 방지수라 한다. 방의 높이가 높을수록 실지수는 감소하고 낮을수록 실지수는 증가한다.(**그림 5.11** 참고)

$$\text{실지수 } (R) = \frac{XY}{H(X+Y)} \tag{5.1}$$

여기서 X, Y는 방의 폭과 길이, H는 작업면에서 광원까지의 높이(직접, 반직접, 전반 확산 조명)와 작업면에서 천장까지의 높이(간접, 반간접 조명)를 표시한다.

실지수의 분류 기호는 식 (5.1)에서 계산한 실지수의 값으로부터 **표 5.6**의 실지수 분류 기호표를 적용하여 구한다.

표 5.6 ▶ 실지수와 분류 기호표

기 호	A	B	C	D	E	F	G	H	I	J
실지수	5	4	3	2.5	2	1.5	1.25	1	0.8	0.6
범 위	4.5 이상	4.5 ~3.5	3.5 ~2.75	2.75 ~2.25	2.25 ~1.75	1.75 ~1.38	1.38 ~1.12	1.12 ~0.9	0.9 ~0.7	0.7 이하

또 실지수의 기호는 X/H, Y/H를 계산한 값을 **그림 5.10**의 노모그래프에 적용하여 구할 수도 있다. 예를 들면 $X/H=6$, $Y/H=4$이면 실지수는 D가 된다.

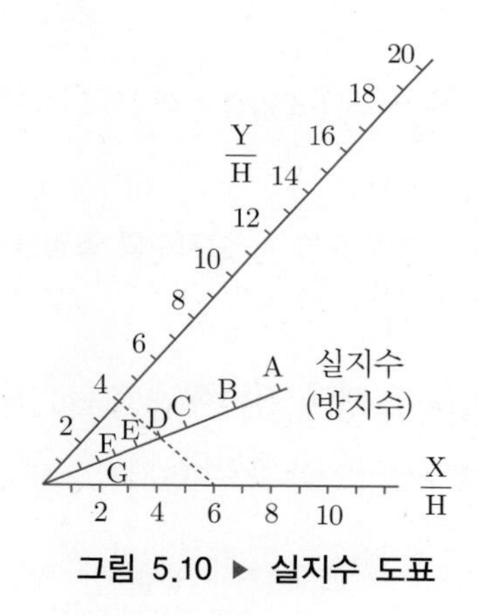

그림 5.10 ▶ 실지수 도표

(7) 조명률의 결정

조명률(coefficient of utilization), U는 사용하는 광원의 전 광속과 피조면(작업면)에 입사하는 광속의 비로 나타낸다. 방의 크기 및 모양, 즉 실지수와 조명 기구의 종류 및 실내면의 반사율 등에 의하여 결정된다.

$$\text{조명률} = \frac{\text{피조면의 입사 광속[lm]}}{\text{광원의 전 발산 광속[lm]}} \tag{5.2}$$

① 방 내면의 반사율은 **표 5.7**의 값을 적용하는 것이 우수한 조명의 조건이 된다.

표 5.7 ▶ 방 내면의 반사율

반사면	천 장	벽 면	책상면	바 닥
반사율[%]	80 이상	50~60	35~50	15~30

② 실지수 R과 조명률 U의 관계 : 조명률은 실지수가 크면 증가한다.

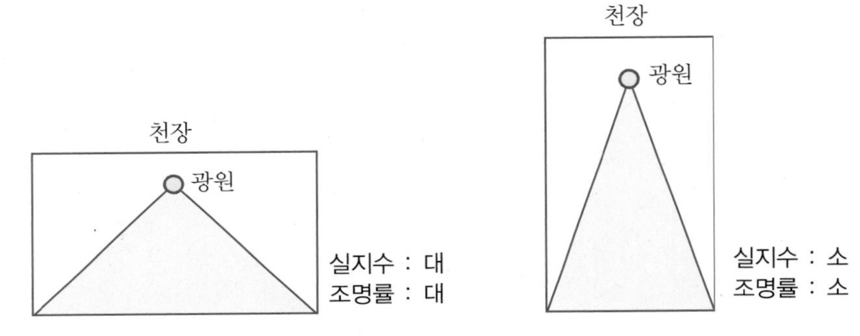

(a) 바닥면 넓고 천장 높이 낮은 경우 (b) 바닥면 좁고 천장 높이 높은 경우

그림 5.11 ▶ 실지수와 조명률의 관계

조명률 외에 기구 효율도 설계에 검토해야 한다. 기구 효율 η는 조명 기구의 성능을 나타내는 것이고, 다음의 식으로 표시된다.

$$\text{기구 효율}(\eta) = \frac{\text{조명 기구의 발산 광속[lm]}}{\text{광원의 전 발산 광속[lm]}} \tag{5.3}$$

(8) 감광보상률(유지율)의 결정

조명 시설은 사용하면서 작업면의 조도가 점차적으로 감소되어 가는데 그 원인은 다음과 같다.

① 필라멘트의 증발에 따른 광속의 감소
② 유리구 내면의 흑화
③ 전압 변동에 따른 필라멘트의 열화
④ 조명 기구 및 실내 반사면의 먼지 축적으로 반사율 감소

감광보상률(D)은 조명 설계에서 작업면의 광속 감소를 예상하여 소요 광속에 여유를 취해주는 정도를 의미하고, 감광보상률의 역수를 **유지율**(M)이라고 한다.

표 5.8은 조명 설계에 적용하는 감광보상률의 값을 나타낸 것이다.

표 5.8 ▶ 감광보상률의 적용값

적 용		감광보상률(D)
백열전구	깨끗한 곳(보통장소)	30% → 1.3
	먼지가 많은 곳	100% → 2.0
간접 조명		1.5~2.0
형 광 등		1.3~2.4

(9) 광원의 크기 계산

전등 한 개가 발산하는 광속 F는 광속법에 의해 다음과 같이 구한다.

$$F = \frac{EDA}{NU} = \frac{EA}{NUM}\ [\mathrm{lm}] \quad \left(D = \frac{1}{M}\right) \tag{5.4}$$

단, E : 작업면 평균 조도, D : 감광보상률, A : 방의 면적
N : 광원 수, U : 조명률, M : 유지율

식 (5.4)에 의해 광속이 결정되면 한국산업규격에 따른 광원의 크기를 결정한다.

(10) 실내면의 광속 발산도 계산

① 설계 조건에 대한 전반적인 검토 항목으로 최적의 보임 조건을 도출하는 항목
② 실계수 $= \dfrac{Z(X+Y)}{2XY}$ 로 계산 (Z : 천장에서 바닥까지의 거리)
③ 허용치 한계 : 3 : 1~7 : 1 이하

표 5.9 ▶ 조명률, 감광보상률 및 광원의 간격

배광 기구 간격(최대값)	기구 의장	감광보상률(D)				반사율 천장	75			50			30	
		보수 상태	양	중	부	반사율 벽	50	30	10	50	30	10	30	10
						실지수	조명률 U [%]							
간 접 0.80 0 $S \leqq 1.2H$		전구	1.5	1.8	2.0	J	16	13	11	12	10	08	06	05
						I	20	16	15	15	13	11	08	07
						H	23	20	17	17	14	13	10	08
						G	28	23	20	20	17	15	11	10
						F	29	26	22	22	19	17	12	11
		형광등	1.6	2.0	2.4	E	32	29	26	25	21	19	13	12
						D	36	32	30	26	24	22	15	14
						C	38	35	32	28	25	24	16	15
						B	42	39	36	30	29	27	18	17
						A	44	41	39	33	30	29	19	18
반 간 접 0.70 0.10 $S \leqq 1.2H$		전구	1.4	1.5	1.8	J	18	14	12	14	11	09	08	07
						I	22	19	17	17	15	13	10	09
						H	26	22	19	20	17	15	12	10
						G	29	25	22	22	19	17	14	21
						F	32	28	25	24	21	19	15	14
		형광등	1.6	1.8	2.0	E	35	32	29	27	24	21	17	15
						D	39	35	32	29	26	24	19	18
						C	42	38	35	31	28	27	20	19
						B	46	42	39	34	31	29	22	21
						A	48	44	42	36	33	31	23	22
전반 확산 0.40 0.40 $S \leqq 1.2H$		전구	1.4	1.5	1.7	J	24	19	16	22	18	15	16	14
						I	29	25	22	27	23	20	21	19
						H	33	28	26	30	26	24	24	21
						G	37	32	29	33	29	26	26	24
						F	40	36	31	36	32	29	29	26
		형광등	1.4	1.5	1.7	E	45	40	36	40	36	33	32	29
						D	48	43	39	43	39	36	34	33
						C	51	46	42	45	41	38	37	34
						B	55	50	47	49	45	42	40	38
						A	57	53	49	51	47	44	41	40
반 직 접 0.25 0.55 $S \leqq H$		전구	1.3	1.5	1.7	J	26	22	19	24	21	18	19	17
						I	33	28	26	30	26	24	25	23
						H	36	32	30	33	30	28	28	26
						G	40	36	33	36	33	30	30	29
						F	43	39	35	39	35	33	33	31
		형광등	1.3	1.5	1.8	E	47	44	40	43	39	36	36	34
						D	51	47	43	46	42	40	37	37
						C	54	49	45	48	44	42	42	38
						B	57	53	50	51	47	45	43	41
						A	59	55	52	53	49	47	47	43
직 접 0 0.75 $S \leqq 1.5H$		전구	1.3	1.5	1.7	J	34	29	26	34	29	26	29	26
						I	43	38	35	42	37	35	37	34
						H	47	43	40	46	43	40	42	40
						G	50	47	44	49	46	43	45	43
						F	52	50	47	51	49	46	48	46
		형광등	1.5	1.7	2.0	E	58	55	52	57	54	51	53	51
						D	62	58	56	60	59	56	57	56
						C	64	61	58	62	60	58	59	58
						B	67	64	61	65	63	61	62	60
						A	68	66	64	66	64	66	64	63

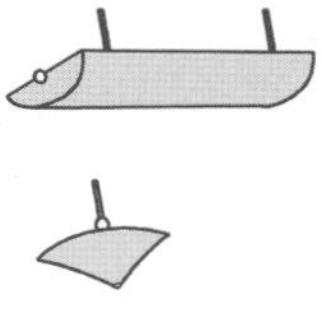

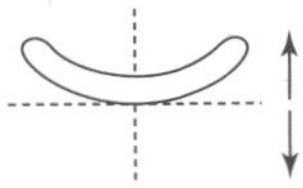

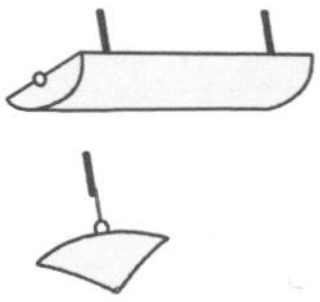

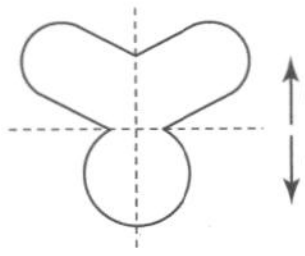

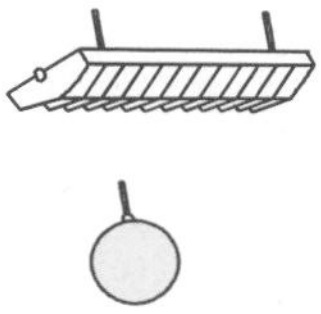

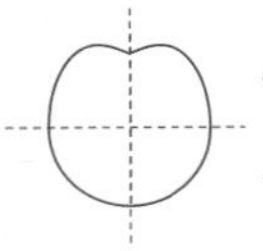

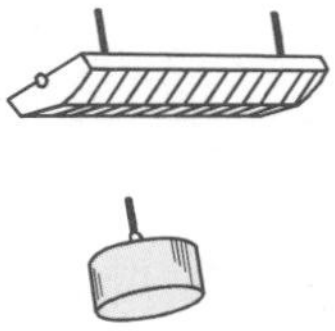

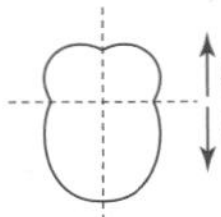

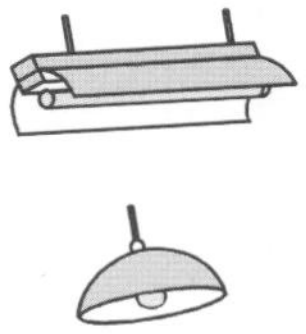

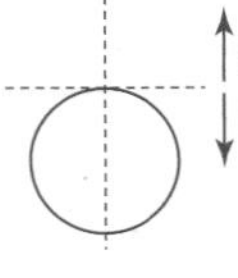

예제 5.1

폭 $12[m]$, 길이 $18[m]$, 천장 높이 $3[m]$, 작업 면(책상 위) 높이 $0.75[m]$인 사무실에 형광등($40[W] \times 2$)을 설치하도록 조명 설계를 하라.

(조건) ① 작업면 조도 : 사무실의 최대 조도 적용할 것(조도 단계 a)
② 천장 반사율 $75[\%]$, 벽 반사율 $50[\%]$, 바닥 반사율 $10[\%]$
③ 형광등 $40[W]$, 한 등의 광속 $2500[lm]$
④ 배광 : 직접 조명 ⑤ 보수 상태 : 양호
⑥ 조명기구 배치 4열(1열 당 등수 : 동일)

풀이 조명 설계의 순서에 따라 계산한다.

① 필요 조도 결정 : **표 5.1**에서 사무실 조도 $300[lx]$ 선정($E = 300[lx]$)

② 등높이(등고) : $H = 3 - 0.75 = 2.25\ [m]$

③ 광원(조명 기구)의 간격 : **표 5.5**에 의해 $S \leqq 1.5H$

$$S \leqq 1.5H = 1.5 \times 2.25 = 3.38\ [m] \qquad \therefore\ S \leqq 3.38\ [m]$$

④ 벽과 광원의 간격 : **표 5.5**에 의해 $S_0 \leqq 0.5H$

$$S_0 \leqq 0.5H = 0.5 \times 2.25 = 1.13\ [m] \qquad \therefore\ S_0 \leqq 1.13\ [m]$$

⑤ 감광보상률(D) 결정 : 배광(직접 조명), 광원(형광등)과 보수 상태(양호)의 조건에 의해 **표 5.9**에서 구함 : $D = 1.5$

⑥ 실지수 R 결정 : 실지수의 분류 기호(**표 5.6** 이용)

$$R = \frac{XY}{H(X+Y)} = \frac{12 \times 18}{2.25(12+18)} = 3.2 \qquad \therefore \text{ 실지수 : } R = 3.0(\mathrm{C})$$

⑦ 조명률(U) 결정 : **표 5.9** 이용(적색부)
천장 반사율 $75[\%]$, 벽 반사율 $50[\%]$, 실지수 C : **표 5.9**의 교차점
∴ 조명률 : $U = 0.64\ (64[\%])$

⑧ 등기구 수($40[W] \times 2$) : 이론 상 등기구 수

$$N = \frac{EDA}{FU} = \frac{300 \times 1.5 \times (12 \times 18)}{(2500 \times 2) \times 0.64} = 30.4\ [\text{조}]\ (\text{절상})$$

$$\therefore\ N = 31\ [\text{조}]$$

⑨ 설계 반영 등기구 수 : 조명기구 배치 4열(1열 당 등수 : 동일) 조건

$$N = 4 \times 8 = 32\ [\text{조}]$$

5.4 도로 조명

도로 조명은 야간에 교통 안전을 최대의 목적으로 하고 있다. 시가지 도로는 상가에서의 시선 집중의 효과가 필요하고, 주택가 도로에서는 방범의 효과도 부수적으로 얻을 수 있어야 한다.

도로 조명에서의 조건은 물체에 충분한 빛을 주어 잘 보이게 하기 위하여 노면에 균등하고 충분한 조도가 필요하며 눈부심이 없는 것 등의 조건이 필요하다.

도로는 고속도로, 일반도로, 상점가, 주택가 등이 있으며, **표 5.10**에 각종 도로 조명의 권장 조도를 나타낸다.

광원은 백열전구, 형광등, 고압수은등, 나트륨등, 메탈 할라이드등 등이 사용되며 각각의 특성을 고려하여 선정하여야 한다.

표 5.10 ▶ 각종 도로의 권장 조도

표준 조도 [lx]	조도 범위 [lx]	도로의 장소			
		고속도로	교통도로	상업도로	주택지구
50	70~30	터 널	–	–	–
20	30~15	터널 출구 도로 톨게이트 부근 정류소, 급유소	터 널	상점가 교차로 다 리	–
10	15~7	옥외 주차장	옥외 주차장	–	–
5	7~3	관련도로와 연결된 부시가지의 고속도로 본선	교통량 많고 번화한 도로 교차로, 역전, 광장, 다리	–	–
2	3~1.5	–	교통량 많고 번화하지 않은 도로, 교차로, 역전, 광장, 다리	폐점 후 상점가	–
1	1.5~0.7	–	교통량 적은 도로	–	주택지구
0.5	0.7~0.3	–	–	–	공 원 기타 광장

5.4.1 조명 기구의 배치

그림 5.12는 도로에서의 등기구 배치를 나타낸 것이다. **직선 도로**는 대칭식, 지그재그식, 중앙 일렬식, 편측식 등이 있으며, 분리대가 있는 경우에도 이에 준한다.

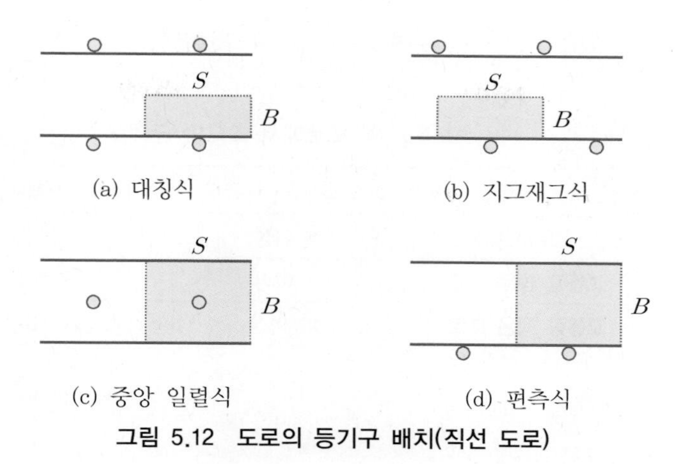

그림 5.12 도로의 등기구 배치(직선 도로)

곡선 도로는 원거리에서도 커브 모양을 알 수 있도록 **양측 배치**인 경우 **대칭식**으로 하고, **편측식**인 경우에는 **곡선의 바깥쪽**에만 **배치**를 한다. 또 곡률 반경이 작을수록 기구의 배치 간격을 짧게 한다.

5.4.2 도로 조명의 계산

도로 조명의 계산은 실내의 전반 조명 설계와 같은 광속법에 의해 광속은 다음과 같이 구한다.

$$F = \frac{EDBS}{NU} \text{ [lm]} \tag{5.5}$$

단, F : 광원 1개당 광속, E : 도로 평균 조도, D : 감광보상률
B : 도로 폭, S : 기구의 간격, N : 광원 수, U : 조명률

여기서 도로의 폭 B는 기구의 배치에 따라 다르므로 **그림 5.12**를 참고하기 바란다. 조도 E가 결정되면 D, B, N, U는 상수이므로 F와 S를 구하면 된다. 즉 광원을 크게 하면 S도 커져서 기구 수는 감소되어 건설비는 절약되지만, 조도의 균제도가 떨어진다. 반대로 광원을 작게 하면 조도는 균일하지만 기구 수는 증가하여 건설비가 증가한다.

일반적으로 기구의 가설 높이는 5.5~7[m], 설치 간격은 40[m]이다. S는 배광 특성 때문에 크게 할 수 없으므로 S를 가정하여 식 (5.5)에 대입하면 광원의 종류와 크기가 결정되고, 계산으로부터 구한 S를 도로의 전 길이로 나누면 기구 수가 정해진다.

표 5.11은 도로에서 조도의 균제도를 나타낸 것이다.

표 5.11 ▸ 도로에서 조도의 균제도

구 분	최소 조도/평균 조도	최소 조도/최대 조도
고속도로	1/5 이상	1/10 이상
교통량 많은 도로	1/7 이상	1/14 이상
교통량 적은 도로	1/10 이상	1/20 이상

예제 5.2

폭 20[m]인 도로 중앙에 6[m]의 높이로 간격 24[m]마다 400[W]의 수은등을 가설하려고 한다. 조명률 0.25, 감광보상률 1.3이라 할 때, 도로면의 평균 조도 [lx]를 구하라. 단, 400[W] 수은등의 전 광속은 2300[lm]이다.

풀이) 도로의 기구 배치 중 **그림 5.12**(c)의 중앙 일렬식이다. 즉 수은등 1개의 피조면 면적은

$$BS = 20 \times 24\ [\mathrm{m}^2]$$

도로의 평균 조도 E는 식 (5.5)에 의해 다음과 같이 구해진다.

$$E = \frac{FU}{DBS} = \frac{23000 \times 0.25}{1.3 \times 20 \times 24} = 9.2\ [\mathrm{lx}]$$

연습문제

객관식

01 직접 조명 기구에서 하향 광속의 비율은 얼마인가?

① 10～40[%] ② 40～60[%] ③ 60～90[%] ④ 90～100[%]

02 반직접 조명에서 하향광속의 배광은 몇 [%]인가?

① 0～30 ② 30～60 ③ 60～90 ④ 90～100

03 다음 중 전반 조명의 특색을 나타낸 것은 무엇인가?

① 효율이 좋다. ② 휘도가 낮다.
③ 충분한 조도가 얻어진다. ④ 작업 시 등의 위치를 옮기지 않아도 된다.

04 사무실, 공장에 적당한 조명 방식은 무엇인가?

① 전반 조명 ② 국부 조명 ③ 전반 국부 병용조명 ④ 중점 배열 조명

05 무영등(無影燈)의 사용이 절실히 요구되는 곳은?

① 수술실 ② 초정밀 가공실 ③ 축구 경기장 ④ 천연색 촬영실

06 다음 장소 중에서 실리적 명시 조명에 적합하지 않은 곳은?

① 사무실 ② 교실 ③ 음식점 ④ 공장

07 빛의 아래쪽에 확산, 복사시키며 또 눈부심을 적게 하는 조명 기구는 무엇인가?

① 루버 ② 반사볼 ③ 투광기 ④ 글로브

08 반간접 조명의 설계에서 등의 높이는 무엇인가?

① 바닥에서 천장 ② 피조면에서 천장
③ 피조면에서 등기구 ④ 방바닥에서 등기구

09 확산되는 빛만 이용하므로 그림자가 없고, 눈부심이 적은 균일성이 높은 조명으로 조명률이 가장 나쁘고 천장이나 벽의 영향이 가장 많으며 특별한 목적에만 사용되는 조명 방식은 무엇인가?

① 반직접 조명 ② 전반 확산 조명 ③ 간접 조명 ④ 직접 조명

10 조명률에 관계없는 사항은 무엇인가?

① 조명 기구 ② 실지수 ③ 실내면의 반사율 ④ 보수 상태

11 지름 2[m]인 작업면의 중심 직상 1[m]의 높이에서 각 방향의 광도가 100[cd] 되는 광원 1개로 조명할 때의 조명률[%]을 구하라.

① 약 50 ② 약 30 ③ 약 20 ④ 약 15

힌트 광원의 광속 : $F_0 = 4\pi I$, 피조면의 광속 : $F = \omega I = 2\pi(1-\cos\theta)I$

조명률의 식 (5.2)에 의해 $U = \frac{F}{F_0} = \frac{1}{2}(1-\cos\theta) = \frac{1}{2}\left(1-\frac{1}{\sqrt{2}}\right) = 0.146(15\%)$

12 가로 10[m], 세로 20[m]인 사무실에 평균 조도 200[lx]를 얻고자 40[W], 전 광속 2,500[lm]인 형광등을 사용하였을 때 필요한 등수는 얼마인가? 단, 조명률은 0.5, 감광보상률은 1.25이다.

① 250 ② 40 ③ 200 ④ 100

힌트 $N = \frac{EDA}{FU} = \frac{200 \times 1.25 \times (10 \times 20)}{2500 \times 0.5} = 40$ [EA]

주관식

(풀이와 정답은 부록에 수록되어 있습니다.)

01 면적 200[m^2]인 강의실에 2,000[lm]의 광속을 발산하는 40[W] 형광등 30개를 점등하였다. 조명률은 0.5이고, 감광보상률은 1.5라 할 때, 강의실의 평균 조도[lx]를 구하라.

02 평균 구면 광도 100[cd]의 전구 5개를 지름 10[m]인 원형의 방에 점등할 때, 조명률 0.5, 감광보상률 1.5라 할 때, 방의 평균 조도[lx]를 구하라.

03 바닥 면적 200[m^2]인 교실에 전 광속 2,500[lm]의 40[W] 형광등을 시설하여 평균 조도를 150[lx]로 하려고 할 때, 설치할 전등 수를 구하라. 단, 조명률 50[%], 감광보상률 1.25로 한다.

04 폭 24[m]인 가로의 양쪽에 20[m] 간격으로 지그재그식으로 등주를 배치하여 가로상의 평균 조도를 5[lx]로 하려고 한다. 각 등주 상에 설치할 전구의 광속[lm]을 구하라. 단, 가로면에서의 광속 이용률은 25[%]이다.

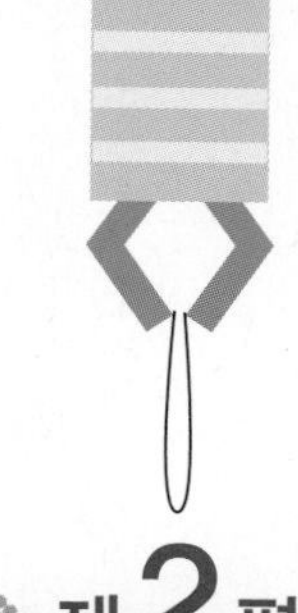

제2편

전열 공학

전열의 기초

1.1 전기 가열

전열은 전기 가열에 의해 전기 에너지를 열 에너지로 변환하는 것을 말한다.

일반적으로 사용되고 있는 전기 가열 방식의 분류와 다른 열원과 비교한 특징에 대하여 설명한다.

1.1.1 전기 가열 방식의 분류

일반적으로 사용하는 전기 가열의 방식을 분류하면 다음과 같다.

① **저항 가열** : 도체에서 전류가 흐를 때 발생하는 저항손에 의한 **줄열**을 이용한 가열

② **아크 가열** : 아크 방전에 의해 발생하는 **아크열**을 이용하는 가열 방식

③ **고주파 가열** : 유도 가열, 유전 가열

ⓐ **유도 가열** : 교류 자계 내의 **도전성 피열물**에서 전자유도로 발생하는 와전류손 또는 히스테리시스손을 이용하여 가열하는 방식

ⓑ **유전 가열** : 고주파 전계 내에 **절연성 피열물**을 놓고, 여기에 생기는 유전체손을 이용하여 가열하는 방식

⑤ **적외선 가열** : 복사 가열이라고도 하며, 적외선 전구 또는 비금속 발열체 등에서 복사되는 적외선을 피열물의 표면에 조사하여 가열하는 방식

⑥ **전자빔 가열** : 진공 중에서 직류 고전압에 의해 고속으로 가속된 전자가 피열물에 충돌하여 발생하는 에너지로 가열시키는 방식

1.1.2 전기 가열의 특징

열원 중에서 전력을 이용하는 전기 가열은 다방면으로 사용 범위가 확대되고 있으며, 석탄, 석유, 가스 등 연료의 열원에 의한 가열 방식과 비교한 중요한 특징은 다음과 같다.

① 매우 높은 온도를 얻을 수 있다.

연료에 의한 가열은 연소에 의해 얻어지는 온도가 1,500[℃] 정도이지만, 아크 가열에 의한 발열 온도는 3,000[℃] 이상의 높은 온도를 쉽게 얻을 수 있다.

② 열효율이 매우 좋다.

연료에 의한 가열은 연소 가스 중 다량의 불완전 가스가 다량 함유하고 있기 때문에 열효율이 떨어지지만, 전기 가열에서는 가스 발생이 없고 밀폐 보온을 할 수 있어 열효율이 매우 높다.

③ 내부 가열을 할 수 있다.

연료에 의한 가열은 물체 표면을 가열하기 때문에 열원과 물체 사이의 열저항에 의한 온도차가 발생하여 피열물의 온도는 열원보다 낮아지고 열효율이 떨어지며 내부를 균일하게 가열할 수 없다.

전기 가열은 유도 가열, 유전 가열 및 직접 통전하여 가열하는 경우 등 모두 피열물의 내부에서 직접 열을 발생시킬 수 있으므로 피열물 자신이 최고 온도가 될 수 있고 열절연도 쉽기 때문에 열효율도 좋고 내부의 균일 가열도 가능하다.

④ 노기 제어가 쉽다.

연료를 사용하는 노(furnace)에서는 연소에 의해 발생한 가스나 불순물이 피열물에 나쁜 영향을 주지만, 전기 가열에서는 연소 가스가 발생하지 않으므로 노 내부를 진공 또는 불활성, 환원성 가스를 넣어 노내 분위기를 제어하여 산화방지, 침탄 및 질화 등을 행할 수가 있다. 이와 같이 노기 제어(furnace atmosphere gas control)는 목적에 따라 전기로 내의 분위기를 임의로 선택할 수 있는 것을 의미한다.

⑤ 온도제어 및 조작이 간단하다.

연료에 의한 가열은 점화 연료량, 공기량 등의 연소 조건에 의해 가열 온도를 조절하기 때문에 매우 복잡하다.

전기 가열은 열원이 부하의 일부로 전기 회로를 구성하고 있기 때문에 공급 전력의 조정이 매우 쉽고, 온도 분포, 가열 온도, 가열 시간 등의 조절이 매우 간단하다.

⑥ 방사열의 이용이 쉽다.

연료를 사용하는 노에서는 복사열을 아래쪽으로 집중시키기 어렵지만, 전기 가열에서는 임의의 방향으로 향하게 할 수 있다.

⑦ **제품의 품질이 균일화된다.**

연료를 사용하는 노에서는 연소에 의해 발생한 가스나 불순물에 의해 제품이 오손, 변질되어 품질이 떨어진다. 전기 가열은 온도 분포가 좋고 온도 제어가 쉽기 때문에 불량품의 경감, 원료 손실의 최소화 및 제품 품질의 균일화가 이루어진다.

1.2 열량과 줄의 법칙

1.2.1 열량

(1) 열량의 단위

열량은 물을 기초로 하여 정한 것이고, 물 1[kg]을 14.5[℃]에서 15.5[℃]까지 1[℃] 높이는 데 필요한 열량을 1[kcal]로 정의한다.

공업적으로 가장 많이 사용하는 열량의 **공업 단위**는 [kcal]이고, **물리 단위**는 [cal]로 표시한다. M.K.S **단위**계는 에너지의 단위와 같은 **줄**(Joule, [J])이 된다.

열량 Q의 단위, 즉 칼로리[cal]와 줄[J]의 관계는 다음과 같다.

$$1\,[\text{cal}] = 4.186\,[\text{J}], \qquad 1\,[\text{J}] = \frac{1}{4.186} \fallingdotseq 0.24\,[\text{cal}]$$

또, 1 [BTU, british thermal unit]는 물 1[lb](파운드)를 1[°F] 높이는 데 필요한 열량의 단위이며, 칼로리로 환산하면 다음과 같다.

$$1\,[\text{BTU}] = 252\,[\text{cal}]$$

(2) 비열

어떤 물질 1[kg]을 온도 1[℃](또는 1[K]) 높이는 데 필요한 열량을 그 물질의 **비열**(specific heat, c)이라 한다. 비열의 단위는 kcal/kg · ℃ 또는 J/kg · K이다.

비열은 물질에 따라 다른 값을 가지는 물질 고유의 특성이다. 비열이 클수록 온도 변화는 작고, 물질 중에서 비열이 가장 큰 물질은 물이다. **물의 비열**은 다음과 같다.

$$c = 1\,[\text{kcal/kg} \cdot ℃] = 1\,[\text{cal/g} \cdot ℃]$$

(3) 열용량

어떤 물질 m[kg]을 온도 1[℃](또는 1[K]) 높이는 데 필요한 열량을 그 물질의 **열용량**(heat capacity, C)으로 정의한다. 즉 열용량 C는 비열 c에 질량 m배를 한

$$C = mc \tag{1.1}$$

이고, 열용량 C와 비열 c의 관계를 나타낸다. 열용량의 단위는 kcal/℃ 또는 J/K이다.

어떤 물질을 온도 1[℃] 높이는 데 필요한 열량은 열용량의 원론적 정의가 된다. 즉, 온도 상승 θ일 때, 열용량 C와 열량 Q의 관계로 나타내면

$$C = \frac{Q}{\theta} \quad (\theta = \theta_2 - \theta_1 [= \Delta\theta]) \tag{1.2}$$

로 표현된다. 열용량은 물질이 **열량을 축적할 수 있는 능력의 척도**가 된다. 전기 회로의 콘덴서에서 전기량을 축적할 수 있는 능력을 나타내는 정전용량과 대응된다.

계를 구성하는 물질은 질량과 비열이 클수록 열용량은 크고, 열용량이 클수록 온도 변화는 작다.

(4) 열량

질량 m, 비열 c인 물체가 온도차 $\theta\,(= \theta_2 - \theta_1)$를 주었을 때, 물체가 공급 또는 방출하는 **열량** Q는 식 (1.1)과 식 (1.2)에 의해

$$Q = C\theta \qquad \therefore \; Q = mc\theta = mc(\theta_2 - \theta_1) \tag{1.3}$$

이 된다. 이와 같이 상태 변화는 없으면서 온도 변화만 일어날 때 필요한 열량을 **현열**(sensible heat)이라 한다. 열량과 온도차의 관계식 $Q = C\theta$는 전기 회로의 전기량과 전위차의 관계식 $Q = CV$와 대응 관계를 이룬다.

(5) 잠열(숨은열)

어떤 물질이 온도는 변화하지 않고 고체, 액체, 기체로 상태 변화하기 위해 필요한 열량을 **잠열**(latent heat, H)이라 한다. 잠열은 융해열과 기화열이 있다.

① **융해열** : 고체가 녹으면서 같은 온도의 액체로 상태 변화만을 일으키는 데 필요한 열량(얼음의 융해열 : 80[cal/g] = 80[kcal/kg])

② **기화열** : 액체를 같은 온도의 기체로 상태 변화만을 시키는 데 필요한 열량

(물의 기화열 : 539 [cal/g] = 539 [kcal/kg])

잠열 H 인 물체의 질량이 m 일 때, 상태 변화에만 사용되는 열량 Q 는

$$Q = mH \tag{1.4}$$

이다. 물체의 질량 m 이 온도 변화와 상태 변화가 동시에 일어나는 경우의 열량 Q 는

$$Q = mc\theta + mH = m(c\theta + H) \tag{1.5}$$

가 되어 현열과 잠열을 모두 포함하는 식이 된다.

정리 **열량 계산 (예 : 얼음)**

(1) 잠열(H) : 상태 변화(온도 일정)

융해열 : (0 [℃]의 얼음 → 0 [℃]의 물) $H = 80$ [cal/g] = 80 [kcal/kg])

기화열 : (100 [℃]의 물 → 100 [℃]의 수증기) $H = 539$ [cal/g] = 539 [kcal/kg])

$$Q = mH$$

(2) 현열(Q) : 온도 변화(상태 일정)

(0 [℃]의 물 → 100 [℃]의 물) : $Q = mc\theta$

(3) 얼음의 온도 변화에 따른 열량 : (변화 : 0 [℃]의 얼음 → 100 [℃]의 수증기)

0 [℃]의 얼음 → 0 [℃]의 물 → 100 [℃]의 물 → 100 [℃]의 수증기
(융해열) (현열) (기화열)

※ 잠열(융해열, 기화열) 및 현열의 열량 Q 를 적용하여 계산함

예제 1.1

철의 비열은 0.11 [kcal/kg · ℃]이다. 철 1 [kg]의 온도를 50 [℃] 높이는 데 필요한 열량 [kcal]을 구하라.

풀이 식 (1.3)에서 철 1 [kg]의 온도를 50 [℃] 높이는 데 필요한 열량 Q 는

$$Q = mc\theta = mc(\theta_2 - \theta_1) = 1 \times 0.11 \times 50 = 5.5 \text{ [kcal]}$$

예제 1.2

0[℃]의 얼음 2.5[kg]을 융해시켜 90[℃]까지 상승시키는 데 필요한 열량[kcal]을 구하라.

풀이 얼음의 온도 변화에 따른 상태 변화는 다음의 3단계로 구분된다.

① 융해열(잠열) : 0[℃], 얼음 → 0[℃], 물

$$Q_1 = mH = 2.5 \times 80 = 200\ [\text{kcal}]\ \ (m = 2.5\ [\text{kg}])$$

② 현열 : 0[℃], 물 → 90[℃], 물

$$Q_2 = mc\theta = mc(\theta_2 - \theta_1) = 2.5 \times 1 \times (90 - 0) = 225\ [\text{kcal}]$$

③ 필요 열량(융해열+현열) : 0[℃], 얼음 → 0[℃], 물

$$Q = Q_1 + Q_2 = 200 + 225 = 425\ [\text{kcal}]$$

예제 1.3

0[℃]의 얼음 2[l]를 1 기압 하에서 비등시키는 데 필요한 열량[kcal]을 구하라.

풀이 부피와 질량의 관계 : 1[l] = 1,000[g] = 1[kg] (2[l] = 2[kg])

얼음의 온도 변화에 따른 상태 변화는 다음의 3단계로 구분된다.

① 융해열(잠열) : 0[℃], 얼음 → 0[℃], 물

$$Q_1 = mH = 2 \times 80 = 160\ [\text{kcal}]$$

② 현열 : 0[℃], 물 → 100[℃], 물

$$Q_2 = mc\theta = mc(\theta_2 - \theta_1) = 2 \times 1 \times (100 - 0) = 200\ [\text{kcal}]$$

③ 기화열(잠열) : 100[℃], 물 → 100[℃], 수증기(비등)

$$Q_3 = mH = 2 \times 539 = 1078\ [\text{kcal}]$$

④ 필요 열량(①+②+③) : 0[℃], 얼음 → 100[℃], 수증기

$$Q = Q_1 + Q_2 + Q_3 = 160 + 200 + 1078 = 1438\ [\text{kcal}]$$

1.2.2 줄의 법칙

(1) 전력

저항 R에 시간 t[s] 동안에 전하 Q[C]을 이동시켜 전류 I[A]를 흘릴 때, 전하가 단위 시간에 하는 전기적인 일 P는 $W=QV$와 $I=Q/t$에 의하여

$$P=\frac{W}{t}=V\frac{Q}{t}=VI\ [\mathrm{J/s}] \tag{1.6}$$

가 된다. 이와 같이 **전력**(electric power)은 **전하가 단위 시간당 한 일** 또는 전하가 단위 시간당 소비하는 전기 에너지로 정의한다.

전력은 역학계에서 물체가 단위 시간당 한 일을 의미하는 **일률**에 해당되고, 전력 P는 옴의 법칙에 의해 다음과 같이 나타낼 수 있다.

$$P=VI=I^2R=\frac{V^2}{R}\ \ ([\mathrm{W}]=[\mathrm{J/s}]) \tag{1.7}$$

전력의 단위는 **와트**(Watt, [W])를 사용하고, 1[W]=1[J/s]이다. 또한 전력의 실용 단위는 킬로와트[kW]와 마력[HP]을 많이 사용하고, 다음의 관계가 성립한다.

$$1\,[\mathrm{kW}]=1000\,[\mathrm{W}],\quad 1\,[\mathrm{HP}]=746\,[\mathrm{W}]$$

(2) 전력량

전력량 W**는 전하가 시간** t[s] **동안 한 일** 또는 **전하가** t[s] **동안 소비하는 전기 에너지**로 정의한다. 즉 전력량 W는

$$W=Pt=VIt=I^2Rt=\frac{V^2}{R}t\ \ ([\mathrm{J}]=[\mathrm{W\cdot s}]) \tag{1.8}$$

이다. 이와 같이 **전력량**은 전력(일률)과 시간의 곱($W=Pt$)이므로 역학계에서 **일** 또는 **에너지**에 해당된다. 일과 전력량의 단위는 1[J]=1[W·s]의 관계가 있으며, 전력량의 실용 단위는 [kWh]를 주로 사용한다.

$$1\,[\mathrm{Wh}]=3600\,[\mathrm{W\cdot s}]=3600\,[\mathrm{J}],\quad 1\,[\mathrm{kWh}]=1000\,[\mathrm{Wh}]$$

(3) 줄의 법칙(열량)

도체에 전류가 흐르면 전하(자유전자)가 이동하면서 도체의 원자와 충돌을 일으키기 때문에 열이 발생하고, 이 충돌 현상은 전류의 흐름을 방해하는 저항으로 작용하게 된다. 따라서 저항에 전류가 흐르면 필연적으로 열을 수반하게 된다. 이와 같이 **도체 저항에서 전류가 흐를 때 발생하는 열을 줄열**이라 한다.

열역학에서 일과 열량의 관계 $1\,[\text{J}] = 0.24\,[\text{cal}]$를 적용하여 전력량 $1\,[\text{kWh}]$를 열량 Q로 환산하면 다음과 같이 약 $860\,[\text{kcal}]$가 된다.

$$1\,[\text{kWh}] = 1000\,[\text{W}] \times 1\,[\text{h}] = 3.6 \times 10^6\,[\text{W}\cdot\text{s}] = 3.6 \times 10^6\,[\text{J}]$$
$$= 0.24 \times 3.6 \times 10^6\,[\text{cal}] \fallingdotseq 860{,}000\,[\text{cal}] = 860\,[\text{kcal}]$$

$$1\,[\text{kWh}] = 860\,[\text{kcal}], \quad 1\,[\text{J}] = 0.24\,[\text{cal}]$$

즉, 전류가 흐르는 저항에서 소비되는 전력량(전기에너지) W를 열량(열에너지) Q로 환산한 식은 파라미터(인자)의 단위에 따라 다음의 두 가지로 표현할 수 있다.

$$Q\,[\text{cal}] = 0.24\,W = 0.24P \cdot t \,(\text{단, } P\,[\text{W}],\ t\,[\text{s}],\ W[\text{W}\cdot\text{s}]) \quad (1)$$
$$Q\,[\text{kcal}] = 860\,W = 860P \cdot t \,(\text{단, } P\,[\text{kW}],\ t\,[\text{h}],\ W[\text{kWh}]) \quad (2)$$
(1.9)

이와 같이 **전력량과 열량의 변환 관계**를 나타낸 식을 **줄의 법칙**(Joule's law)이라 한다. 줄의 법칙은 전류의 발열 작용에 관한 대표적인 법칙이다.

정리 **전력, 전력량, 줄의 법칙(열량)**

(1) 전력(P) : 전하가 단위 시간(1초)당 한 일 또는 소비하는 전기 에너지(소비전력)

$$P = \frac{W}{t} = VI = I^2R = \frac{V^2}{R} \quad ([\text{J/s}] = [\text{W}])$$

(2) 전력량(W) : 전하가 t[s] 동안 한 일 또는 소비하는 전기 에너지

$$W = P \cdot t = VIt = I^2Rt = \frac{V^2}{R}t \quad ([\text{J}] = [\text{W}\cdot\text{s}])$$

(3) 줄의 법칙(열량) : 전력량(W)과 열량(Q)의 변환 관계

$$Q = 0.24\,W = 0.24P \cdot t\,[\text{cal}]\,(\text{단, } P\,[\text{W}],\ t\,[\text{s}],\ W\,[\text{W}\cdot\text{s}] = [\text{J}])$$

$$Q = 860\,W = 860P \cdot t\,[\text{kcal}]\,(\text{단, } P\,[\text{kW}],\ t\,[\text{h}],\ W\,[\text{kWh}])$$

(4) 열량의 열역학과 전열공학의 관계

① 전력 P[W]로 시간 t[s] 동안 질량 m[g], 비열 c[cal/g・℃]인 물질을 온도 T_1에서 T_2까지 상승(온도차 $T = T_2 - T_1$ [℃])하는 경우의 열량 Q[cal] 관계

$$\begin{cases} \text{열역학 : } Q = mcT \text{ [cal]} \\ \text{전열공학 : } Q = 0.24Pt\eta \text{ [cal]} \end{cases} \quad \therefore\ 0.24Pt\eta = mcT \qquad (1.10)$$

② 전력 P[kW]로 시간 t[h] 동안 질량 m[kg], 비열 c[kcal/kg・℃]인 물질을 온도 T_1에서 T_2까지 상승(온도차 $T = T_2 - T_1$ [℃])하는 경우의 열량 Q[kcal] 관계

$$\begin{cases} \text{열역학 : } Q = mcT \text{ [kcal]} \\ \text{전열공학 : } Q = 860Pt\eta \text{ [kcal]} \end{cases} \quad \therefore\ 860Pt\eta = mcT \qquad (1.11)$$

전력과 열량의 두 관계 식 (1.10)과 (1.11)은 인자에 해당 단위를 적용해야 한다. 따라서 두 공식 중 하나의 공식과 해당 단위를 기억하고 적용하면 실전 문제는 간단히 해결된다.

예제 4

10[Ω]의 저항에 10[A]를 10분간 흘렸을 때의 발열량[kcal]을 구하라.

풀이 $Q = 0.24Pt = 0.24I^2Rt = 0.24 \times 10^2 \times 10 \times (10 \times 60)$

$\therefore\ Q = 144{,}000$ [cal] $= 144$ [kcal]

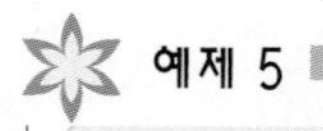

500[W]의 온수기로 20[℃]의 물 2[l]를 100[℃]까지 높이는 데 걸리는 시간 [min]을 구하라. 단, 온수기의 효율은 80[%]이다.

풀이 $0.24Pt\eta = mcT$ (P[W], t[s], m[g], c[cal/g・℃], T[℃])

$$\therefore\ t = \frac{mc\theta}{0.24P\eta} = \frac{2000 \times 1 \times (100 - 20)}{0.24 \times 500 \times 0.8} = 1666.67 \text{ [s]} \fallingdotseq 28\text{[min]}$$

별해 $860Pt\eta = mcT$ (P[kW], t[h], m[kg], c[kcal/kg・℃], T[℃])

$$\therefore\ t = \frac{mc\theta}{860P\eta} = \frac{2 \times 1 \times (100 - 20)}{860 \times 0.5 \times 0.8} = 0.465 \text{ [h]} \fallingdotseq 28\text{[min]}$$

1.3 열의 전달

물체의 온도가 주위온도보다 높으면 주위로 열을 발산하게 되고, 이와 같은 열의 전달은 전도, 대류 및 복사에 의해 이루어진다.

전도는 고체 내부에서 매질을 매개로 하는 열의 이동이고, 대류는 매질의 이동에 의해 온도가 낮은 곳으로 열의 이동이 이루어진다. 그러나 복사(방사)는 고온의 물체 표면에서 전자파 형태로 매질과 관계없이 외부로 열의 이동이 진행된다.

전도, 대류, 복사의 열의 전달 방식을 정리하면 다음과 같다.

① **전도**(conduction) : 열전달의 매질은 고체이고, 고체 내부에서 열이 고온부에서 저온부로 이동하는 열의 흐름 방식($I \propto \theta$)

② **대류**(convection) : 열전달의 매질은 유체(기체나 액체)이고, 유체의 유동이 열의 운반체가 되어 열의 전달이 이루어지는 방식($I \propto \theta$)

③ **복사**(radiation) : 빛이나 적외선과 같이 중간에 매질이 없이 전자파 형태의 복사 에너지에 의해 열이 전달되는 방식($P \propto T^4$)

1.3.1 전도

전기 회로에서 전기 전도는 일반적으로 1차원적인 형태이지만, 열전도는 3차원적인 형태가 대부분이다. 그러나 열이 봉 또는 판 등의 매개물에서 한 방향으로 흐르거나 원통, 구와 같이 대칭적으로 흐르는 경우에는 전기 회로로 등가시켜 해석하면 매우 편리하다.

그림 1.1(a)에서 단면적 S(균일), 길이 l인 봉상 막대의 양단 온도가 θ_1, $\theta_2(\theta_1 > \theta_2)$일 때, 열의 흐름은 열역학 제 2 법칙에 의해 온도가 높은 곳에서 낮은 곳으로 이동한다. 봉상 막대에서 외부로 열의 방출이 없고, 고온부(θ_1)에서 저온부(θ_2)까지 축 방향으로 열의 전도가 일어날 때, 온도차 θ에 의해 전류에 대응하는 열류가 흐르게 된다.

즉 전류는 단위 시간당 이동하는 전하량, $I = Q/t$로 정의하므로 이에 대응하는

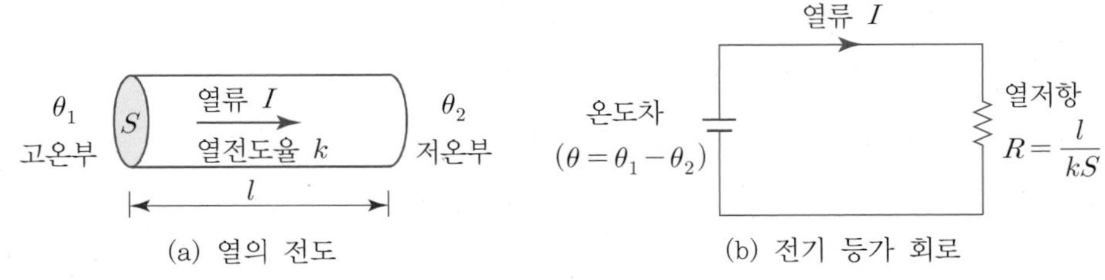

그림 1.1 ▶ 열 회로

열류는 단위 시간당 흐르는 **열량**으로 정의하고 기호는 I를 사용한다.

$$I=\frac{Q}{t}\ [\text{kcal/s}],\ [\text{cal/s}],\ [\text{W}] \tag{1.12}$$

열류 단위는 공업 단위 [kcal/s], 물리 단위 [cal/s], M.K.S 단위 [W] = [J/s]이다.

그림 1.1(b)는 열전도에 관한 열 회로를 전기 회로로 변환한 등가 회로이다. 열 회로는 전기 회로와 대응하여 학습하면 쉽게 이해할 수 있다.

전기 저항 R인 회로에서 "전위차(기전력) V를 인가하면 전기량 Q에 의해 전류 I가 흐른다". 이때 옴의 법칙과 회로 도체의 전기 저항 R은 각각

$$V=RI,\qquad R=\rho\frac{l}{S}=\frac{l}{kS} \tag{1.13}$$

이다. 단, ρ는 저항률이고, k는 전도율(도전율)이다. 이들은 서로 역수의 관계이다.

열저항 R인 열회로에서 "온도차 θ를 주면 열량 Q에 의해 열류 I가 흐른다". 이때 열 회로의 옴의 법칙과 열저항 R은 전기 회로의 식 (1.13)과 대응시키면 각각

$$\theta=RI,\qquad R=\rho\frac{l}{S}=\frac{l}{kS} \tag{1.14}$$

표 1.1 ▸ 전기 회로와 열 회로의 대응 관계

전기 회로		열 회로	
전 기 량	Q[C]	열　량	Q[J = kcal]
전위차(전압)	V[V]	온 도 차	θ[℃]
저　항	R[Ω]	열 저 항	R[℃/W]
전　류	I[A]	열　류	I[W]
옴의 법칙	$V=RI$[V]	옴의 법칙	$\theta=RI$[℃]
도 전 율	σ[1/Ω · m]	열전도율	k[W/m · ℃]
저 항 률	ρ[Ω · m]	열저항률	ρ[m · ℃/W]
정전용량	C[F]	열 용 량	C[J/℃]
시 정 수	$\tau=RC$[s]	열시정수	$\tau=RC$[s]
전 기 량	$Q=CV$[C]	열　량	$Q=C\theta$[J]
전　류	$I=\frac{Q}{t}$[A]	열　류	$I=\frac{Q}{t}$[W]
저　항	$R=\frac{l}{\sigma S}=\rho\frac{l}{S}$	열 저 항	$R=\frac{l}{kS}=\rho\frac{l}{S}$

이 된다. 온도차 θ, 열저항 R, 열류 I의 관계로 표현된 식 (1.14)의 $\theta = RI$를 열 회로의 **옴의 법칙**(Ohm's law)이라 한다. 여기서 R은 **열저항**(thermal resistance)이고, 단위는 [℃/W]로 표시한다.

전기 회로의 저항률 ρ는 식 (1.14)에 포함된 열 회로의 **열저항률**, 전도율 k는 **열전도율**과 대응된다. 이들도 서로 역수 관계가 성립한다. 식 (1.14)에서 열저항률 ρ의 단위는 [m · ℃/W], 열전도율의 단위는 [W/m · ℃]가 유도된다.

표 1.1은 전기 회로와 열 회로의 상호 대응 관계를 나타낸 것이다.

1.3.2 대류

기체 또는 액체의 유동에 의한 열의 전달을 **대류**라 한다. 물체 표면에서 가열되거나 열을 받을 때 표면에서 발산 또는 흡수되는 단위 면적당의 열류, 즉 표면의 열류 밀도는 표면과 주위의 온도차에 의해 결정된다. 따라서 열류 밀도(표면 전력 밀도)를 W[W/m²]라 할 때, 대류에 의한 열류 I는

$$I = WS = hS\theta \ [\mathrm{W}] \tag{1.15}$$

로 표현할 수 있다. 단, 열류 I[W], 고온의 고체와 주위의 유체와의 온도차 θ[℃], 표면 방열 면적 S[m²], 열전달률 h [W/m² · ℃]이다. 열전달률 h는 물체 주위에 있는 유체의 물질 및 유속에 따라 변화하는 값이다. 이 식은 온도 변화가 작으면 복사가 일어나는 경우에도 적용할 수 있다. 식 (1.15)를 $\theta / I (= R)$로 변형하면

$$R = \frac{\theta}{I} = \frac{1}{hS} \tag{1.16}$$

이다. 단, R을 **열저항**이라 한다. 열저항은 물체 표면에서 열의 방출과 흡수가 일어날 때 방해하는 인자이다. 열전도의 열저항과 구분하기 위하여 **표면 열저항**이라고도 한다.

1.3.3 복사

물체 표면에서 외부로 전자파의 복사 에너지에 의해 열이 방출되어 전달되는 것을 **복사**라 한다. 표면의 단위 면적에서 방출되는 복사 에너지는 스테판–볼츠만 법칙에 의해 절대 온도 T[K]의 4제곱에 비례한다.

즉, 물체 표면과 그 주위의 절대 온도의 차 T[K], 발열체의 열발산율 ϕ라 할 때, 표면에서 방출되는 단위 면적당의 열류, 즉 표면 열류 밀도(표면 전력 밀도) W[W/m²]는

$$W = \phi \alpha T^4 \ [\mathrm{W/m^2}] \tag{1.17}$$

이고, $\alpha = 5.6696 \times 10^{-8}$ [W/m² · K⁴]은 스테판–볼츠만 상수이다.

예제 1.6

원형의 단면적이 0.2[m²], 길이가 5[m]인 봉상 도체에서 한 끝의 온도는 300[℃], 다른 끝의 온도는 100[℃]이다. 이 도체에서 1시간에 50[kcal]의 열이 전달되었을 때, 이 도체의 열전도율[kcal/h · m · ℃]을 구하라.

풀이 열 회로의 옴의 법칙 식 (1.14)에 의해 열류 I는

$$I = \frac{\theta}{R}\left(R = \rho\frac{l}{S} = \frac{l}{kS}\right) \rightarrow I = \frac{\theta}{R} = \frac{kS\theta}{l}$$

$$\therefore \ k = \frac{Il}{S\theta} = \frac{50 \times 5}{0.2 \times (300 - 100)} = 6.25 \ [\mathrm{kcal/h \cdot m \cdot ℃}]$$

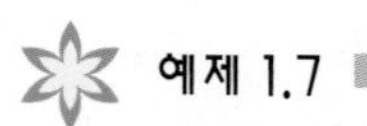

예제 1.7

그림 1.2의 중공 원통 도체의 내면에서 외부로 향하는 열류가 있을 경우에 단위 길이당 열저항을 구하라.

풀이 중공 원통의 도체의 안반지름 r_1, 바깥 반지름 r_2, 열저항률 ρ라 하면, 단위 길이당의 열저항 R은

$$R = \int_{r_1}^{r_2} \frac{\rho}{S}\, dr = \rho \int_{r_1}^{r_2} \frac{dr}{2\pi r}$$

$$\therefore \ R = \frac{\rho}{2\pi}[\ln r]_{r_1}^{r_2} = \frac{\rho}{2\pi} \ln\frac{r_2}{r_1} \ [℃/\mathrm{W}]$$

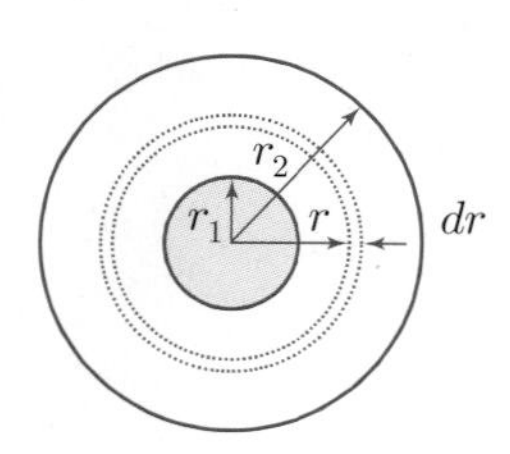

그림 1.2 ▸ 중공 원통 도체

1.4 열의 가열과 냉각

1.4.1 열의 가열

(1) 열류의 누설이 없는 경우

물체를 가열하면 온도 상승(온도차) θ는 식 (1.2)에 의해

$$\theta = \frac{Q}{C} \tag{1.18}$$

이다. 여기서 온도 상승 θ는 열량 Q에 비례하고 열용량 C에 반비례한다.

물체의 열용량 C, 열류 I일 때 온도 상승(온도차) θ는 다음과 같다.

$$\theta = \frac{1}{C}\int I dt \ [℃] \tag{1.19}$$

표 1.1의 전기 회로와 열 회로의 유사성에 관한 대응 관계로부터 식 (1.18)은 콘덴서를 충전할 때, 양단의 전위 상승(전위차) $V(=Q/C)$는 전기량 Q에 비례하고, 정전용량 C에 반비례하는 현상과 같다. 식 (1.19)도 정전용량 C인 콘덴서를 전류 I로 충전할 때의 전위 상승(전위차) V와 동일한 관계식으로 표현됨을 알 수 있다.

(2) 열류의 누설이 있는 경우

위의 두 식은 물체가 열용량만을 가지고 있고, 외부로 전혀 열류의 누설이 없는 경우이다. 그러나 실제는 열의 완전한 차단은 없고 반드시 누설 열량이 있으며 온도 상승이 클수록 많아지기 때문에 온도 상승은 가해진 열량에 반드시 비례하지는 않는다.

그림 1.3은 열류의 누설이 없는 경우와 누설이 있는 경우의 열 회로를 전기 회로로

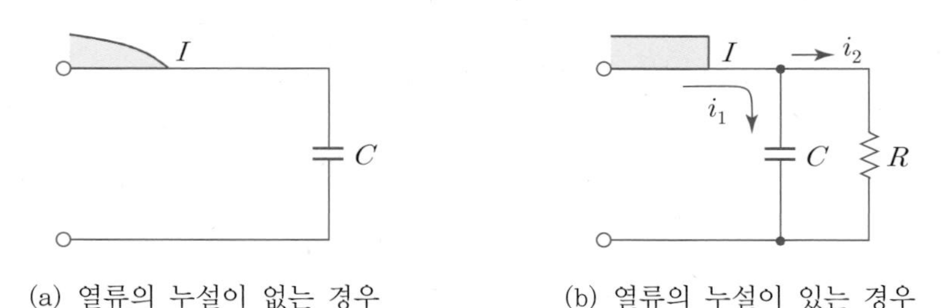

(a) 열류의 누설이 없는 경우　(b) 열류의 누설이 있는 경우

그림 1.3 ▶ 물체 가열의 등가 회로

대응시켜 각각 나타낸 것이다.

그림 1.3(b)와 같이 열류의 누설이 있는 경우에 열의 흐름에서 전기 회로의 병렬 접속된 누설 저항과 같은 열저항 R과 열용량 C를 고려하면 전기 회로로 적용시켜 해석할 수 있다. 즉, 일정한 열류 I로 가열될 때, 열류 방정식과 온도 상승의 두 방정식은

$$\begin{cases} I = i_1 + i_2 \\ \theta = \dfrac{1}{C}\displaystyle\int i_1\,dt = Ri_2 \end{cases} \tag{1.20}$$

로 나타낼 수 있다. 두 방정식으로부터 온도 상승 θ는

$$\theta = \theta_m\left(1 - e^{-\frac{1}{RC}t}\right) = RI\left(1 - e^{-\frac{1}{RC}t}\right) \tag{1.21}$$

가 구해진다. 이 결과는 일정한 열류로 가열할 때의 온도 상승의 과도 현상을 나타내는 기본식이다. **그림 1.4**는 시간에 대한 온도 상승 곡선이다.

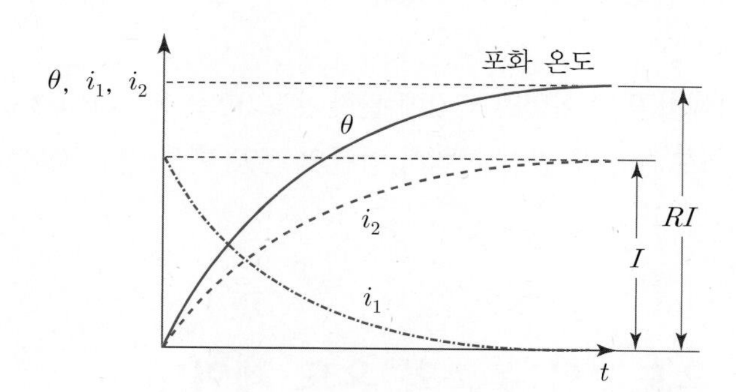

그림 1.4 ▶ 온도 상승 곡선(일정한 열류 가열)

1.4.2 열의 냉각

물체의 열용량 C, 축적된 열량 Q라 하면, 물체의 일정 온도 θ_0는 식 (1.18)에 의해

$$\theta_0 = \frac{Q}{C} \tag{1.22}$$

가 된다.

만약 물체의 열절연이 완전하다면 열류의 누설이 없으므로 이 온도를 유지하게 된다. 그러나 실제는 반드시 열류의 누설이 있기 때문에 온도는 점차 떨어지면서 최종적으로 주위온도와 같아지게 된다.

이것은 **그림 1.5**의 전기 회로에서 정전용량 C에 축적된 전기량이 저항 R을 통하여 방전할 때 전위차가 떨어지는 과도 현상과 같다. 즉 열이 냉각할 때, 온도 강하 θ는

$$\theta = \theta_0 e^{-\frac{1}{RC}t} \tag{1.23}$$

가 된다. **그림 1.6**은 식 (1.23)의 시간에 대한 온도 강하 곡선을 나타낸 것이다.

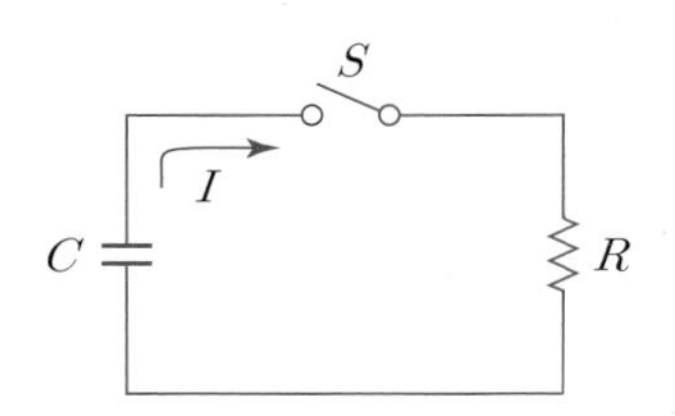

그림 1.5 ▶ 물체 냉각의 등가 회로

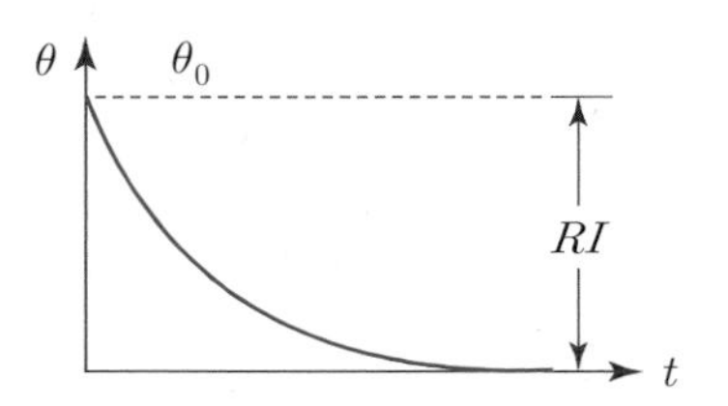

그림 1.6 ▶ 물체 냉각의 온도 변화

이상의 결과에서 **열의 가열과 냉각**에 관한 **온도 변화**(온도차) θ는 **전기 회로에서 충전과 방전 회로**의 **과도 현상**에 관한 콘덴서 양단의 **전압 변화**(전위차)θ과 일치하는 대응 관계를 나타낸다.

1.5 온도계의 종류와 온도 제어

1.5.1 온도계의 종류

온도의 검출에는 검출단을 측정 대상 물체의 내부 또는 표면에 접촉시켜 검출단의 온도가 대상 물체의 온도와 같게 하는 **접촉식**과 검출단을 측정 대상 물체에 직접 접촉하지 않고 대상 물체로부터 나오는 복사 에너지로 온도를 측정하는 **비접촉식**(방사식)이 있다. 온도계의 종류는 검출 방식에 따라 다음과 같다.

① **접촉 방식** : 저항 온도계, 열전 온도계, 압력 온도계, 액체봉입 유리 온도계

② **비접촉 방식** : 광 고온계, 복사 고온계(방사 고온계)

(1) 저항 온도계

순수 금속이나 반도체의 전기 저항이 온도에 의해 직선적으로 변화하는 특성을 이용한 온도계를 **저항 온도계**(resistance thermometer)라 한다.

저항 온도계에 사용되는 순수 금속은 백금(Pt), 니켈(Ni), 구리(Cu)이고, 반도체 소자는 서미스터(thermistor)를 사용한다. 이와 같이 저항 온도계에서 사용하는 저항체를 **측온 저항**이라 한다.

순수 금속은 저항률이 온도 변화에 비례하는 정(+)의 온도계수 특성, 반도체 소자인 서미스터는 부(−)의 온도계수 특성이 나타난다.

저항 온도계는 측온점에 놓인 측온 저항의 변화량을 측정하여 온도를 파악하는 것이며, 측온 저항, 보호관, 지시계기로 구성되어 있다. 측정 범위는 대략 −200~500[℃]이고, 열전 온도계의 범위보다 적다. 이제 저항 온도계의 원리에 관련 이론을 설명한다.

온도 t_1일 때 금속 저항 R_1과 그 온도에서의 저항의 온도계수 α_1이 주어지면, t_2로 온도 상승한 후의 저항 R_2는

$$R_2 = R_1(1+\alpha_1 T) \ (\text{단, } T = t_2 - t_1 : \text{온도차}) \qquad (1.24)$$

이다. 여기서 저항의 온도계수 α는 온도 변화 1[℃]에 대한 저항의 변화율을 의미한다.

만약 0[℃]의 저항의 온도계수 α_0가 주어지면, t[℃]에서 저항의 온도계수 α_t는 다음의 관계식으로 구할 수 있다.

$$\alpha_t = \frac{1}{1/\alpha_0 + t} = \frac{\alpha_0}{1+\alpha_0 t} \qquad (1.25)$$

특히 구리(동선)는 0[℃]에서 α_0는 1/234.5이므로 t[℃]에서 구리 저항의 온도계수 α_t는 식 (1.24)에 의하여 다음의 관계식으로 구할 수 있다.

$$\alpha_t = \frac{1}{234.5+t} \qquad (1.26)$$

식 (1.24)로부터 온도 상승한 후의 온도 t_2는

$$t_2 = \frac{R_2}{R_1}\left(\frac{1}{\alpha_1} + t_1\right) - \frac{1}{\alpha_1} \qquad (1.27)$$

이 된다. 따라서 주위 온도 t_1에서 저항 R_1을 알고 온도 상승 후의 저항 R_2를 측정하면 식 (1.27)에 의해 피측온점의 t_2가 구해진다.

표 1.2는 측온 저항체의 종류, 0[℃]의 온도계수 α_{20} 및 측정 범위를 나타낸 것이다.

표 1.2 ▶ 측온 저항체의 종류, 온도 계수와 측정 범위

종 류	온도 계수 α_{20}	측정 범위[℃]
백 금	0.0038	-183~630.5
니 켈	0.0064	-50~300
구 리	0.0043	0~120
서미스터	-0.02~-0.05	-30~150

※ 텅스텐 : 저항의 온도계수가 적으므로 측온 저항으로 사용하지 못함

예제1.8

20[℃]에서 저항의 온도계수 $\alpha_{20} = 0.004$ 인 저항선의 저항이 100[Ω]이다. 이 저항선의 온도가 80[℃]로 상승될 때 저항[Ω]을 구하라.

풀이 저항의 온도계수 $\alpha_1 = \alpha_{20}$이고, 온도 80[℃]에서 저항은 식 (1.24)에 의해

$$R_2 = R_1\{1 + \alpha_1(t_2 - t_1)\} = 100\{1 + 0.004(80 - 20)\} = 124\,[\Omega]$$

예제 1.9

온도 30[℃]에서 저항 20[Ω]인 구리선이 온도 90[℃]로 변화하였을 때, 구리선의 저항[Ω]을 구하라.

풀이 $t_1 = 30$[℃]에서 구리 저항의 온도계수 $\alpha_1 = \alpha_{30}$이고, 식 (1.26)에 의해

$$\alpha_t = \frac{1}{234.5 + t} \qquad \therefore\ \alpha_1 = \alpha_{30} = \frac{1}{234.5 + 30} = 3.78 \times 10^{-3}$$

식 (1.25)에 의해 온도 $t_2 = 90$[℃]에서의 저항 R_2는 다음과 같이 구해진다.

$$R_2 = R_1\{1 + \alpha_1(t_2 - t_1)\} = 20\{1 + 3.78 \times 10^{-3} \times (90 - 30)\}$$
$$= 24.54\,[\Omega]$$

(2) 열전 온도계

이종 금속선으로 폐회로를 만들고 두 접점에 온도차를 주면 회로 내에는 열기전력이 발생하여 전류가 흐르는 현상이 나타난다. 이 현상을 **제벡 효과**(Seebeck effect)라 한다. 제벡 효과의 원리를 응용한 것이 **열전 온도계**(thermoelectric pyrometer)이다.

열전대(thermocouple)의 두 접점 중 냉접점의 온도를 0[℃] 또는 일정한 실온으로 하고 열접점을 피측온점으로 한 다음, 열전대의 회로에 미소전압계를 접속하여 열기전력을 측정하면 피측온점의 온도를 알 수 있다.

열전대의 접점은 손상되기 쉬우므로 열전대의 보호를 위한 보호관이 필요하며, 강관, 크롬강 및 니켈-크롬강 재질의 금속 보호관과 석영유리 재질의 비금속 보호관이 있다.

그림 1.7(a)는 열전 온도계의 구조, **그림 1.7**(b)는 열전대의 온도에 따른 열기전력 특성을 나타낸 것이다.

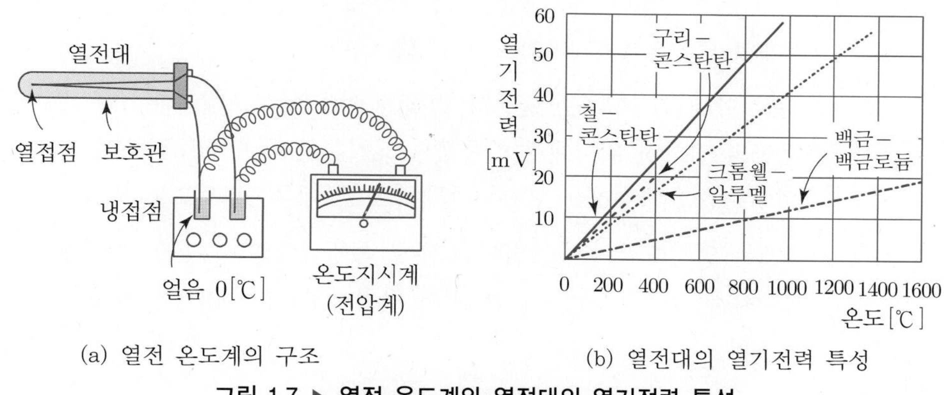

(a) 열전 온도계의 구조 (b) 열전대의 열기전력 특성

그림 1.7 ▶ 열전 온도계와 열전대의 열기전력 특성

표 1.3은 주로 사용하는 열전대의 구성과 사용 온도를 나타낸 것이다. 이것과 **표 1.2**를 비교하면 열전 온도계는 저항 온도계보다 온도 측정 범위가 넓은 것을 알 수 있다.

표 1.3 ▶ 열전대의 구성과 사용 온도

종 류	열전대 구성		열기전력[mV] 기준 접점 0[℃] 측온접점 400[℃]	감 도 (400[℃]) [mV/℃]	사용 한도[℃]	
	+	−			연 속	과 열
PR	백금로듐(Pt, Rh)	백금(Pt)	3.4	0.1	1,400	1,600
CA	크로멜(Ni, Cr)	알루멜(Ni, Al, Mn)	16.4	0.04	1,000	1,200
IC	철(Fe)	콘스탄탄(Cu, Ni)	22.0	0.06	500	750
CC	구리(Cu)	콘스탄탄(Cu, Ni)	20.9	0.06	350	600

열전대의 냉접점은 일정한 온도를 유지하기 위하여 보온병에 얼음을 넣어 0[℃]로 하고 삽입한다. 그러나 실제는 실온의 실내에 냉접점부를 놓고 적당한 보상법으로 환산하고 있다. 보상법에는 다음의 세 가지 방법이 있다.

① 계산에 의해 보정하는 방법 또는 도표에 의한 방법
② 계기의 영점을 조절하는 방법
③ 보상도선을 사용하는 방법(가장 보편화되어 실용적으로 사용하고 있는 방법)

(3) 복사 고온계(방사 고온계)

일반적으로 물체는 발광 온도(약 600[℃])보다 훨씬 낮은 온도에서 복사를 하고 있다. 따라서 복사 고온계(radiation pyrometer)는 피측온체의 표면에서 나오는 전 복사 에너지를 렌즈 또는 반사경으로 모아서 수열판인 **열전대열**(thermocouple)에 흡수시키고 이의 온도 상승을 열기전력으로 변화시켜 측온하는 방식이다. 열전대열은 수많은 열전대를 직렬로 접속하여 각 열전대의 미소 열기전력을 누적시킨 것이다.

복사 고온계의 특징은 다음과 같으며, **그림 1.8**에 동작 원리를 나타낸다.

① 온도 복사에 관한 **스테판-볼츠만 법칙**을 이용한 온도계이다.
② 피측온물의 떨어진 위치에서 연속적으로 기록할 수 있고, **직독이 가능**하다.
③ 온도의 측정 범위는 600～4,000[℃] 정도로 매우 넓고 고온 측정이 가능하다.

복사 고온계는 열전대열의 냉접점이 고온계 속에 삽입되어 있으므로 냉각수에 의해 냉접점을 냉각시켜는 장치가 필요하게 되어 장치가 커지는 단점이 있다.

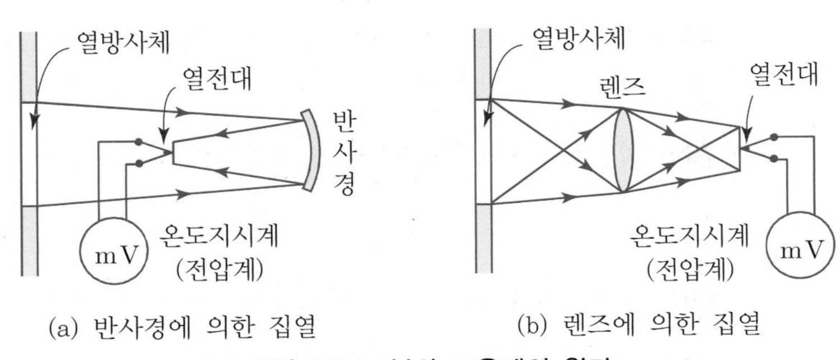

(a) 반사경에 의한 집열　　(b) 렌즈에 의한 집열

그림 1.8 ▶ 복사 고온계의 원리

(4) 광 고온계

복사 고온계는 전 복사선을 측정하지만, **광 고온계**(optical pyrometer)는 가시 부분의 단색광, 즉 파장 650[nm]의 적색 단색광을 이용하여 **플랑크의 복사 법칙**을 응용한 온도계이다. 저온에서는 가시광이 거의 방출되지 않으므로 주로 700[℃] 이상의 높은 온도 측정에 이용된다.

그림 1.9의 광 고온계 구조에서 피측온체의 휘도 B_1과 고온계 내부에 있는 전구의 휘도 B_2가 일치하였을 때 전구의 필라멘트에 흐르는 전류를 측정하여 피측온체의 온도도 T_1을 구하는 방법이다.

광 고온계의 특징은 복사 고온계에 비하여 정도(accuracy)가 높고, **피측온물의 크기가** 지름 0.1[nm] 정도의 **작은 경우**에도 측정할 수 있다.

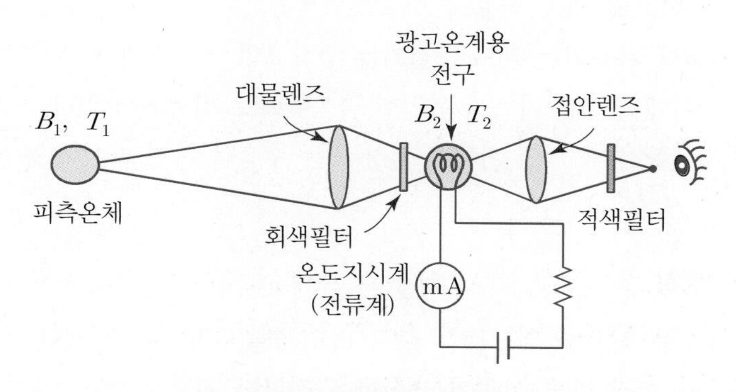

그림 1.9 ▸ 광 고온계의 구조와 원리

표 1.4는 각종 온도계의 원리와 온도 지시계기를 정리하여 나타낸다.

표 1.4 ▸ 각종 온도계의 원리와 온도 지시계기

종 류	원 리	온도 지시계기
저항 온도계	측온체의 저항값 변화 (브리지형, 교차 코일형)	검류계, 교차 코일형
열전 온도계	제벡 효과 (열전대 : 열기전력)	전압계(밀리 볼트미터)
복사 고온계	스테판-볼츠만 법칙 (열전대열 : 열기전력)	전압계(밀리 볼트미터)
광 고온계	플랑크의 복사 법칙(전구)	전류계

1.5.2 온도 제어

피열물을 희망하는 온도로 유지하기 위하여 열원으로 사용하는 가열 전력을 증감하는 것을 **온도 제어**(temperature control) 또는 온도 조절이라 한다. 전열은 자동으로 온도 제어가 가능한 장점이 있기 때문에 다른 열원보다 우수하며 사용하기에 편리하다.

온도에 따라 자동 개폐되는 온도 조절기는 서모스탯(thermostat)이라고도 불리어지며, 감열부와 개폐부로 구성되어 있다. 설정 온도에 도달하면 자동으로 회로를 차단하고, 강하되면 회로를 단락시켜 주는 동작 기능이 된다.

감열부는 기체 또는 고체의 팽창을 이용하며, 주로 바이메탈이 사용되고 있다.

(1) 기체의 팽창

기체의 팽창을 이용한 것은 기압계의 원리와 같으며, **지침을 움직이게 하는 동작을 가지고 전기 회로의 개폐 작용**을 하도록 한다.

전기 냉장고에 사용되는 온도 조절기는 냉장고의 냉각기에 접촉하고 있는 감열관과 다이어 프램 사이에 프레온 가스를 봉입한 금속관으로 접속되어 있다. 이 때 냉각기의 온도가 상승과 하강을 하게 되면 기체가 팽창 또는 수축을 하여 다이어 프램을 작동시켜 자동으로 접점을 개폐하게 된다.

(2) 고체의 팽창

고체의 팽창을 이용한 것으로는 주로 **바이메탈**(bimetal)이 있다. 바이메탈은 금속의 선팽창 계수가 서로 다른 이종의 금속판을 접합한 것으로 여러 가지의 형태가 있으며, 온도 상승에 의해 두 금속판의 신축이 달라지는 성질을 이용하여 접점의 개폐를 자동으로 하는 온도 조절기이다.

1.6 전열 재료

전열에 사용되는 재료는 다음과 같이 분류할 수 있다.

① 발열체(전극 재료) : 고온의 열을 발생시키는 재료
② 열 절연 재료(단열재) : 열을 절연시키는데 사용하는 재료
③ 내화물 : 고온에서 발열체나 열 절연 재료를 지지하거나 몸체를 구축하는 재료

1.6.1 발열체

발열체의 종류는 **금속 발열체**(합금 발열체, 순금속 발열체), **비금속 발열체**(탄화규소 발열체, 탄소질 발열체) 및 중간 성질에 속하는 **규화 몰리브덴 발열체** 등이 있다.

전기 가열 방식 중에서 일반적으로 가장 많이 사용하는 간접식의 저항 가열은 발열체가 필요하다. 발열체의 온도는 반드시 피열물의 온도(가열 온도)보다 높기 때문에 발열체의 최고사용온도는 가열 온도보다 높아야 하므로 고온에서 안정성이 좋아야 한다.

발열체의 구비 조건은 다음과 같다.

① 내열성이 클 것 (용융, 산화온도가 높고, 산화막이 견고할 것)
② 내식성이 클 것(화학적으로 안정할 것)
③ 적당한 저항값을 가질 것(저항률 비교적 큼, 저항의 온도계수는 적고 정 특성을 가질 것, 선팽창 계수가 작을 것)
④ 연성 및 전성이 풍부하여 가공이 쉬울 것
⑤ 원료가 풍부하여 가격이 저렴할 것

(1) 금속 발열체

금속 발열체는 가장 일반적으로 사용되고 있는 발열체로써 **합금 발열체**와 **순금속 발열체**가 있다.

금속 발열체 : { 합금 발열체 : 니크롬선, 철크롬선
순금속 발열체 : 백금, 몰리브덴, 텅스텐, 탄탈 }

(a) 합금 발열체

합금 발열체는 니켈-크롬계 합금(니크롬선)과 가격이 비싼 니켈 대신에 철과 알루미늄을 사용한 철-크롬계 합금(철크롬선)이 있다.

표 1.5는 합금 발열체의 종류와 특성 등을 나타낸다.

표 1.5 ▶ 합금 발열체의 종류와 특성

합금발열체 [기 호]	주성분 [%]				저항률 [$\mu\Omega \cdot cm$]	최고 사용 온도[℃]	특성과 용도
	Ni	Cr	Fe	Al			
니크롬 제1종 [NCH1]	80	20	1.5	–	104±5	1,100	고온에서 내열성, 내가스성 강함, 가공 용이, 고온 전기로용
니크롬 제2종 [NCH2]	65	17	13	–	110±6	900	가공성 양호, 900[℃]이하의 전열기, 전기로에 적합
철크롬 제1종 [FCH1]	–	23	67	5	140±7	1,200	고온 사용 적합, 가공성 불리, 고온의 강도 저하, 공업용 고온 전기로 사용
철크롬 제2종 [FCH2]	–	20	72	3	120±5	1,100	철크롬 제1종보다 가공성 용이 전열기, 전기로

(b) 순금속 발열체

순금속 발열체는 용융 온도가 높은 백금, 몰리브덴, 텅스텐, 탄탈 등이 사용된다. 백금과 탄탈은 수소 가스 중에서 사용하면 고온에서 수소를 흡착하므로 피하는 것이 좋고, 백금을 제외한 나머지 금속은 적당한 보호가스(불활성 가스) 또는 진공 중에서 사용하는 것이 바람직하다. 또 백금은 실험용으로 1,400[℃] 정도의 온도에서 사용된다.

표 1.6은 순금속 발열체의 종류와 특성을 나타낸다.

표 1.6 ▶ 순금속 발열체의 종류와 특성

순금속 발열체	융점[℃]	저항률 [$\mu\Omega \cdot$cm]	최고 사용 온도[℃]	특 성
백금[Pt]	1,768	10.6 (20[℃])	–	대기 중에서 융점 부근까지 안정
몰리브덴 [Mo]	2,610	5.2 (0[℃])	1,800	수소, 아르곤, 헬륨에서 융점 부근까지 안정 진공 중 1,700[℃]까지 안정
텅 스 텐 [W]	3,392	5.5 (0[℃])	2,100	수소, 헬륨, 아르곤에서 융점 부근까지 안정 진공 중 2,000[℃]까지 안정
탄 탈 [Ta]	2,996	12.5 (20[℃])	–	헬륨, 아르곤에서 융점 부근까지 안정

(2) 비금속 발열체

(a) 탄화규소 발열체

탄화규소(SiC), 즉 **카보런덤**(carborundum)을 주성분으로 한 발열체로써 합금 발열체보다 높은 온도에서 사용하며, 최고사용온도는 약 1,500[℃] 정도이다.

그러나 저항의 온도계수는 부 특성이고, 기계적 강도가 약하며 균일한 저항값을 얻기 어려운 단점이 있지만, 전열선을 사용할 수 없는 고온의 경우에 실용적으로 사용되고 있다.

(b) 탄소질 발열체

탄소 입자(**크립톨**, cryptole)와 **인조 흑연**을 가공하여 사용하는 두 종류가 있다.

① 탄소 입자 발열체는 탄소와 점토를 혼합한 탄소 입자(알갱이), 즉 크립톨의 접촉 저항을 이용한 발열체로 약 2,000[℃] 이하의 온도에서 사용한다.
탄소 입자는 입자의 크기, 압력, 온도 등에 따라 저항이 현저히 변화한다. 일반적으로 저항은 입자가 클수록 탄소 입자간의 접촉 저항에 의하여 커지고, 압력과 온도가 높을수록 작아진다.

② 인조 흑연은 봉형, 관형이 있고 표준 크기로 적당히 잘라서 가공하여 사용한다. 약 3,000[℃] 정도에서 사용한다.

(3) 규화 몰리브덴 발열체

규화 몰리브덴($MoSi_2$)을 주성분으로 한 고온용의 발열체로써 **칸탈선**(kanthal wire)이라고도 한다. 최대사용온도는 약 1,700[℃]이고 탄화규소 발열체보다 고온에서 사용할 수 있다. 내식성은 크지만 상온에서 부서지기 쉽고 충격에 약하며 연화되기 쉽다.

(4) 염욕 발열체

염류는 비교적 낮은 온도에서 용해되고, 높은 도전성을 가지는 **액체 발열체**이다. 복잡한 모양을 가진 피열물의 균일 가열이나 금속의 열처리에 사용되고, 피열물과 용기가 염류에 침식되지 않도록 조치해야 한다. 저항의 온도계수는 부 특성이므로 전류를 흘리기 전에 염류를 미리 용해하고, 직렬로 리액터를 연결하여 사용한다.

염욕(salt bath)은 $NaNO_3$, KNO_3, $CaCl_2$, NaCl, KCl, KF 및 Na_2CO_3 또는 이들의 혼합물이 사용된다.

1.6.2 단열재와 내화물

단열재는 열효율을 높이기 위하여 열의 절연에 사용하는 재료이고, 열절연물 또는 보온재라고도 한다.

단열재는 적당한 크기의 열용량을 가져야 한다. 즉 급열・급냉을 하는 경우에는 열용량이 적고, 일정 온도를 장시간 유지하는 경우에는 열용량이 큰 것이 바람직하다.

내화물은 고온에서 발열체, 열절연 재료 및 피열물을 지지하거나 몸체를 구축하는데 필요한 재료이다. 용해와 연화 온도가 높고, 피열물과의 화학 작용이 생기지 않아야 한다. 즉, 피열물이 산성인 경우에는 산성의 내화물, 알칼리성인 경우에는 알칼리성의 내화물을 사용해야 부식이 발생하지 않는다.

1.6.3 탄소 재료

탄소 재료는 고온의 전기로에서 발열체, 전극 및 내화재 등 다양한 용도로 사용되고 있다. 이러한 용도를 쉽게 이해할 수 있도록 탄소 재료들의 화학적, 물리적 성질과 제조법을 설명하기로 한다. 노에서 사용되는 **전극의 구비 조건**은 다음과 같다.

① 전기 전도율이 크고, 열전도율이 작을 것
② 내열성과 기계적 강도가 클 것
③ 피열물과 화학 작용을 일으키지 않을 것

(1) 탄소(카본, carbon)

비결정성의 흑색 분말이고, 융점은 3,550[℃]로 가장 높으며 각종 용매에 녹지 않고 화학적으로 안정하지만 흑연보다 활성이 강하다. 비결정성 탄소는 유기물의 불완전연소에 의해 생성된다. 즉, 유기물을 300~400[℃] 정도 가열하면 탄화(carbonization)가 일어나기 시작하고 그 열분해 과정에서 생성된다. 공기 중에서는 500~600[℃] 정도에서 자연 착화하여 연소한다.

비결정성 탄소인 순수 탄소는 전기 저항률이 작고, 저항의 온도계수가 부 특성이며, 고온에서 승화 작용이 심하고, 기계적 강도가 약하다. 또 수소와 반응하여 아세틸렌(C_2H_2) 기체를 생성하고, 규소와 반응하여 탄화규소(SiC)인 카보런덤을 생성한다.

(2) 코크스(cokes)

석탄은 탄화도에 따라 탄소 성분 함유량이 60[%]인 이탄, 70[%]인 갈탄, 80~90[%]인 역청탄, 95[%]인 무연탄으로 분류하고, 탄화도가 클수록 비결정성 탄소의 함유량은 증가하고 휘발 성분은 줄어든다.

석탄 중에서 휘발 성분이 많은 점결탄인 역청탄을 코크스로 안에 장입하고, 노벽에서 1,200[℃]의 온도로 가열하면 노벽에 가까운 부분부터 용해하기 시작, 열분해(건류)에 의해 휘발 성분이 배출된다.

용융 상태에 있는 층의 온도를 더욱 상승시키면 고온의 고체화가 되고 이것을 물로 분사시켜 냉각하면 코크스가 생성된다. 즉, 점결탄의 고온 열분해에 의해 생기는 다공질의 고체 연료이다. 가열 시간은 보통 16~24시간이다.

코크스는 비결정성 탄소이고, 회색을 띤 흑색이며, 금속성 광택을 지닌다. 착화 온도는 400~600[℃] 정도이고, 주로 제철용 및 주물용의 연료로 사용한다.

(3) 흑연(graphite)

흑연은 금속 광택을 가진 흑색이고, 육각형의 결정 구조를 가진 탄소이다. 즉, 2차원적으로 평면상에 결정 구조가 연속적으로 배열, 연결되어 평판이 겹쳐 쌓인 **판상 구조**를 하고 있기 때문에 층간 결합력이 약하여 잘 부서지는 성질이 있다.

흑연은 **천연 흑연**과 **인조 흑연**이 있다. 인조 흑연은 비결정성 탄소를 공기와 차단한 상태에서 약 2,500[℃] 정도로 가열하면 열분해가 일어나면서 육각형의 적층 규칙성이 생겨 흑연 결정구조가 생성, 발달하는 **흑연화**(graphitization) 과정을 거쳐 흑연이 제조된다. 흑연 재료는 가공성도 우수하기 때문에 관상, 봉상, 판상, 입상 등 여러 가지 형상의 발열체를 만들 수 있다.

화학적 구조는 안정하여 내열성, 내충격성이 크고 전기 저항이 적당히 있기 때문에 고온 전기로의 발열체 및 전극으로 사용되며 활마재로도 사용된다. 또 용융 금속 등의 고온에서도 연화, 용융되지 않으며 내식성도 강하기 때문에 내화물의 원료가 된다.

(4) 천연 흑연 전극

천연 흑연을 주원료로 하고, 타르, 피치를 결합제로 하여 성형 소성하여 만든 것으로 제강, 제선, 페로 알로이(ferro-alloy, 합금철), 카바이드용의 전기로 등에 사용된다.

(5) 인조 흑연 전극

석유 코크스 또는 피치 코크스에 타르, 피치의 점결제를 혼합하여 약 1,000[℃] 이상에서 가압 소성한 비결정성 탄소 전극을 흑연화로에서 다시 약 2,500[℃] 정도의 고온으로 가열하여 흑연화한 것이다. 기계적 강도가 강하고 도전율이 높으며 불순물이 적은 특징이 있고, 제선, 제강용의 전기로 전극에 사용된다.

표 1.7 ▶ 소형 탄소 전극의 고유 저항

탄소 전극	고유 저항[Ω · cm]
인조 흑연 전극	0.0005～0.0012
천연 흑연 전극	0.003～0.0076
비결정 탄소 전극	0.005～0.008

(6) 내화재

카바이드로 및 제선로의 바닥과 측벽에 내화재로 사용되는 탄소 재료는 베드 카본(bed carbon) 및 사이드 카본(side carbon)이라 부르고 천연 흑연 또는 탄소 전극을 사용한다. 베드 카본은 노 바닥의 내화재, 동시에 노 바닥 전극으로도 사용된다.

용어 설명

(1) 피치 코크스 (pitch cokes)

콜타르(coal tar), 피치(역청물질, pitch)를 고온에서 열분해하여 생성된 코크스이며, 전극, 탄소막대, 탄소벽돌 등을 만드는 데 사용된다. 특히 알루미늄 전해 제련용의 양극 원료로 사용된다. 여기서 콜타르는 석탄을 고온 건류할 때 부산물인 검은 유상 역청물질이고, 피치도 역청물질이다.

(2) 석유 코크스(petroleum cokes)

석유의 찌꺼기를 고온에서 열분해시켜서 만든 다공질의 광택이 있는 코크스이다. 석유의 찌꺼기를 원료로 하여 480~520[℃]에서 공기를 차단하고 열분해하면 가스와 경질유를 발생시키는 동시에 중질유는 축합되므로 마지막에는 탄화하여 코크스가 된다.

황 성분이 적은 원료유를 선택함에 따라 순도가 높은 공업용 탄소재료가 되고, 전극 및 금속탄화물의 원료가 되며, 야금용 및 연료용 등에 사용된다.

(3) 숯과 카본 블랙

숯과 카본 블랙(그을음)은 탄소가 무질서한 육각형으로 배열된 구조이다. 숯은 공기를 차단한 채 나무를 고온으로 가열하면 열분해에 의해 생성되고, 카본 블랙은 천연가스를 불완전 연소시켜 제조한다. 이들은 흡착력이 뛰어나 탈색, 탈취제로 사용되며, 특히 카본 블랙은 타이어, 잉크 및 화장품의 제조에 이용된다.

1.6.4 발열체의 설계

(1) 가열 전력

발열체의 설계는 우선 가열 전력을 결정하여야 한다. 물체를 가열하는데 총 공급 열량은 다음과 같다.

$$\text{공급 열량[kWh]} = \text{유효 열량} + \text{축열량} + \text{손실 열량[kWh]} \qquad (1.28)$$

여기서 유효 열량은 공급 열량이 유효하게 피열물에 흡수되는 열량, 축열량은 가열체(열원, 보온물, 즉 노체)에 축적되는 열량이며, 손실 열량은 외부로 방출되는 열량이다.

이로부터 **평균 가열 전력**은 총 공급 열량을 가열 시간으로 나누면 된다. 즉,

$$\text{가열 전력} = \frac{\text{공급 열량[kWh]}}{\text{가열 시간[h]}} \qquad (1.29)$$

이다. 물체의 가열, 융해, 증발 등이 일어나는 경우의 유효 열량은

$$\text{유효 열량} = (\text{피열물 중량}) \times (\text{비열}) \times (\text{온도 상승}) + (\text{잠열}) \qquad (1.30)$$

이다. **열효율**은 다음과 같이 나타낸다.

$$\text{열효율} = \frac{\text{공급열량} - \text{손실열량[kWh]}}{\text{공급열량[kWh]}} = 1 - \frac{\text{손실 열량}}{\text{공급 열량}} \qquad (1.31)$$

(2) 표면 전력 밀도

발열체의 온도를 규정하는 것은 표면 전력 밀도[W/cm^2]이다. 발열체는 고온이므로 대류에 의한 열전달보다는 복사에 의한 열전달이 크기 때문에 표면 전력 밀도는 복사 밀도라고 할 수 있다. 즉, 표면 전력 밀도는 스테판-볼츠만 법칙에 의해

$$W_d = \phi\alpha\left(T_1^{\ 4} - T_2^{\ 4}\right)\ [\mathrm{W/cm^2}] \tag{1.32}$$

이다. 단, $\alpha = 5.6696 \times 10^{-12}$ [W/cm^2 · K^4]은 스테판-볼츠만 상수이다.

발열체의 전 표면적 S[cm^2], 가열 전력 P[W]라 할 때 **표면 전력 밀도** W_d는 다음과 같다.

$$W_d = \frac{P}{S}\ [\mathrm{W/cm^2}] \tag{1.33}$$

(3) 발열체의 굵기 결정

가열 전력과 전압이 주어지면 전류를 구하고, 재료와 구조가 정해지면 발열체의 표면 전력 밀도와 고유 저항이 정해진다. 이들로부터 발열체의 지름이 결정된다. 또는 전압과 전류에 의해서 저항이 결정되므로 지름과 길이를 구할 수 있다.

전열선의 설계(굵기 결정)

※ 소요 전력과 전압이 주어지면 전류를 구하고, 재료와 구조가 정해지면 전열선의 고유 저항과 표면 전력 밀도가 정해진다. 이 결과로부터 전열선의 굵기(지름)가 결정된다.

(1) 전력 : $P = VI = I^2R = \dfrac{V^2}{R}$ [W]

(2) 저항 : $R = \rho\dfrac{l}{S} = \rho\dfrac{l}{\pi r^2}$ [Ω]

(3) 표면 전력 밀도

$$W = \frac{P}{S'} = \frac{I^2R}{2\pi rl} = \frac{I^2}{2\pi rl}\left(\rho\frac{l}{\pi r^2}\right) = \frac{\rho I^2}{2\pi^2 r^3}\ [\mathrm{W/cm^2}]$$

$$W = \frac{\rho I^2}{2\pi^2 r^3} = \frac{4\rho I^2}{\pi^2 d^3}\ [\mathrm{W/cm^2}] \qquad \therefore\ W \propto \frac{1}{d^3}\ (d\ :\ \text{지름})$$

(4) 전열선 굵기(지름) : $d = \sqrt[3]{\dfrac{4\rho I^2}{\pi^2 W}}$ [cm]

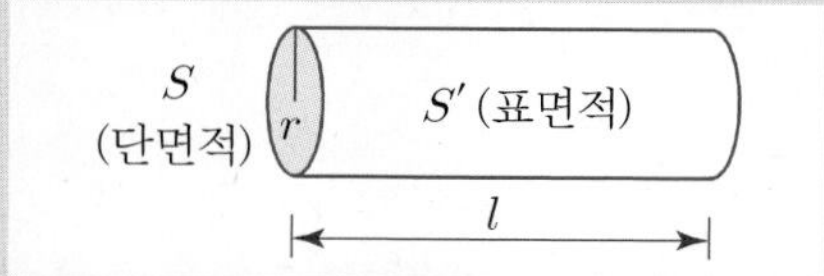

S (단면적) r S′(표면적) l

그림 1.10 ▶ 전열선의 굵기 결정

예제 1.10

전열기의 열판의 표면 전력밀도는 $3\,[\mathrm{W/cm^2}]$이다. $600\,[\mathrm{W}]$ 전열기의 열판 면적 $[\mathrm{cm^2}]$을 구하라.

풀이 식 (1.33)의 표면 전력 밀도에 의해

$$W_d = \frac{P}{S}\,[\mathrm{W/cm^2}] \quad \therefore\ S = \frac{P}{W_d} = \frac{600}{3} = 200\,[\mathrm{cm^2}]$$

연습문제

객관식

01 전기 가열의 특징에서 잘못된 것은?

① 조작이 어렵다. ② 내부 가열이 가능하다.
③ 온도 조절이 용이하다. ④ 열효율이 높다.

02 1[BTU]는 약 몇 [cal]인가?

① 860 ② 420 ③ 250 ④ 100

03 공업 단위에서 열저항의 단위는 무엇인가?

① [℃] ② [kcal/h] ③ [℃ · h/kcal] ④ [kcal/℃]

04 열전도율을 표시하는 단위는 무엇인가?

① [J/kg · deg] ② [W/m^2 · deg] ③ [W/m · deg] ④ [J/m^3 · deg]

05 열 회로의 열량은 전기 회로의 무엇에 상당하는가?

① 전류 ② 전압 ③ 전기량 ④ 열저항

06 다음 중 열용량의 단위를 나타내는 것은 무엇인가?

① [J/℃kg] ② [J/℃] ③ [J/cm^2℃] ④ [J/cm^3℃]

07 지름 30[cm], 길이가 1.5[m]인 탄소 전극의 열저항값[열Ω]은 약 얼마인가? 단, 전극의 고유 저항은 2.5[열Ω·cm]이다.

① 0.73 ② 0.43 ③ 0.53 ④ 0.63

힌트 $R=\rho\frac{l}{S}=\rho\frac{l}{\pi d^2/4}=\frac{4\rho l}{\pi d^2}=\frac{4\times(2.5\times10^{-2})\times1.5}{\pi\times0.3^2}=0.53$[열Ω]

08 일정 전류가 통하는 도체의 온도 상승 θ와 반지름 r과의 관계식은?

① $\theta \propto \frac{1}{r^{2/3}}$ ② $\theta \propto \frac{1}{r^2}$ ③ $\theta \propto \frac{1}{r^4}$ ④ $\theta \propto \frac{1}{r^3}$

힌트 제 1.6.4 절(전열선 설계) 참고

09 100[V], 500[W]의 전열기를 90[V]에서 사용할 때의 전력[W]은 얼마인가?

① 405 ② 425 ③ 450 ④ 500

힌트 $P=\frac{V^2}{R}$ (R 일정) → $P\propto V^2$, $500 : P_2 = 100^2 : 90^2$ ∴ $P_2 = 500\times\frac{90^2}{100^2}=405$ [W]

10 500[W]의 전열기가 있다. 장시간 사용에 의하여 전열선의 지름이 균일하게 5[%] 감소하고, 수리에 의하여 그 길이가 10[%] 감소하였을 때의 [W]는 약 얼마인가?

① 557 ② 528 ③ 501 ④ 475

힌트 $P=\frac{V^2}{R}=\frac{V^2S}{\rho l}=\frac{\pi V^2d^2}{4\rho l}=500$ [W]

$$P'=\frac{\pi V^2d'^2}{4\rho l'}=\frac{\pi V^2(0.95d)^2}{4\rho(0.9l)}=\frac{0.95^2}{0.9^2}\left(\frac{\pi V^2d^2}{4\rho l}\right)=\frac{0.95^2}{0.9^2}P=\frac{0.95^2}{0.9^2}\times 500=501 \text{ [W]}$$

11 200[W]는 약 몇 [cal/s]인가?

① 0.8621 ② 47.78 ③ 0.2389 ④ 71.67

힌트 $Q=0.24Pt$ ∴ $\frac{Q}{t}=0.24P=0.24\times 200=48$ [cal/s]

12 500[W]의 전열기를 정격 상태에서 1시간 사용 시 발생하는 열량[kcal]은 얼마인가?

① 430 ② 520 ③ 610 ④ 860

힌트 $Q=860Pt=860\times 0.5\times 1=430$ [kW] 또는 $Q=0.24Pt=0.24\times 500\times(1\times 3600)\times 10^{-3}=432$ [kW]

13 열전 온도계의 원리는?

① 핀치 효과 ② 제에만 효과 ③ 제벡 효과 ④ 홀 효과

14 두 도체 또는 반도체의 폐회로에서 두 접합점의 온도의 차로서 전류가 생기는 현상은?

① 홀 효과 ② 광전 효과 ③ 펠티에 효과 ④ 제벡 효과

15 반도체의 발달로 2종의 금속이나 반도체를 이용하여 열전대를 만들고 이 때 상기는 열의 흡수, 발생을 이용한 전자냉동이 실용화되고 있다. 다음 중 어떤 현상을 이용한 것인가?

① 제벡 효과 ② 펠티에 효과 ③ 톰슨 효과 ④ 핀치 효과

16 보통 사용되는 열전대의 조합은?

① 구리-콘스탄탄 ② 크롬-콘스탄탄
③ 비스무스-백금 ④ 백금-스테인레스강

17 공업용 온도계로서 가장 높은 온도를 측정할 수 있는 것은?

① 백금-백금 로듐　② 크롬웰-알루멜
③ 철-콘스탄탄　④ 동-콘스탄탄

18 복사 고온도계의 온도를 측정하는 계기는?

① 수은 온도계　② 밀리볼트미터　③ 밀리암미터　④ 전력계

19 약 2,000[℃]까지 측정할 수 있고 취급 간편한 온도계는?

① 열전 온도계　② 복사 고온계　③ 광 고온계　④ 저항 온도계

20 플랑크의 방사법칙을 이용하여 온도를 측정하는 것은?

① 광 고온계　② 방사 온도계　③ 열전 온도계　④ 저항 온도계

21 방사 고온계의 특징 중 잘못된 것은?

① 온도를 직독할 수 있다.
② 피측온물의 크기가 매우 작은(0.1[mm] 정도까지) 경우에도 측정할 수 있다.
③ 피측온물로부터 떨어진 위치에서 온도를 기록할 수 있다.
④ 온도의 측정 범위(약 900～4,000[℃] 정도)가 넓다.

22 발열체의 필요조건에 해당되지 않는 것은?

① 압연성이 풍부할 것　② 내식성이 클 것
③ 온도 조정이 용이할 것　④ 내열성이 클 것

23 발열체의 구비 조건이 아닌 것은?

① 팽창계수가 클 것　② 적당한 저항값을 가질 것
③ 내식성이 클 것　④ 내열성이 클 것

24 다음 발열체 중 최고사용온도가 가장 높은 것은?

① 니크롬 제1종　② 니크롬 제2종　③ 철크롬 제1종　④ 탄화규소 발열체

25 최고사용온도가 1,100[℃]이고, 고온강도가 크고 냉간가공이 용이하며 고온용 발열체에 적합한 것은?

① 니크롬 제2종　② 니크롬 제1종　③ 철크롬 제2종　④ 철크롬 제1종

26 니크롬 제2종의 최고사용온도[℃]는?

① 700 ② 900 ③ 1,100 ④ 1,400

27 전극 재료의 구비 조건이 잘못된 것은?

① 불순물이 적고, 산화 및 소모가 적을 것
② 고온에서도 기계적 강도가 크고 열팽창률이 작을 것
③ 열전도율이 많고 도전율이 작아서 전류밀도가 작을 것
④ 피열물에 의한 화학 작용이 일어나지 않고 침식되지 않을 것

주관식

(풀이와 정답은 부록에 수록되어 있습니다.)

01 어떤 전열기에서 5분 동안에 900,000[J]의 일을 했다고 한다. 전열기에서 소비한 전력[W]을 구하라.

02 1[kW]의 전열기를 이용하여 20[℃]의 물 5[l]를 70[℃]까지 올리는 데 요하는 시간[min]을 구하라.

03 1.2[l]의 물을 15[℃]로부터 75[℃]까지 10분간 가열시키고자 할 때, 전열기의 용량[W]을 구하라. 단, 효율은 70[%]이다.

04 0[℃]의 얼음 2.5[kg]을 용해시켜 40[℃]의 물로 만들려고 한다. 용량 2[kW]의 전열기를 사용할 때 소요되는 시간[min]을 구하라. 단, 전열기 효율은 80[%]이다.

05 1[kWh]에 대해 25원의 심야 전력을 사용하여 2[kWh] 전열기로 40[℃]의 물 100[l]를 90[℃]로 데우는 데 전기요금을 구하라. 단, 가열장치의 효율은 90[℃]이다.

06 5기압, 150[℃]의 증기를 매시간 1[t]을 발생하는데 소요되는 전기보일러의 전력[kW]을 구하라. 단, 보일러의 효율은 95[%], 5기압에서의 물의 비등점은 150[℃], 기화 잠열은 500[kcal/kg]이고, 보일러 공급수의 온도는 20[℃]이다.

전열의 응용

2.1 전기 가열 방식

일반적으로 사용되고 있는 전기 가열 방식은 저항 가열, 아크 가열, 유도 가열, 유전 가열, 적외선 가열 및 실험실용의 전자빔 가열 등으로 분류할 수 있다.

2.1.1 저항 가열

저항 가열(resistance heating)은 도체에서 전류가 흐를 때 발생하는 **저항손(옴손)에 의한 줄열**을 이용한 가열 방식으로 직접식과 간접식이 있다.

그림 2.1에 저항 가열의 직접식과 간접식을 나타낸다. 구조와 취급이 간편하여 가장 널리 사용되고 있는 방식이다.

(1) 직접식 저항 가열

피열물 자체에 직접 상용 주파수의 교류 또는 직류 전류를 흐르게 하여 **줄열**에 의해 발열시키는 방식이다.

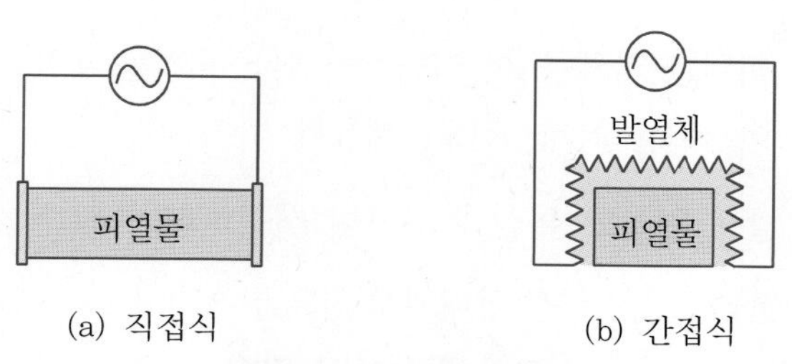

그림 2.1 ▶ 저항 가열

피열물은 적당한 저항률을 가진 **도전성 물질**이어야 하고, 상온에서 저항이 커도 고온이 되면 비교적 저항이 작아지는 물체에 적합한 방법이다.

직접식 저항 가열은 다음을 요구하는 경우에 적용할 수 있다.

① 피열물의 내부 가열을 요구하는 경우
② 직접식은 피열물이 최고 온도가 되므로 내화물의 내화도보다 고온으로 할 수 있기 때문에 특히 고온의 피열물을 요구하는 경우
③ 경금속의 저항 용접과 같이 온도 상승 속도가 빠른 것을 요구하는 경우
④ 피열물에 전류를 흘려 가열과 동시에 전기화학 작용을 요구하는 경우

(2) 간접식 저항 가열

발열체로부터 열을 전도, 대류, 복사에 의해 피열물에 간접적으로 전달하여 가열하는 방식이다. 구조와 취급이 간편하기 때문에 공업용 전기로, 가정용 전열기기 및 각종 전기 가열 장치에 널리 이용되고 있다.

간접식 저항 가열은 열원으로 반드시 발열체를 필요로 하고, 발열체의 온도는 피열물의 온도보다 항상 높기 때문에 발열체의 최고사용온도는 피열물의 온도보다 높아야 한다. 따라서 이 방식은 발열체 자체의 특성에 의해 용도가 지배되고 있다.

간접식 저항 가열의 특징은 다음과 같다.

① 피열물에 제한을 받지 않으므로 전기 가열 중에서 사용 범위가 가장 넓다.
② 다른 열원에 비해 온도 분포가 양호하다.
③ 밀폐형 및 유기형 구조를 쉽게 만들 수 있고, 진공 가열식은 노기 제어가 쉽다.
④ 노를 밀폐할 수 있기 때문에 열효율이 매우 좋다.

2.1.2 아크 가열

아크 가열(arc heating)은 아크 방전에 의해 발생하는 아크열을 이용하는 가열하는 방식으로 직접식과 간접식이 있다. **그림 2.2**는 아크 가열의 직접식과 간접식을 나타낸다.

① **직접식** : 피열물 자체를 전극으로 하거나 아크를 매질로 삼아 가열하는 방식
② **간접식** : 아크열을 복사, 전도, 대류에 의해 피열물에 전달하여 가열하는 방식

아크 방전의 발생 원리와 특성에 대하여 설명하면 다음과 같다.

두 개의 탄소 전극을 접촉시킨 상태에서 전류를 흘리고 나서 전극을 분리시켜 차츰 간격을 크게 하면 전극 사이에 아크가 발생하고 지속적으로 전류가 흐른다.

아크 주위 온도는 5,000~6,000[K]의 고온이기 때문에 전계에 의해 가속된 기체 원자 또는 분자는 매우 높은 열운동 에너지를 가지고 상호 충돌하면서 전리를 일으켜 방전을 지속시킨다. 전극의 온도는 2,000~4,000[K] 정도이고 아크주보다 낮으며, 양극 전극이 음극 전극보다 높다.

그림 2.3과 같이 아크 전압은 아크 전류가 증가함에 따라 감소하는 반비례 관계가 있고, 부(-)저항 특성을 나타낸다. 이와 같은 전압-전류의 관계를 **수하 특성**(dropping characteristic)이라 한다.

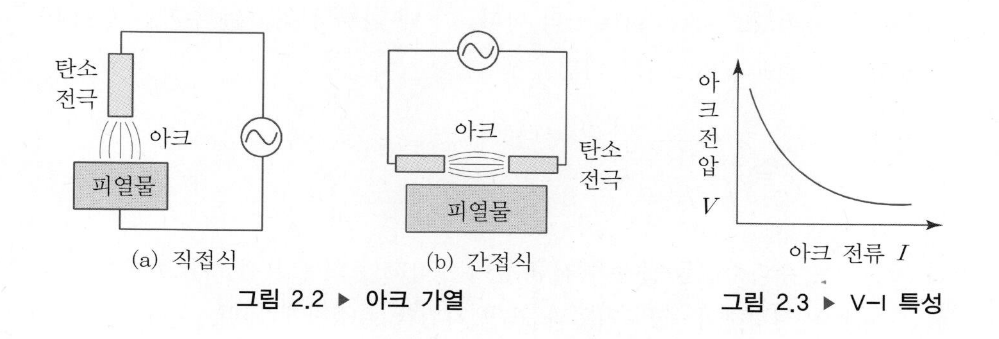

그림 2.2 ▶ 아크 가열

그림 2.3 ▶ V-I 특성

2.1.3 고주파 가열

고주파 가열 방식은 피열물의 가열 원리에 의해 **유도 가열**과 **유전 가열**로 분류된다.

(1) 유도 가열

유도 가열(induction heating)은 금속류의 **도전성 피열물**을 고주파 전류에 의해 만들어지는 교류 자계 내에 놓으면 **전자유도 작용**으로 와류손 또는 히스테리시스손이 발생하여 **내부 발열**로 가열되는 방식이다.

유도 가열 방식은 자계를 발생시키는 유도 가열용 코일이 필요하고, **그림 2.4**와 같이 직접식과 간접식이 있다.

① **직접식** : 코일 내의 금속 자체가 피열물이 되어 유도 가열되는 방식으로 금속의 용융 등의 내부 가열과 금속의 표면 열처리(담금질) 등의 표면 가열 방식이 있다.

② **간접식** : 절연성인 피열물을 도전성 용기에 넣고, 이 용기를 유도 가열하여 그 열의 복사(방사)에 의해 피열물을 가열하는 방식

고주파에 의한 유도 가열은 주로 와전류에 의한 자기 발열에 기인하는 것이고, 와전류는 도전성 피열물의 내부로 들어감에 따라 감소하여 도체 표면에 집중하여 흐르게 된다.

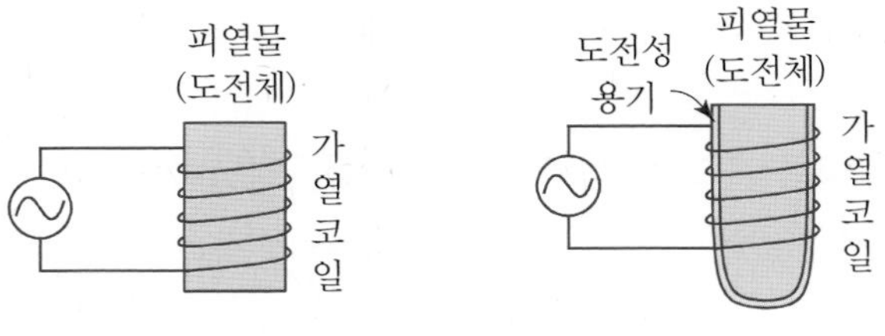

피열물
(도전체)
가열코일
(a) 직접식

도전성 용기
피열물
(도전체)
가열코일
(b) 간접식

그림 2.4 ▶ 유도 가열

이 현상을 **표피 효과**(skin effect)라 한다. 이 때 **침투 깊이** δ는 주파수 f[Hz], 투자율 μ[H/m], 도전율 σ[S/m]라 하면

$$\delta = \sqrt{\frac{1}{\pi f \sigma \mu}} \ [\mathrm{m}] \tag{2.1}$$

가 된다. 즉, 주파수가 높을수록 침투 깊이는 작고 표면에만 전류가 흐른다. 따라서 적당한 주파수를 선정하여 균일 가열과 표면 가열을 결정하게 된다.

유도 가열의 특징은 다음과 같다.

① 주파수를 적당히 선정, 피열물 전체의 균일 가열이나 표면만을 가열할 수 있다.
② 직접 가열 방식은 급속 가열이 가능하므로 연속 처리를 할 수 있기 때문에 대량 생산 방식에 적합하다.
③ 가열 코일을 적당히 설계하여 피열물에 국부 가열을 할 수 있다.
④ 반도체의 정련, 단결정의 제조 등 특수 열처리가 가능하다.

유도 가열은 전원 주파수에 따라 저주파와 고주파 유도 가열로 구분한다. 저주파 유도 가열은 **상용 주파수** 정도를 사용하고, 그 이상의 주파수를 사용하는 것을 고주파 유도 가열이라 한다.

유도 가열은 일반적으로 고주파 유도 가열을 의미하고, **고주파의 표준 사용 주파수**는 1~20[kHz]이지만, 소형의 노에서는 400[kHz]까지도 사용한다.

(a) 고주파 유도 가열용 전원

고주파 유도 가열용 전원장치는 고주파 전동 발전기, 불꽃 간극식 고주파 발진기, 진공관 발진기 등이 이용되고 있다.

고주파 전동 발전기는 주파수가 0.5~10[kHz] 범위에서 이용되고, 상용 주파 발전기보다 극수와 회전수를 많게 해야 한다.

불꽃 간극식 고주파 발진기는 주파수가 10~100[kHz] 범위에서 이용되고, 구조가 간단하지만 유도 장해 등으로 점차 사용하지 않는 경향이 있다.

진공관 발진기는 주파수가 100[kHz] 이상에서 일반적으로 이용된다.

(b) 유도 가열용 코일

가열용 코일은 코일에 흐르는 고주파 전류에 의하여 시간적으로 변화하는 자계를 만들어 내는 것을 목적으로 한다. 원리적으로 원주상 도체의 단층 솔레노이드를 사용해도 되지만, 피열물의 형상에 맞추어 코일을 변형하여 사용한다.

유도 가열용 코일은 원통형의 표면 가열용, 평면용의 평판 가열용, 실린더나 구멍 등의 가열에 이용하는 내면 가열용이 있다.

(c) 고주파 유도 가열의 응용

① 금속의 표면 담금질

유도 가열의 표피 효과를 이용하여 금속 내부의 전성과 연성이 바뀌지 않고 금속 표면만 고온에서 급냉시켜 내마모성을 갖도록 하는 표면 열처리 방법이다.

② 고주파 납땜(brazing)

국부 가열과 급속 가열을 이용하여 기계 부품을 금속적인 접합에 응용된다.

③ 기어의 열간 전조

기어의 제작은 절삭공구의 가공에 의존하였지만, 최근에는 방전 가공 또는 열간 전조에 의해 제작하고 있다. 기어의 열간 전조는 재료를 적당한 온도로 가열하여 가소성을 갖게 한 후 모형의 기어로 눌러가면서 회전시켜 재료에 소성 변형을 일으켜 기어를 제작하는 방법이다.

④ 실리콘, 게르마늄 등 **반도체의 정련, 단결정의 제조** 등 특수 열처리에 응용된다.

(d) 저주파 유도 가열의 응용

저주파 유도 가열은 **상용 주파수**에서 비교적 낮은 온도로 부피가 큰 피열물의 가열에 사용한다. 즉, 용융 납이 들어있는 박스에 케이블을 통과시켜 납을 씌우는 작업을 하는 경우에 약 200[℃]의 온도 유지를 위한 용융 납의 박스 가열에 응용된다.

(2) 유전 가열

유전 가열(dielectric heating)은 **절연성 피열물**에 고주파 전계를 인가하여 발생하는 **유전체손**에 의한 **내부 발열**로 가열되는 방식이다.

절연성 피열물은 목재, 고무, 면 등의 유전체가 사용되며, 이것을 전극 사이에 놓고 고주파 1~200[MHz]를 인가하면 내부로부터 균일하게 가열된다.

평행평판 전극 사이에 유전체인 피열물을 삽입하고 고주파 전압을 인가하면 **그림 2.5**와 같이 전기 등가 회로와 전류의 벡터도를 나타낼 수 있다.

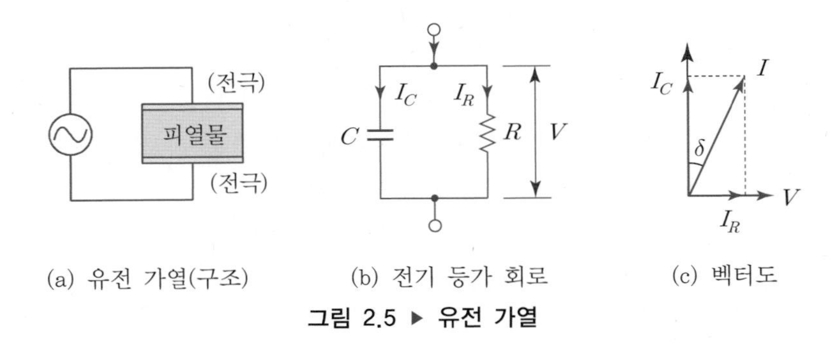

(a) 유전 가열(구조) (b) 전기 등가 회로 (c) 벡터도

그림 2.5 ▶ 유전 가열

유전체 손실각 δ라 하면 유전체 손실, 즉 유전체의 소비전력 P는

$$P = VI_R = VI_C \tan\delta = \omega CV^2 \tan\delta = 2\pi f CV^2 \tan\delta \ [\mathrm{W}] \quad (2.2)$$

가 된다. 유전체에서 정전용량 C, 전계의 세기 E와 체적 $V_{체적}$은 각각

$$C = \frac{\epsilon S}{d} = \frac{\epsilon_0 \epsilon_s S}{d}, \quad E = \frac{V}{d}, \quad V_{체적} = d \cdot S \quad (2.3)$$

이다. 세 가지 관계의 식 (2.3)을 식 (2.2)에 대입하여 변형하면, 피열물의 단위 체적당 소비전력 P가 다음과 같이 구해진다.

표 2.1 ▶ 유전 가열의 특징

구 분	유전 가열
장 점	① 유전체손에 의해 피열물의 자기 발열로 균일 가열을 할 수 있다. ② 온도 상승 속도가 빠르고 온도 제어가 쉬우며 선택 가열도 가능하다. ③ 전원 차단과 동시에 가열은 멈추고, 주위 물체의 축적된 열에 의한 과열이 없다. ④ 표면의 소손과 균열이 없다.
단 점	① 전 효율이 고주파 발진기의 효율(50~60 [%])에 의하여 제한되고, 회로 손실도 가해지므로 효율이 나쁘다. ② 피열물이 기하학적 형상이면 내부 전계가 일정하지 않으므로 균일 가열을 할 수 없다. ③ 전파의 누설에 의해 통신 장애를 일으키므로 장치의 차폐가 필요하다. ④ 설비비가 고가이다.

$$P = 2\pi f \cdot \left(\frac{\epsilon_0 \epsilon_s S}{d}\right) \cdot V^2 \tan\delta \cdot \left(\frac{1}{dS}\right) = 2\pi f \epsilon_0 \epsilon_s \left(\frac{V}{d}\right)^2 \tan\delta$$

$$\therefore \ P = 2\pi f \epsilon_0 \epsilon_s E^2 \tan\delta = \frac{5}{9} f \epsilon_s E^2 \tan\delta \times 10^{-12} \ [\mathrm{W/cm^3}] \quad (2.4)$$

표 2.1은 유전 가열의 특징을 장점과 단점으로 구분하여 설명한 것이다.

(a) 고주파 유전 가열용 전원

유전 가열은 주파수가 수 [MHz]이므로 진공관 발진기를 사용한다. 진공관 발진기는 두 전극의 전압을 연속적으로 변화시켜 발진기 출력을 제어할 목적으로 사이러트론(thyratron) 또는 사이리스터(thyrister) 등을 사용하고 있다.

유전 가열에서 사용되는 전극은 피열물의 형상, 재질 및 가열 목적에 따라 결정된다.

① (피열물의 형상) 판상 : 평행평판 전극, 구부러진 형상 : U 자형 또는 L 자형 전극

② 수증기나 가스가 나오는 피열물 : 그리드형 전극

③ 이동하는 피열물 : 롤러형 전극

(b) 선택 가열

고주파 유전 가열에서 일반적으로 피열물은 단일 유전체보다 여러 층으로 구성된 복합 유전체로 되어 있다. 전극 사이의 복합 유전체에 고주파를 인가하면 임의의 주파수에서 특정의 유전체가 다른 것보다 더욱 발열시킬 수 있다.

이와 같이 특정 유전체를 다른 유전체보다 특히 많이 발열할 수 있도록 주파수 조작에 의하여 고주파 유전 가열하는 것을 **선택 가열**이라 한다.

(c) 유전 가열의 응용

① 목재의 건조와 접착

유전 가열의 내부 가열과 선택 가열을 이용하여 목재의 건조, 접착 등에 응용한다. 즉, 목재 내부의 온도를 상승시키는 내부 가열을 이용하여 중심부는 고온, 표면은 저온의 분포가 되도록 하여 수분을 제거하여 건조시킨다. 목재 사이의 접착제는 외부 가열이 불가능하므로 선택 가열을 이용하여 접착제를 접착시킨다.

② 플라스틱의 성형과 비닐막 접착

열경화성 수지의 성형 가공은 유전 가열을 이용하여 성형 시간의 단축, 성형 압력의 감소 및 제품 품질의 향상을 도모할 수 있다. 또 열가소성 수지의 염화비닐 등 플라스틱 박막을 접합하는 경우에도 이용한다.

③ **고무의 가황**

생고무는 매우 연하고 온도 변화에 민감하기 때문에 유황, 가황 촉진제, 충진제 등을 적당히 배합하고 110~160[℃] 정도로 가열하여 실용적인 고무를 만든다.
이와 같이 **생고무에 유황을 가하는 조작**을 **고무의 가황**이라 한다. 가황 작업에 유전 가열을 이용하면 균일하게 가열시킬 수 있다.

정리 **유도 가열과 유전 가열의 비교**

표 2.2 ▶ 유도 가열과 유전 가열의 비교

구 분	유도 가열	유전 가열
원 리	와류손, 히스테리시스손	유전체손
피열물	도체(금속), 반도체	절연체
전원(주파수)	교류, 고주파 1~20[kHz]	교류, 고주파 1~200[MHz]

2.1.4 적외선 가열

적외선 가열(infrared ray heating)은 적외선 전구 또는 비금속 발열체 등에서 복사되는 적외선을 피열물의 표면에 조사하여 가열하는 방식으로 **복사 가열**이라고도 한다.
그림 2.6과 같이 적외선 가열은 주로 건조에 이용되기 때문에 **적외선 건조**라고도 한다.
적외선 가열의 발열체는 적외선 전구와 비금속 발열체가 있지만, 일반적으로 적외선 전구를 사용한다. **적외선 가열의 특징**은 다음과 같다.

① 적외선 전구에 의한 복사열(방사열)을 이용한다.
② 신속하고 효율이 좋으며 표면 가열이 가능하다.
③ 조작이 간단하고 온도 조절도 쉬우며, 시간 지연이 매우 적다.
④ 설비비가 적고, 구조는 적외선 전구를 배열하는 것으로써 매우 간단하다.
⑤ 두께가 얇은 재료의 건조에 적합하다.

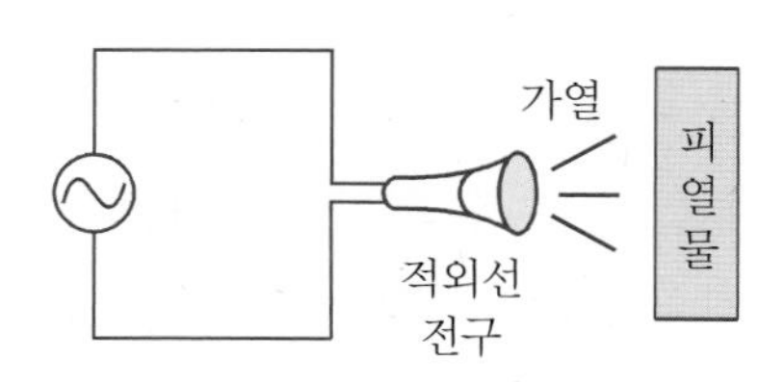

그림 2.6 ▶ 적외선 가열

(1) 적외선 전구

적외선 전구는 R 형과 관형이 있다. R 형은 복사 에너지를 피열물에 집중시키기 위하여 유리구 정면을 제외한 내측 면을 반사경면으로 사용한 특수형 전구이다. 반사경면은 일반적으로 알루미늄을 진공 증착한 것이 사용된다.

전구의 재질은 경질의 내열유리 또는 석영을 사용하고, 이들은 파장 1,000~4,000[nm]를 가장 잘 투과하기 때문에 근 · 원적외선의 방사원이 된다.

복사 에너지는 스테판-볼츠만의 법칙에 의해 방사원의 온도가 높을수록 증가하지만, 빈의 법칙에 의해 최대 에너지를 가진 파장은 짧아지게 된다. 그러나 파장이 길수록 열 효과는 커지고 건조에도 좋기 때문에 방사원의 온도는 적당하게 선정해야 한다.

적외선 전구의 복사 에너지는 80[%]가 적외선이고, 필라멘트 온도는 약 2,200~2,500[K], 수명은 약 5,000시간이다.

(2) 적외선 건조의 응용

적외선 건조는 두께가 얇은 재료에 적합하고, 도장 및 섬유 분야의 건조에 약 75[%] 정도가 이용된다.

① 도장의 건조　　② 섬유의 건조
③ 도자기의 건조　　④ 인쇄 잉크의 건조

2.1.5 전자빔 가열

전자빔 가열(electron beam heating)은 진공 중에서 직류 고전압에 의해 고속으로 가속된 전자가 피열물에 충돌하여 발생하는 에너지로 가열시키는 방식이다.

전자빔 가열의 특징은 다음과 같다.

① 전자빔을 국소로 집중시키면 에너지 밀도가 대단히 높아서 용접, 용해 및 천공 작업에 응용된다.
② 가열 범위를 좁게 할 수 있기 때문에 열에 의한 변질을 최소화할 수 있다.
③ 에너지 밀도나 분포를 자유로이 할 수 있고, 급속 가열을 할 수 있다.
④ 고융점 재료 및 금속박 재료의 용접이 쉽다.
⑤ 진공 중에서 가열하기 때문에 산화 등의 영향이 적다.

전자빔 가열은 고전계에 의해 고속으로 가속된 전자빔을 피열물에 충돌시켜 그 운동 에너지를 피열물에 전달하여 강력하게 가열할 수 있다. 따라서 이를 이용하여 금속이나 세라믹의 천공 및 절삭 가공, 용해, 증착 및 용접 등에 응용된다.

2.1.6 초음파 가열

가청 음파에서의 반사, 굴절, 투과 및 흡수 등 여러 법칙은 초음파에서도 그대로 적용되며 본질적으로 변화가 없다. 그러나 매질, 주파수 및 세기는 현저히 큰 차이를 보이고 있고, 음파에서는 상상할 수 없는 현상들이 나타난다.

(1) 초음파의 성질

① 매질은 공기 중에서만이 아니다.

가청 음파의 대부분은 공기 중의 파인데 비해 초음파는 기체, 액체, 고체 등의 매질 중에서 사용되며 특히 액체, 고체에 이용되는 경우가 많고 응용 범위가 매우 넓다.

② 주파수가 높다. 즉 파장이 짧다.

가청 주파수는 16～20,000[Hz]이고, 그 이상의 어떤 주파수도 사용할 수 있지만, 공업 분야는 1[kHz]～200[MHz] 정도가 일반적으로 사용되고 있고, 동력 응용 분야에서는 수 [MHz] 정도까지 사용되고 있다.

주파수(f)와 파장(λ)은 $v = f\lambda$에 의해 반비례 관계가 있으므로 초음파에서는 파장이 짧다. 따라서 방향성이 있는 파장을 얻을 수 있다.

③ 강도가 세다.

공기 중의 음파는 0[dB](= 10^{-16}[W/cm^2])에서 120[dB](= 10^{-4}[W/cm^2]) 정도까지의 소리를 들을 수 있으며, 그 이상이 되면 귀에 장애를 줄 수 있다. 그러나 초음파의 응용에서는 1[W/cm^2] 이상의 것이 사용되기 때문에 여러 가지 특이한 현상이 발생한다.

(2) 초음파의 작용 및 응용

초음파는 종파인 소밀파이기 때문에 매질에서 압력의 변동이 전달되어 진행한다. 따라서 초음파의 파동 에너지가 액체에 작용하면 유동이 일어나고, 베르누이 정리에 의해 유속이 빠른 부분은 압력이 저하되는 현상이 나타난다.

유체 속에서 압력이 낮은 부분이 생기면 유체 중에서 증기가 발생하거나, 유체 중에 포함되어 있는 기체가 분리되어 기포를 발생시킨다. 이와 같이 유체의 압력이 포화 증기압보다 낮아져 증기 또는 기포가 발생되는 현상을 **공동 현상**(**캐비테이션**, cavitation)이라 한다.

공동 현상에 의해 발생한 기포는 압력이 높은 부분에 오면 급격히 부서져 소음과 진동의 원인이 되고, 또 기포가 사라져 없어질 때 기포의 부피가 급격히 축소되면서 그 부분의 압력이 매우 커지며, 이것이 물체를 침식시키는 원인이 된다.

이와 같은 공동 현상의 원인을 응용한 강력한 초음파는 유화 분산 작용, 탈기 작용, 산화 작용, 화학 반응의 촉진 작용, 세정 작용 및 금속과 플라스틱의 접합과 가공 등에 사용하고 있다.

초음파의 공동 현상의 응용은 물리적, 화학적, 생물학적, 야금적 작용으로 구분한다.

① 물리적 작용

초음파는 캐비테이션(cavitation) 현상에 의하여 액체 내에 녹아있는 기체를 거품으로 만들어 제거한다. 또 충격파에 의해 액체 내에 놓인 고체를 침식하거나 고체 표면의 더러움을 제거하고, 서로 혼합되지 않는 액체를 유화 분산시키는 작용을 한다.

② 화학적 작용

초음파는 충격파의 발생, 온도 상승, 이온화 등의 결과, 반응 속도를 빨리하거나 산화나 분해를 촉진하여 고분자를 파괴한다. 또 전기 분해나 전기 도금의 경우, 전극에 초음파를 가하면 분극 전위를 변화시키거나 도금의 효율 및 품질을 향상시키는 작용을 한다.

③ 생물학적 작용

캐비테이션에 의한 충격파나 물의 이온화 등의 화학 작용은 세균이나 생물의 세포를 파괴하거나 미세한 생물을 죽이는 살균 작용을 한다.

④ 야금적 작용

초음파를 용융된 금속에 가하면 응고가 빨라지고 결정이 미세화 되어 혼합이 어려운 금속을 합금할 수 있고, 용융된 금속에서 내부에 녹아 있는 기체를 제거하는 작용을 한다.

2.2 전기로

전력을 공급하여 피열물을 가열하는 노를 총칭하여 **전기로**(electric furnace)라 한다. 전기로는 화학공업, 기계공업, 금속공업 등 거의 모든 공업 분야에 널리 이용되고 있으며, 실험실에서도 갖추어야 할 장치이다.

전기로의 분류는 가열 방식, 전원, 구조, 가열 온도 및 용도 등에 따라 다르지만, 일반적으로 가열 방식에 의해 구분하고 있다. **전기로의 가열 방식**은 **저항 가열**, **아크 가열**, **유도 가열**의 세 종류가 있고, 이들은 각각 직접식과 간접식으로 분류된다.

열효율은 저항로, 아크로, 유도로 중에서 **저항로**가 좋고, **직접식**이 간접식보다 높다. **표 2.3**은 전기로의 가열 방식에 따라 분류하고, 특성을 나타낸 것이다.

표 2.3 ▶ 전기로 가열 방식과 특성

분류	전기로	온도[℃]	특성		
			상별, 전압[V]	용량[kVA]	역률[%]
직접 저항 가열	흑연화로	2,500	단상, 100~120	2,000~4,000	65~85
	카보런덤로	2,000	단상, 130~290	1,500~2,000	90~95
	카바이드로	2,200	3상, 100~200	3,000~20,000	75~90
	합금철로	1,500~2,000	3상, 80~90	1,000~7,000	80~90
	제선로	1,600	3상, 40~90	1,000~5,000	80~90
	알루미늄 전해로	1,000	직류 전기 분해 병용		
간접 저항 가열	니크롬선 발열체로	1,100 이하	본문 참고		
	철크롬선 발열체로	1,100 이하	본문 참고		
	탄화규소 발열체로	1,400 이하	본문 참고		
	흑연 저항로(탐만로)	2,500 이하	잘 녹지 않는 금속의 용해용		
	크립톨로	2,000 이하	고온의 실험실용		
	진공전기로	3,000 이하	실험실 특별 고온용(산화 방지)		
	염욕로	1,400 이하	균열, 급열, 급냉의 특징, 금속의 열처리용		
아크 가열	제강로(직접식)	1,600 이상	3상, 80~250	600~15,000	85~95
	요동식 아크로 (간접식)	3,000 이상	단상, 80~140	100~460	
			동-알루미늄 합금의 용해용(용해로)		
	고압아크로(간접식)	3,000 이상	4,000~5,000[V], 공중 질소 고정용		
유도 가열	저주파 유도로	1,600 이하	동합금, 아연, 경합금, 주철의 용해용		
	고주파 유도로	1,800 이하	특수강 합금의 제조 및 용해, 귀금속 용해, 진공 용해		

2.2.1 저항로

저항로(resistance furnace)는 전류가 흐를 때 발생하는 저항손에 의한 줄열을 이용한 전기로이다. 저항로는 직접식 저항로와 간접식 저항로가 있고 다음과 같이 분류된다.

저항로
- 직접식
  - 단상 : 흑연화로, 카보런덤로, 지로식 전기로
  - 3상 : 카바이드로, 페로 알로이로(합금철로), 제선로
- 간접식 : 발열체로, 크립톨로, 염욕로

(1) 직접식 저항로

단상 교류를 사용하는 가로형의 흑연화로와 카보런덤로가 있고, 세로형의 지로식 전기로가 있다. 또 3상 교류를 사용하는 카바이드로, 페로 알로이로, 제선로가 있다.

(a) 흑연화로

흑연화로(graphitizing furnace)는 **그림 2.7**과 같이 전기로 내에 비결정성(무정형) 탄소의 소성 전극을 쌓고 약 2,500[℃] 정도의 고온으로 가열, 무정형 탄소 전극을 흑연화하여 결정성의 흑연 전극을 만들기 위해 사용하는 전기로이다.

양단의 전극에 **단상** 교류를 인가하면 전류는 노 내의 흑연 전극과 코크스 입자를 통하여 접촉 저항에 의한 발열을 이용하므로 **직접식 저항 가열로**이다.

일반적으로 노의 용량은 1,000~6,000[kVA], 전압은 100[V]이므로 저전압 대전류이고, 역률은 보통 70[%] 정도이다. 1회의 조업시간은 60~70시간 정도가 소요된다.

흑연화로에서 제조된 결정성 흑연 전극은 제선, 제강용의 전기로 전극에 사용된다.

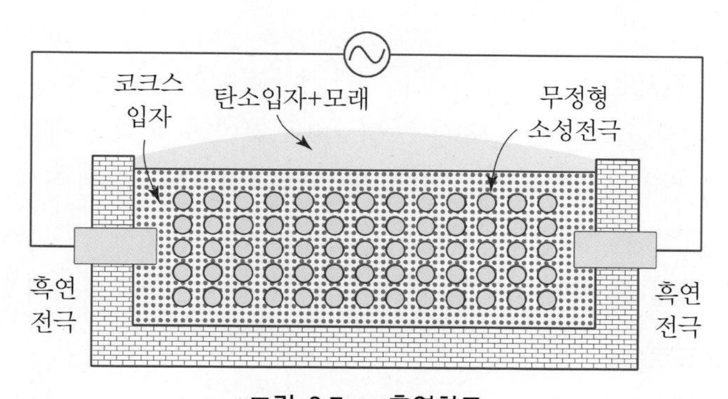

그림 2.7 ▶ 흑연화로

(b) 카보런덤로

탄화규소(SiC)를 카보런덤(carborundum)이라 하며, 이것은 모래(SiO_2)와 코크스(3C)를 혼합하여 **단상** 교류에 의해 전류를 흘려 약 2,000[℃]로 가열하면 다음과 같은 반응으로 제조된다.

$$SiO_2 + 3C \rightarrow SiC + 2CO \tag{2.5}$$

카보런덤로(carborundum furnace)는 **그림 2.8**과 같이 중앙에 탄소 입자의 축심을 넣어서 이것을 주 발열체로 하고 전류의 일부는 주위의 원료 층에 흐르게 하여 가열을 이용한 전기로이다.

일반적으로 노의 용량은 1,500~4,000[kVA], 전압은 100[V] 정도이므로 저전압 대전류이고, 역률은 90[%] 정도이다. 1회의 조업시간은 30~40시간 정도가 소요된다.

카보런덤로에서 제작된 카보런덤은 주로 매우 단단한 연마제로 사용되며, 발열체, 내화재, 피뢰기의 특성요소 및 배리스터 등에 이용된다.

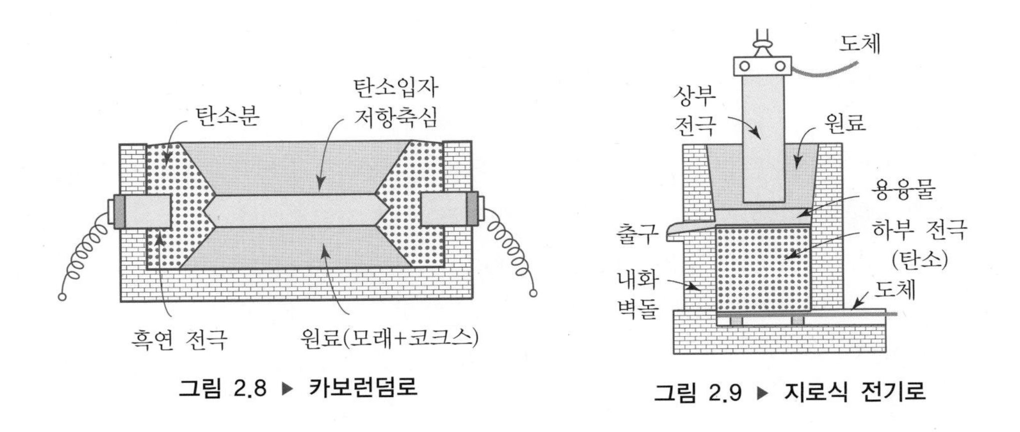

그림 2.8 ▶ 카보런덤로

그림 2.9 ▶ 지로식 전기로

(c) 지로식 전기로

지로식 전기로(girod furnace)는 **그림 2.9**와 같이 노 바닥의 하부 전극을 가진 세로형이고, **단상**의 직접식 저항 가열로이다. 노 바닥의 하부전극은 탄소 덩어리로 되어 있으며, 장입물을 차차 용해 정련하여 적당한 시간에 출구로 배출하는 구조이다.

소용량에 많이 채택하고, 선철, 페로 알로이, 카바이드 등의 제조에 사용된다.

(d) 카바이드로

카바이드(CaC_2, carbide)는 생석회(CaO)와 코크스($3C$)를 혼합하여 상용 주파수의 3**상** 교류에 의해 약 2,000[℃]로 가열하면 다음과 같은 반응으로 제조된다.

$$CaO + 3C \rightarrow CaC_2 + CO \tag{2.6}$$

그림 2.10 ▶ 카바이드로

이 반응은 고온 흡열반응이다. **그림 2.10**과 같이 세 개의 전극을 원료층에 삽입하여 직접 저항식으로 가열하고, 생성된 카바이드는 노 바닥에 고이게 하여 일정한 시간마다 출구를 통하여 배출한다. 발생된 CO 가스는 공기 중의 산소와 화합하여 연소되어 CO_2 가스로 되며, 그 때의 발생 열량을 다시 원료의 가열에 재사용하기도 한다.

카바이드로는 페로 알로이로와 마찬가지로 아크 가열에 의해 제조하였지만 과열로 인한 원료의 증발과 열손실이 크기 때문에 직접식 저항 가열로 바뀌게 되었다.

(e) 페로 알로이로

페로 알로이(ferro-alloy, 합금철)는 페로 망간, 페로 크롬 등의 철의 합금이고, 제강용 원료로 사용된다.

페로 알로이의 제조는 카바이드와 같이 노에 의해서 제조되며, 환원제는 코크스, 목탄을 사용한다.

(f) 제선로

선철의 제조는 고로형와 저로형이 있고, 철광석과 코크스를 원료로 한다. 고로형은 고온의 배출 가스를 순환케 하여 광석의 예열과 환원에 이용하지만, 저로형은 배출 가스를 다른 열원으로 활용한다. 용광로라고 불리우는 고로는 대규모의 제조에 사용되고, 저로형은 전기 선로(electrometal furnace)가 적합하며, 소규모의 제조에 사용된다.

전원은 3상 교류이고, 전극은 여러 개가 노의 덮개로부터 삽입되어 있으며, 저항 가열이기 때문에 전류가 비교적 안정하다.

(2) 간접식 저항로

① **발열체로** : 노 벽에 저항 발열체를 설치하고 주로 열의 복사에 의하여 피열물을 가열하는 전기로

② **크립톨로** : 탄소입자의 접촉저항으로 발생된 열의 전도, 복사를 이용한 전기로

③ **염욕로** : 용융염을 저항 발열체로 사용하는 전기로

(a) 발열체로

발열체로는 금속, 합금, 비금속 발열체 등을 사용하고 있으며, 노의 목적과 용도에 따라 적절히 선정해야 한다. 즉, 가열 온도가 1,000[℃] 정도는 니크롬선이나 철크롬선의 저항로를, 1,000~1,500[℃] 범위는 백금이나 탄화규소 발열체의 저항로를 사용한다.

그 이상의 온도에서는 불활성 가스 내에서 몰리브덴, 텅스텐 발열체나 규화 몰리브덴 발열체를 채택한 저항로를 사용한다.

공업용 가열로로 가장 많이 실용화되고 있으며, 금속의 열처리, 용해 및 건조 등에 사용

된다. 전원은 단상 교류가 기본이지만, 대용량에서는 3상 교류를 사용하기도 한다.

(b) 크립톨로

크립톨로(cryptole furnace)는 탄소와 점토를 혼합한 탄소 입자, 즉 크립톨의 접촉 저항을 이용하여 고온을 얻는 전기로이다.

그림 2.11과 같이 크립톨에 묻혀있는 전극으로부터 전류를 흘리면 크립톨에서 접촉 저항에 의해 열이 발생하고 전도, 복사에 의하여 도가니 속의 시료를 2,000[℃]까지 가열하여 용융물을 쉽게 얻을 수 있으며, 주로 실험실이나 연구실에서 많이 사용한다.

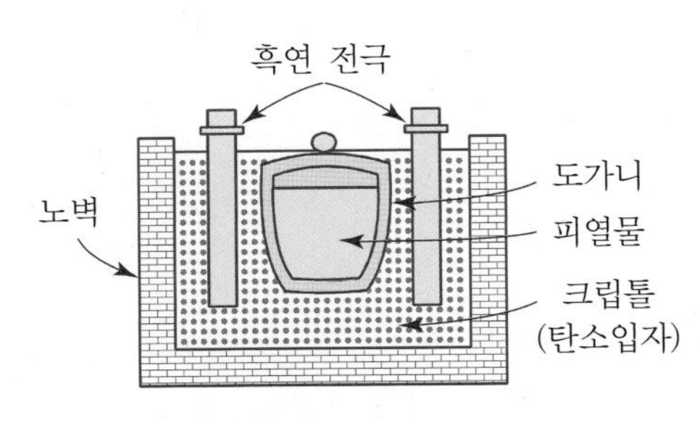

그림 2.11 ▸ 크립톨로

(c) 염욕로

염욕로(salt bath furnace)는 용융염에 피열물을 넣고 통전하여 염류를 저항 발열체로 이용하여 가열하는 방식의 간접식 저항로이다.

그림 2.12는 염욕로의 구조를 나타낸 것이며, 조정 핸들은 피열물을 노 내에 넣을 수 있도록 크기에 맞추어 조절할 수 있다. 따라서 복잡한 형태를 가진 금속의 열처리(담금질, 뜨임) 등 균열, 항온, 급열, 급냉 등이 요구되는 경우에 사용한다.

노의 특징은 용융염 내의 가열이므로 온도가 균일하고, 급속 가열을 할 수 있다. 또한 열효율이 높고, 공기와 접촉하지 않으므로 산화되지 않는 무산 열처리를 할 수 있다.

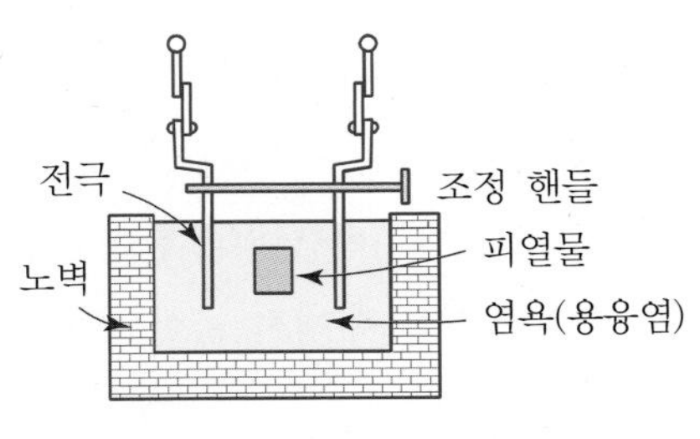

그림 2.12 ▸ 염욕로

2.2.2 아크로

아크로(arc furnace)는 전극 사이에서 발생하는 강력한 아크열을 이용하여 가열하는 전기로이다. 아크로는 저압 아크와 고압 아크를 사용하는 것이 있고, 가열 방식에 따라 직접식 아크로와 간접식 아크로로 분류된다. 저압 아크를 사용하는 로는 직접식, 간접식 또는 단상식, 3상식 등으로 구별된다.

아크로의 용도는 제철, 제강, 공중질소 고정에 의한 질산 제조, 합금의 용해 등에 사용된다.

- 아크로
  - 직접식 : 제강용 아크로(저압, 에르식 제강로)
  - 간접식
    - 저압 : 요동식 아크로(금속 용해, 합금의 제조)
    - 고압 : 고압 아크로(센헬로, 포오링로 : 질산 제조)

(1) 제강용 아크로

제강용 아크로는 프랑스의 Poal Hĕroult가 발명한 것이기 때문에 **에르식 제강로**라고도 하며, 대표적인 **저압 아크로**이다.

그림 2.13과 같이 3상 변압기의 2차 측을 노 내에 장입된 세 개의 흑연전극과 노 뚜껑을 관통하여 접속하고, 상용 주파 3상 교류를 공급해서 피열물을 향하여 아크를 발생시켜 가열하는 방식이다. 이 노에서는 용강의 표면에서 아크가 발생하므로 표면에만 가열되기 쉽기 때문에 균일 가열이 되도록 용강을 교반할 수 있는 장치가 필요하다.

탄소 4[%] 정도를 함유한 선철에 고철을 섞고 녹여서 공기와 산소를 불어넣어 탄소 함유율 0.04~1.7[%] 정도까지 낮추는 탈탄과 탈황 작업의 제강공정을 거쳐 품질이 좋은 특수강의 제조에 사용된다.

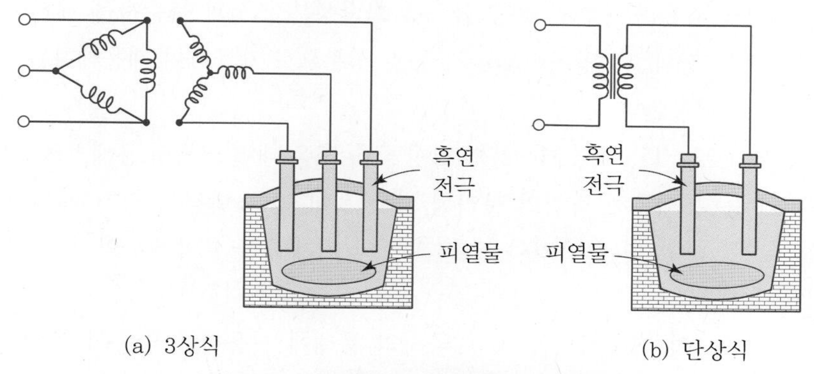

그림 2.13 ▶ 제강용 아크로(에르식 제강로)

(2) 요동식 아크로

요동식 아크로(rocking arc furnace)는 **저압 아크로**이지만, 고압 아크로와 마찬가지로 간접식 아크로의 대표적인 노이다.

그림 2.14와 같이 노실이 거의 수평 원통 모양으로 되어 있고, 그 중심에 전극을 서로 마주보게 한다. **단상 교류 전원**을 가하여 전극 간에 발생하는 아크열에 의하여 간접적으로 피열물을 가열 용해한다.

전극을 중심으로 하여 노체를 좌우 약 45°로 왕복 회전시켜 용융물의 성분을 균일하게 할 수 있다.

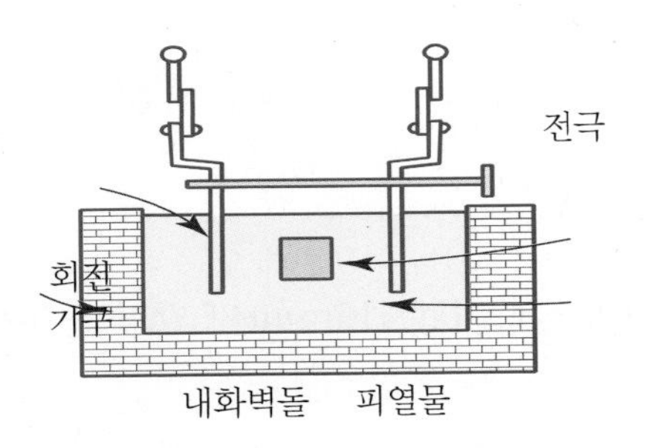

그림 2.14 ▶ 요동식 아크로

(3) 진공 아크로

진공 아크로(vacuum arc furnace)는 감압된 용기 중에서 금속을 아크에 의하여 용해시키는 것이며, 비소모 전극식과 소모 전극식의 두 종류가 있다.

비소모 전극은 텅스텐 등을 사용하여 도가니 속의 금속을 용해하는 방식이고 연구실용 소형로로 사용된다.

소모 전극은 여러 종류의 용융 금속을 화학성분 조성과 불순물을 제거하는 정련 과정을 거쳐 만든 강괴, 즉 잉곳(ingot)과 동일 성분으로 제조하여 재용해하는 방식이며 주로 공업용으로 사용한다.

진공 아크로는 Ti, Zr, Mo 등의 활성 금속 혹은 내열 금속의 용해법으로 개발되었지만, 설비비가 높고 재용해 작업의 불리성, 생산성이 낮은 단점이 있기 때문에 품질이 높은 제트, 로켓, 터빈 및 항공기와 같은 고도의 기계공업 분야에서의 재료 제조에 적합한 전기로이다.

진공 아크로와 요동식 아크로는 금속의 용해에 사용하는 일종의 용해로이다.

(4) 고압 아크로

고압 아크로는 공중 질소를 고정하여 **질산 제조**하기 위한 간접식 아크로이다.

노의 종류는 **센헬로, 포오링로** 및 **비라케란드 아이데로**가 있다.

산소와 질소의 혼합 기체를 아크 방전에 의하여 매우 고온으로 가열하면 다음과 같은 반응으로 NO가 생성된다.

$$N_2 + O_2 \rightarrow 2NO - 43\,[\mathrm{kcal}] \qquad (2.7)$$

NO는 산화하여 NO_2가 되므로 물을 흡수시키면 질산(HNO_3)이 얻어진다. 즉, 비료의 일종인 질산칼슘 $Ca(NO_3)_2$의 원료를 제조하게 된다.

공업 현장에서는 질산과 질산칼슘을 각각 초산과 초산석회로 외래어가 더 많이 불리어지고 있다. 일반적으로 식초(식초산)을 의미하는 아세트산, 즉 초산(CH_3COOH)과는 다른 것이다.

고압 아크로는 공기와 접촉 면적을 크게 하기 위하여 아크 전압을 고전압으로 하여 아크를 신장시킬 수 있는 구조로 되어 있다.

제강용 아크로의 전원은 80～250[V]의 저전압을 사용하는 저압 아크로인데 비하여, 고압 아크로는 4,000～5,000[V]의 고전압을 사용하며 역률은 70～80[%] 정도이다.

질산 제조는 고온을 얻기 위하여 고전압의 아크 방전을 이용하기 때문에 전력비가 높은 것이 단점이다.

2.2.3 유도로

유도로는 교번 자계에 의해 도전성의 피열물에 전류를 유기시켜 발생하는 자신의 저항 발열로 가열하는 전기로이다. 즉, 변압기의 원리에 의하여 피열물 자체를 2차 권선 대신으로 하여 직접 유도 전류를 흘려 줄열을 발생시켜 가열하는 방식이다.

유도로는 50～60[Hz]인 상용 주파수 전원의 저주파 유도로와 1～20[kHz] 정도의 주파수 전원을 사용하는 고주파 유도로로 분류된다.

- 유도로
  - 저주파 유도로
    - 철심형
    - 무철심형
  - 고주파 유도로 : 철심형

(1) 저주파 유도로

저주파 유도로는 상용 주파수의 전원을 사용하고, 철심형과 무철심형(도가니형) 유도로로 구분한다. **그림 2.15**는 저주파 유도로의 원리를 나타낸 것이다.

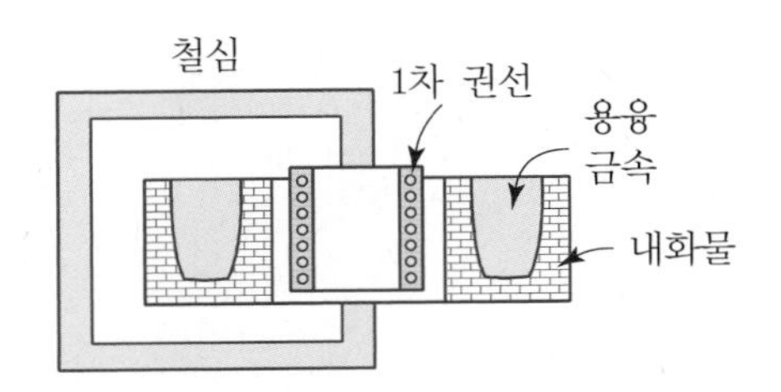

그림 2.15 ▶ 저주파 유도로의 원리

폐 자로를 형성한 철심에 1차 권선을 감고, 2차 측은 철심을 통하여 금속 피열물로 회로를 구성하도록 한번 감아 피열물 자체로 전기 회로의 단락과 같은 상태로 하여 대전류를 흐르게 하여 피열물을 용융시킨다.

또 2차 회로의 용융 금속은 전류 상호의 전자력 때문에 수축되어 회로가 자주 차단되는 현상이 반복되어 불안정한 상태가 된다. 이 현상을 **핀치 효과**(pinch effect)라 한다.

일반적인 노에서 핀치 효과를 억제하기 위하여 용융 금속 위에 열전도로 가열 용해된 두꺼운 용융층이 있어 2차 회로를 구성하는 용융 금속을 누르는 장치로 되어 있다.

저주파 유도로는 융점이 낮은 아연, 알루미늄 및 황동 등 비철금속의 용해에 주로 사용된다.

(2) 고주파 유도로

도가니 속에 피열물을 넣고, 도가니의 외벽에 원통 상으로 감아 올린 1차 코일에 의하여 교번 자계를 작용시켜 가열 용해시키는 전기로이다. 1차 코일은 냉동 수관으로 겸용하고, 전원은 전동발전기를 사용한 방식이 가장 많다.

비철금속의 용해는 흑연 도가니를 사용해서 유도가열하고 그 내부에 피열물을 넣어 간접적으로 용해하는 방식을 채택하고 있다.

고주파 유도로는 피열물의 가열이 신속하고 내부가열을 할 수 있으며, 전자력에 의하여 용융물을 부풀어 오르게 하는 교반 작용도 있다.

고주파 유도로는 전원 설비비가 높기 때문에 고품질의 용해에 사용되고, 진공 용해 등에 이용할 수 있으므로 고품질의 특수강, 비철금속의 용해에 사용된다. 또 정밀 제어가 가능하므로 최근에는 반도체(Si, Ge)의 정련, 단결정의 제조 등에 이용한다.

2.3 전기 용접

2.3.1 용접의 종류

용접은 금속의 접합부를 가열하거나 가압하여 접합하는 것을 의미하고, 다음의 종류로 분류할 수 있다.

① **단접**(forge welding) : 가열한 금속을 두드리거나 압력을 가하여 용접하는 방법
② **테르밋 용접**(thermit welding) : 테르밋은 알루미늄과 산화철의 혼합 분말을 의미하며, 이 테르밋에 점화하여 화학반응에 의한 반응열로 용융 금속을 접합부에 주입시켜 용접하는 방법이고, 레일이나 철골 등 철제품의 야외용접에 이용한다.
③ **가스 용접**(gas welding) : 가스의 불꽃 또는 산소・아세틸렌의 불꽃을 접합부에 대고 가열 용접하는 방법으로 가장 일반적인 용접법
④ **전기 용접**(electric welding) : 전기적으로 접합부를 가열하여 용접하는 방법이고, 저항 용접과 아크 용접으로 분류한다.

전기 용접은 가스 용접과 비교하면 다음의 장점이 있다.

① 두꺼운 판이나 강관에 유리하다. ② 용접 변형은 가스 용접에 비해 적다.
③ 용접 속도가 가스 용접에 비해 빠르고, 국부적으로 집중 가열이 가능하다.

2.3.2 저항 용접

저항 용접은 용접부에 전류를 흘려 접촉 저항에 의한 줄열을 이용한 것으로 전기 저항에 의해 가열하고 가압하여 용접하는 방식이다. 저항 용접은 아크 용접에 비해 온도가 낮고, 국부적으로 열을 가할 수 있으므로 변형이 적고, 정밀 용접이 가능하며 용접 시간도 극히 짧다. 그러나 대전류가 필요하기 때문에 설비비가 높다.

전원은 상용 주파수를 사용하며, 모재를 겹쳐서 용접하는 **겹치기 용접**과 모재를 마주보게 하여 용접하는 **맞대기 용접**으로 분류한다.

(1) 겹치기 용접

(a) 점 용접

점 용접(spot welding)은 **그림 2.16**과 같이 두 용접 전극 사이에 금속의 용접부를 겹쳐 놓고 전류를 통전시키면서 압력을 가하여 용접하는 방법이다. 일반적으로 전구의 필라멘트, 열전대 접점의 용접 등 선이나 가는 봉형의 용접에 사용한다.

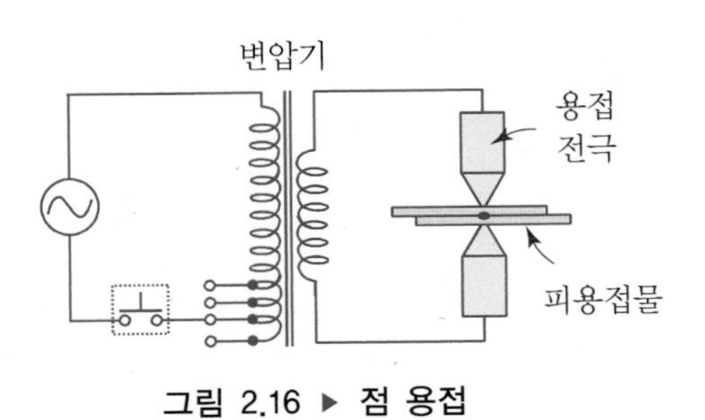

그림 2.16 ▶ 점 용접

(b) 프로젝션 용접

프로젝션 용접(projection welding)은 용접하려는 금속판에 미리 점 또는 선 모양의 돌기를 만들어 놓고, 여기에 전류를 집중시켜 돌기 부분을 동시에 용접하는 방식이다.

그림 2.17은 프로젝션 용접을 나타낸 것이고, 점 용접의 전극은 뾰족하지만 프로젝션 용접의 전극은 평평한 것을 사용한다.

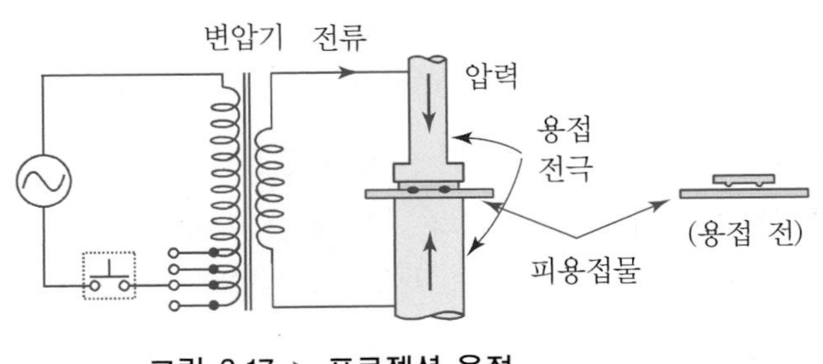

그림 2.17 ▶ 프로젝션 용접

(c) 심 용접 (봉합 용접)

심 용접(seam welding)은 롤러(roller) 전극으로 용접부를 사이에 두고 전극을 회전하면서 연속적으로 용접하는 방법이다. **그림 2.18**은 심 용접을 나타낸 것이고, 내밀성이 요구되는 부분의 용접에 많이 사용한다.

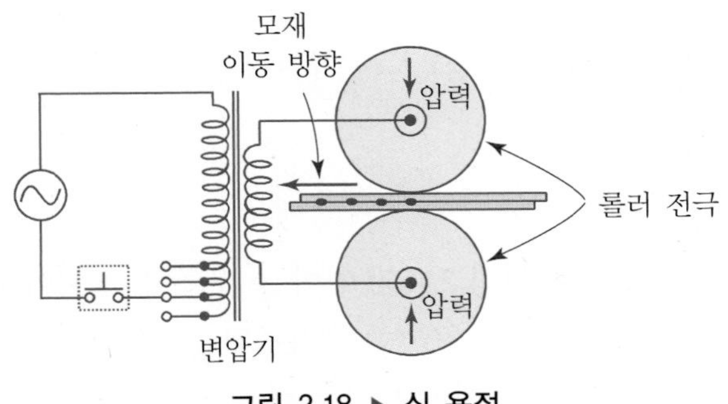

그림 2.18 ▶ 심 용접

(2) 맞대기 용접

그림 2.19와 같이 피용접물을 맞대어 접촉시켜 놓고 각각 집게 전극으로 연결한 다음 통전시키면서 동시에 축 방향으로 압력을 가한다. 이 때 접촉면에서의 접촉 저항에 의해 줄열이 발생하고 가열되면서 용접되는 방식이다.

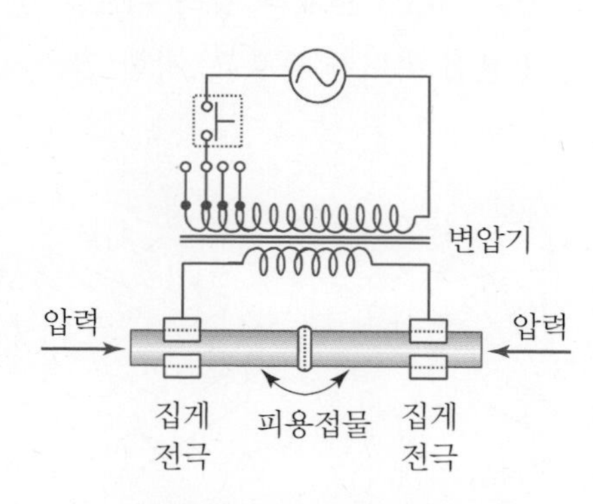

그림 2.19 ▶ 맞대기 용접

(3) 저항 용접기

저항 용접기는 보통 단상 교류식으로 2차회로가 저전압 대전류의 강압 변압기인 **용접 변압기**를 사용하고 있다. 용량은 1~1,000[kVA] 정도이고, 2차 측의 권선 수는 용량이 적은 것은 수 회이고, 용량이 큰 것은 모두 1회 감은 것이다. 전류는 1차 코일의 탭이나 1차 측에 접속된 단권 변압기의 탭 변환에 의하여 조정하고, 전류의 개폐도 용접기의 1차 측에서 이루어진다.

용접용 전극은 전기 양도체이면서 자신의 과열을 방지하기 위하여 열의 양도체인 경우가 좋다. 선단은 고온에서 경도가 높고, 용접에 의하여 변형이 적어야 한다. 일반적으로 전극은 순동, 크롬동, 카드뮴동, 콘스탄탄동 등 동(구리)의 합금을 많이 사용한다.

2.3.3 아크 용접

아크 용접(arc welding)은 용접하려는 금속 모재와 용접용 전극(용접봉)의 사이에서 발생하는 아크열에 의해 금속을 가열하여 용융 접합시키는 방법이다.

이 때 용접용 전극도 녹아 모재로 이동하여 용융 모재와 함께 용착부를 형성하는 것을 **용접식 아크 용접법**, 용접용 전극이 탄소, 텅스텐과 같이 대부분 녹지 않고 모재만이 녹는 것을 **비용접식 아크 용접법**이라 한다.

(1) 탄소 아크 용접

최초로 발명된 탄소 아크 용접은 **그림 2.20**과 같이 탄소를 전극으로 사용하며, 요즈음 가장 널리 사용되고 있는 용접법이다. **탄소 아크 용접의 특징**은 다음과 같다.

① 교류는 아크가 불안정하기 때문에 반드시 직류를 사용한다.
② 탄소봉은 음극(-)으로 하고, 모재는 양극(+)으로 한다.
③ 가스 용접에 비하여 용접 속도가 빠르고, 강한 열을 국부적으로 집중시킬 수 있다.

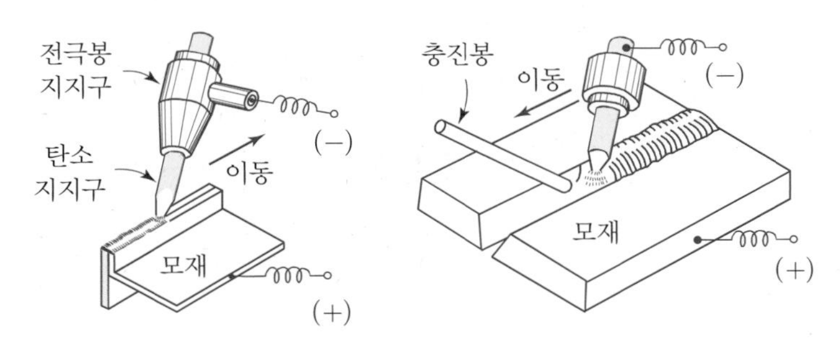

그림 2.20 ▶ 탄소 아크 용접

(2) 불활성 가스 아크 용접

텅스텐 전극과 모재의 사이에 아크를 발생시켜 용접 토치를 통하여 아크의 주위에 **아르곤, 헬륨** 등의 불활성 가스를 분출하여 공기를 차단하고 용접부의 산화를 방지하도록 한 용접법이며, 용제(flux)를 사용하지 않는다.

알루미늄, 마그네슘의 용접에 가장 적합하며, 스테인레스, 특수강, 이종 금속의 용접에도 적당하다.

불활성 가스 아크 용접 중에서 텅스텐을 전극으로 사용하는 용접을 **TIG**(tungsten inert gas) **용접**, 모재 금속과 유사한 재질의 금속을 전극으로 하여 행하는 용접을 **MIG** (metallic inert gas) **용접**이라 한다.

(3) 유니온 멜트 용접

유니온 멜트 용접(union melt welding)은 유니온 카바이드사가 개발한 것으로, 전극의 산화를 방지하기 위하여 미리 용제의 분말을 뿌려놓고 그 속에서 전극과 모재 사이에 아크를 발생시켜 용접하는 방식이다. 발생한 아크는 분말 용제로 보이지 않는다.

이 용접법의 특징은 용접 속도가 빠르고, 분말 용제로 아크가 둘러싸여 용접부의 성질 및 외관이 양호하지만, 비철금속의 용접에는 적당하지 않다.

(4) 원자 수소 용접

교류 전원에 의해 두 개의 텅스텐 전극 사이에서 아크를 발생시키고, 이곳에 수소가스를 불어넣으면 6,000[℃] 정도의 고온 때문에 수소분자 (H_2)는 해리되어 수소원자 (H)가 된다. 해리된 수소원자가 모재 표면에 닿으면 다시 냉각되고 재결합하여 수소분자로 복귀하면서 큰 에너지를 방출한다. 이 열에 의하여 용접이 이루어지고, 수소 기류는 전극과 용접부를 공기와 차단하는 역할도 하게 되어 산화 방지 효과도 있다.

이 용접법은 경금속, 동, 동합금 및 스테인레스강 등의 용접에 이용된다.

(5) 아크 용접기

아크 용접에 사용되는 용접용 변압기는 반드시 전압의 **수하 특성**을 가지고 있어야 아크를 안정하게 지속시킬 수 있다.

일반적인 아크 용접의 작업 전원(아크 전압)은 20~35[V]이지만, 수하 특성을 만족하도록 용접용 전원의 무부하 최고 전압은 직류에서 50~70[V], 교류에서는 70~80[V] 정도로 되어 있다.

직류 용접기는 교류 용접기에 비해 아크가 안정적이지만 고가이기 때문에 교류 용접기가 널리 사용되고 있다. 교류 용접기는 누설 리액턴스에 의하여 수하 특성을 갖도록 할 수 있으므로 용접용 변압기에 직렬로 리액터를 접속하여 사용한다.

표 2.4 ▶ 용접용 변압기의 무부하 2차 전압

구 분	무부하 최고 전압	비 고
직 류	50~70[V]	① 작업 시 아크 전압 : 20~35[V] ② 사용 가스 : 불활성 가스(아르곤, 헬륨) ③ 원리 : 수하 특성
교 류	70~80[V]	

2.3.4 용접부의 검사

용접부의 검사는 기계적, 물리적, 화학적 검사 등이 있으며, 이것은 용접부를 파괴하여 시행하는 파괴 시험과 제품의 검사를 목적으로 하는 비파괴 시험이 있다.

① **파괴 시험** : 시험편에 의한 파괴 시험, 제품을 직접 낙하 또는 압력 및 시험 기구에 의한 기계적 파괴 시험인 제품 파괴 시험 등

② **비파괴 시험** : 용접부 외관검사, 자기검사, X선 또는 γ선 검사, 초음파 검사 등

연습문제

객관식

01 저항체(발열체)로부터의 열의 방사, 전도, 대류에 의하여 가열물에 전달하여 가열하는 방식은 무엇인가?

① 간접 저항가열 ② 직접 저항가열 ③ 아크가열 ④ 직접 아크가열

02 전류에 의한 옴손을 이용하여 가열하는 것은?

① 복사 가열 ② 유전 가열 ③ 유도 가열 ④ 저항 가열

03 피열물에 직접 통전하여 발열시키는 직접식 저항로가 아닌 것은?

① 카바이드로 ② 염욕로 ③ 흑연화로 ④ 알루미늄로

04 제품 제조과정에서의 화학 반응식이 다음과 같은 전기로는 어떤 가열 방식인가?

$$CaO + 3C \rightarrow CaC_2[\text{제품}] + CO$$

① 유전 가열 ② 유도 가열 ③ 간접 저항가열 ④ 직접 저항가열

05 직접 가열식 저항로에 사용되는 전극은 무엇인가?

① 텅스텐 전극 ② 니켈 전극 ③ 탄소 전극 ④ 철 전극

06 다음 전기로 중 열효율이 가장 좋은 것은?

① 요동식 아크로 ② 카보런덤로 ③ 크립톨로 ④ 저주파 유도로

07 전기로에서 얻어지지 않는 것은?

① 초산 ② 카보런덤 ③ 카바이드 ④ 동

08 형태가 복잡하게 생긴 금속제품을 균일하게 가열하는데 가장 적합한 가열방식은?

① 적외선 가열 ② 염욕로 ③ 직접 저항가열 ④ 유도 가열

09 흑연화로, 카보런덤로, 카바이드로의 가열 방식은 무엇인가?

① 아크로 ② 유전 가열 ③ 간접가열 저항로 ④ 직접가열 저항로

10 흑연 전극을 사용한 전기로의 가열방식은 무엇인가?

① 아크 가열 ② 저주파 유도가열 ③ 유전 가열 ④ 저주파 유도가열

11 전기로에 사용하는 전극 중 주로 제강, 제선용 전기로에 사용되며 고유 저항이 가장 작은 것은?

① 인조흑연전극 ② 고급천연흑연전극 ③ 천연흑연전극 ④ 무정형 탄소전극

12 저압 아크로로 이루어지지 않는 것은?

① 제철 ② 제강 ③ 합금의 제조 ④ 공중질소 고정

13 아크로와 관계없는 것은?

① 센헬로 ② 포오링로 ③ 페로 알로이로 ④ 비란게란드 아이데로

14 고온 발생에 적당하며 효율, 역률 등이 저항로, 유도로의 중간 정도로서 전극 성분이 제품에 혼입되기 쉽고, 제철, 제강, 공중질소 고정, 합금의 용해에 사용되는 노는 무엇인가?

① 저항로 ② 아크로 ③ 유도로 ④ 고주파 유도로

15 유도 가열은 다음 중 어떤 원리를 이용한 것인가?

① 줄열 ② 히스테리시스손 ③ 유전체손 ④ 아크손

16 고주파 유도가열에서 사용되는 전원이 아닌 것은?

① 불꽃갭식 발진기 ② 진공관 발진기

③ 동기 발전기 ④ 전동 발전기

17 강철의 표면 열처리에 가장 적합한 가열방법은?

① 간접 저항가열 ② 직접 아크가열 ③ 고주파 유도가열 ④ 유전가열

18 도체에 고주파 전류를 통하면 전류가 표면에 집중하는 현상이고, 금속의 표면 열처리에 이용하는 효과는 무엇인가?

① 표피 효과 ② 톰슨 효과 ③ 핀치 효과 ④ 제벡 효과

19 가열방식에서 핀치 효과는 다음 중 어느 것과 관계가 있는가?

① 반도체와 전압 ② 압전기와 전압
③ 용융체와 강전류 ④ 열전대와 기전력

20 유도 가열과 유전 가열의 성질이 같은 것은 무엇인가?

① 도체만을 가열한다. ② 선택가열이 가능하다.
③ 직류를 사용할 수 없다. ④ 절연체만을 가열한다.

21 고주파 유전가열에 사용되는 주파수가 가장 적당한 것은 무엇인가?

① 0.5[kHz]~1.0[MHz] ② 1[kHz]~1.5[MHz]
③ 1[MHz]~200[MHz] ④ 200[MHz]~1000[MHz]

22 내부가열에 적당한 전기건조 방식은?

① 전열 건조 ② 고주파 건조 ③ 적외선 건조 ④ 자외선 건조

23 다음 사항 중 적외선 건조와 관계없는 것은 어느 것인가?

① 공산품의 표면건조에 적당하다. ② 두꺼운 목재의 건조에 적당하다.
③ 건조기의 유지비가 적게 든다. ④ 구조가 간단하다.

24 적외선 가열의 특징이 아닌 것은 어느 것인가?

① 신속하고 효율이 좋다.
② 표면 가열이 가능하다.
③ 구조는 적외선 전구를 배열하는 것으로 매우 간단하다.
④ 조작이 복잡하여 온도 조절이 어렵다.

25 방직, 염색의 건조에 적합한 가열 방식은 어느 것인가?

① 적외선 가열 ② 전열 가열 ③ 고주파 유전가열 ④ 고주파 유도가열

26 초음파의 응용에 적합하지 않은 것은 어느 것인가?

① 접합 ② 용접 ③ 건조 ④ 가공

27 4500[kcal/kg]의 석탄 5[kg]에서 발생하는 열량은 용량 10[kW]의 전열기를 몇 시간 사용한 것과 같은가? 단, 전열기의 효율은 100[%]로 한다.

① 약 2.6 ② 약 3.3 ③ 약 4.5 ④ 약 5.7

28 강관의 용접 작업에 있어서 전기용접과 가스용접의 장단점을 비교한 것이다. 틀린 설명은 어느 것인가?

① 가스 용접은 용접 변형이 크다.
② 용접 속도는 전기 용접이 더 빠르다.
③ 양쪽 모두 안전사고의 위험이 수반된다.
④ 관의 두께가 얇은 때에는 전기 용접을 하는 것이 좋다.

29 다음 용접 방식 중 저항 용접에 속하는 것은 무엇인가?

① 프로젝션 용접 ② 금속 아크 용접 ③ 가스 용접 ④ 단접

30 전구의 필라멘트 용접, 열전대 접점의 용접에 적합한 용접 방법은 무엇인가?

① 아크 용접 ② 점 용접 ③ 심(seam) 용접 ④ 산소 용접

31 아크 용접에 쓰이는 가스는 다음 중 어느 것인가?

① 산소 ② 질소 ③ 수소 ④ 아르곤

32 알루미늄, 마그네슘의 용접에 가장 적당한 용접 방법은 어느 것인가?

① 저항 용접 ② 유니온 멜트 용접
③ 원자수소 용접 ④ 불활성가스 용접

33 다음은 유니온 멜트 용접의 장점이다. 적당하지 않은 것은 무엇인가?

① 용접부의 성질이 좋다. ② 용접속도가 빠르다.
③ 비철금속의 용접에 적당하다. ④ 용접부 외관이 깨끗하다.

34 보통 아크 길이로 용접 작업을 할 때의 아크 전압은 얼마인가?

① 20～35[V] ② 50～70[V] ③ 70～100[V] ④ 100～140[V]

35 용접 변압기의 무부하 2차 전압[V]이 가장 적당한 범위는 어느 것인가?

① 50[V] 이하 ② 50~100[V] ③ 100~150[V] ④ 150~200[V]

36 용접 변압기의 특성은 부하가 급히 증가하였을 때 전압은 어떻게 조절해야 하는가?

① 전압을 불변하게 한다. ② 급히 전압을 상승한다.

③ 급히 전압을 강하한다. ④ 서서히 전압을 강하한다.

37 용접부의 비파괴 검사에 필요 없는 것은 무엇인가?

① 고주파 검사 ② X선 검사 ③ 자기 검사 ④ 초음파 검사

주관식

(풀이와 정답은 부록에 수록되어 있습니다.)

01 발열량 5,700[kcal/kg]의 석탄을 150[t] 소비하여 200,000[kWh]를 발전하였을 때의 발전소의 효율은 약 몇 [%]인가?

02 아크 용접에서 전극간 전압 30[V], 전류 200[A]라고 할 때, 매초 발생하는 열량[kcal/s]을 구하라.

03 유도로에서 주강 500[kg]을 통전 30분만에 158,700[kcal]의 열량을 가하여 용해시켰다. 이때 소요 전력은 몇 [kW]인가? 단, 유도로의 효율은 75[%]이다.

04 5[kg]의 강재를 20[℃]에서 85[℃]까지 35초 사이에 가열하면 몇 [kW]의 전력이 필요한가? 단, 강재의 평균 비열은 0.15[kcal/℃ · kg]이고, 강재에서 온도의 방사는 고려하지 않는다.

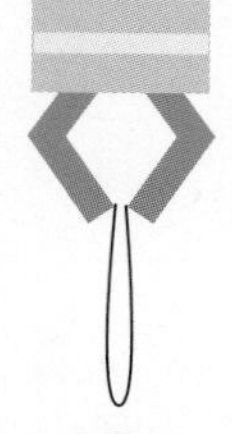

제3편

전동력 및 정전력 응용

Chapter 1

전동력 응용

1.1 하역 기계

전동력을 기반으로 산업현장에서 물자를 원활하고 능률적으로 운반하는 권상기, 기중기, 엘리베이터 등의 **하역 기계**와 공기와 기체 등의 유체를 운반하는 송풍기, 펌프의 **유체 기계**에 대하여 설명하기로 한다.

1.1.1 권상기

권상기(winding machine)는 와이어 로프에 의하여 물건을 수직으로 이동시키는 장치로서 드럼(drum)에 로프를 감는 방식과 활차(pulley)에 감는 방식이 있다.

그림 1.1과 같이 드럼의 종류에 따라 원통형, 원추형 및 조합형인 원추 원통형으로 구분한다.

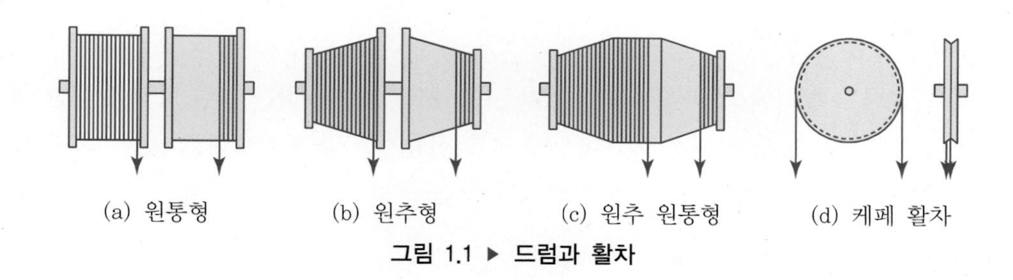

그림 1.1 ▶ 드럼과 활차

① **원통형** : 가장 간단한 구조로 와이어 로프를 몇 단으로 감을 수 있기 때문에 깊은 갱도 등에서 소형 및 대형 권상기 등의 넓은 범위로 사용된다. 드럼의 지름이 같기 때문에 감기 시작할 때 큰 토크가 필요하다.

② **원추형** : 와이어 로프를 여러 단으로 감을 수 없는 대신에 감기 시작할 때에 지름이 작은 부분에서 큰 부분으로 감기 때문에 권상에 요하는 토크의 평균화 작용을 한다.

③ **원추 원통형** : 와이어 로프를 길게 할 수 있고, 토크의 평균화의 장점을 가지고 있지만, 제작비가 비싸고 로프가 미끄러질 우려와 쉽게 상하는 단점을 가지고 있기 때문에 대형 권상기에서는 많이 사용하고 있지 않다.

④ **케페 활차**(kôpe pully) : V 형의 홈이 있는 활차에 와이어 로프를 걸어 활차와 로프 사이의 마찰력을 이용하여 권상하는 방식이다.

그림 1.2(a)와 같은 두 개의 드럼이 같은 축에 설치되어 한 쪽 드럼으로 감아 올릴 때, 동시에 다른 드럼은 감아 내리도록 하여 부하를 평형시켜 주는 역할을 한다. 이 방식을 **평형 감기**라 하고 대형기에 사용한다. 반면에 **그림 1.2**(b)와 같이 단드럼에 로프, 카, 탄차, 석탄 등의 전 중량에 의하여 토크가 걸리는 **불평형 감기**가 있다.

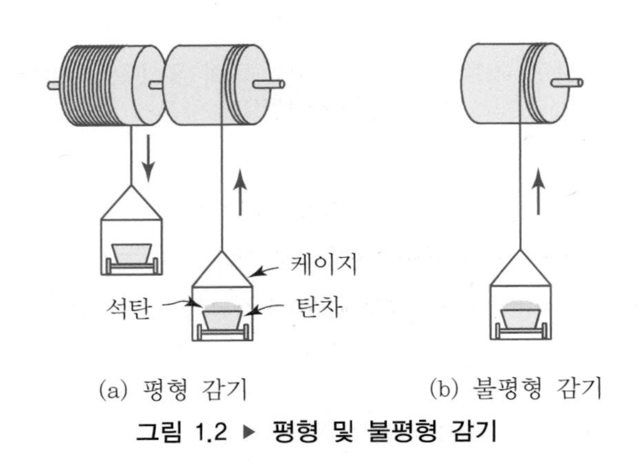

그림 1.2 ▶ 평형 및 불평형 감기

(1) 권상용 전동기

레오나드 방식에 의한 직류 전동기가 사용되고 있으며, 최근 교류 방식에 대한 제어법의 개발과 진보로 직류 전동기 대신에 교류 전동기를 많이 사용하고 있다. 특히 소형은 농형 유도전동기, 중형 이상은 권선형 유도전동기가 사용되고 있다.

(2) 권상용 전동기의 동력

권상용 전동기의 소요 동력은 부하 토크 T의 M.K.S. 단위 [N・m]와 중력 단위 [kg・m]로 주어진 경우에 대해 나누어 구해본다.

두 단위계에서 힘과 토크의 관계는 각각 다음과 같다.

$$1\,[\mathrm{kgf}] = 9.8\,[\mathrm{N}], \quad 1\,[\mathrm{kg \cdot m}] = 9.8\,[\mathrm{N \cdot m}]$$

① **[M.K.S. 단위]** 권상기의 회전수 N[rpm], 부하 토크 T[N · m]라고 할 때, 권상기용 동력, 즉 **전동기 용량** P[kW]는 다음과 같다.

$$P = \omega T = \left(\frac{2\pi N}{60}\right) T\,[\mathrm{W}] \quad 단, \left(\omega = \frac{2\pi N}{60}\right) \qquad (1)$$

$$\therefore\ P = 0.105NT \times 10^{-3}\,[\mathrm{kW}] \qquad (2) \qquad (1.1)$$

여기서 각속도 ω는 1초당 각 변위[rad/s]를 의미하므로 회전수 N[rpm]을 ω로 환산하여 대입한 것이다.

② **[중력 단위]** 권상기의 회전수 N[rpm], 부하 토크 T[kg · m]라고 할 때, 권상기용 동력, 즉 **전동기 용량** P[kW]는 식 (1.1)에 9.8배로 하여 다음과 같이 구한다.

$$P = 9.8\omega T = 9.8 \times \left(\frac{2\pi N}{60}\right) T\,[\mathrm{W}]$$

$$\therefore\ P = 1.027NT \times 10^{-3}\,[\mathrm{kW}] \qquad (1.2)$$

토크 T[kg · m]가 주어진 경우에 전동기 용량 P를 구하는 실전 문제는 중력 단위인 토크 T[kg · m]를 M.K.S. 단위 T[N · m]로 환산하여 식 (1.1)에 대입하면 식 (1.2)를 이용하지 않고도 하나의 공식으로 구할 수 있다.

1.1.2 기중기

기중기는 하역 기계 중에서 가장 종류가 많고, 널리 사용되고 있다. 수직 이동과 수평 이동을 하여 목적하는 장소에 물건을 이동시키는 데 사용하며, 수직 이동을 위한 권상기와 수평 이동을 위한 주행용 전동기가 구비되어 있다.

여기서는 대표적으로 천장 기중기, 탑형 기중기 및 지브 기중기에 대하여 설명한다.

(1) 기중기의 종류

(a) 천장 기중기

천장 기중기(overhead travelling crane)는 제철소, 발전소 등 공장의 옥내에서 자재, 제품의 운반이나 기계의 해체 및 설치 등을 목적으로 사용된다.

구조는 권상기, 가로 주행 장치를 가진 크랩(crab) 또는 트롤리(trolley), 거더(girder) 위의 가로 주행용 레일을 포함한 기계 주행 장치 및 거더의 한 쪽 끝에 매달려 있는 운전실로 되어 있다.

그림 1.3과 같이 천장 아래의 양 벽 쪽에 설치된 기중기 보(beam) 위에 주행 레일을 부설하고, 거더에 주행용 차륜을 부착하여 주행 레일 위를 이동할 수 있도록 한다. 가로 주행용 레일을 부설한 거더의 상판에서 크랩을 가로 주행하도록 한다.

전원은 건물 벽에 설치된 트롤리선(trolley wire)으로부터 습동 접촉자(slide corrector)를 사용해서 집전하고 운전실에 일단 들어갔다가 다시 거더에 설치된 트롤리선을 통하여 크랩의 권상기, 가로 주행 전동기 및 주행 전동기에 직결된다.

권상기의 권상속도는 1.0～1.5[m/min]이고, 크랩식은 일반적으로 대형의 제철, 제강 공장 등에서 사용된다.

기중기의 특징은 건물 내의 상부 공간을 이용하기 때문에 지상의 작업 면적이 넓고 구조가 단순하며 안정성이 있다. 또 운전 조작 및 보수 점검도 용이하고, 유지비도 비교적 적게 든다.

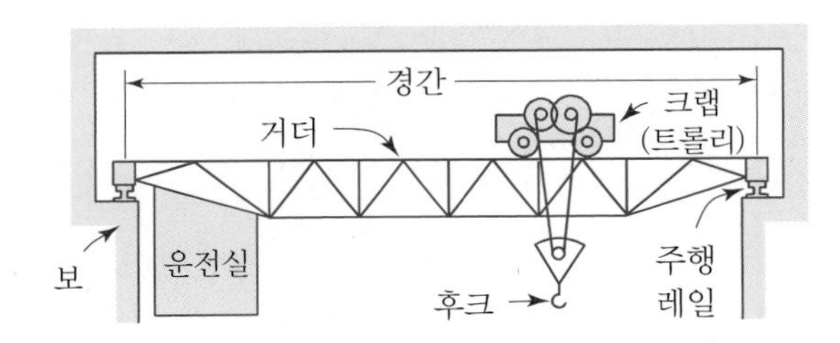

그림 1.3 ▶ 천장 크레인(overhead travelling crane)

(b) 탑형 기중기

탑형 기중기는 현장에서 타워 크레인(tower crane)이라 더 불리어지고 있으며, **그림 1.4**와 같이 탑과 같은 높은 수직 주상에서 선회하는 수평보 위를 트롤리가 운행하는 구조이다. 특히 양정이 높고, 큰 선회 반지름을 필요로 하는 곳에서 이용하기 때문에 조선소, 제철소의 고로 설치 및 초고층 빌딩의 건설 등에서 많이 사용한다.

(c) 지브 기중기

지브 기중기(jib crane)는 그림 1.5와 같이 기중기 본체, 지지주에서 선회할 수 있는 지브(jib)라고 하는 암이 나와 있고, 그 끝에 후크(hook) 또는 그래브 버켓(grab bucket)을 매어 달아 와이어 로프로 하역하는 설비이다.

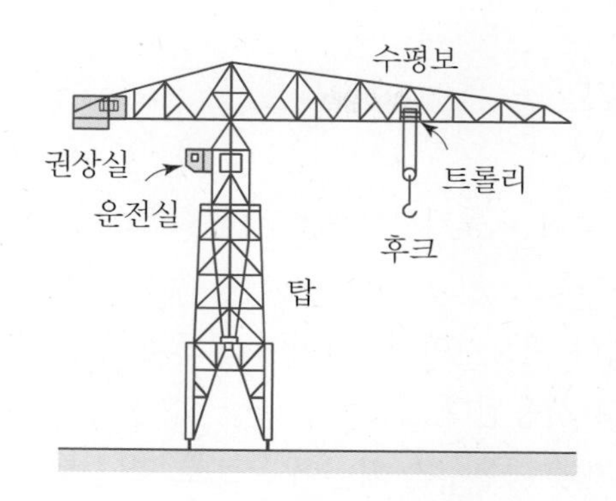

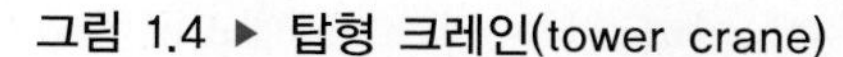
그림 1.4 ▶ 탑형 크레인(tower crane)

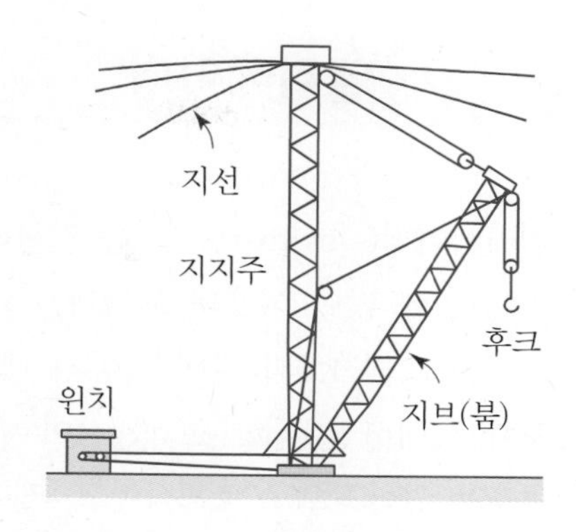

그림 1.5 ▶ 지브 크레인(jib crane)

물건을 매어 단 채로 선회와 주행을 할 수 있기 때문에 댐 건설현장에서 콘크리드 버켓 운반용이나 건축 공사에서도 많이 이용되고 있다. 또 구조가 간단하여 경량, 건설비가 싼 특징이 있으므로 천장 기중기와 마찬가지로 많이 사용되는 기중기이다.

(2) 기중기용 전동기

기중기용의 직류 전동기는 직권 전동기만이 사용되며, 직류 전원 방식이 있는 경우에는 특성이 우수한 직류 전동기를 사용한다. 그러나 교류 방식의 제어법이 진보하여 용량이 크고 보수가 용이한 3상 권선형 유도전동기를 많이 사용된다.

기중기용 전동기는 **플라이휠 효과가 적고, 최대 토크가 큰 것**을 사용해야 하며, 50 [kW]까지는 표준화되어 있다.

(3) 권상용 기중기의 전동기 동력

기중기에 사용되는 **권상용 기중기의 전동기 용량**은 다음과 같이 산정한다.

$$P = 9.8W \times 1000 \times \frac{V}{60} \times \frac{1}{\eta} \times 10^{-3}$$

$$\therefore \quad P = \frac{WVC}{6.12\eta} \text{ [kW]} \tag{1.3}$$

단, 권상 하중 W[t], 권상 속도 V[m/min], 보정 계수(여유 계수) C, 권상 장치의 기계 효율 η이다. 권상 하중의 단위와 전동기 용량의 단위 관계는 각각 다음과 같다.

$$1\text{ [t]} = 1000\text{ [kg]}, \quad 1\text{ [HP]} = 746\text{ [W]} = 0.746\text{ [kW]}$$

1.2 엘리베이터

엘리베이터(elevator)는 고층 건물의 수직 교통기관으로 승객용, 하물용, 자동차용 등 각종 산업에 많이 이용되고 있다.

원리는 **그림 1.6**과 같이 일종의 케페식 권상기이며, 와이어 로프와 활차의 마찰력을 응용한 트랙션형(traction type)이 주로 사용된다.

구조는 일반적으로 로프식이고, 케이지와 평형추를 와이어 로프로 걸고 전동기에 의해 활차(트랙션 시브)를 구동하며, 사용 전원에 따라 교류 및 직류 엘리베이터가 있다. 또 케이지(승강실)와 제어반 사이에는 제어케이블에 의하여 전기적으로 접속되어 있다.

로프를 거는 방법은 통상적으로 1:1과 2:1이 있으며, 1:1은 로프와 케이지의 속도가 같고, 2:1은 로프 속도가 케이지 속도의 2배이다.

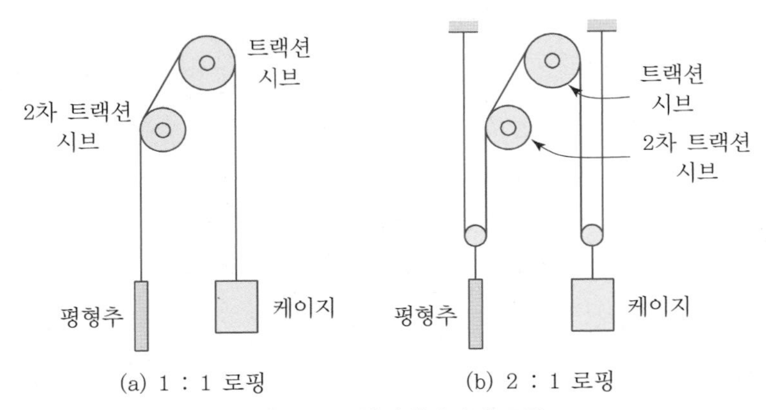

그림 1.6 ▶ 엘리베이터의 로핑

(1) 엘리베이터의 종류

(a) 운행 속도에 의한 분류

- 저속 엘리베이터 : 45 [m/min] 이하 (15, 20, 30, 45)
- 중속 엘리베이터 : 60～105 [m/min] (60, 70, 90, 105)
- 고속 엘리베이터 : 120 [m/min] 이상 (120, 150, 180, 240, 300)

아파트의 엘리베이터 운행 속도는 대략 10층 60[m/min], 20층 90 ~ 120[m/min], 30층 이상 150 ~ 250[m/min] 정도이다.

(b) 전원에 의한 분류

- 직류 엘리베이터 : 직류 직권 전동기(워드 레오나드 방식)
- 교류 엘리베이터 : 3상 농형 유도 전동기

(c) 감속기 유무에 의한 분류

① 기어드 엘리베이터(geared elevator) : 권상기의 웜기어 또는 헬리컬 기어가 전동기와 결합되어 구동용으로 사용되는 방식

② 기어리스 엘리베이터(gearless elevator) : 권상기 자체가 전동기만으로 되어 있는 방식(고속용)

(2) 엘리베이터용 전동기

엘리베이터용 전동기는 기동과 정지를 빈번히 하기 때문에 회전 부분의 관성 모멘트가 작고, 기동 토크가 커야 한다. 가속과 감속을 부드럽게 하기 위하여 가속도의 변화율이 적어야 하고, 소음도 거의 없어야 한다. 또 직류용과 교류용의 전동기를 모두 사용할 수 있다.

직류 전동기는 변속도 특성을 가진 직권 전동기를 사용하고, 전동 발전기(교류전동기와 직류발전기)에 의한 워드 레오나드 방식으로 기어리스형의 가변전압 제어를 한다. 주로 고속 엘리베이터에 이용된다.

교류 전동기는 속도비 3 : 1, 2 : 1 정도의 2개 권선을 가진 3상 이중 농형전동기가 사용되며, 감속비가 1 : 20～1 : 60 정도의 웜 기어를 가진 기어드형을 겸용하여 중・저속용의 엘리베이터에 사용한다. 현재는 교류 제어 기술의 발달로 직류 전동기보다 교류의 3상 농형 전동기를 많이 사용한다.

(3) 전동기의 용량

엘리베이터의 **전동기 용량** 산정은 정격 속도와 정격 부하로 운전하는 경우에는 권상용 기중기의 전동기 용량의 식 (1.3)과 같다.

$$P = 9.8\,W \times 1000 \times \frac{V}{60} \times \frac{1}{\eta} \times 10^{-3}$$

$$\therefore\ P = \frac{WVC}{6.12\eta}\ [\mathrm{kW}] \qquad (1.4)$$

단, 적재 중량 W[t], 승강 속도 V[m/min], 평형률 C, 권상 장치의 기계 효율 η이다.

(4) 안전 장치

엘리베이터는 안전 운행을 하기 위하여 여러 가지 안전 장치가 필수적이다.

① 제동 장치 : 전원 차단 시 전동기의 회전을 급제동시키는 브레이크(brake) 장치
② 인터록 장치 : 출입문의 완전 폐쇄 후 기동할 수 있는 개폐문의 인터록 장치
③ 조속기(governor) : 엘리베이터가 일정 속도 범위를 초과하였을 때 제동 및 정지하도록 지시하는 장치
④ 비상정지장치 : 일정 속도 범위의 초과를 조속기에 의해 지시받았을 때 작동 정지시키는 안전 장치
⑤ 완충기(buffer) : 승강실 또는 평형추가 승강로의 바닥에 충돌할 때 충격을 완화시켜주는 장치
⑥ 리미트 스위치(limit switch) : 최상층과 최하층에 설치되어 전기 회로를 열어주는 안전 장치
⑦ 기타 : 비상 시 외부와의 연락을 취할 수 있는 인터폰과 승강실의 내부에서 외부로 탈출할 수 있는 천장의 탈출구 등으로 구성되어 있다.

예제 1.1

권상 하중 5[t], 권상 속도 12[m/min]로 물체를 들어올리는 권상기용 전동기의 용량을 구하라. 단, 전동기를 포함한 기중기의 효율은 70[%]이다.

풀이) 권상용 기중기의 전동기 용량은 식 (1.3)에 의해 구한다.

$$P = \frac{WVC}{6.12\eta} = \frac{5 \times 12 \times 1}{6.12 \times 0.7} = 14\ [\mathrm{kW}]$$

예제 1.2

5층 빌딩에 설치된 적재 중량 1000[kg]의 엘리베이터를 승강 속도 50[m/min]으로 운전하기 위한 전동기의 출력[HP]을 구하라. 단, 평형률은 0.5이다.

풀이) 중량의 단위 관계 : 1000[kg] = 1[t]
전동기 용량(출력)의 단위 관계 : 1[HP] = 746[W] = 0.746[kW]

$$P = \frac{WVC}{6.12\eta} = \frac{1 \times 50 \times 0.5}{6.12 \times 1} = 4.1\ [\mathrm{kW}] \quad \therefore\ P = \frac{4.1}{0.746} = 5.5\ [\mathrm{HP}]$$

1.3 송풍기

기체를 어떤 압력에 대항하여 유동시키는 것을 **송풍기**라고 한다. 일반적으로 배출 압력에 따라 **통풍기**(fan), **송풍기**(blower), **압축기**(compressor)의 세 가지로 구분한다.

① 통풍기 : 0~0.1 [kgf/cm^2], 0~500 [mmAq]

② 송풍기 : 0.1~1 [kgf/cm^2], 약 25 [mmHg] 이상

③ 압축기 : 1 [kgf/cm^2] 이상

통풍기는 단순히 통풍을 목적으로 기체만을 유동시키는 것이고, 팬이라고도 하며, 프로펠러형 날개를 가지고 있다.

1.3.1 송풍기의 종류

송풍기는 **터보형**과 **용적형**으로 분류하고, 이들의 형식에 해당하는 종류는 다음과 같다.

- 송풍기
  - 터보형
    - 원심식 : 다익팬, 터빈팬
    - 축류식 : 프로펠러팬, 축류팬
  - 용적형
    - 회전식 : 회전 송풍기, 회전 압축기
    - 왕복식 : 왕복 압축기

(1) 터보형(turbo type)

터보형은 회전 날개에 의하여 기체에 원심력을 주어 압력을 발생시켜 기체를 유동하는 **원심식**과 기체의 유동 방향이 축 방향과 같은 **축류식**으로 구분한다.

터보형은 압력이 낮고 유량이 많은 경우에 사용한다.

(a) 원심식(centrifugal type)

① 다익팬 : 회전 방향으로 경사진 여러 날개를 가진 것으로서 폭이 넓고 지름 방향으로 깊이가 얕다. 가장 많이 사용되는 팬으로 일반 환기용 및 강제 통풍용이 있다.

② 터빈팬 : 다익팬과 반대로 회전 방향에 대하여 반대 방향으로 뒤로 경사진 날개를 가지고 있으며, 폭이 좁고 깊이가 깊다. 구조는 가장 크지만, 효율이 좋고, 비교적 소형으로 값이 비싸며, 보일러나 광산 통풍용 등에 사용되고 있다.

(b) 축류식(propeller type)

축류식은 원심식에 비해 저압이고, 다량의 풍량을 요구하는 경우에 적합한 송풍기이며, 소음이 큰 것이 결점이다.

종류는 회전 날개를 둘러싼 **풍도의 유무**에 따라 다음과 같이 분류한다.

① 프로펠러팬 : 프로펠러형의 날개를 가지고 있으며 풍도가 없는 가장 간단한 축류식 팬으로 저압의 풍량이 많은 경우에 사용

② 축류팬 : 풍도가 있는 축류식의 팬

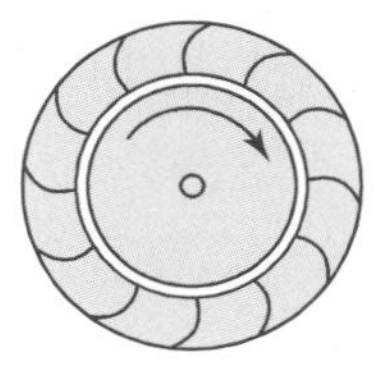
(a) 다익팬(원심식)

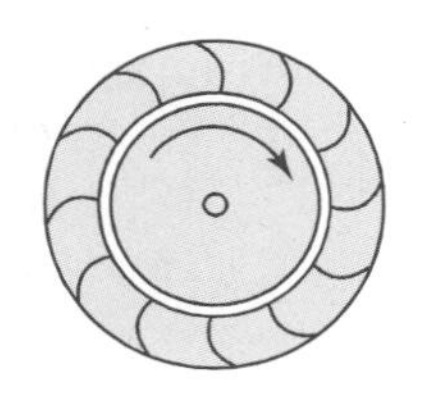
(b) 터빈팬(원심식)

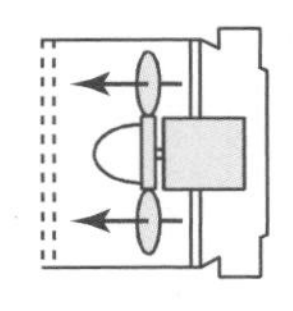
(c) 프로펠러 팬(축류식)

그림 1.7 ▶ 송풍기의 터보형

(2) 용적형(positive displacement type)

용적형은 일정한 용적 내에 흡인된 기체의 용적이 회전자와 피스톤의 왕복 운동에 의해 감소하면서 압력에 의해 토출되는 방식으로 **회전식**과 **왕복식**으로 분류한다.

용적형은 압력이 높고 유량이 적은 경우에 사용한다.

(a) 회전식(rotary type)

피스톤의 왕복 운동과 같은 작용으로 회전자를 회전 운동시켜 높은 고압을 얻는 방식이고, 회전자는 편심형과 나사식의 구조로 이루어져 있다.

회전식은 회전 송풍기(rotary blower)와 회전 압축기(rotary compressor)가 있다.

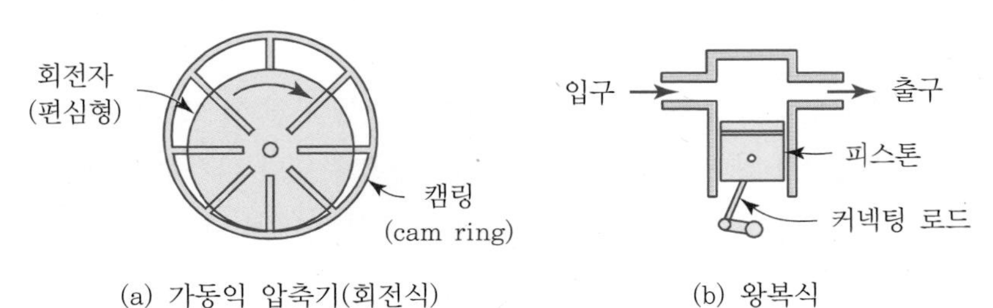

(a) 가동익 압축기(회전식)　　(b) 왕복식

그림 1.8 ▶ 송풍기의 용적형

(b) 왕복식(reciprocating type)

왕복 펌프와 마찬가지로 실린더 내에서 피스톤의 왕복 운동에 의하여 공기 및 기체를 압축하여 흡입 압력보다 높은 송출 압력을 얻는 방식으로 압력 범위가 넓기 때문에 압축기로 가장 널리 사용된다.

압력이 대략 20~30[kgf/cm^2] 정도 이상이 되면 대부분 왕복식 압축기이다.

(3) 터보형과 용적형의 비교

표 1.1은 터보형(원심식)과 용적형(회전식, 왕복식)의 형식에 따른 압력과 유량의 관계를 비교한 것이다.

표 1.1 ▶ 송풍기의 형식에 따른 압력과 유량의 관계

송 풍 기		압 력 (풍 압)	유 량 (풍 량)	적 용
형 식	종 류			
터보형	원심식	저 압	다 량	통풍기, 송풍기
용적형	회전식	중 압	중	송풍기, 압축기
	왕복식	고 압	소 량	송풍기, 압축기

터보형은 용적형에 비해 압력이 낮고 유량이 많은 경우에 사용한다. 용적형은 압력이 낮은 곳에 적용하는 통풍기(fan)의 용도로는 사용하지 않고, 통상적으로 풍압이 높으며 고압을 발생하는 송풍기(blower)나 압축기(compressor)로 사용한다.

그러나 터보형은 단수를 증가시켜 고압으로 만들어 송풍기 또는 압축기로 사용하기도 한다.

1.3.2 송풍기용 전동기와 전동기 용량

(1) 송풍기용 전동기

풍량이나 풍압을 가감할 필요가 없는 송풍기는 농형 유도전동기가 사용되고, 50 [kW] 이상의 중용량 송풍기는 기동 특성이 좋은 권선형 유도전동기가 사용된다.

수백~수천 [kW]의 대형 터빈용 송풍기나 압축기는 역률이 좋은 동기 전동기가 사용되는 경우도 있다.

(2) 송풍기용 전동기 용량

송풍기에 사용되는 **전동기 용량**은 다음과 같이 산정한다.

$$P = \frac{KQH}{6.12\eta} \text{ [kW]} \tag{1.5}$$

단, 여유 계수 K, 풍량 Q[m³/min], 풍압 H[mAq], 송풍기 효율 η이다.

압력의 단위

(1) 표준 대기압

$$1\,[\text{atm}] = 760\,[\text{mmHg}] = 1.0332\,[\text{kgf/cm}^2] = 10.332\,[\text{mAq}]$$
$$= 1013.2\,[\text{mbar}] = 1.0132\,[\text{bar}] = 101.32\,[\text{kPa}] = 14.7\,[\text{psi}]$$

(2) 단위 관계

$$1\,[\text{mmHg}] = 1\,[\text{torr}],\ 1\,[\text{Pa}] = 1\,[\text{N/m}^2],\ 1\,[\text{bar}] = 10^5\,[\text{Pa}]$$

수동력(이론 동력), 축동력, 전동기 용량의 관계

단면적을 가진 송풍관에 기체를 송풍할 때, 송풍에 소요되는 동력은 수동력(이론 동력), 축동력, 전동기 동력(용량)으로 구분한다.

① **이론 동력(수동력)** : 송풍기에 의하여 기체를 보내는 데 순수하게 필요한 동력

$$P = \frac{QH}{6.12} \text{ [kW]}$$

② **축동력** : 전동기에 의해 송풍기를 운전하는 데 필요한 동력, 즉 송풍기가 회전할 때 회전차의 축에 걸리는 동력(송풍기 효율 η)

$$P = \frac{QH}{6.12\eta} \text{ [kW]}$$

③ **전동기 동력(용량)** : 전동기가 송풍기를 구동하는 데 필요한 동력(K, η)

$$P = \frac{KQH}{6.12\eta} \text{ [kW]}$$

단, 풍량 Q[m³/min], 풍압 H[mAq]일 때 각각의 동력 P[kW]가 된다.

TIP 유체 부하인 송풍기와 마찬가지로 다음 절의 펌프에서도 세 가지 동력의 관계식은 동일하게 적용된다. 단, 송풍기의 이론 동력 대신에 펌프에서는 수동력이라 한다. 이것은 **참고**의 압력 단위에서 압력 H를 물의 높이를 의미하는 양정(수두) H로 변환할 수 있기 때문이다.

예제 1.3

풍량 $Q = 170\,[\mathrm{m^3/min}]$, 전 풍압 $H = 50\,[\mathrm{mmAq}]$의 축류 팬(fan)을 구동하는 전동기의 소요 동력 $P\,[\mathrm{kW}]$와 $P\,[\mathrm{HP}]$을 각각 구하라.
단, 팬의 효율 $\eta = 75\,[\%]$, 여유 계수 $K = 1.35$이다.

풀이 송풍기의 전동기 용량은 식 (1.5)에 정확한 단위의 환산에 의해 대입하여 구한다.

$Q = 170\,[\mathrm{m^3/min}]$, $H = 50\,[\mathrm{mmAq}] = 50 \times 10^{-3}\,[\mathrm{mAq}]$
$\eta = 75\,[\%]$, $K = 1.35$

전동기 용량(출력)의 단위 관계 : $1\,[\mathrm{HP}] = 746\,[\mathrm{W}] = 0.746\,[\mathrm{kW}]$

(1) $$P = \frac{KQH}{6.12\eta} = \frac{1.35 \times 170 \times (50 \times 10^{-3})}{6.12 \times 0.75} = 2.5\,[\mathrm{kW}]$$

(2) $$P = \frac{P\,[\mathrm{kW}]}{0.746} = \frac{2.5}{0.746} = 3.35\,[\mathrm{HP}]$$

1.4 펌프

펌프는 액체에 압력을 가하여 위치 에너지를 변화시켜 수송하는 기계이다. 펌프의 종류와 각각의 특성은 송풍기에서와 매우 유사하다.

1.4.1 펌프의 종류

펌프는 아래와 같이 **터보형**과 **용적형**으로 분류한다. 터보형은 저양정, 고유량의 소형 경량으로 구조가 간단하고, 용적형은 고양정, 저유량에 적합한 형식이다.

- 펌프
  - 터보형
    - 원심 펌프 : 볼류트 펌프, 터빈 펌프
    - 사류 펌프
    - 축류 펌프
  - 용적형
    - 회전 펌프 : 베인 펌프, 기어 펌프,
    - 왕복 펌프 : 피스톤 펌프, 플런저 펌프, 워싱턴 펌프

(1) 터보형(turbo type)

터보형은 **원심 펌프**와 **터빈 펌프**로 분류한다. 터보형은 저양정, 고유량에 적합하고, 고속 회전이 가능하다. 소형 경량의 구조이고, 취급이 용이한 고효율의 특징이 있다.

(a) 원심 펌프(centrifugal pump)

임펠러(회전차, impeller)를 빠르게 회전시킬 때 일어나는 원심력에 의하여 압력의 변화를 일으켜 유체를 수송하는 펌프로 회전차 입구에서 반지름 방향 또는 경사 방향에서 유입하고, 회전차 출구에서 반지름 방향으로 유출하는 구조이다.

왕복 펌프에 비하여 소형 경량이고, 고속 운전에 적당하고 모터에 직결된다. 또 진동과 소음이 적고, 송수압에 파동이 없어 수량의 조절에 용이한 특징이 있다.

① **볼류트 펌프**(volute pump) : 임펠러 주위에 안내 날개(guide vane)가 없는 것이 특징이며, 10～60[mAq]의 비교적 저양정, 고유량에 사용한다.

② **터빈 펌프**(turbine pump) : 임펠러 외측에 물의 흐름을 조절하기 위한 고정된 안내 날개가 있는 구조이고, 볼류트 펌프보다 20～200[mAq]의 높은 양정에 사용한다. 펌프의 단수는 1단 증가 시 3～6[kgf/cm^2]의 압력이 증가하므로 양정을 높이기 위하여 보통 2～6단을 사용한 다단 터빈 펌프를 사용한다.

원심 펌프는 물을 뿜어 올리는 것이 아니라 임펠러의 고속 회전에 의하여 케이스 내를 진공으로 만들고 진공에 의한 흡입된 물을 밀어내는 역할을 하는 것이다.

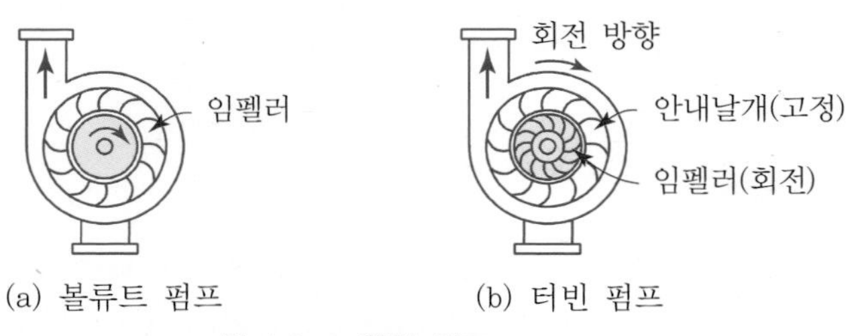

(a) 볼류트 펌프 (b) 터빈 펌프

그림 1.9 ▶ 원심 펌프

(b) 사류 펌프

액체의 유체가 회전차 입구, 출구에서 모두 경사 방향으로 유입하여 경사 방향으로 유출하는 펌프

(c) 축류 펌프(propeller pump)

액체의 유체가 회전차 입구, 출구에서 모두 축 방향으로 유입하여 축 방향으로 유출하는 펌프로서 비속도가 크고 구조가 간단하며 가격이 저렴하다.

(2) 용적형(positive displacement type)

용적형은 고양정, 소유량에 적합하며, 회전 펌프와 왕복 펌프가 있다.

(a) 회전 펌프(rotary pump)

피스톤의 왕복 운동과 같은 작용으로 회전자를 회전 운동시켜 유체를 연속으로 급송하는 펌프로서 기름이나 점성이 높은 액체의 압송에 적합한 펌프이다.

① **베인 펌프**(vane pump) : 회전자 내의 방사상으로 설치된 홈에 삽입한 날개(vane)가 캠 링(cam ring)에 내접하여 회전하는 것에 의하여 두 개의 베인 사이에 포위된 유체를 흡입 측에서 배출 측으로 밀어내는 형식의 펌프[**그림 1.8**(a)참고]

② **기어 펌프**(gear pump) : 케이싱 내에서 맞물리는 기어의 회전에 의하여 기어 홈 내의 유체를 흡입 측에서 토출 측으로 보내는 펌프

③ **나사 펌프**(screw pump) : 케이싱 내에서 나사를 가진 회전자를 회전시켜서 유체를 흡입 측에서 토출 측으로 보내는 펌프

(b) 왕복 펌프(reciprocating pump)

① **피스톤 펌프**(piston pump) : 실린더 내에서 피스톤의 왕복 운동으로 급수하는 펌프로서 양정이 높고 유량이 적은 경우에 적합하며 수량의 조절이 곤란하다. [**그림 3.8**(b)참고]

② **플런저 펌프**(plunger pump) : 플런저의 왕복 운동으로 급수하는 것으로 펌프의 주위에서 누설이 적기 때문에 수압이 높고 유량이 적은 곳에 적용한다.

피스톤은 작동부의 단면이 커넥팅 로드의 단면보다 크지만, 플런저는 양쪽이 동일한 치수를 가진 것으로 구별한다.

③ **워싱턴 펌프**(washington pump) : 증기기관에 펌프가 직결되어 있으므로 고압 보일러 등의 급수펌프에 적합

1.4.2 펌프용 전동기와 전동기 용량

(1) 펌프용 전동기

펌프의 운전은 기동 토크가 그다지 크지 않아도 되므로 보통 직류 전원이 있는 곳에서는 선박용으로 국한하여 분권전동기를 사용한다.

교류에서는 주로 농형 또는 특수 농형의 3상 유도전동기가 사용된다. 또 고속 대용량의 경우는 권선형 유도전동기를 사용하고, 가정용의 소용량 펌프에서는 단상 유도전동기를 사용한다.

(2) 펌프용 전동기 용량

펌프에 사용되는 **전동기 용량**은 다음과 같이 산정한다.

$$P = \frac{KQH}{6.12\eta}\ [\mathrm{kW}] \tag{1.6}$$

단, 여유 계수 K, 유량 $Q[\mathrm{m^3/min}]$, 양정(수두) $H[\mathrm{m}]$, 펌프 효율 η이다.

펌프(물)는 송풍기(공기)와 같은 유체 부하를 수송하기 위한 기계이다. 유체 부하용의 전동기 동력(용량)을 산정하려면 이론 동력(수동력)과 축동력을 필수적으로 구해야 한다.

펌프에 대한 이론 동력(수동력)과 축동력 관련 식은 전 절에서 설명한 송풍기의 동력과 인자들의 명칭만 다르고 동일한 식을 사용한다. 송풍기의 **참고** 란를 이용하기 바란다.

예제 1.4

양수량 $Q = 40[\mathrm{m^3/min}]$, 총 양정 $8[\mathrm{m}]$를 양수하는데 필요한 펌프용 전동기의 출력 $P[\mathrm{kW}]$와 $P[\mathrm{HP}]$을 각각 을 구하라.
단, 펌프의 효율 $75[\%]$, 여유 계수 $K = 1.1$이다.

풀이 펌프의 전동기 용량(출력) : 식 (1.6)

유량 $Q = 40[\mathrm{m^3/min}]$, 양정 $H = 8[\mathrm{m}]$

효율 $\eta = 75[\%]$, 여유 계수 $K = 1.1$

$$P = \frac{KQH}{6.12\eta} = \frac{1.1 \times 40 \times 8}{6.12 \times 0.75} = 77\ [\mathrm{kW}]$$

$$P = \frac{P\,[\mathrm{kW}]}{0.746} = \frac{77}{0.746} = 103.22\ [\mathrm{HP}]$$

TIP ① 수동력 : $P = \frac{QH}{6.12} = \frac{40 \times 8}{6.12} = 52.3\ [\mathrm{kW}]$

② 축동력 : $P = \frac{QH}{6.12\eta} = \frac{40 \times 8}{6.12 \times 0.75} = 70\ [\mathrm{kW}]$

1 정리 전동력 응용 기계의 전동기 동력(용량)

(전동기 용량)

표 1.2는 하역 기계(권상기, 엘리베이터)와 유체 기계(송풍기, 펌프)에 사용되는 전동기 동력에 관해 종합하여 정리한 것이다.

표 1.2의 전동기 용량의 공식에서 하역 기계와 유체 기계로 구분하고, 그 공식에 포함된 인자의 공통점을 찾으면 암기하기 수월하다. 또 공식과 그 공식 관련 인자들의 단위까지 확실히 기억하고 그에 맞춰 단위를 환산하여 적용하면 실전 문제를 쉽게 해결할 수 있다.

표 1.2 ▶ 전동기 용량(하역 기계와 유체 기계)

구 분		전동기 용량[kW]	비 고
하역 기계 (중력 부하)	권 상 기 (기 중 기)	$P=\dfrac{WVC}{6.12\eta}$ [kW]	W : 권상 하중[t], V : 권상 속도[m/min] C : 여유 계수, η : 기계 효율
	엘리베이터	$P=\dfrac{WVC}{6.12\eta}$ [kW]	W : 적재 중량[t], V : 승강 속도[m/min] C : 평형률, η : 기계 효율
유체 기계 (유체 부하)	송 풍 기	$P=\dfrac{KQH}{6.12\eta}$ [kW]	K : 여유 계수, Q : 풍량[m^3/min] H : 풍압[mAq], η : 기계 효율
	펌 프	$P=\dfrac{KQH}{6.12\eta}$ [kW]	K : 여유 계수, Q : 유량[m^3/min] H : 양정(수두)[m], η : 기계 효율

표 1.3은 **표 1.2**의 권상 속도와 승강 속도[m/min], 풍량과 유량[m^3/min]의 단위를 [m/s]와 [m^3/s]로 각각 변경한 경우에 전동기 용량의 식을 표현한 것이다.

실전 문제는 일반적으로 파라미터(인자)가 실용 단위인 1분[min]당으로 주어지는 경우가 많으므로 **표 1.2**의 공식을 암기하여 적용하는 것이 편리하다.

표 1.3 ▶ 전동기 용량(하역 기계와 유체 기계)

구 분		전동기 용량[kW]	비 고
하역 기계 (중력 부하)	권 상 기 (기 중 기)	$P=\dfrac{9.8\,WVC}{\eta}$ [kW]	W : 권상 하중[t], V : 권상 속도[m/s] C : 여유 계수, η : 기계 효율
	엘리베이터	$P=\dfrac{9.8\,WVC}{\eta}$ [kW]	W : 적재 중량[t], V : 승강 속도[m/s] C : 평형률, η : 기계 효율
유체 기계 (유체 부하)	송 풍 기	$P=\dfrac{9.8KQH}{\eta}$ [kW]	K : 여유 계수, Q : 풍량[m^3/s] H : 풍압[mAq], η : 기계 효율
	펌 프	$P=\dfrac{9.8KQH}{\eta}$ [kW]	K : 여유 계수, Q : 유량[m^3/s] H : 양정(수두)[m], η : 기계 효율

연습문제

객관식

01 권상기는 다음에 분류하는 동력 중의 어느 것에 속하는가?

① 마찰 동력 ② 축적된 에너지 동력
③ 유체 동력 ④ 가속 동력

02 크레인용 전동기에 필요한 특성으로 다음 중 옳은 것은?

① 플라이휠 효과가 크고 최대 토크가 클 것
② 플라이휠 효과가 크고 최대 토크가 작을 것
③ 플라이휠 효과가 작고 최대 토크가 작을 것
④ 플라이휠 효과가 작고 최대 토크가 클 것

03 기중기에 사용되는 직류 직권 전동기의 특징은?

① 부하 전류로서 여자되며, 일정 단자 전압에서 부하 전류에 따라 토크가 급증한다.
② 중부하에서 자속이 격감하여 회전속도가 높다.
③ 부하 전류와 토크는 반비례한다.
④ 중부하에서는 자속이 격감하여 회전 속도가 낮다.

04 엘리베이터에서 사용되는 전동기의 종류는 무엇인가?

① 직류 직권전동기 ② 동기전동기
③ 단상 유도전동기 ④ 3상 유도전동기

05 엘리베이터용 전동기로서 필요한 특성은 무엇인가?

① 기동전류가 적을 것 ② 가속도 변화 비율이 클 것
③ 기동토크가 작을 것 ④ 관성 모멘트가 작을 것

06 펌프 운전용 전동기가 특수 전동기로 사용하는 이유는 무엇인가?

① 2차 저항을 조정할 수 있으므로 ② 속도를 조정할 수 있으므로
③ 기동 전력이 작으므로 ④ 동기속도로 운전할 수 있으므로

07 2차 저항 제어를 하는 권선형 유도전동기의 속도 특성은?

① 가감 정속도 특성 ② 가감 변속도 특성
③ 다단 변속도 특성 ④ 다단 정속도 특성

08 전원으로 일그너 방식을 사용하는 것은?

① 냉동용 가스압축기 ② 제철용 압연기
③ 제지용 초지기 ④ 시멘트 공장용 분쇄기

09 권상 하중 5[t], 12[m/min]의 속도로 물체를 들어 올리는 권상기용 전동기의 용량은 몇 [kW]인가? 단, 전동기를 포함한 기중기의 효율은 70[%]이다.

① 약 7 ② 약 14 ③ 약 19 ④ 약 25

힌트 $P = \frac{WVC}{6.12\eta} = \frac{5 \times 12 \times 1}{6.12 \times 0.7} = 14\,[\text{kW}]$

10 중량 2[t]의 물체를 매초 0.5[m]의 속도로서 감아올리려 하는 권상용 전동기의 용량[kW]은 얼마인가? 단, 권상기의 효율은 60[%]이다.

① 약 6 ② 약 8 ③ 약 16.3 ④ 약 18.3

힌트 $P = \frac{WVC}{6.12\eta} = \frac{2 \times (0.5 \times 60) \times 1}{6.12 \times 0.6} = 16.3\,[\text{kW}]$

11 중량 100[kg]의 물체를 매분 50[m]의 속도로서 감아 올리는 데 요하는 권상기용 전동기의 정격 출력은 얼마인가? 단, 권상기의 효율은 60[%]이다.

① 1.36[kW] ② 1.45[kW] ③ 1.57[kW] ④ 1.58[kW]

힌트 $P = \frac{WVC}{6.12\eta} = \frac{0.1 \times 50 \times 1}{6.12 \times 0.6} = 1.36\,[\text{kW}]$

12 12층 건물에 엘리베이터 적재 무게 800[kg], 승강속도 50[m/min]을 설치할 때 전동기의 용량[kW]은 얼마인가? 단, 효율은 80[%]이다.

① 8 ② 9 ③ 12 ④ 16

힌트 $P = \frac{WVC}{6.12\eta} = \frac{0.8 \times 50 \times 1}{6.12 \times 0.8} = 8.17\,[\text{kW}]$

13 양수량 40[m^3/min], 총양정 13[m]의 양수 펌프용 전동기의 소요출력[kW]은 약 얼마인가? 단, 펌프의 효율은 80[%]이다.

① 106 ② 283 ③ 422 ④ 637

힌트 $P=\frac{KQH}{6.12\eta}=\frac{1\times 40\times 13}{6.12\times 0.8}=106.2$ [kW]

14 발전소에 설치된 50[t]의 천장 주행 기중기의 권상속도가 2[m/min]일 때 권상용 전동기의 용량[kW]은 얼마인가? (단, 효율 $\eta=70$[%])

① 약 5 ② 약 10 ③ 약 15 ④ 약 23

힌트 $P=\frac{WVC}{6.12\eta}=\frac{50\times 2\times 1}{6.12\times 0.7}=23.34$ [kW]

주관식

(풀이와 정답은 부록에 수록되어 있습니다.)

01 5[t]의 하중을 매분 30[m]의 속도로 권상할 때, 권상 전동기의 용량[kW]은 얼마인가? 단, 장치의 효율은 70[%], 전동기 출력의 여유를 20[%]로 계산한다.

02 5층 건물인 백화점에 설치된 적재 중량 1[t]의 엘리베이터의 승강 속도를 30[m/min]으로 할 때, 전동기의 이론 출력을 각각 [kW]와 [HP]의 단위로 구하라.

03 높이 10[m]인 곳에 용량 100[m^3]의 수조를 만수시키는 데 필요한 전력량[kWh]을 구하라. 단, 전동기와 펌프의 종합 효율은 80[%], 전 손실수두는 2[m]로 한다.

04 공기를 2.4[kg/cm^2]로 압축하는 터보(turbo) 통풍기로 토기량 3[m^3/min]을 통풍하는 데 소요되는 전동기의 출력[HP]을 구하라. 단, 여유계수=1.2, 효율은 75[%]로 한다.

05 1시간에 18[m^3] 솟아나는 지하수를 10[m]의 높이로 양수하고자 한다. 여기에 5[kW]의 전동기를 사용한다면 매 시간당 몇 분씩 운전하면 되는가? 단, 손실 계수 $K=1.1$, 효율은 65[%]로 한다.

06 지하수 개발을 위해 시추한 결과 시추공 1개당 1시간에 12[m^3]의 지하수가 솟아 나왔다. 이것을 높이 5[m]의 지상 탱크로 퍼 올리려고 한다면 5[kW]의 전동기로 시간당 몇 분씩 운전하면 되는가? 단, 펌프의 효율은 75[%]이고, 손실 계수는 1.1이다.

정전력 응용

2.1 전기 집진 장치

대기 중에 부유하는 분진 입자를 포집하는 공기 정화 장치는 필터를 이용하는 **여과식**과 직류 고전압에 의한 코로나 방전을 이용하는 **전기식**이 있다.

여과식 집진 장치는 초미립자의 포집이 어렵고, 수시로 교체해야 하며, 고밀도의 필터는 고가이기 때문에 유지비에 대한 경제적 부담이 크다.

전기식 집진 장치는 대기 중에 부유하는 고체나 액체의 중성입자(더스트, 미스트, 흄)를 코로나 방전에 의하여 대전시키고 **정전력**(정전기력)에 의해 포집하는 장치이다.

여과식 집진 장치에 비하여 압력손실이 적고, 보수도 용이하며, 고체 및 액체 입자 등의 초미립자까지도 매우 높은 효율로 포집할 수 있다.

일반적으로 전기식은 **전기 집진 장치**(electrostatic precipitator, EP)라고 하며, 형식에 따라 일단식(one stage type)과 이단식(two stage type)이 있다.

① **일단식** : 대형의 공업용 집진 장치로 화력 발전소, 제철소, 시멘트 공장 등
② **이단식** : 소형의 공기 청정기로 실내의 쾌적한 환경을 위하여 병원, 사무실, 백화점, 가정 등

전기 집진 장치는 1907년 영국의 코트렐(Cottrell)에 의하여 일단식의 공업용 집진 장치가 최초로 실용화되었다.

2.1.1 전기 집진 장치의 집진 원리

전기 집진 장치의 구성은 직류 고전압을 발생하는 전원부, 분진 입자를 고전계에 의해

대전하는 **하전부**(ionizer), 대전된 분진 입자를 하류 측의 전계 내에서 포집하는 **집진부**(collector) 및 포집된 분진 입자를 제거할 수 있는 **타정 기구** 및 **호퍼** 등으로 이루어져 있다.

(1) 일단식 전기 집진 장치

일단식 집진장치는 하전부와 집진부가 별도로 구분되지 않는 일체형으로 입자의 대전과 집진이 동일한 공간에서 이루어지는 장치이고, 원통형과 평판형이 있다.

그림 2.1은 기본적인 일단식의 원통형 전기 집진 장치를 나타낸 것이다. 외부의 원통 전극은 접지하여 집진 전극(collecting electrode)으로 하고 그 중심에 선(wire) 형태의 방전 전극(discharge electrode)을 추로 연결하여 늘어뜨리고 부(−)극성의 고전압을 인가한다.

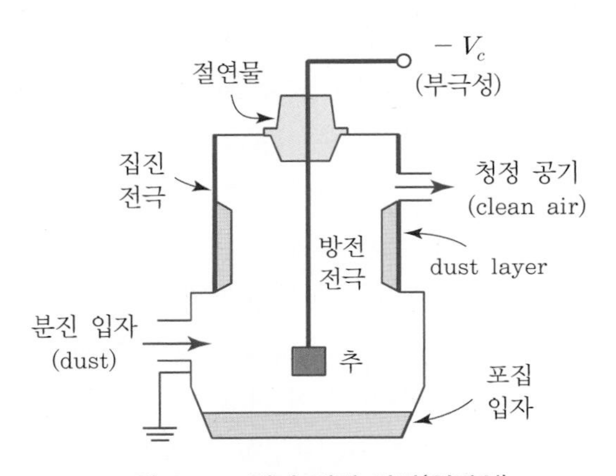

그림 2.1 ▸ 전기 집진 장치(일단식)

방전 전극과 집진 전극 사이에는 불평등 전계에 의해 코로나 방전이 발생하고, 방전 전극에서 발생한 전자가 집진 전극으로 향하여 지속적으로 흐르는 상태가 된다. 이 때 분진 입자가 유입되면 중성의 입자는 전자의 충돌에 의하여 부(−)로 대전되고 방사상의 전계에 의해 정전기력을 받아 집진 전극 내측 면에 부착하고 퇴적된다. 분진이 제거된 청정 공기는 상부의 출구를 통하여 배출된다.

집진 전극에 퇴적된 분진은 주기적으로 기계적인 충격을 가하여 박리, 낙하시켜 원통 하부의 호퍼(hopper)에 포집한다.

평판형 집진 장치는 평행 평판 및 철망 등으로 만든 집진 전극 사이에 선 모양의 방전 전극을 균일한 간격으로 여러 개를 둔 구조로써, 방전 전극을 부(−)극성으로 하고 집진 전극을 접지한다.

일단식 집진 장치는 공업용의 대용량 집진에 적용하고, 방전 전극은 강 또는 스테인레스 등의 재질로 된 지름 2~6[mm] 정도의 약간 굵은 선을 사용하며, 부(-)의 직류 고전압은 40~100[kV] 정도를 인가한다.

(2) 이단식 전기 집진 장치

이단식 집진 장치는 하전부와 집진부가 각각 독립되어 있는 구조를 가지며, **그림 2.2**에 구조와 원리를 나타낸다.

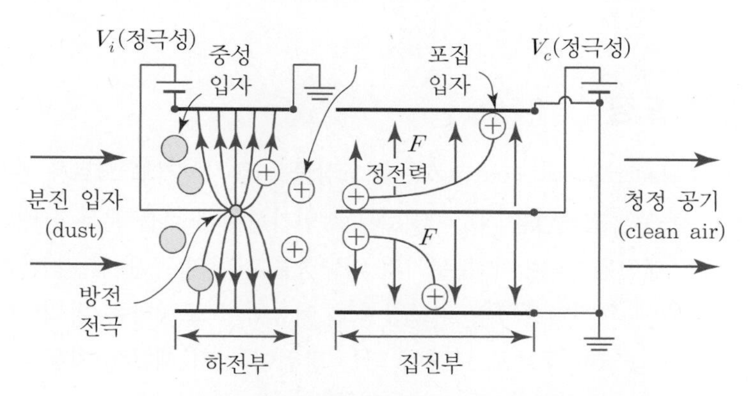

그림 2.2 ▶ 전기 집진 장치의 원리 및 구조(이단식)

하전부는 가는 선의 방전 전극과 접지된 평판 전극으로 구성되어 있다. 집진부는 여러 겹의 평행평판 전극을 정(+) 극성과 부(-) 극성이 교대로 인가된 구조이다.

하전부의 방전 전극과 집진부에 정(+)의 고전압이 인가된 상태에서, 하전부는 코로나 방전에 의한 방전 전극과 동일한 극성의 이온 샤워 공간을 형성하고 이곳에 분진이 유입하면 이온과 같은 극성으로 대전되어 양이온이 된다. 대전된 입자는 공기류를 타고 하류 측에 설치된 집진부의 평등 전계 내로 들어오면 정전기력에 의해 반대 극성의 전극 판으로 편향되어 포집하는 방식이다.

이단식 집진 장치의 방전 전극은 지름 100 [μm]의 가는 선으로 내식성과 기계적 강도가 높은 텅스텐 재질을 주로 사용한다.

각 부의 인가 전압은 하전부가 10~12[kV], 집진부가 5~6[kV]로 정(+)의 직류 고전압을 인가한다. 하전부의 인가 전압은 집진부의 인가 전압보다 2배 정도가 되도록 결정하는 것이 일반적이다.

공업용 전기 집진 장치에 이용하는 일단식은 방전 전극에 부(-)극성의 고전압을 이용한다. 부코로나 방전은 정코로나 방전에 비하여 코로나 개시전압이 낮고 불꽃 전압이 높아서 안정된 코로나 방전을 하기 때문이다.

그러나 실내공기 청정용으로 이용하는 이단식은 일반적으로 방전 전극에 정(+)극성의 고전압을 이용한다. 이것은 정코로나 방전이 인체에 유해한 오존 발생 비율이 부코로나 방전에 비해 약 1/10배로 현저히 감소하기 때문이다.

2.2 정전력 응용(기타)

2.2.1 정전 도장

정전 도장(electrostatic coating)은 피도장물을 접지시키고 도료용 분무기(spray gun)의 말단에 부(−)의 고전압을 50～90[kV]로 인가하여 도료를 분무 상태의 미립자로 토출시키면 (−)로 대전된다. 이 때 분무기와 피도장물 사이의 공간에는 전계가 형성되고 정전기력과 영상력에 의하여 (+)의 피도장물로 이동하여 도장하는 방법이다.

정전 도장은 균일한 두께로 도장이 되는 장점이 있기 때문에 자동차, 객차, 전기기기 등에 널리 이용된다.

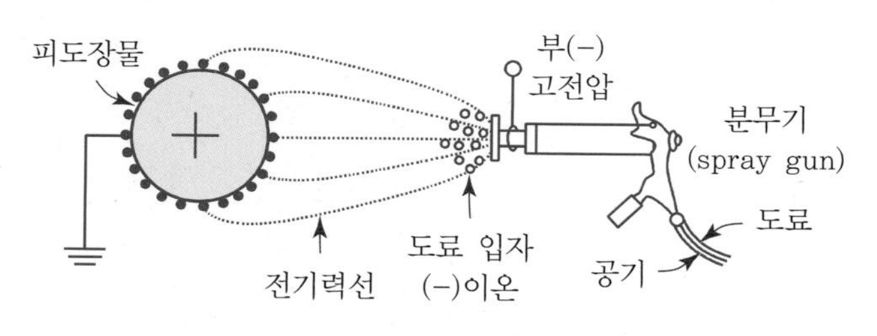

그림 2.3 ▸ 정전 도장

2.2.2 정전 선별

정전 선별(electrostatic selection)은 정전 선광 또는 정전 분리라고도 부르며, 정전기 현상을 응용하여 물질 입자의 분리, 정제, 분급 등을 행하는 기술이다.

여러 종류의 혼합된 물질을 정전계 중에 투입하면 입자의 유전율, 고유 저항(도전율), 비중, 크기 등의 영향에 따라 정전기력이 다르게 미치는 것을 이용하여 물질의 선별 등에 이용한다. 최근에는 녹차 및 곡물의 선별에도 이용한다.

2.2.3 정전 식모

섬유상의 유전체는 전계 중에서 분극을 일으켜 전계 방향으로 배향하는 특성이 있다. 이 성질을 이용하여 고전계 내에서 단섬유(flock or pile)를 놓으면 정전기력에 의하여 미리 접착제를 도포한 모재의 가공면에 수직으로 빈틈없이 흡착되어 심어지고, 접착제를 건조시켜 고정하는 가공법이 있다. 이 기술을 **정전 식모**(electrostatic flocking)라 한다.

단섬유는 무기염류, 계면활성제, 유기 규소 등으로 사전에 처리하여 분극 작용에 의한 쌍극자 모멘트를 갖도록 하고 전계 중에서 일정하게 배향하도록 한다.

정전 식모의 가공 방식은 단섬유를 세팅하는 위치에 따라 up법, down법 및 side법이 있다. **그림 2.4**는 정전 식모의 가공 방식 중 up 가공법과 down 가공법을 나타낸 것이다.

정전 식모 가공의 응용 범위는 매우 광범위하며 섬유, 종이, 잡화, 전기기기, 미술 및 공예 분야 등에 응용되고 있다.

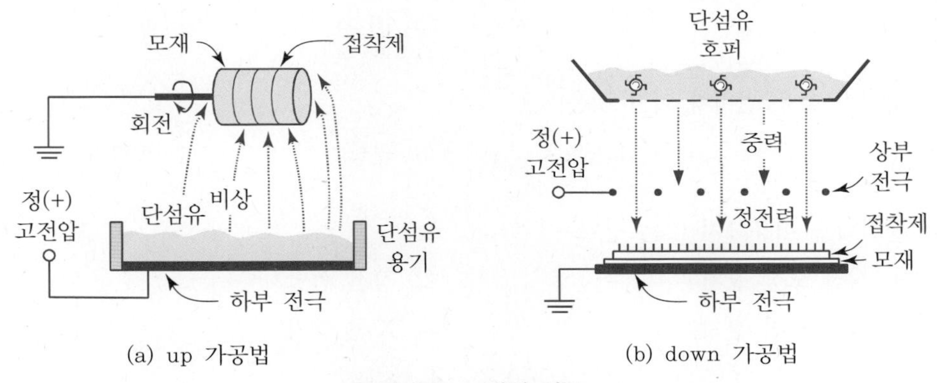

그림 2.4 ▸ 정전 식모

연습문제

객관식

01 전기 집진기는 어떠한 것을 이용한 것인가?

① 정전기력　② 자기력　③ 만유인력　④ 전자기력

02 정전 현상(electrostatic phenomena)을 응용한 기기는?

① 전자 클러치　② 전자 진동기　③ 전기 집진기　④ 전자 펌프

03 공기 정화용 2단식 집진부의 전압은 대략 몇 [kV] 정도인가?

① 3　② 5　③ 10　④ 40

04 정전기 응용 설비가 아닌 것은?

① 집진기　② 도장장치　③ 권상기　④ 점멸기

05 정전력을 이용하지 않는 장치는?

① 정전 도장 장치　② 정전 선별기

③ 전기 집진 장치　④ X 선 장치

주관식

01 전기 집진 장치의 원리를 설명하라.

02 전기 집진 장치의 일단식과 이단식의 방전 전극에 인가하는 전압의 극성이 다르다. 그 이유를 설명하라.

03 정전도장 및 정전선별에 대하여 설명하라.

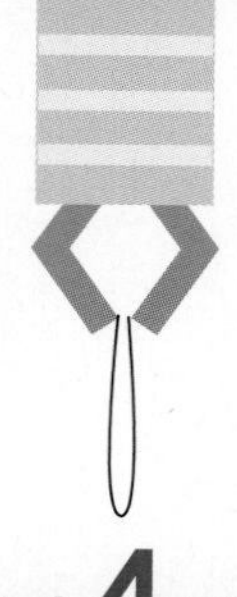

제4편

전기 철도 공학

Chapter 1

전기 철도

1.1 전기 철도 일반

1.1.1 전기 철도의 정의

철도(railway, railroad)는 일정한 교통 공간을 점유한 특정한 주행로 위를 전용의 차량이 유도되어 주행하는 육상 교통수단의 일종이다. 즉, 철도는 철로 된 레일을 부설하여 여객 및 화물 운송용의 차량을 유도하여 운전하는 제반 설비를 말한다.

철도는 여러 가지 관점에서 분류되며, 특히 동력 방식에 의하여 분류하면 증기 철도, 내연기관 철도, 전기 철도로 나누어지고, 이들의 정의는 다음과 같다.

① **증기 철도**(steam railway)

고체 혹은 액체 연료를 상온 상압에서 연소시켜 챔버에 있는 물을 끓이고 그 증기의 힘을 물리적 에너지로 변환하여 구동력에 의한 철도, 즉 외연기관을 구동력으로 하여 객차 또는 화차를 견인하는 철도.

② **내연기관 철도**(internal combustion railway)

실린더 내에서 액체 연료를 공기와 희석시켜 기화한 후에 폭발시켜 화학적 에너지를 물리적 에너지로 변환하여 구동력에 의한 철도, 즉 디젤기관 등의 내연기관을 구동력으로 하여 객차 또는 화차를 견인하는 철도.

③ **전기 철도**(electric railway)

전기를 주동력으로 하는 전기차를 운행하여 여객 및 화물 수송을 하는 철도

1.1.2 철도의 역사

(1) 세계 철도의 역사

① 1804년 : 1765년 영국의 제임스 와트(J. Watt)가 발명한 증기기관차를 영국의 트레비틱(R. Trevithick)에 의해 최초의 철도로 운전하였으나 무게 탓으로 실패

② 1814년 : 영국의 스티븐슨(G. Stephenson)이 증기기관차의 제작에 성공하여 광산 철도에 이용하여 최초로 동력 철도의 실용화

③ 1825년 : 영국에서 stockton-darlington 구간 세계 최초로 철도의 상용화

전기 철도

④ 1834년 : 미국의 다벤포트(T. Davenport)가 전지에 의한 전기기관차의 모형 제작

⑤ 1879년 : 독일의 Siemens-Halske사가 베를린에서 개최된 세계산업박람회에 전기기관차를 출품(제3궤조 방식, 150 [V], 3 [HP] 2극 직권전동기, 시속 12[km], 20인승)

⑥ 1881년 : Siemens-Halske사가 베를린시 근교의 리히테르페르데(Lichterfelde)에서 영업을 개시하여 최초로 전기 철도의 상용화

⑦ 1880년 : 미국에서 에디슨(Edison)에 의하여 소형 전기차를 개발하여 시내 전차 운행

⑧ 1883년 : 영국에서 독일의 Siemens의 기술을 도입하여 전차 등장

⑨ 1890년 : 일본 도쿄 우에노 공원에서 개최된 박람회에 미국에서 도입한 15 [HP], 500 [V]용 전차 전시

(2) 우리나라 전기 철도의 역사

① 1899년 : 미국인 콜브린(H. Collblen)과 보스트위크(H. D. Bostwick)가 조선왕실의 특허를 얻어 서대문-동대문간에 직류 600 [V] 방식의 노면 전차 첫 운행
※ 경인선(제물포-노량진) 개통 : 일반철도

② 1927~1930년 : 경원선(철원-내금강)의 전철화, 직류 1,500 [V]

③ 1937년 : 경원선(복계-고산)의 전철화, 직류 3,000 [V]

④ 1972~1975년 : 산업철도(중앙선, 태백선, 영동선)의 전철화, 교류 25 [kV]

⑤ 1971~1974년 : 경인선(서울-인천), 경부선(서울-수원), 경원선(용산-성북)의 기존선의 전철화 및 지하 전철 1호선(서울-청량리)의 신설을 포함한 수도권 대단위 교통망의 완성으로 도시전철 출발

⑥ 2000년대 : ⓐ 주요 대도시(서울, 인천, 부산, 대구, 광주, 대전) 도시전철의 운행
ⓑ 고속철도 개통(KTX, 300 [km/h], 2004)
ⓒ 수도권 광역 급행철도(GTX, 최고 180 [km/h], 평균 100 [km/h], 2019) 착수

1.1.3 전기 철도의 효과

① **수송 능력 증강**

디젤 기관차는 탑재된 내연기관의 출력에 제한을 받지만, 전기 기관차는 전력계통으로부터 공급받는 전력에 의한 대출력으로 쉽게 견인력 증강 및 속도의 상승을 높일 수 있다. 따라서 전기 기관차는 디젤 기관차에 비하여 견인력이 크기 때문에 열차의 평균속도 상승과 열차 횟수를 증가시켜 수송력이 증가되는 것이다.

② **에너지 이용 효율 증대**

석유에너지를 사용하는 디젤 기관차에서 비교적 원가가 싼 전기에너지를 사용하는 전기 기관차로 대체하면 약 25 [%]의 에너지 절약효과를 얻을 수 있고, 석유자원이 없는 우리나라에서 석유파동 등의 어려움을 쉽게 극복할 수 있다.

③ **수송 원가 절감**

디젤 기관차에 비하여 전기 기관차는 내연기관 등의 설비가 적어 유지보수 비용이 40 [%] 정도 감소되고, 차량의 내구 연한도 2배로 길며, 차량 중량도 줄어 궤도보수 비용도 절감된다.

④ **환경 개선**

전기 기관차는 매연이 없고, 소음이 적은 환경 친화적인 설비로서 환경 공해가 심각한 대도시의 교통수단으로 필수적이다.

⑤ **지역 균형 발전**

전기 철도는 대량수송, 고속수송, 경제적 수송의 특징이 있기 때문에 도심의 교통난 해소, 경제 활동 인구의 분산, 원활한 인적·물적 교류, 도시기능의 외곽으로 분산 효과 등으로 도시 전체의 균형적인 발전에 기여한다.

1.2 전기 철도의 분류

1.2.1 전기 방식에 의한 분류

전기 철도는 전기 방식, 집전 방식과 운전 속도로 분류된다. 전기 철도의 전기 방식은 **표 1.1**과 같이 직류식과 교류식으로 나눌 수 있으며, 직류식은 전압별, 교류식은 상별, 주파수별, 전압별로 분류된다.

우리나라에서 사용되고 있는 전기 방식은 다음과 같다.

직류 방식 : DC 1,500[V](대도시 중량 전철), DC 750[V](경량 전철)
교류 방식 : AC 단상 60[Hz], 25[kV]

표 1.1 ▶ 전기 방식의 분류

전기 방식		전 압 종 별	비 고
직 류 식		600 [V], 750 [V], 1,500 [V], 3,000 [V]	전 압 별
교류식	단상	16⅔ [Hz] : 11 [kV], 15 [kV] 25 [Hz] : 6.6 [kV], 11 [kV] 50 [Hz] : 6.6 [kV], 16 [kV], 20 [kV], 25 [kV] 60 [Hz] : 25 [kV]	상 별 주파수별 전 압 별
	3상	16⅔ [Hz] : 3.7 [kV], 6 [kV] 25 [Hz] : 6 [kV]	

(1) 직류 방식

직류 방식은 일반 전력계통으로부터 수전한 특별고압의 교류전력을 변압기에 의하여 적정 전압으로 낮춘 다음 직류로 변환하여 전차선로에 직류 전력을 공급하여 운전하는 방식이다. 직류 방식은 세계적으로 48[%] 정도의 점유율을 차지하고 있다.

우리나라 전기 철도의 급전 전압은 전철용 변전소에서 교류 60[Hz], 22.9[kV]로 수전하고 직류 1,500[V](중량 전철), 750[V](경량 전철)로 변환하여 운용하고 있다.

직류 방식의 주요 특징은 다음과 같다.

① 전기차의 구동용 직류 직권 전동기에 전차 선로의 전압을 직접 인가할 수 있기 때문에 전기차의 전기설비가 간단하다.
② 급전 전압이 낮기 때문에 전차선의 집전 전류는 크지만, 전차 선로 및 기기의 절연 계급을 낮출 수 있다.
③ 전압 강하 때문에 변전소 간격이 짧아지면서 지상의 설비비가 비교적 많이 든다.
④ 통신 유도 장해가 없고, 경량 단거리 수송에 적합하다.
⑤ 운전 전류는 크기 때문에 누설 전류에 의한 전식 대책이 필요하다.

특히 직류 방식은 교류 방식에 비해 차량 경비가 적게 들고, 지하철의 터널 단면을 작게 할 수 있는 장점이 있기 때문에 수송량이 많은 대도시 구간에서 많이 채택되고 있다.

(2) 교류 방식

교류 방식은 초기에는 상용 주파수 전철용 전동기의 제작이 곤란하였기 때문에 **표 1.1**에 나타낸 여러 가지 주파수를 사용하였다. 그 이후에 기술이 개선되어 주파수 변환 장치가 필요 없는 일반 전력을 급전하여 사용할 수 있도록 상용 주파수의 교류를 채택하는 추세가 되고 있다. **교류 방식의 주요 특징**은 다음과 같다.

① 대용량 중・장거리 수송에 유리하고, 에너지 이용률이 높으며, 사고 시 선택 차단이 용이하다.

② 전식에 대한 우려는 없으나 통신선에 대한 유도 장해가 발생하므로 이에 대한 대책을 마련해야 한다.

(a) 단상 교류 방식

그림 1.1(a)는 3상 전력을 변환장치에 의하여 단상으로 변환한 전력을 전기차에 공급하고, 전기차에 부설된 변압기에 의하여 적정한 전압으로 강하시켜 **교류 전동기를 구동하는 방식**이다.

그림 1.1(b)는 전기차에 공급된 단상 교류 전력을 변압기를 통하여 적정 전압으로 강하시키고 직류 변환장치를 거쳐 교류를 직류로 변환시켜 **직류 전동기를 구동**하는 단상 **교류-직류 겸용 방식**이 있다.

전기차에 변압기가 장착되어 있기 때문에 차내에서 전압을 쉽게 조절할 수 있고 비교적 높게 할 수 있다. 따라서 전차선 전류 및 전압 강하는 작게 되어 변전소의 설치 간격을 크게 할 수 있어 지상 설비비를 줄일 수 있다.

또 전압강하가 크면 변전소 또는 전차 선로에 직렬 콘덴서를 설치하여 임피던스 보상에 의해 비교적 쉽게 전압을 보상할 수 있다.

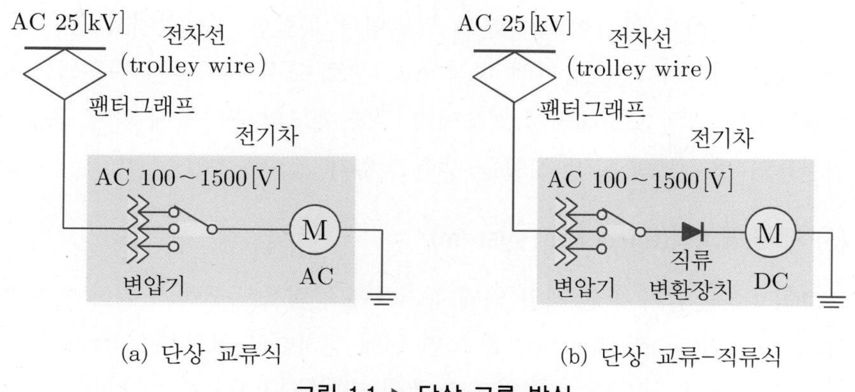

(a) 단상 교류식 (b) 단상 교류-직류식

그림 1.1 ▶ 단상 교류 방식

(b) 3상 교류 방식

3상 교류 방식은 전차선 설비나 집전 장치가 복잡하게 되고, 전선 상호간의 절연 때문에 전압을 높이는데 한계가 있는 등 불리한 점이 많아 전기 철도에서는 일부 국가에서만 사용하고 있다.

1.2.2 집전 방식에 의한 분류

(1) 가공식(over head system)

그림 1.2에 나타낸 바와 같이 공중에 조가선을 이용하여 전차선(trolley wire)을 설치하고 집전 장치를 통하여 전력을 공급받는 방식이다. 레일을 귀로로 하는 가공 단선식과 전원선 양극 모두를 가공 전차선에 접속하는 가공 복선식이 있다. 가공 방식 중의 **가공 단선식**은 고속 운전에 적합하고, 대부분의 전기 철도는 이 방식을 채택하고 있다.

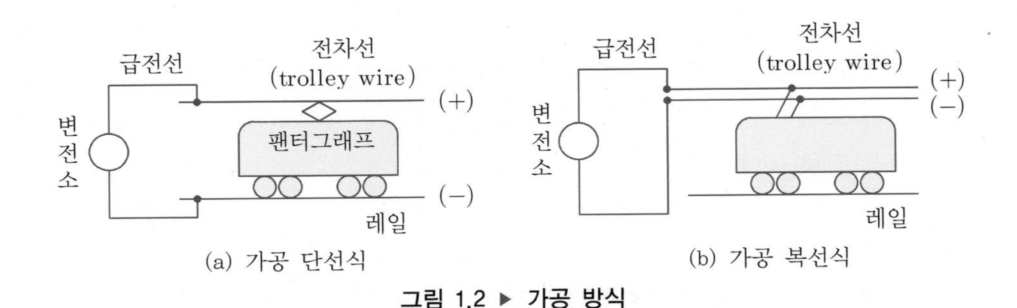

그림 1.2 ▶ 가공 방식

(2) 강체식(rigid system)

강체식은 전차선에 조가선이 없는 대신에 강체에 전차선을 끼워 가선하는 방식이다.

강체 단선식은 공간이 불충분한 터널이나 복잡한 지하철에서 좁은 공간의 활용 및 안정성을 위하여 개발된 가선 방식이고, 주로 도시 지하철에 적용되고 있다.

강체 복선식은 모노레일에 적용되며 주행 궤도의 구조물에 강체 구조로 한 급전용과 귀선용의 정 · 부의 도전 레일을 갖추고 있다.

(3) 제 3 궤조식(third rail system)

그림 1.3과 같이 주행 레일 외에 전기차에 전력을 공급하기 위하여 제 3의 급전 레일, 즉 도전 레일(conductor rail)을 노면 위에 설치하고 집전 슈(current collective shoe)에 의해 전력을 공급받는 방식으로 주행 레일을 귀선으로 이용한다.

도시의 지하철도 또는 저전압을 사용하는 비교적 짧은 구간의 터널 등에 사용된다.

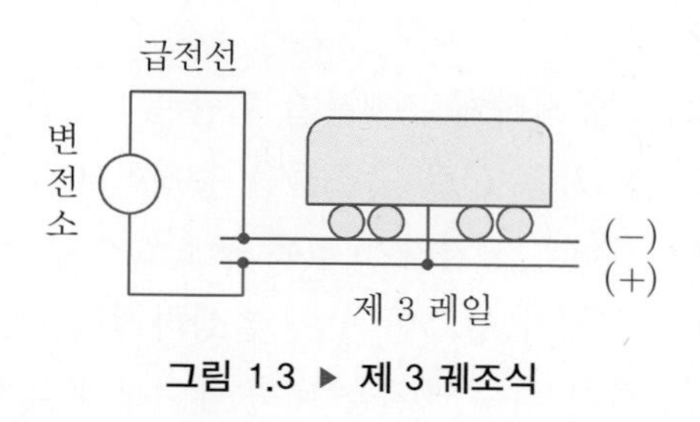

그림 1.3 ▶ 제 3 궤조식

1.2.3 운전 속도에 의한 분류

(1) 완속 전철

일반적으로 운전속도가 200[km/h] 미만의 경우를 완속 전철이라 하고, 시가지 철도, 도시철도, 도시 간 철도 등을 운행하는 전철이다.

(2) 고속 전철

고속 전철은 운전속도 200[km/h] 이상에서 레일 점착 방식의 속도 한계까지로 정의되어 있다. 현재 속도 한계는 대략 380[km/h]로 보고 있지만 이 한계는 기술의 발달로 상향될 수 있을 것으로 보인다.

우리나라도 1983년 경부 고속 철도의 건설 타당성 조사, 1992년 천안-대전 간 시험구간의 착공, 2004년 4월 개통으로 일본(신간선), 프랑스(TGV), 독일(ICE), 스페인(AVE)에 이어 세계 5번째로 운전속도 300[km/h]를 자랑하는 고속철도(KTX)의 보유국이 되었다.

(3) 초고속 전철

초고속 전철은 고속 전철의 속도 한계를 초과하는 속도로 주행하는 철도를 의미한다. 따라서 고속 전철의 레일 점착 및 접촉 방식으로는 속도의 상승에 한계가 있으므로 초고속 전철은 레일 비접촉 방식으로 하여야 하며 속도 500[km/h] 이상의 미래형 자기부상 열차가 해당된다.

고속 열차는 전동기의 회전 운동으로 바퀴와 레일의 접촉 구동 방식인 반면에 초고속 열차인 자기부상열차는 직선형 모터(linear motor)방식으로 회전 운동 없이 레일과 비접촉하여 구동하는 방식이다.

1.3 철도 선로

철도의 선로는 열차를 안전하게 운행하기 위한 유도 설비로 **궤도**(track)와 이를 지지하는 **노반**(road bed) 및 각종 **선로 구조물**을 총칭한다.

선로는 가능한 한 직선이고 고저차가 없는 구조로 이루어져야 하지만, 지형과 구조물 등의 영향으로 곡선과 구배가 필요한 곳이 발생하게 된다. 곡선 구조에서는 승차감과 열차의 안전 운행을 위하여 외측 레일을 내측 레일보다 높게 부설해야 한다. 또 구배가 생기는 곳에서는 절취 또는 성토작업을 하여 노반의 구조를 변경하거나 교량, 고가도로 및 터널을 필요로 하게 된다.

이와 같이 지형과 지질에 의해 건설된 최적의 노반 위에 궤도를 부설한다. **그림 1.4**는 선로의 구성을 나타낸 것이다.

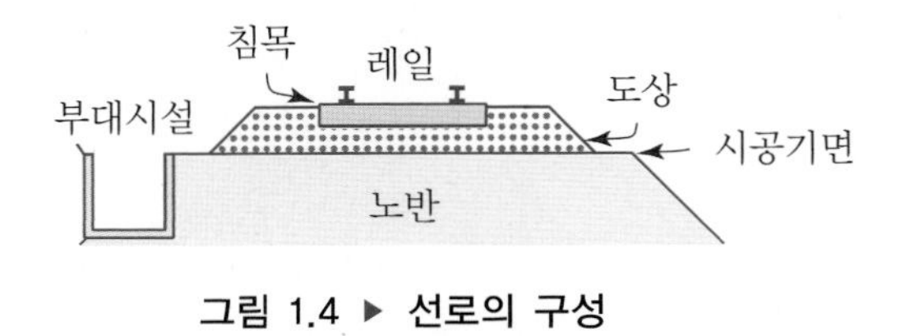

그림 1.4 ▸ 선로의 구성

1.3.1 선로의 구성

(1) 궤도

궤도는 **레일**(궤조, rail), **침목**(sleeper), **도상**(ballast)의 3요소로 구성된다. 견고한 노반 위에 자갈 등으로 도상을 정해진 두께만큼 깔고 그 위에 침목을 일정한 간격으로 부설하여 두 개의 레일을 평행하게 고정시키는 구조이다.

① **레일** : 차량의 중량을 직접 지지하면서 침목과 도상에 분포시켜 차륜이 탈선하지 않도록 안내하고, 신호 전류의 궤도 회로 및 동력 전류의 통로를 형성한다.

레일은 고탄소강을 사용하며, 크기는 1[m]당의 중량 [kg]으로 표시한다. 우리나라는 주로 30[kg], 37[kg], 50[kg], 60[kg]의 레일을 사용하고 있다. 또 일반적으로 표준 레일(standard rail) 25[m], 30[kg]을 주로 사용하고 있지만, 열차의 고속화와 선로의 보수 작업을 줄이기 위하여 레일의 중량화와 더불어 여러 개의 레일을 용접하여 200[m] 이상의 장대 레일(long rail)을 사용하는 추세에 있다.

레일은 모양에 따라 T형, 구형, 단형의 세 종류가 있고, 일반 철도에서는 T형이 사용되며, 노면 전차와 같은 매입되는 레일은 구형 혹은 단형이 사용된다.

② **침목** : 침목은 레일의 위치를 고정시켜 주고 간격을 평행으로 유지하면서 레일로부터 받은 열차 하중을 도상에 전달하여 넓게 분포시키는 역할을 한다.

침목은 목 침목과 PC(prestressed concrete) 침목이 있으며, 현재 강도와 수명에서 우수한 PC 침목을 대부분 사용하고 있다.

③ **도상** : 도상은 노반 위에 지름 15~75[mm]의 자갈 및 쇄석을 200~300[mm]의 두께로 깔은 것을 말한다. 레일과 침목을 경유하여 전달된 열차 하중을 넓게 분포시켜 노반에 전달하는 역할을 하며, 또한 노반과 침목 사이에서 차량의 진동을 흡수하여 쾌적한 승차감을 주고 배수를 용이하게 하는 여러 가지 역할도 한다.

(2) 노반

노반은 상층부에 있는 궤도를 지지하는 흙 구조물이며, 궤도와 함께 열차의 하중을 끊임없이 받고 있는 부분이기 때문에 변형 및 침하가 되지 않도록 하고 적당한 배수설비도 필요하다. 선로 중심선에서 노반의 높이를 나타내는 기준면을 **시공기면**(formation level)이라 하고, 선로를 건설할 때 시공기면을 선로 선정의 기준으로 한다.

1.3.2 궤간

궤간(gauge)은 레일(궤조)의 양쪽의 머리 부분 내측의 최단 거리를 의미한다. 궤간의 거리에 따라 다음과 같이 분류하고, 우리나라는 표준 궤간을 채택하고 있다.

① 협궤(narrow gauge) : 1,000[mm], 1,067[mm]

② 표준 궤간(standard gauge) : 1,435[mm]

③ 광궤(broad gauge) : 1,523[mm], 1,600[mm], 1,676[mm]

1.3.3 유간

유간(clearance)은 기온 변화에 의한 레일(궤조)의 신축성에 대응하기 위하여 레일의 이음매에 적당한 간격을 두는 것을 말한다.

그림 1.5와 같이 레일은 이음매에 대략 10[mm] 정도의 틈을 두고 이음매 편을 이용하여 볼트로 접속한다. 이음매의 접촉부는 녹 등에 의하여 접촉 저항이 크고 이를 최소화하기 위하여 가는 동선을 꼬아 엮은 다발인 **레일 본드**(rail bond)를 레일에 용착시킨다. 이것은 레일이 귀선 회로 또는 신호 회로의 역할을 하기 때문이다.

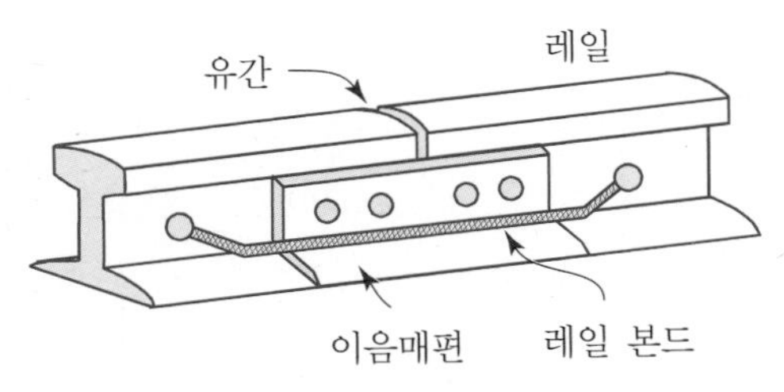

그림 1.5 ▶ 유간 및 레일 본드

1.3.4 복진지

레일은 열차의 진행 방향과 같은 종 방향으로 이동하려는 현상이 있다. 이 현상을 **복진**(creeping)이라 하고, 이를 방지하는 장치를 **복진지**(anti-creeping)라 한다.

복진지는 레일 앵커를 실시하거나 침목의 체결을 견고히 하여 침목의 이동을 방지하는 방법으로 한다.

1.3.5 곡선과 구배

선로는 직선으로 부설하는 것이 이상적이지만 지형과 지질의 제약을 받아 곡선이나 구배(기울기)를 둘 필요한 경우가 있다. 급격한 곡선, 즉 곡률 반지름이 작은 경우 차량의 안정성이 떨어지고 탈선의 우려가 있기 때문에 가능한 한 **곡률 반지름**을 크게 해야 한다. 또 급격한 구배를 두면 차량이 공회전하거나 미끄러질 우려가 있기 때문에 **구배**에 대한 한계값의 설정이 필요하게 된다.

이와 같이 곡선이나 구배는 지형 및 지질에 따라 제약을 받으므로 열차의 속도, 승차감 등을 고려한 최소한도로 규정하여 그 이하가 되도록 하고 있다.

(1) 곡선 표시법

(a) 각도로 나타내는 방식

그림 1.6과 같이 중심 O 에서 궤도의 중심선이 20[m]의 현을 이루는 각도 θ로 표시한다.

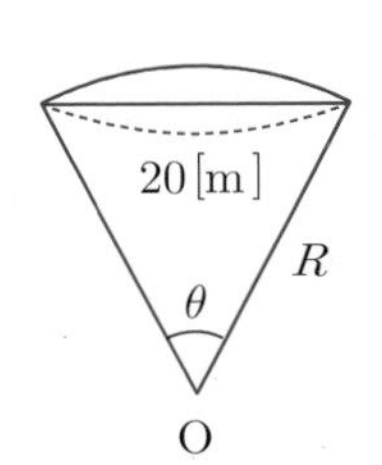

그림 1.6 ▶ 곡선의 작도

(b) 곡률 반지름으로 나타내는 방식

궤도의 중심을 이루는 원호의 반지름 R, 즉 곡률 반지름으로 표시한다. 곡률 반지름 R과 각도 θ의 관계는 다음과 같다.

$$R \fallingdotseq \frac{1146}{\theta}\ [\mathrm{m}] \tag{1.1}$$

(2) 곡선의 종류

곡선의 크기는 곡률 반지름으로 나타내며, 급한 곡선은 곡률 반지름이 작은 것을 의미한다. 선로의 곡률 반지름이 작거나 직선로에서 곡선로로 급하게 변화되는 경우에 열차 속도는 제한을 받고, 레일의 마모와 차륜의 손상, 시야 확보의 불량, 차량의 동요, 탈선의 위험 등을 초래할 수 있다. 따라서 곡률 반지름을 일정 한도 이상으로 크게 하거나 직선로에서 서서히 곡률 반지름을 적게 변화시켜 급격한 변화를 완화시켜야 한다.

선로 곡선의 종류는 다음과 같이 세 종류로 분류된다.

① **단곡선**(simple curve) : 원의 중심이 한 개로서 곡률 반지름이 일정한 하나의 원호로 된 곡선이다.[**그림 1.7**(a)]

② **반향 곡선**(reverse curve or S curve) : 두 개의 곡률 반지름의 중심이 선로에 대하여 서로 반대 측에 위치하는 것으로 S곡선이라고도 한다.[**그림 1.7**(b)]

③ **완화 곡선**(transition curve) : 직선부에서 급한 곡선부로 들어갈 때 단곡선이라면 열차에 큰 충격을 주게 되어 위험을 초래할 수 있다. 따라서 **그림 1.7**(c)와 같이 서서히 곡률 반지름을 작게 하면서 부드럽게 진입하는 곡선부를 형성시킬 필요가 있다. 이와 같이 곡률 반지름이 두 개 이상으로 급격한 이동 변화를 완화시켜 주는 곡선을 완화 곡선이라 한다.

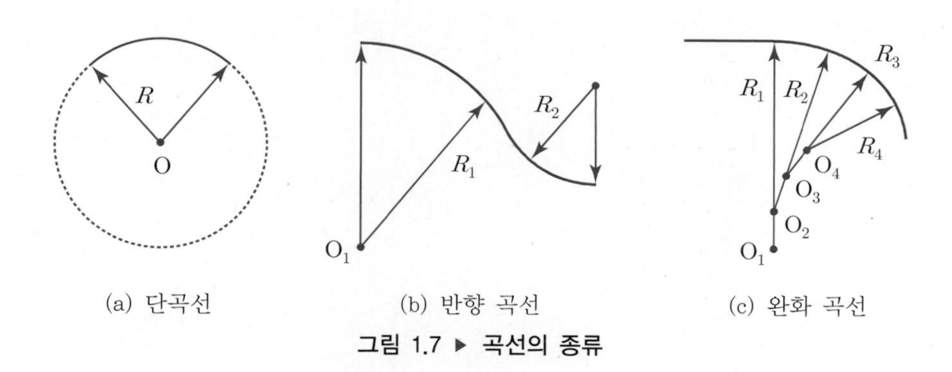

그림 1.7 ▸ 곡선의 종류

(3) 고도(캔트)

열차가 곡선 구간을 통과할 때 차량의 원심력에 의하여 곡선의 외측 방향으로 이탈할 우려가 있다. 이것은 쾌적한 승차감을 해치고, 차량의 중량과 횡압으로 외측 레일에 부담을 크게 주어 레일과 차륜의 보수비를 증가시키게 된다.

이와 같은 현상을 방지하기 위하여 곡선부의 외측 레일을 내측 레일보다 어느 정도 높게 하여 차량의 무게 중심을 곡선의 안쪽으로 이동시켜 원심력과 평형이 되도록 한다.
즉, 내・외측 레일의 고저차를 **고도** 또는 **캔트**(cant)라고 한다.

그림 1.8에서 원심력 F는 다음과 같다.

$$F = \frac{mv^2}{R} \text{ [kg]} \qquad (1.2)$$

단, m : 차량의 질량[kg], v : 차량의 속도[m/s], R : 곡률 반지름[m]이다.

식 (1.2)에서 차량의 중량을 W[kg], 차량의 속도 V[km/h], 곡률 반지름 R[m]라 하면 원심력 F는 다음과 같이 변형할 수 있다.

$$F = \frac{W}{9.8R}\left(\frac{V \times 1000}{3600}\right)^2 = \frac{WV^2}{127R} \text{ [kg]} \qquad (1.3)$$

원심력 F와 차량중량 W의 합성력 R이 레일에 수직, 즉 궤간 중심에 오는 것이 가장 바람직하므로 이 조건을 만족하는 관계식은 다음과 같다.

$$\tan\theta = \frac{F}{W} \cong \frac{h}{G} \qquad (1.4)$$

식 (1.3)과 식 (1.4)로부터 다음의 관계식이 성립한다.

$$\frac{F}{W} = \frac{V^2}{127R}\left(\cong \frac{h}{G}\right) \qquad (1.5)$$

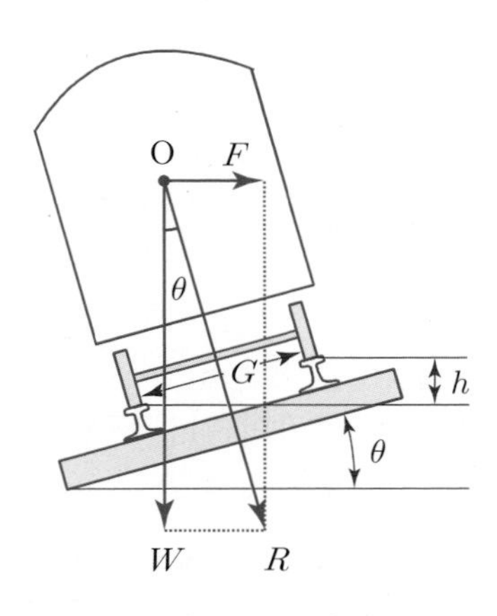

그림 1.8 ▶ 캔트

즉, 궤간을 G[mm], 열차 속도를 V[km/h], 곡률 반지름 R[m]라 할 때, 고도(캔트) h[mm]는 다음과 같이 얻어진다.

$$\text{고도(캔트)} : h = \frac{GV^2}{127R} \text{ [mm]} \tag{1.6}$$

곡선 구간에서는 위의 공식에 의하여 산출된 캔트를 두어야 한다. 그러나 캔트는 160 [mm] 이하로 하며, 분기기에 연속되는 경우에는 캔트를 두지 않는다.

캔트를 알고 있는 경우에는 열차의 최대 운전 속도를 식 (1.6)으로부터 구할 수 있다.

$$V = \sqrt{\frac{127Rh}{G}} \text{ [km/h]} \tag{1.7}$$

(4) 확도(슬랙)

열차가 곡선 궤도를 주행할 때, 캔트만을 두게 되면 차륜의 플랜지와 레일 사이에 심한 마찰이 생기므로 이것을 완화하기 위하여 궤간을 넓혀 횡압을 줄인다.

이와 같이 차륜의 주행을 원활하게 하기 위하여 내측 레일을 이용하여 안쪽으로 궤간을 확대하는 것을 **확도** 또는 **슬랙**(slack)이라고 한다.

곡률 반지름 R[m], 고정차축 거리 l[m]인 경우의 슬랙 S[mm]의 공식은 다음과 같이 정의된다.

$$\text{확도(슬랙)} : S = \frac{l^2}{8R} \text{ [mm]} \tag{1.8}$$

(5) 구배

구배는 선로의 두 지점간의 고저차를 수평거리로 나눈 값으로 나타낸다. 구배를 나타내는 방법은 분수법, 백분율법, 천분율법의 세 종류가 있으며, 일반적으로 구배를 나타내는 방법은 **천분율법**이다.

① **분수법**

구배 $\tan\theta$이고, **그림 1.9**에서 $\tan\theta = y/x$가 된다. 분수법의 구배는 $1/40$ 등과 같이 분수로 표시한다. 구배가 작을 경우에는 $\tan\theta \fallingdotseq \sin\theta$로 보아도 된다.

② **백분율법**(percentage method)

분수법에서 구한 구배에 100을 곱하여 **백분율**로 표시한다. 즉, 분수법의 구배 $1/40$은 $1/40 \times 100 = 2.5$[%]의 백분율로 표시한다.

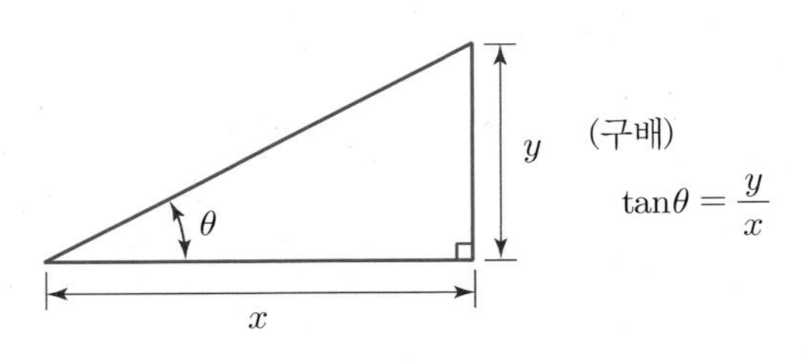

그림 1.9 ▸ 구배의 표시법

③ **천분율법**(permillage method)

분수법에서 구한 구배에 1000을 곱하여 **천분율**로 표시한다. 즉, 분수법의 구배 1/40은 $1/40 \times 1000 = 25$[‰](퍼밀)의 천분율로 표시한다.

구배의 한도는 간선 철도 25[‰], 지방 철도 35[‰], 노면 철도 40[‰] 정도로 하는 것이 보통이다.

열차가 급격한 구배의 변경점을 통과하면 차량에 충격을 주어 탈선의 우려가 있다. 이때 변경점에 수직 방향의 곡선을 삽입해서 구배가 급격히 변화되는 것을 완화시켜 준다.

이와 같이 종단 구배가 심하게 변화하는 궤도에서 삽입하는 곡선을 **종곡선**(vertical curve)이라 한다.

(6) 분기기

분기기(turnout)는 하나의 선로에서 두 방향으로 분리하는 장치로서 차륜을 한 궤도에서 다른 궤도로 유도하기 위한 것이다.

크로싱(crossing)은 **철차**라고도 하고, 두 개의 선로가 동일 평면에서 교차하는 것을 말한다. 단독 또는 분기기의 한 구성으로 존재하는 경우가 있다.

분기기는 포인트부, 도입부, 철차부로 나누어지다. 각 부의 구성품은 **그림 1.10**과 같다.

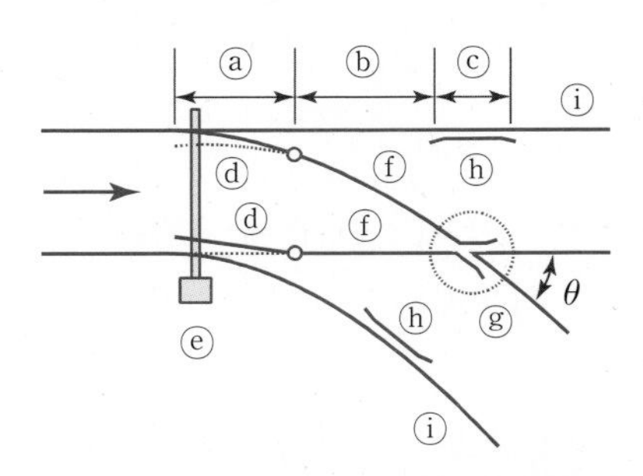

그림 1.10 ▸ 분기기의 각 부 명칭

ⓐ 포인트부(point section)
ⓑ 도입부(lead section)
ⓒ 철차부(crossing section)
ⓓ 선단 궤조(tongue rail)
ⓔ 전철기(switch)
ⓕ 도입 궤조(lead rail)
ⓖ 철차(crossing)
ⓗ 호륜 궤조(guard rail)
ⓘ 기본 궤조

① **포인트부**(point section), ⓐ : 전철기, 선단 포인트, 선단궤조

- **선단 궤조**(선단 레일, tongue rail), ⓓ : 앞부분을 뾰족하게 한 선단 포인트를 주로 사용하며, 가동 레일로서 쉽게 움직일 수 있도록 뒷부분을 고정시켜 이음매로 되어 있는 구조이다.
- **전철기**(switch), ⓔ : 분기기의 선단 궤조를 좌우로 이동시켜 기본 레일에 밀착 또는 분리시키는 전환 장치이고, 사람의 힘으로 작동시키는 수동식과 밀폐형 유도전동기를 사용하는 전기 동력식이 있다.

② **도입부**(lead section), ⓑ : 도입 궤조

- **도입 궤조**(리드 레일, lead rail), ⓕ : 포인트부와 철차부를 연결하는 곡선, 직선으로 되어 있는 레일을 말한다.

③ **철차부**(crossing section), ⓒ : 철차, 호륜 궤조

- **철차**(crossing), ⓖ : 기본 궤조와 분기 궤조 또는 두 개의 궤도가 서로 교차, 분기하는 장치이다. 철차의 구조는 고정식과 가동식이 있고, 일반적으로 고정식을 사용한다. 철차는 크로싱(crossing)으로 더 많이 불리어지고 있다.
- **호륜 궤조**(guard rail), ⓗ : 가드 레일이라 불리어지고, 궤도의 분기 개소에서 철차가 있는 곳은 궤조가 중단되어 있기 때문에 차량을 원활하게 분기선로로 유도하기 위하여 철차의 반대쪽 궤조 측에 설치하는 궤조이다.
- **철차각**(crossing angle), θ : 철차부에서 기준 궤조와 분기 궤조가 교차하는 분기 각도이고, 철차 번호 N은 철차각 θ에 의하여 다음의 관계식으로 정의한다.

$$N = \frac{1}{2}\cot\frac{\theta}{2} \fallingdotseq \cot\theta \tag{1.9}$$

N의 번호가 작을수록 교차 또는 분기 각도 θ가 커지기 때문에 열차에 대하여 속도 제한의 조건이 주어진다.

연습문제

객관식

01 우리나라에서 운행되고 있는 전기 철도의 궤간[mm]은 얼마인가?

① 1,067 ② 1,372 ③ 1,435 ④ 1,524

02 곡선부에서 원심력 때문에 차체가 외측으로 넘어지려는 것을 막기 위하여 외측 궤조를 약간 높여 준다. 이 내외 궤조 높이의 차를 무엇이라고 하는가?

① 가드 레일 ② 슬랙 ③ 고도 ④ 확도

03 곡선 궤도에 있어 고도의 최대한을 두는 이유는 무엇인가?

① 시설이 곤란하다.
② 운전속도를 제한하기 위하여
③ 운전의 안전을 확보하기 위하여
④ 타고 있는 사람의 기분을 좋게 하기 위하여

04 궤도의 곡선 부분에서 고도를 갖지 못하는 곳은 어느 곳인가?

① 철차가 있는 곳 ② 교량의 부분 ③ 건널목 ④ 터널내

05 궤간 G[mm], 반지름 R[m]의 곡선 궤도를 V[km/h] 속력으로 전차를 주행할 때의 고도(cant)[mm]는 얼마인가?

① $\dfrac{GV}{102R}$ ② $\dfrac{GV^2}{102R}$ ③ $\dfrac{GV}{127R}$ ④ $\dfrac{GV^2}{127R}$

06 궤간이 1[m]이고 반경이 1,270[m]의 곡선 궤도를 64[km/h]로 주행하는 데 적당한 고도[mm]는 얼마인가?

① 13.4 ② 15.8 ③ 18.6 ④ 25.4

힌트 $h = \dfrac{GV^2}{127R} = \dfrac{1000 \times 64^2}{127 \times 1270} = 25.4$ [mm]

07 고도가 10[mm]이고 반지름이 1,000[m]인 곡선 궤도를 주행할 때 열차가 낼 수 있는 최대속도[km/h]는 얼마인가? 단, 궤간은 1,435[mm]로 한다.

① 약 29.75　　② 약 38.46　　③ 약 49.68　　④ 약 196.0

힌트 $h = \dfrac{GV^2}{127R}$　$\therefore\ V = \sqrt{\dfrac{127Rh}{G}} = \sqrt{\dfrac{127 \times 1000 \times 10}{1435}} = 29.75$ [km/h]

08 열차가 곡선 궤도부를 원활하게 통과하기 위한 조치는 무엇인가?

① 가이드 레일　　② 확도　　③ 고도　　④ 철차

09 궤도의 확도(slack)는 어느 것인가? 단, 곡선의 반지름 R[m]의, 고정 차축 거리 l[m]이다.

① $\dfrac{l^2}{5R}$　　② $\dfrac{l^2}{R}$　　③ $\dfrac{l^2}{8R}$　　④ $\dfrac{l^2}{2.5R}$

10 종곡선(vertical curve)은 설명 중에서 어느 것인가?

① 곡선이 변화하는 부분을 말한다.
② 수평 궤도에서 경사 궤도로 변화하는 부분
③ 직선 궤도에서 곡선 궤도로 변화하는 부분
④ 곡선이 심히 변화하는 부분

11 완화 곡선(lead rail)은 설명 중에서 어느 것인가?

① 단선에서 복선으로 변경하는 부분에 있다.
② 직선 궤도에서 곡선 궤도로 이동하는 곳에 있다.
③ 곡선 궤도의 반지름이 작은 것을 말한다.
④ 반향 곡선의 일부분이다.

12 다음의 설명 중에서 리드 레일(lead rail)에 적당한 것은 무엇인가?

① 열차가 대피궤도로 도입되는 레일
② 전철기와 철차와의 사이를 연결하는 곡선 레일
③ 직선부에서 곡선부로 변화하는 부분의 레일
④ 직선부에서 경사부로 변화하는 부분의 레일

13 온도의 변화로 인한 궤조의 신축에 대응하기 위한 것은?

① 궤간　　② 유간　　③ 곡선　　④ 확도

14 직선 궤도에서 호륜 궤조를 설치하지 않으면 안 되는 곳은 어느 곳인가?

① 교량의 위　② 고속도 운전구간　③ 병용궤도　④ 분기 개소

주관식

01 전기 철도의 전기방식과 집진 방식에 대해 설명하라.

02 제 3 궤조 방식에 대하여 설명하라.

03 복진과 복진지에 대하여 설명하라.

04 고도(캔트), 확도(슬랙), 구배의 역할에 대하여 설명하라.

05 종곡선과 완화 곡선에 대하여 설명하라.

06 호륜 궤조의 설치 장소와 목적에 대하여 설명하라.

전차 선로와 전기 차량

2.1 전차 선로의 개요 및 구성

2.1.1 전차 선로의 특징

전차 선로는 가공 전차 선로, 급전선로, 귀선로 및 이를 부속하는 설비를 총괄하는 것을 말한다. 전차 선로는 수송용 동력을 전달하는 전기설비이고, 일반 전력용 전선로와 구조와 기능면에서 많은 차이가 있다. **전차 선로의 주요 특징**은 다음과 같다.

① 전기차의 운전에 의하여 부하점이 이동하고, 또 부하는 급격한 변동을 수반한다.
② 전기차의 집전 장치와 전차선은 전기적으로 불완전한 접촉 상태이다.
③ 철도선로의 구조물에 의하여 설비상의 제약을 받는다.
④ 예비 선로를 가질 수 없고, 레일을 귀선으로 하는 1선 접지의 전기회로이다.

2.1.2 전차 선로의 가선 방식

전기차에 전기를 공급하는 전차 선로의 가선 방식은 전기를 집전하는 방식에 따라 가공식, 강체식, 제 3 궤조식으로 분류한다.

가선 방식은 가공 전차선에서 가공 단선식, 도시 지하철도에서 강체 방식으로 하는 것을 표준으로 하고 있다.[제 1 장 전기 철도의 집전 방식에 의한 분류 참고]

(1) 가공식

가공 단선식은 변전소로부터 공급된 전력을 전차선(trolley wire)을 통하여 전기차 상부에 장착된 집전 장치로부터 전력을 공급받고 주행레일을 귀로로 하여 전력을 변전소로 귀환하는 방식이다.

가공 단선식은 고속운전에 적합하며, 대표적으로 사용되고 있는 가선 방식으로 직류 및 교류 모두에 널리 사용되고 있지만, 귀선로로 레일을 사용하여 1선 접지회로 방식이 되기 때문에 대지 누설전류가 커서 직류 방식에서는 지하 매설물에서 전식을 일으키고, 교류 방식에서는 통신 유도 장해를 발생시킨다.

가공 복선식은 대지와 전선 상호간에 서로 절연된 2조의 가공 접촉 전선을 설치하고, 2조의 집전 장치가 장착된 전기차에서 집전하는 방식이다. 구조가 복잡하고 전선 상호간의 절연이 곤란하여 전압을 높일 수 없지만, 전식 등은 발생하지 않는다. 주로 무궤조 전차, 즉 트롤리 버스에 이용되고 있다.

(2) 강체식(rigid system)

전차 선로의 가선 방식에서 지하 구간에 적합하도록 개발된 방식으로 조가선이 없이 급전선과 전차선(트롤리선)을 일체화한 강체를 터널 등의 천장에 애자 또는 브래킷을 취부하고 강체 전차선을 고정한 구조이다. 강체식은 도시 지하철 구간에 주로 이용하는 **강체 단선식**과 모노레일용의 **강체 복선식**이 있다.

(3) 제 3 궤조식(third rail system)

주행용 레일 외에 제 3 레일을 궤도 측면에 설치하여 전기차에 전력을 공급하고 귀선으로 주행 레일을 사용하는 방식이다. 이 방식은 지지물이 간단하고 가공설비가 필요하지 않으므로 터널 단면을 작게 할 수 있는 장점이 있다.

지하 터널 구간에만 사용되는 방식이며 감전의 위험이 크기 때문에 전압을 높일 수 없어 DC 600[V] 또는 750[V]를 사용한다.

2.1.3 전차 선로의 조가 방식

(1) 가공 전차선의 조가 방식

전차선을 궤도 상부에 일정한 높이로 매달아서 설치하는 방식을 **조가 방식**이라 한다. 조가 방식은 직접 조가식, 커티너리 조가식, 강체 조가식이 있다.

(a) 직접 조가식(direct hang system)

가장 단순한 구조로 전차선 1조만으로 구성된 방식이다. 이 방식은 설치비가 적게 들지만 전차선의 장력이나 높이를 일정하게 유지하기가 곤란하기 때문에 저속의 구내 측선, 유치선 등에 사용하는 정도이며, 노면전차 또는 트롤리 버스에 주로 사용된다.

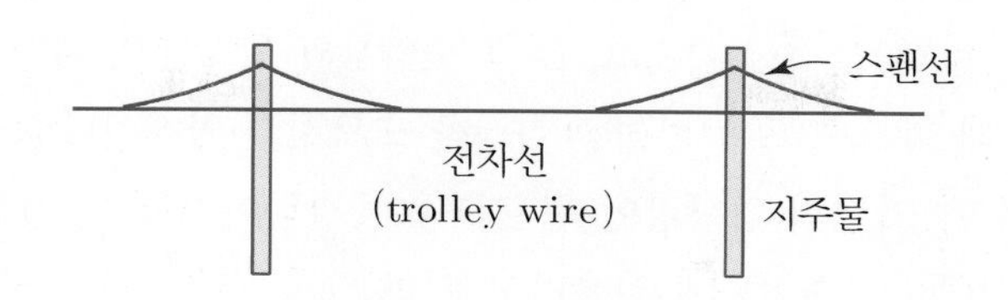

그림 2.1 ▶ 직접 조가식

(b) 커티너리 조가식(catenary suspension system)

전기차의 속도 향상을 위하여 전차선의 이도에 의한 이선율을 작게 하고 동시에 경간을 크게 하기 위하여 조가선(messenger wire)을 전차선(trolley wire) 위에 기계적으로 가선하고 일정한 간격으로 행거(hanger)나 드로퍼(dropper)로 매달아 전차선이 두 지지점 사이에서 궤도면에 대하여 일정한 높이를 유지하도록 하는 방식이다. 이 경우 조가선이 커티너리 곡선이 형상을 이루기 때문에 **커티너리 조가 방식**이라고 부른다.

이 방식은 직접 조가식에 비하여 구조는 복잡하지만 전차선의 높이가 일정하고 성능이 우수하므로 전기 철도의 고속 운전에 적합한 방식이다.

① **단식 커티너리 조가식**(simple catenary system)

단식 커티너리 조가식은 조가선과 전차선의 2조로 구성되고 조가선으로 전차선을 궤도면에 대하여 평행이 되도록 한 구조의 방식이다.

커티너리 방식 중 가장 대표적인 것으로 현재 가장 많이 사용되고 있으며, 일반적으로 110[km/h] 정도의 중속도용으로 우리나라 지상 전철구간의 전차선의 조가식은 모두 이 방식을 채택하고 있다. 최근 이 방식은 드로퍼로 간격을 조정하고 설비를 일부 개량하여 300[km/h]까지 운전할 수 있다.

② **변형 Y형 단식 커티너리 조가식**(Y-switched simple catenary system)

단식 커티너리 조가식의 지지점 부근에 조가선과 병행하여 15[m] 정도의 가는 전선(Y선)을 가설하여 이것에서 전차선을 조가한 구조이다.

Y선은 지지점 부근의 압상량을 크게 하여 지지점 아래의 팬터그래프 통과에 대한

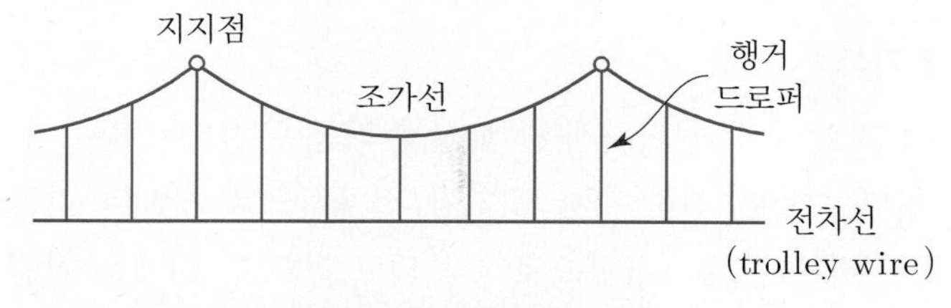

그림 2.2 ▶ 단식 커티너리 조가식

경점(hard spot)을 경감시키고, 경간 중앙부와 압상량의 차이를 적게 하여 이선 및 아크를 작게 함으로써 속도 성능 향상을 도모시킨 방식이다. 그러나 Y선의 장력 조정이 어렵고, 가선의 압상량이 큰 것 등이 결점이지만, 조가선의 장력을 증가시켜 독일에서 ICE 고속철도에 사용하고 있다.

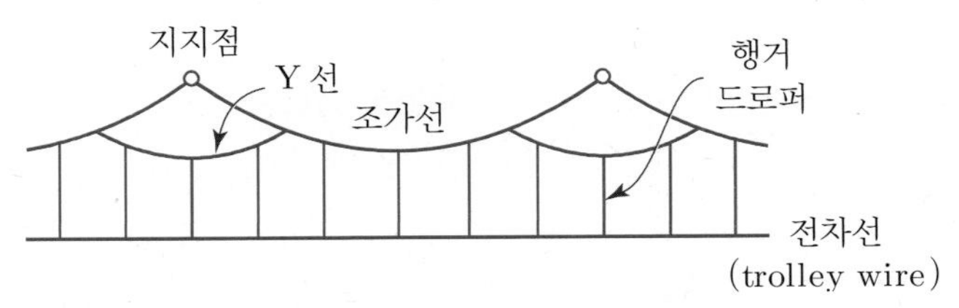

그림 2.3 ▶ 변형 Y형 단식 커티너리 조가식

③ **복식 커티너리 조가식**(compound catenary system)

복식 커티너리 조가식은 단식 커티너리 조가식의 조가선과 전차선간에 보조 조가선을 가설하여 조가선에서 드로퍼로 보조 조가선을 매달고, 보조 조가선에서는 행거로 전차선을 조가한 구조의 방식이다.

이 방식은 보조 조가선에 경동연선(100[mm^2])을 사용하고 있어 집전용량이 크고, 팬터그래프에 의한 가선의 압상량이 비교적 균일하므로 속도 성능이 높아 고속 운전 구간이나 중부하 구간에 적합하다. 그러나 가선 공간이 커져서 지지물의 높이가 증가하여 단식 커티너리 방식에 비하여 건설비가 높아진다.

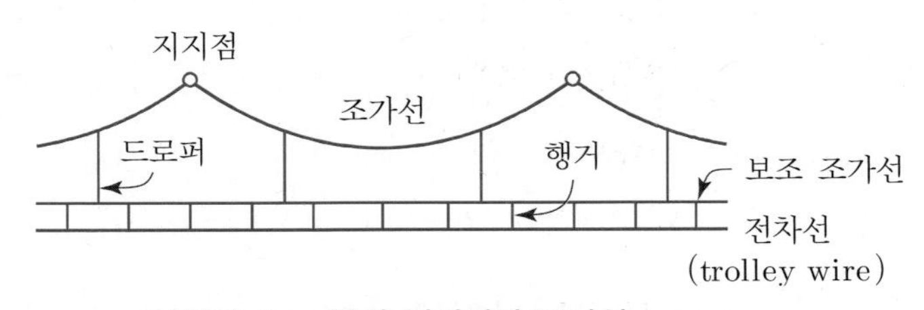

그림 2.4 ▶ 복식 커티너리 조가식

(c) 강체 조가식

전기 철도가 지상 구간과 지하 구간에 상호 직통 운전하는 경우에 차량의 집전 장치를 공유하여야 한다. 이 때 지하 구간의 가공 전차선으로 개발된 것이 강체 조가식이다.

일반적으로 지하 구간은 직류용으로 사용되고 있으며, 현재는 절연기술의 발달로 지하 교류용으로도 사용 가능하게 되었다.

강체 조가식은 터널 천장에 애자를 설치하고, 여기에 강체, 즉 도체 성형재(bar)를 고정시킨 다음에 강체의 아랫면에 전차선을 물린 구조로 되어 있다.

강체는 급전선을 겸하고 있기 때문에 충분한 전류 용량이 필요하므로 알루미늄 합금 압출 형재가 많이 사용된다. 이 방식은 T－bar 방식과 R－bar 방식의 두 종류가 있다.

전차선은 강체이므로 전기차가 고속 운전할 때 팬터그래프가 도약 현상을 일으켜 이선이 발생할 우려가 있으므로 운전 최고속도는 80[km/h]로 제한된다.

① T－bar 방식

T－bar 방식은 **직류 구간**에서 사용하고, 표준 길이는 10[m]이다. 우리나라 지하 구간에 주로 이용되는 방식이다. **그림 2.5**에 T－bar 방식의 구조를 나타낸다.

급전 전압이 낮으므로 절연거리가 짧은 250[mm] 지지애자에 알루미늄(Al) T형재를 접속하고, T형 강체(rigid bar)의 아랫면에 전차선의 체결금구인 롱 이어(long ear)를 볼트로 고정하여 전차선을 지지하는 방식이다.

롱 이어는 전차선을 T－bar에 연속적으로 고정하는 체결 금구이다. 재질은 알루미늄 합금으로 T－bar와 동일 금속을 사용하여 전위에 의한 부식이 일어나지 않도록 한다. 강체 전차 선로의 지지물 설치 간격은 5[m]이하로 (표준) 한다.

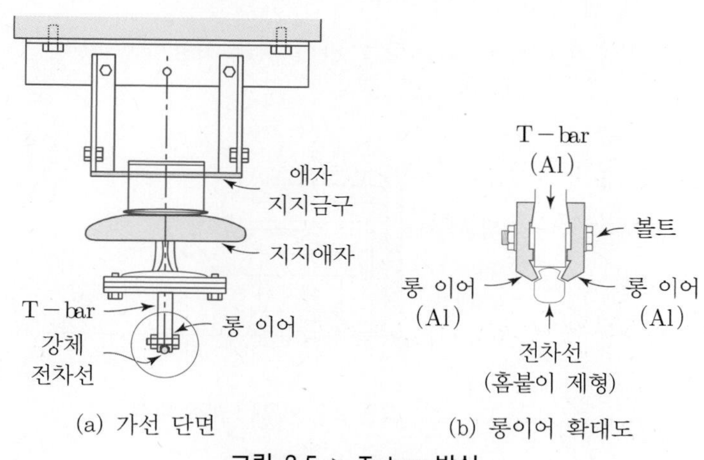

그림 2.5 ▶ T-bar 방식

② R－bar 방식

R－bar 방식은 **교류 구간**에서 사용하는 방식으로 교류 25[kV] 방식의 지하 구간에서 사용되는 표준 길이는 12[m]이다.

전압이 높아서 절연거리가 길기 때문에 강체의 직상부 좌우에 직선형 가동 브래킷(bracket)을 설치하여 강체(rigid bar)로 전차선을 고정하는 방식이다. 가선 도르래를 이용하여 쉽게 가선할 수 있기 때문에 시공은 간단하고, 10[m] 간격으로 장간 애자에 의하여 고정되어 있다. **그림 2.6**에 R－bar 방식의 구조를 나타낸다.

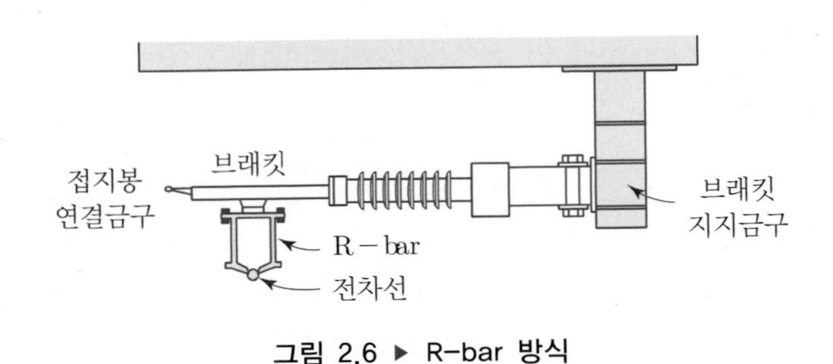

그림 2.6 ▸ R-bar 방식

(2) 제 3 궤조식

그림 2.7과 같이 주행용 레일 옆에 제 3 레일을 부설하고 전기차의 측면에서 나온 집전 슈(current collection shoe)에 전력을 공급을 받는 방식으로 감전의 위험이 있기 때문에 지하철에서 직류 600～750[V]의 저전압에 채택하여 사용한다.

제 3 궤조의 집전 슈의 접촉압력은 15[kg] 정도로 큰 기계적 강도를 요구하지 않지만 도전율을 크게 할 필요가 있다. 따라서 주행 레일보다 저항이 적은 저탄소강을 필요로 하고, 표준 연동의 6～8배의 저항을 가진 것을 사용하고 있다.

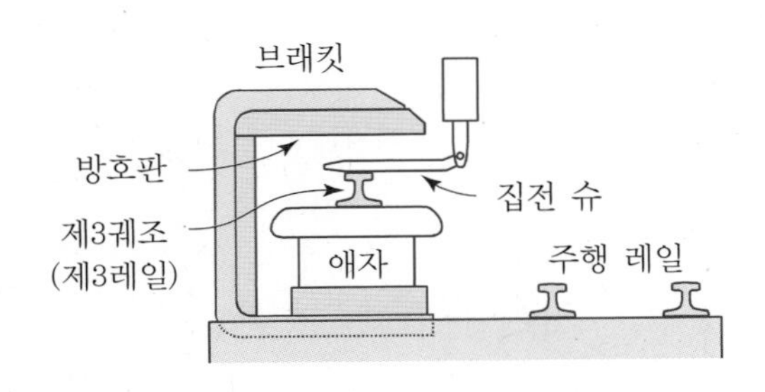

그림 2.7 ▸ 제 3 궤조 방식

2.1.4 전차선

전차선(trolley wire)은 레일 면 위의 일정한 높이로 가설되어 차량의 집전 장치(팬터그래프)와 직접 접촉하여 전기차에 전력을 공급하기 위한 가공 전선이다.

전차선에 요구되는 성능은 다음과 같다.

① 도전성이 높을 것 ② 전기용량이 클 것

③ 내열성, 내마모성, 내부식성이 좋을 것　④ 피로강도가 충분할 것
⑤ 인장강도가 크고 장력이 클 것　⑥ 접속개소의 통전 상태가 양호할 것

전차선의 높이는 레일면상으로부터 지하 구간에서 4.25[m]를, 지상 구간에서 5.1[m]를 표준으로 한다. 일반적으로 사용하는 재질은 경동이다.

그림 2.8은 전차선의 단면 형상이다. 차량기지에는 **홈붙이 원형**의 형상을 사용하고 지하 구간에는 급전 용량의 안정화를 위해 허용전류가 큰 **홈붙이 제형**을 주로 사용한다.

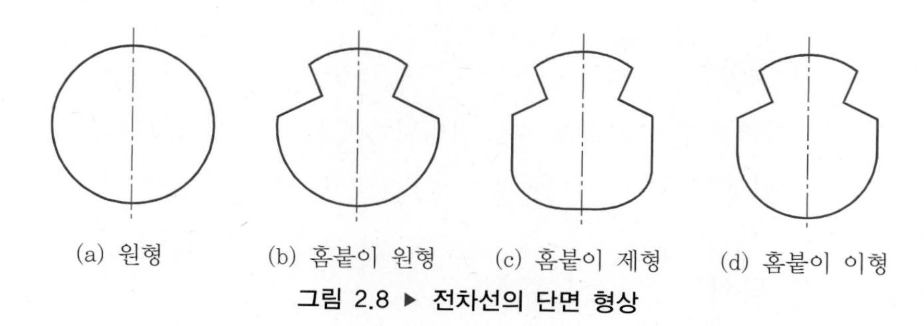

(a) 원형　(b) 홈붙이 원형　(c) 홈붙이 제형　(d) 홈붙이 이형

그림 2.8 ▶ 전차선의 단면 형상

전차선은 팬터그래프와의 직접 접촉에 의한 편마모를 방지하기 위하여 궤도 중심선에서 볼 때 전차선을 좌, 우로 각각 200[mm], 최대 250[mm]씩 지그재그로 설치한다. 이것을 전차선의 **편위**라고 한다. 편위는 궤도 면상의 수직인 궤도 중심선에서 수평으로 이격되는 거리를 말한다.

전차선의 편위는 직선로에서 200[mm]를 표준으로 하고 최대 250[mm]까지 할 수 있으며, 곡선로에서는 경간 중앙에서 150[mm] 이하로 한다.

전차선의 편위가 지나치게 크면 팬터그래프가 전차선에서 이탈하는 **이선 현상**이 일어날 수 있으므로 일정한 한계를 정하고 있다.

전기 철도의 고속화로 이선을 줄이기 위하여 팬터그래프 및 가선 구조를 개량하여 개발되고 있으며, 이선의 허용한도를 나타내는 **이선율**(ratio of contact keep)은 다음과 같다.

$$\text{이선율} = \frac{\text{이선 시간}}{\text{실제 운전 시간}} \times 100\,[\%] \qquad (2.1)$$

2.1.5 급전선

전철용 변전소에서 전차선 또는 도전 레일 등의 집전 장치를 통하여 전기차에 전력을 공급하기 위한 도체를 **급전선**(feeder line)이라 한다.

(1) 직류 급전선

전차선과 병렬로 급전선을 설치하여 전차선의 전류 용량 및 급전 회로의 전압강하를 감소시키는 목적으로 사용하는 전선이다.

(2) 교류 BT 급전선

전철용 변전소와 급전 인출구 부근의 **절연 구분 장치**(데드 섹션) 전후의 전차선 사이를 연결하여 변전소에서 전차선에 전력을 공급하기 위한 전선이다.

(3) 교류 AT 급전선

전철 변전소에서 전차 선로에 분산 설치되어 있는 **단권 변압기**(AT)에 전력을 공급하기 위한 전선이다.

2.1.6 구분 장치

구분 장치(section device)는 전차선의 일부분에 사고가 발생하거나 보수 작업을 위하여 개폐 설비에 의하여 전기적으로 계통이 구분되도록 한 절연 장치이고, **섹션**이라고도 한다. 구분 장치는 전기적, 기계적 강도가 충분하고, 다음과 같은 조건이 요구된다.

① 충분한 절연성을 가질 것
② 팬터그래프의 통과에 지장이 없을 것
③ 가볍고 기계적 강도가 클 것
④ 구간을 통과하는 열차의 속도에 대응할 수 있을 것
⑤ 구분장치는 전동차가 상시 정차하지 않는 구역에 설치할 것

표 2.1은 구분 장치(섹션)의 사용 구분에 따른 종류와 용도를 나타낸다.

표 2.1 ▶ 구분 장치의 종류와 용도

구분 장치	종 류	사용 구분	속도[km/h]	비 고
전기적 구 분	에어 섹션	동상의 본선 구분용	130	공기 절연
	애자 섹션	동상, 상·하선 및 측선 구분용	85	애자제, 수지제
	절연구분장치 (데드 섹션)	이상 구분 및 교류·직류 구분용	130	수지제
	비상용 섹션	사고 시 긴급 구분용	설계속도	전기적 접속
기계적 구분	에어 조인트	본선 구분용(전차선 평행설비 구분)	130	전기적 접속

2.1.7 귀선로

(1) 귀선로

전기차에 공급된 전력을 변전소로 되돌려 보내는 설비를 **귀선로**(return wire)라 하고, 일반적으로 **귀선 레일(주행 레일)**, **레일 본드** 및 **보조 귀선** 등으로 구성된다.

귀선로는 **급전 방식**에 따라 다음과 같이 구분한다.

(a) 직류 급전 방식

그림 2.9와 같이 변전소의 교류를 변환 장치에 의해 직류로 변환된 직류 구간에서 전기차 귀선 전류는 일반적으로 주행 레일로 흐르고, 일부는 대지로 누설전류가 흘러서 임피던스 본드의 중성점에 접속된 인입 귀선을 통하여 변전소의 부극 모선으로 돌아가는 회로로 구성되어 있다.

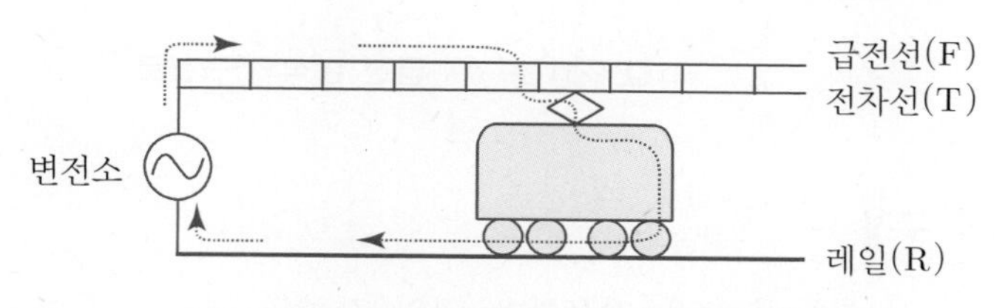

그림 2.9 ▶ 직류 급전 방식의 귀선로

(b) 교류 BT 급전 방식

그림 2.10과 같이 BT 급전 방식의 교류 구간에서는 선로에 가까운 통신선에 일으키는 유도 장해를 방지하기 위하여 **흡상 변압기**(booster transformer, BT)에 의해 강제적으로 귀선 전류를 흡상선을 통하여 레일(임피던스 본드)에서 흡상시켜 부급전선을 통하여 변전소로 돌아가는 회로로 구성되어 있다.

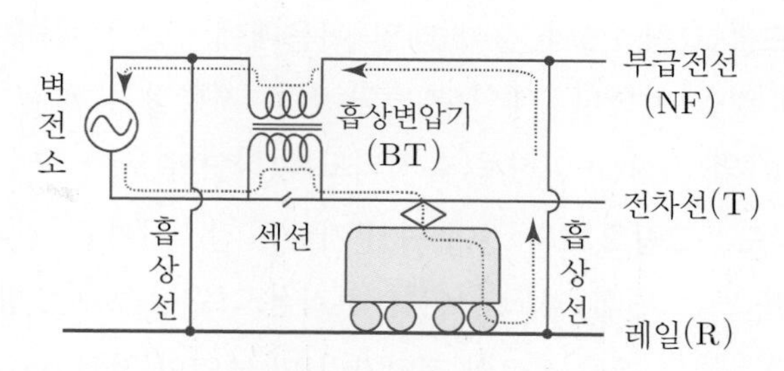

그림 2.10 ▶ BT 급전 방식의 귀선로

(c) 교류 AT 급전 방식

그림 2.11과 같이 AT 급전 방식의 교류 구간에서는 **단권 변압기**(auto transformer, AT)의 설치 개소에 변압기 권선의 중성점과 레일(임피던스 본드)을 중성선으로 연결하고, 귀선 전류를 강제적으로 단권 변압기로 흐르게 하고 급전선을 통하여 변전소로 귀환하도록 회로를 구성하고 있다.(점선의 전류는 보호선이 없는 경우임)

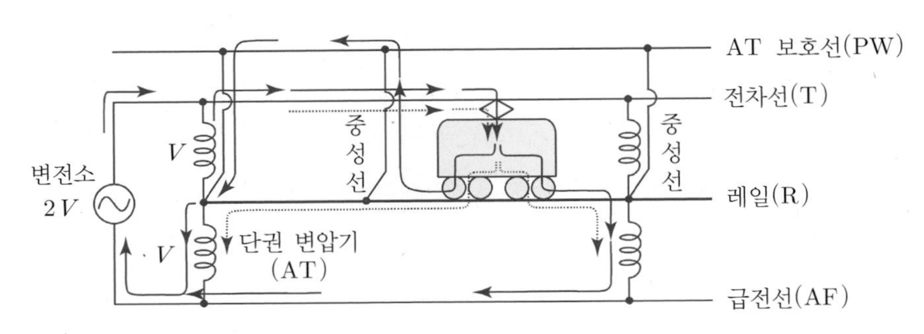

그림 2.11 ▸ AT 급전 방식의 귀선로

(2) 귀선로의 구성

귀선로의 전기 저항이 높은 경우에는 전압 강하와 전력 손실이 커지고 누설전류가 증가하여 전식 또는 통신 유도 장해를 발생시키는 원인이 된다. 따라서 귀선로의 전기 저항을 최소로 감소시킬 필요가 있다. 이의 대책을 설명하면 다음과 같다.

(a) 교류 방식에서는 **통신 유도 장해를 경감**하기 위하여 흡상 변압기 또는 단권 변압기를 이용하거나 가공 방식의 부급전선 등을 설치한다.

(b) **귀선로의 전기 저항 감소**를 위해 **그림 1.5**와 같이 레일의 이음매에 **레일 본드**(rail bond)를 설치하여 전기적 접속을 양호하게 하거나 부하전류가 많은 구배 구간 등에서 평행으로 **보조 귀선**(auxiliary return feeder)을 설치한다.

① **레일 본드 : 그림 1.5**와 같이 레일 이음매에 전기적 접속이 양호하도록 도체로 단락시킨 것을 말한다. 레일 본드의 접촉 저항값은 레일 본드를 취부한 레일의 길이 5[m]의 저항값 이하로 유지되도록 하여야 한다.

② **크로스 본드 : 그림 2.12**와 같이 귀선 저항을 감소시키고, 전류를 평형시키기 위하여 좌우 레일 또는 인접 궤도 사이를 전기적으로 접속하는 방법이다.

③ **보조 귀선** : 직류 전차 선로의 전압강하 및 레일의 전위 상승이 심한 경우에 귀선의 전기 저항을 감소시켜 전식의 피해를 줄이기 위하여 보조 귀선을 설치한다.

그림 2.13과 같이 보조 귀선은 지중식 또는 가공식으로 레일과 병렬로 도체를 설치하여 크로스 본드에 의해 레일과의 사이를 균압하는 도체를 말한다.

보조 귀선은 변전소의 부극에 접속하는 것이 일반적이고, 지중케이블 또는 가공전선을 이용하여 대지 누설전류를 적게 하는 방법으로 전식의 피해를 방지하기 위하여 설치한다.

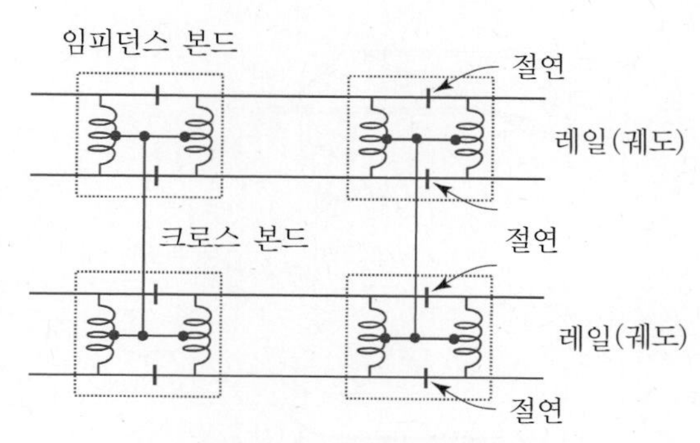

그림 2.12 ▶ 크로스 본드

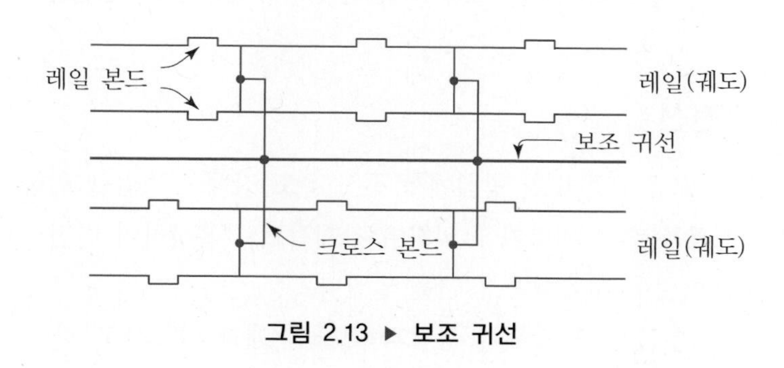

그림 2.13 ▶ 보조 귀선

2.1.8 흡상선

흡상선(booster wire)은 교류 전차 선로의 통신 유도 장해를 경감하기 위하여 교류 BT급전 방식에서 흡상 변압기(BT)의 전류 흡상 작용에 의하여 귀선 전류를 부급전선으로 흐르도록 **부급전선과 귀선 레일을 접속하는 전선**을 말한다.

흡상선은 부급전선이 있는 교류 BT 급전 방식의 변전소 부근 또는 흡상변압기의 중간 지점 부근에서 다음에 준하여 시설한다.

① 흡상 변압기 설치 간격의 중앙에서 복궤조식은 임피던스 본드의 중성점, 단궤조식은 귀선 레일 측에 부급전선을 접속한다.

② 지중에 매설하는 경우는 트로프(trough) 또는 관로에 수용하고 궤도 밑을 횡단할 때는 노반 면에서 750[mm] 이상의 깊이에 매설한다.

③ 지표상 2[m]의 높이까지 절연관 등으로 보호한다.

④ 흡상선은 2본 병렬로 시설한다.

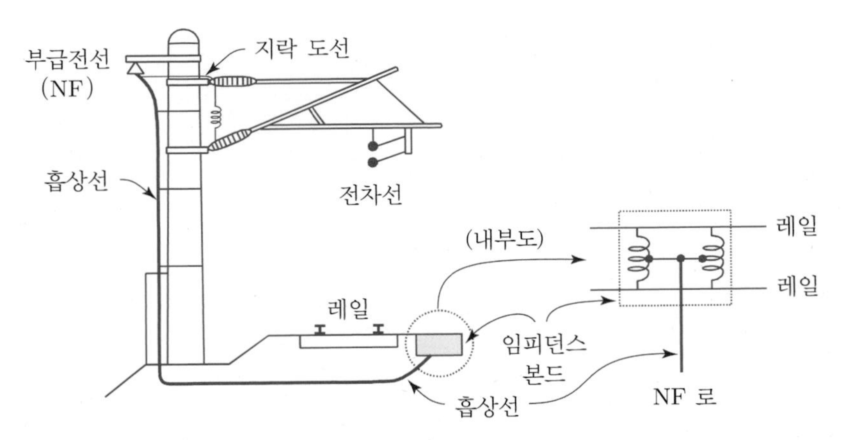

그림 2.14 ▶ 교류 BT 급전 방식의 흡상선과 부급전선

2.1.9 부급전선

부급전선은 교류 BT 급전 방식에서 통신 유도 장해의 경감을 위하여 레일에 흐르고 있는 귀선 전류를 흡상 변압기에 의하여 강제적으로 흡상하여 변전소로 보내기 위하여 **귀선 레일에 병렬로 시설하는 전선**을 말한다.

부급전선은 통신 유도 장해의 경감과 더불어 애자 섬락사고 시 변전소의 차단기를 신속하게 동작시켜서 전차선을 보호하는 기능도 가지고 있다.

2.1.10 중성선 및 보호선

중성선은 교류 AT 급전 방식의 변전소 등에 설비되어 있는 단권 변압기의 중성점과 귀선 레일의 임피던스 본드의 중성점을 연결하는 전선을 말하고, 부하 전류와 사고 전류의 귀선로로 되어 있다.

보호선용 접속선은 보호선과 레일을 연결하는 선을 의미하고, 설치 간격은 2[km] 이내로 1본만 설치할 수 있다.

중성선 및 보호선용 접속선은 흡상선에 준하여 시설한다.

2.2 전식과 통신 유도 장해

2.2.1 누설전류와 레일의 전위

(1) 누설전류

레일을 귀선 전류의 통로로 이용하는 방식에서 레일 접속 부분의 저항이 크면 귀선 전류의 일부가 대지로 누설하여 부근의 수도관, 가스관, 전력케이블 등의 지하 매설금속관을 통하여 흐르게 되고, 레일의 전기 저항이 높으면 누설전류는 더욱 증가되어 다음과 같은 현상이 발생한다.

① **직류 급전 방식 : 전식의 발생**

② **교류 급전 방식 : 통신 유도 장해**

(2) 레일의 전위

레일 전위는 **전기차 위치인 부하점**에서 대지 전위보다 높은 ⊕**전위**가 되고, **교류에서는 흡상점, 직류에서는 변전소 부근**에서 대지 전위보다 낮은 ⊖**전위**가 된다.

부하점과 변전소의 중앙점 근처는 레일 전위와 대지 전위가 같아지고, 이 점을 중성점이라 한다. **중성점을 기준**으로 부하 측에서는 **레일에서 대지로 향하여 누설전류를 유출**하고, 반대로 **변전소 측에서는 대지에서 변전소(레일)로 유입**한다.(**그림 2.15** 참고)

레일의 대지 전위는 직류, 교류 모두 대략 30[V] 정도이고, 50[V] 이상이 되면 인체에 위험을 초래할 수 있으므로 그 이하가 되도록 조치해야 한다.

레일 전위의 특성은 다음과 같다.

① 부하전류가 클수록 높아진다.

② 레일 단면적이 적어 고유저항이 클수록 높아진다.

③ 레일의 대지 절연저항이 클수록 높아진다.

④ 부하점과 변전소 또는 흡상선의 거리가 멀수록 높아진다.

⑤ 교류 구간에서는 급전 전압이 직류의 10배 이상 높기 때문에 귀선 전류가 거의 1/10로 되지만, 레일의 임피던스가 직류저항의 약 10배가 되며 직류 구간과 거의 같은 정도의 레일 전위가 발생한다.

⑥ 교류 구간에서는 전차선과 레일의 상호유도작용에 의하여 레일 전위를 발생시키는 전류분이 귀선전류의 거의 1/2이 되지만 직류 구간에서는 귀선 전류의 전부가 레일 전위 발생의 요소로 된다.

2.2.2 전식

직류 급전 방식에서 귀로로 이용하는 레일에 흐르는 전류의 일부가 대지로 누설하여 저항이 낮은 지중 금속 매설물을 통하여 변전소 부근에서 레일로 되돌아가게 된다. 이때 지중 금속체는 전해 작용에 의하여 전류 유출 부분이 부식되면서 점차 얇아지게 된다. 이 현상을 **전식**(electrolytic corrosion)이라 한다.

그림 2.15는 레일에서 흐르는 누설전류의 상태와 레일의 전위 분포 곡선을 나타낸 것이다.

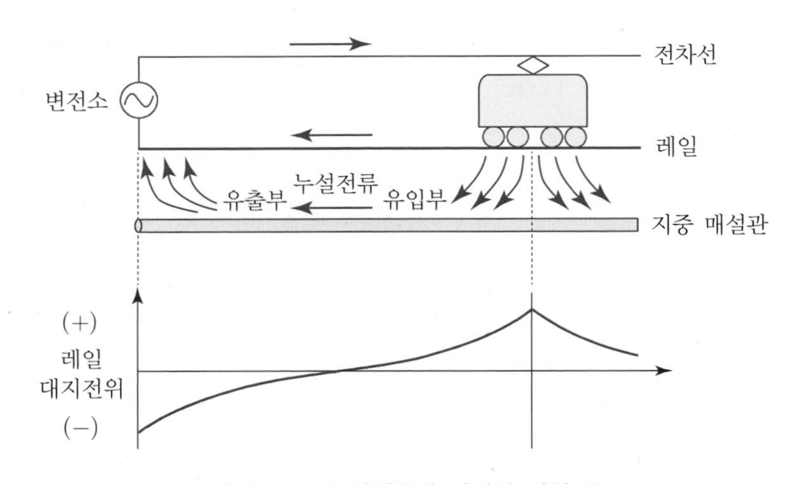

그림 2.15 ▶ 누설전류와 레일의 전위 분포

전식의 방지 대책은 전철 측의 시설과 지중 매설관 측의 시설이 있다.

(a) 전철 측 대책

① 도상의 배수를 양호하게 하여 대지에 대한 레일의 절연저항을 크게 한다.
② 레일 본드를 설치하고 필요에 따라 보조 귀선, 크로스 본드를 설치하여 귀선 저항을 감소시킨다.
③ 변전소를 증가시켜 변전소의 간격을 축소한다.
④ 귀선의 극성을 전기적으로 바꾸어 준다.

(b) 지중 매설관 측 대책

① 누설전류가 흐르지 못하도록 매설관에 피복 도장으로 절연저항을 크게 한다.
② 매설관의 접속부를 전기적으로 절연하거나 레일과의 이격 거리를 크게 한다.

③ 매설 금속관을 도체에 의해 차폐하여 누설전류의 유입을 방지한다.

④ 배류법을 사용한다. 배류법에는 다음과 같은 종류가 있다.

ⓐ **직접 배류법** : 지중 매설 금속체와 레일을 직접 접속하는 방법으로 누설전류에 영향을 주는 변전소가 부근에 한 개소뿐이고 레일 측으로부터 전류가 역류할 우려가 없는 경우에 선택 사용하며, 적용 가능한 장소는 적다.

ⓑ **선택 배류법** : 지중 매설 금속체와 레일을 접속하는 배류선에 선택배류기를 설치하고 금속체가 레일에 대하여 고전위로 되는 경우에만 전류를 유출시키는 방식

ⓒ **강제 배류법** : 배류기 대신에 외부에 직류 전원을 삽입한 방식이며, 레일은 접지 양극으로 하고 선택 배류식의 특성도 구비하고 있으므로 방식 효과가 크다.

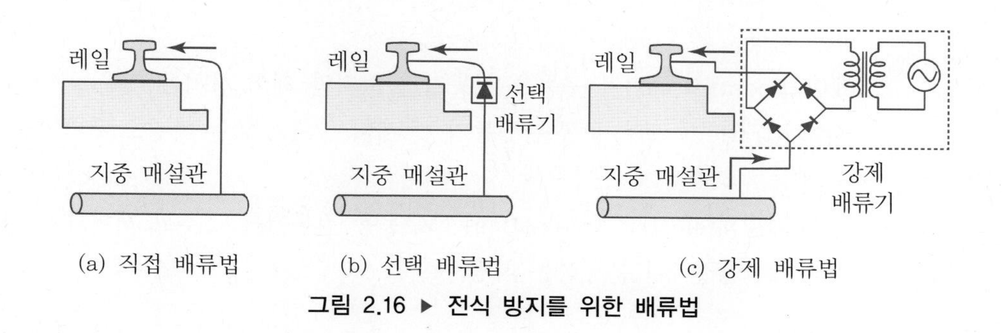

(a) 직접 배류법 (b) 선택 배류법 (c) 강제 배류법

그림 2.16 ▶ 전식 방지를 위한 배류법

2.2.3 통신 유도 장해

전차선에 접근한 통신선은 전력선의 전기적 에너지의 일부가 전달되어 통신 회선에 위험 전압과 잡음 전압 등의 유도 전압이 발생한다. 상용 주파수의 유도 전압에 의하여 인체에 위험이나 기기의 소손이 발생하고, 잡음 전압에 의해 통신 장해 등이 발생한다.

교류 전차 선로에 평행으로 가설된 통신선은 전차선 전류와 부급전선의 전류 또는 레일의 귀선 전류의 불평형, 누설전류의 의하여 유도 전압이 유기되어 통신 장해의 원인이 된다. **통신 유도 장해의 경감 대책**은 다음과 같다.

① 전철 측 대책 : 흡상 변압기, 단권변압기에 의한 방법

② 통신선 측 대책 : 통신선의 케이블화, 전차선과 통신선의 이격거리 증대 등의 방법

③ 전기차 측 대책 : 변압기 2차 측의 콘덴서와 저항을 조합한 필터를 병렬로 접속하여 전차 선로에 흐르는 고주파 성분 억제

2.3 전기 차량

전기 차량은 전기 에너지를 공급받아 주행하는 차량으로서 전차와 전기기관을 합쳐서 전기차라 한다. 전기차는 차체, 대차, 집전 장치, 동력전달장치 및 제어 장치, 주전동기 등으로 구성되어 있다.

2.3.1 차량의 분류

(1) 전동기 유무에 의한 분류

① **전동차**(motor car) : 구동용 전동기가 있고 단독 또는 다른 차량을 연결하여 운전하는 차량

② **제어차**(control car) : 구동용 전동기는 없지만 제어 장치를 갖춘 차량

③ **부수차**(trailer car) : 구동용 전동기 및 제어 장치가 없는 차량으로 객차 또는 화차가 해당

④ **전기 기관차**(electric locomotive) : 구동용 전동기를 갖추고 제어차와 여러 대의 부수차로 연결하여 운전하는 차량

(2) 대차에 의한 분류

① **4륜차**(4-wheel car) : 차축이 두 개인 차량으로 소형 · 저속용으로 시가지 전차로 사용되었으나 최근에는 거의 사용하지 않는다.

② **보기차**(bogie car) : 대차는 2대(차축 4개)로서 보기 대차와 차체로 되어 있기 때문에 보기가 자유로이 회전할 수 있는 차량이며, 최근 가장 많이 사용되고 있다.

③ **관절차**(articulated car) : 두 대의 차체가 한 대의 대차를 공유하는 차량을 말하며, 두 차량을 분리할 수 없으나 대차의 수량이 감소될 수 있으므로 전체 차량의 중량을 경감하여 속도의 증가 및 승차감을 좋게 할 수 있다.

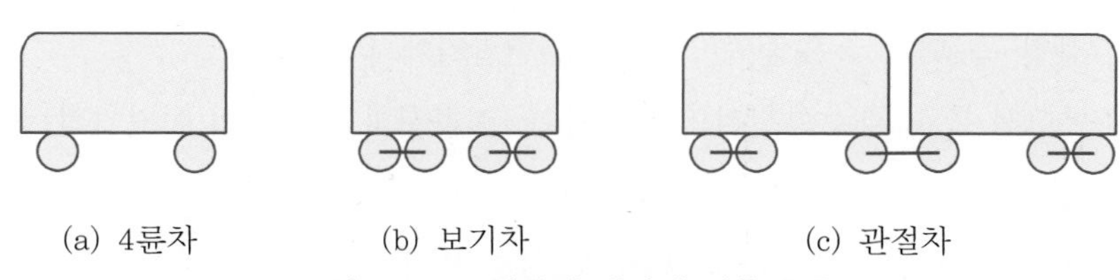

(a) 4륜차 (b) 보기차 (c) 관절차

그림 2.17 ▶ 차량의 대차에 의한 종류

2.3.2 집전 장치

전기차가 가공 전차선이나 제3궤조로부터 전력을 받아들이기 위한 장치를 **집전 장치**(collective current device)라 한다.

가공 전차선의 집전 장치는 저전압 저속도 전차용의 **트롤리 봉**(trolley pole), **궁형 집전기**(뷔겔, Bügel)와 고속도 대용량 전차용의 **팬터그래프**(pantograph)가 있다.

제3궤조 방식의 집전 장치는 **집전 슈**(collective current shoe)가 있다.

집전 장치는 주철과 주강의 재질로 된 습동판(slider)을 전차선에 접촉하여 스프링의 힘으로 집전한다. 습동판의 접촉 압력을 크게 하면 이선율은 감소하지만 기계적 마모가 심하게 된다.

집전 장치의 압상력은 일반적으로 트롤리 봉에서 대략 10[kg] 정도, 궁형 집전기 5~7[kg], 팬터그래프 3~5[kg], 집전 슈에서 대략 10~20[kg] 정도이다.

그림 2.18은 집전 장치 중 가장 많이 사용되고 있는 팬터그래프의 구조이다.

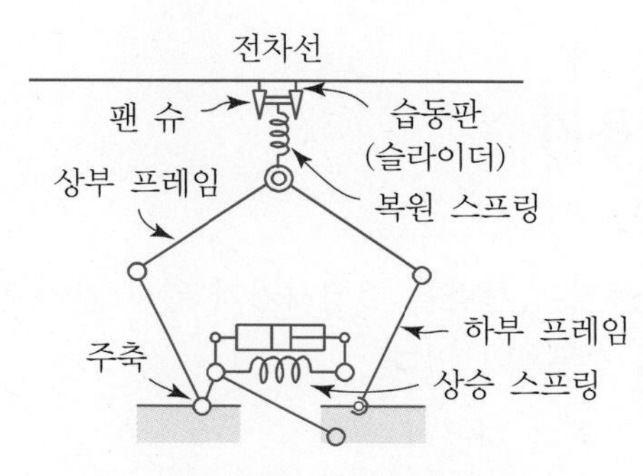

그림 2.18 ▶ 팬터그래프

2.3.3 구동 장치

주전동기의 토크를 차륜에 전달하는 장치를 **구동 장치** 또는 동력 전달 장치라 한다. 구동 장치는 소용량의 주전동기를 각 동륜축으로 분산 배치하여 토크를 각 동륜축으로 전달하는 **단독축 구동 방식**과 1~2대의 대용량 주전동기를 사용하여 토크를 연결봉으로 동시에 2개 이상의 동륜축으로 전달하는 **연축 구동 방식**으로 구분할 수 있다.

일반적으로 전기차의 구동 장치는 단독축 구동 방식의 평행 카르단(cardan) 방식이 널리 사용되고 있다.

평행 카르단 방식은 **그림 2.19**와 같이 주전동기를 동륜축과 평행하게 배치하여 대차 몸체에 고정, 장착하고 전동기의 전기자 축과 소기어와의 사이에 가요성 연결판을 사용하여 토크를 전달시켜 소기어와 동륜축의 대기어를 구동시키는 방식이다.

여기서 감속기어를 사용하는 이유는 주전동기를 소형·경량으로 하여 제한된 공간을 가진 대차에 장착하는 데 유리하기 때문이다.

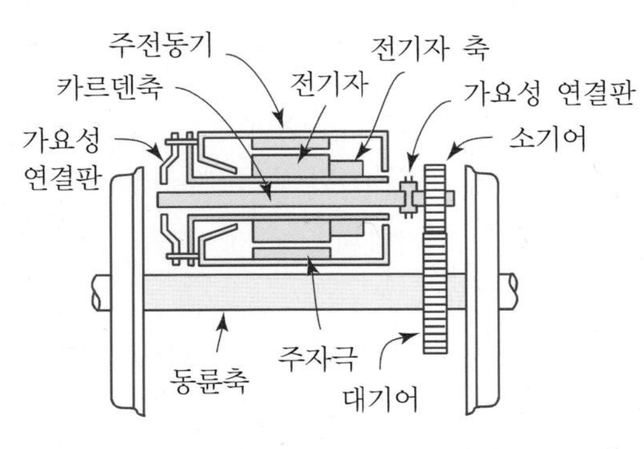

그림 2.19 ▶ 평행 카르단 방식

2.4 주전동기

전기 철도용 주전동기는 차량을 주행시키기 위한 견인 전동기로써 전기 방식에 따라 직류 전동기와 교류 전동기가 있다.

주전동기의 구비 조건은 다음과 같다.

① 기동 시 기동 토크가 클 것
② 상승 구배에서 회전수가 감소하면 토크(회전력)가 커질 것
③ 회전수를 광범위하게 조절할 수 있을 것
④ 병렬 운전이 가능하며, 전동기 상호간의 불평형이 적을 것
⑤ 제한된 장소에 장착하므로 소형 경량일 것
⑥ 전기차 하부에 장착하므로 방진, 방수, 방진형일 것
⑦ 점검 및 보수가 용이할 것

이러한 조건을 만족하려면 직권 특성의 전동기를 사용하여야 한다.

직류 방식은 **직권전동기**, 외국은 직류 직권전동기와 특성이 매우 유사한 교류 방식의 **단상 정류자 전동기**를 사용한다. 정류를 좋게 하기 위하여 전원 주파수를 상용 주파수보다 낮추어 $16\frac{2}{3}$[Hz] 또는 25[Hz]를 사용하고 있다.

교류 방식의 단상 정류자 전동기는 별도의 주파수 변환 장치가 필요하기 때문에 역시 정류기에 의하여 맥류화한 전류를 사용하여 직권 특성을 가지는 맥류 전동기를 사용한다.

주전동기는 종래에 직권전동기(직류)가 주류를 이루었으나 근래에는 출력이 좋고, 중량이 가벼우면서 높은 회전력을 얻을 수 있을 뿐만 아니라 보수가 용이한 교류 유도전동기가 주로 사용되고 있다. 특히 전력 반도체 스위칭 소자의 개발과 인버터 제어 기술의 발전으로 인하여 교류 전동기가 고속열차에 널리 채용하고 있는 추세이다.

전기 차량용 주전동기의 용량은 보통 100～500[kW] 정도이다.

(1) 직류 직권전동기

전기자 전류가 적게 흐르는 포화되지 않은 영역에서 사용하는 직류 직권전동기의 특성은 다음과 같다.

① 회전수는 단자전압에 비례하고 부하전류에 반비례한다.
② 토크는 전류의 제곱에 비례한다.

이와 같이 직권전동기는 전기 차량용으로 적합한 특성을 가지고 있으며 4극 또는 6극이 많이 사용되고 있고, 정류 개선을 위한 보극을 가지고 있다. 그러나 전기 차량용에서 보극을 설치하는 근본적인 이유는 역회전 방지를 위한 것이다.

(2) 교류 전동기

전기 차량에 교류 전동기를 사용하는 이유는 다음과 같다.

① 제한된 공간에서 소형・경량으로 할 수 있고, 대출력화가 가능하므로 동축 수를 줄일 수 있다.
② 브러시 및 정류자가 없기 때문에 구조가 간단하고, 제작 및 유지보수가 용이하다.
③ 속도제어 범위가 넓기 때문에 고속 운전에 적합하다.
④ 인버터 제어방식으로 주 회로를 대폭적으로 무접점화할 수 있다.

교류 전동기는 유도전동기가 주로 사용되고, 동기전동기도 사용하고 있다.

유도전동기는 한 개의 인버터(전압형 인버터)로 여러 대의 전동기를 구동할 수 있기 때문에 경제성이 우수하고, 저속에서 토크의 변동이 적고, GTO 사이리스터의 발전에 의해 동력 분산형의 우리나라, 일본, 독일의 국철에서 채택하고 있다.

동기전동기는 전동기마다 인버터를 필요하고, 기동 시 동기속도까지 높일 수 있는 기동 장치가 별도로 필요로 하지만, 역률과 효율이 높고, GTO 소자가 없는 인버터(전류형 인버터)가 간단한 장점이 있기 때문에 동력 집중식의 프랑스 국철에 채용하고 있다.

유도전동기의 권선형은 2차저항 제어법, 주파수 변환법, 비례추이에 의하여 속도 제어를 하지만 복잡하고 곤란하기 때문에 장시간 정속도로 주행하는 경우를 고려하여 농형 유도전동기가 적합하다. 회전자가 간단한 농형은 4극이 기본이지만, 전기 차량용에서는 6극을 채택하고 있다.

교류 유도전동기의 회전속도와 토크는 다음의 관계식이 있다.

① 회전수와 주파수 : $N \propto f$

② 토크와 주파수(전압) : $T \propto \left(\dfrac{V}{f}\right)^2$

위의 관계식으로부터 전기 차량을 견인하는 데 사용하는 유도전동기는 전압과 주파수의 조합에 의해 속도를 제어할 수 있다. 따라서 가변 전압 V와 가변 주파수 f에 의한 VVVF(variable voltage variable frequence)용 인버터 제어 장치를 이용한다.

(3) 주전동기의 출력

열차가 견인력 F'[N], 속도 v[m/s]로 운전하고 한다면, 주전동기의 출력 P는 다음과 같다.

$$P = F'[\text{N}] \cdot v[\text{m/s}] \times \frac{1}{1000} \ [\text{kW}] \qquad (2.2)$$

즉, 열차가 견인력 F[kg], 속도 V[km/h]로 운전하고 있을 때 주전동기의 출력 P[kW]는 다음과 같이 단위 변환이 된다.

$$P = (9.8 \times F[\text{kg}]) \cdot \left(V[\text{km/h}] \times \frac{1000}{3600}\right) \times \frac{1}{1000} = \frac{9.8}{3600} FV$$

$$\therefore \ P = \frac{FV}{367} \ [\text{kW}] \qquad (2.3)$$

동력 전달 효율 η인 주전동기가 N대를 가진 경우 한 대당 출력 P[kW]는 다음과 같다.

$$\text{출력} : P = \frac{FV}{367N\eta} \ [\text{kW}] \qquad (2.4)$$

예제 2.1

전기 기관차가 2000[kg]의 견인력으로 속도 80[km/h]로 달리고 있을 때, 출력 P[kW]을 구하라.

풀이 $F=2000$[kg], $V=80$[km/h], 식 (2.3)에 의하여 출력 P는

$$P=\frac{FV}{367}=\frac{2000\times 80}{367}=435.97\ [\mathrm{kW}]$$

2.5 열차의 운전

2.5.1 열차 저항

열차를 주행시키려면 진행 방향에 반대로 작용하는 힘, 즉 주행 저항을 극복하고 열차의 관성 저항을 억누르고 가속시킬 수 있는 인장력을 주어야 하지만, 감속하거나 정지할 때에는 열차가 가지고 있는 주행 에너지를 흡수하여야 한다. 열차에 작용하는 저항, 즉, **열차 저항**은 주행 저항, 출발 저항, 곡선 저항, 구배 저항, 가속 저항이 있다.

① **주행 저항(R_r)** : 주행 시 베어링과 궤조의 마찰 저항과 공기 저항을 합한 것

$$R_r=(a+bV+cV^2)+\frac{dV^2}{W}\ [\mathrm{kg/t}] \qquad (2.5)$$

단, W : 열차 중량[t], V : 열차 속도[km/h]

② **출발 저항(R_s)** : 열차가 정지 상태에서 출발할 때 베어링에 유막이 형성될 때까지 주행 저항에서 얻어지는 값보다 비교적 큰 저항을 갖는다. 이것을 출발 저항이라 한다. 일반적으로 출발 저항의 값은 3~10[kg/t] 정도의 범위이다.

③ **곡선 저항(R_c)** : 열차가 곡선 구간을 달리면 곡선 반지름에 반비례하는 저항을 받는데, 이를 곡선 저항이라 한다. 곡선 저항의 크기는 궤간에 따라 다르지만 실험식은 다음과 같다.

$$R_c=\frac{600\sim 800}{R}\ [\mathrm{kg/t}] \quad (R\,[\mathrm{m}] : \text{곡선 반지름}) \qquad (2.6)$$

④ **구배 저항**(R_g) : 열차가 구배(기울기)를 가진 구간을 달릴 때 중력에 의해 발생하는 저항이다. 기울기($\tan\theta$)는 구배가 작은 경우에 $\tan\theta \fallingdotseq \sin\theta$이므로 기울기를 천분율 g[‰]라 할 때, 구배 저항 R_g [kg/t]는 구배(기울기) g[kg/t]와 같게 된다.

$$R_g{}' = W\sin\theta \fallingdotseq W\tan\theta = \pm g W \text{[kg]} \tag{2.7}$$

(견인력 : $F = R_g{}' = \pm g W$ [kg])

$$\therefore \quad R_g = \pm g \text{ [kg/t]} \begin{cases} (+) : \text{상승 구배} \\ (-) : \text{하강 구배} \end{cases} \tag{2.8}$$

⑤ **가속 저항**(R_a) : 열차가 주행 중 가속할 때 발생하는 저항이고, 가속 저항은 열차를 가속하기 위해 필요한 단위 중량당 견인력과 같다.($R_a = F_a / W$ [kg/t])

열차 중량 W[t], 가속도 A[km/h/s]일 때, 가속에 요구되는 가속력. 즉 견인력 F_a[kg]는 다음과 같이 표현된다.

$$F_a = ma = \left(\frac{1000\,W}{9.8}\right) \cdot \left(\frac{1000A}{3600}\right) = 28.35\,WA \text{ [kg]} \tag{2.9}$$

단, m : 차량 질량[kg], a : 열차 가속도[m/s²]

그러나 열차는 열차 가속도 a 외에 기어 및 차륜의 회전 부분과 관성 모멘트 때문에 중량 W는 약간 증가될 것으로 볼 수 있다. 이로 인해 식 (2.9)의 가속력은 관성 계수 x를 보상하여 다음의 변형된 식으로 나타낼 수 있다.

$$F_a = 28.35(1+x)\,WA \text{ [kg]} \tag{2.10}$$

단, 관성 계수 x는 전동차 0.1, 전기기관차 0.12, 객차 0.05, 일반 열차 0.06이다. 식 (2.10)에서 관성 계수 $x = 0.1$인 **전동차의 가속력(견인력)**은 다음과 같이 구해진다.

$$F_a = 31\,WA \text{ [kg]} \tag{2.11}$$

2.5.2 열차 저항과 견인력의 관계

주행 중에 있는 열차의 **열차 저항** R은 가속 저항을 제외한 **주행 저항**, **구배 저항**, **곡선 저항**의 합이 된다. 즉,

$$R = R_r + R_g + R_c \text{ [kg/t]} \tag{2.12}$$

견인력을 f[kg/t]이라 할 때, 열차 저항 R[kg/t]과의 관계는 다음과 같다.

① $f > R$: 가속 ② $f < R$: 감속 ③ $f = R$: 등속

이들의 관계로부터 단위 중량당 **견인력** f[kg/t]는 단위 중량당으로 표현되는 식 (2.12)의 **열차 저항** R[kg/t]과 식 (2.7)의 **가속 저항** R_a[kg/t]의 **합**으로 표현된다.

$$f = R + R_a = (R_r + R_g + R_c) + \frac{F_a}{W} \text{ [kg/t]} \tag{2.13}$$

결론적으로 **전동차의 전체 견인력** F[kg]는 식 (2.13)의 양변에 열차 총 중량 W[t]을 곱하여 다음과 같이 구할 수 있다.

$$F = (R + R_a)W = (R_r + R_g + R_c)W + F_a$$

$$\therefore \ F = (R_r + R_g + R_c)W + 31WA \text{ [kg]} \tag{2.14}$$

 **예제 2.2**

30[t]의 전차가 30/1000의 구배를 올라가는 데 필요한 견인력[kg]을 구하라. 단, 열차 저항은 무시한다.

풀이 구배 저항 $R_g = g$ [kg/t], 견인력 F[kg] : 식 (2.5)에서 $F = R_g' = gW$ [kg]

$$F = R_g' = gW = 30[‰] \times 30[t] = 900 \text{ [kg]}$$

 **예제 2.3**

중량 50[t]의 전동차에 3[km/h/s]의 가속도를 주는 데 필요한 힘[kg]을 구하라.

풀이 전동차의 견인력(가속력) F : 식 (2.11)

$$F_a = 31WA = 31 \times 50 \times 3 = 4{,}650 \text{ [kg]}$$

예제 2.4

$35\,[\mathrm{t}]$의 전차가 $20\,[‰]$의 경사 궤도를 $45\,[\mathrm{km/h}]$의 속도로 올라갈 때 필요한 견인력 $[\mathrm{kg}]$을 구하라. 단, 주행 저항은 $5\,[\mathrm{kg/t}]$이라 한다.

풀이) 전차의 견인력 F(주행 저항, 구배 저항) : 식 (2.14)

$$F=(R_r+R_g)W=(R_r+g)W=(5+20)\times 35=875\ [\mathrm{kg}]$$

2.5.3 점착 견인력과 점착 계수

동륜(차륜)에 견인력을 가하면 미끄러지지 않고 회전을 한다. 이것은 동륜 답면과 레일 간에 마찰력이 작용하기 때문이다. 이 마찰력은 견인력과 더불어 커지지만 한계가 있고, 견인력의 크기가 최대 마찰력보다 커지면 동륜은 미끄러져서 공전하게 된다.

이와 같이 동륜이 공전하기 시작하기 직전의 최대 마찰력 $F_0\,[\mathrm{kg}]$을 점착력 또는 점착 견인력, 최대 마찰계수 μ를 **점착 계수**라 한다. 일반적으로 동륜 상(위)의 중량 $W_0\,[\mathrm{t}]$을 점착 중량이라 하면, **점착 견인력**은 다음과 같다.

$$F_0=1000\mu W_0\ [\mathrm{kg}] \tag{2.15}$$

단, 점착 중량은 차량의 총 중량이 아니라 **바퀴 위(동륜 상)의 중량**임을 주의해야 한다.

최대 견인력을 $F_m\,[\mathrm{kg}]$이라 하면 동륜이 공전하기 않기 위하여 다음의 관계식을 만족하여야 한다.

$$F_m\le F_0=1000\mu W_0\ [\mathrm{kg}] \tag{2.16}$$

예제 2.5

열차의 자중이 $100\,[\mathrm{t}]$이고 동륜상이 $70\,[\mathrm{t}]$인 기관차의 최대 견인력 $[\mathrm{kg}]$을 구하라. 단, 궤조의 점착 계수는 0.2이다.

풀이) 최대 견인력 $F_m\,[\mathrm{kg}]$은 식 (2.16)에 의하여

$$F_m=1000\mu W_0=1000\times 0.2\times 70=14{,}000\ [\mathrm{kg}]$$

2.5.4 열차의 운전

(1) 운전 곡선

전동차가 두 역 사이를 운전하는 경우, 출발역에서 등가속도로 떠나 최고 속도가 된 후, 이 상태를 지속하여 다음 역에 가까워지면 일정한 감속도로 소정의 위치에서 정지한다. 이와 같은 시간-속도 곡선을 열차의 **운전 곡선**(running curve)이라 한다.

그림 2.20의 운전 곡선에 따라 열차의 주행 상태를 분석하면 다음과 같다.

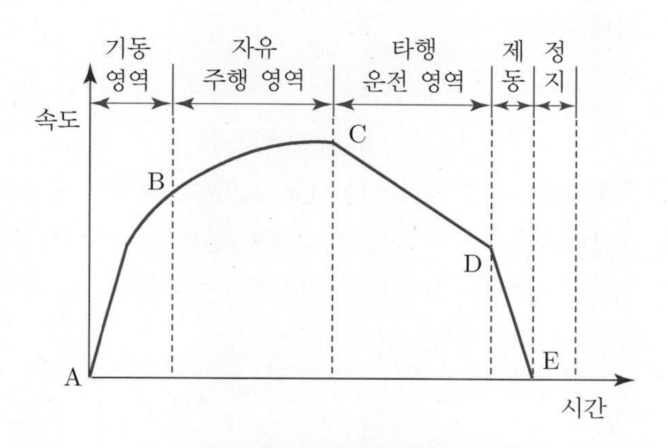

그림 2.20 ▶ 열차의 운전 곡선

① **기동 영역** : 정지하고 있는 열차가 동력의 공급을 받아 점 A에서 기동하기 시작하여 주전동기의 저항제어, 직 · 병렬제어, 계자제어 등에 의하여 가속하는 부분으로써 점 B에 도달하면 전 전압이 전동기에 공급된다.(운전 구간 A~B)

② **자유 주행 영역** : 점 B를 지나면 전동기의 기동이 끝나고 전동기의 특성에 따라 속도가 향상된다. 따라서 열차 저항과 평형이 되고 점 C에서 일정한 속도에 도달한다.(운전 구간 B~C)

③ **타행 운전 영역** : 점 C에서 동력의 공급이 끊기고, 타성으로 진행하며 여러 가지의 열차 저항을 받아 서서히 감속하는 영역이다.(운전 구간 C~D)

④ **제동 영역** : 점 D에서 브레이크를 동작시키면 속도가 급격히 감속하여 소정의 위치 점 D에서 정지하는 영역이다.(운전 구간 D~E)

⑤ **정지 영역** : 점 D에서 정지한 후 재출발하기까지의 정차시간이 된다. (E 이후)

(2) 운전 속도

열차의 운전 속도는 최고 속도, 평균 속도, 표정 속도, 평형 속도 등이 있다.

① **최고 속도** : 최고 속도(maximum speed)는 궤도의 구조에 의하여 결정되는 최고 제한 속도와 차량의 성능에 의하여 결정되는 최고 허용 속도가 있다.

② **평균 속도** : 평균 속도(mean speed)는 운전 구간의 거리를 정차 시간을 뺀 순수한 운전 시간으로 나눈 속도이다.

$$\text{평균 속도} = \frac{\text{운전 거리}}{\text{순 주행 시간}} \tag{2.17}$$

③ **표정 속도** : 표정 속도(schedule speed)는 운전 구간의 거리를 순수한 주행 시간과 정차 시간을 합한 도달 시간으로 나눈 값이며, 실제 수송 시간을 결정하는 중요한 속도를 나타낸다. 표정 속도를 높이려면 주행과 정차 시간을 짧게 하여야 한다.

정거장 수 n, 정거장 간격 L, 정차시간 t, 전 주행시간 T라고 할 때, 표정 속도는 다음과 같이 나타낼 수 있다.

$$\text{표정 속도} = \frac{\text{운전 거리}}{\text{순 주행 시간} + \text{정차 시간}} = \frac{(n-1)L}{T+(n-2)t} \tag{2.18}$$

④ **평형 속도** : 평형 속도(balancing speed)는 열차의 전 동륜의 견인력과 총 저항력이 평형이 된 경우의 속도를 말한다. $F=(R_r+R_g+R_c+R_a)W$일 때 가속도는 0이 되어 열차는 일정한 속도로 주행한다.

(3) 경제적인 운전

동일한 차량과 전동기라 할지라도 속도, 가속도, 표정 속도, 정차역 거리, 정차 시간을 효율적으로 관리함에 따라 전력소비량을 크게 줄일 수 있다. 즉, 전력소비량을 줄이기 위하여 가속도와 감속도는 크게 하고, 표정 속도는 작게 하여야 한다.

① **가속도를 크게 한다.** : **그림 2.21**에서 세 곡선의 면적과 도착시간이 같다면 열차는 동일한 거리(=동일 면적)를 동일한 표정속도(=도착시간 동일)로 운전하는 경우와 같다. 이 때, 곡선 C → B → A와 같이 가속도(기울기)를 크게 하면 전류 차단이 빨라지고 타행 운전이 길어지므로 전력소비량은 감소한다. 그러나 전동기에 과부하가 걸리고, 변전소 및 급전선에 대하여 첨두부하가 된다.

② **감속도를 크게 한다. : 그림 2.22**와 같이 동일한 가속도, 동일한 표정 속도에서 브레이크로 크게 제동을 하여 감속도를 크게 하면 곡선 C → B → A와 같이 동일한 가속도라도 전류차단이 빨리 이루어져 타행 운전시간이 길어지고 전력소비량은 감소하게 된다. 이 경우에는 전동기에 과부하는 주지 않지만, 브레이크의 제동력 및 점착 계수에서 문제가 된다.

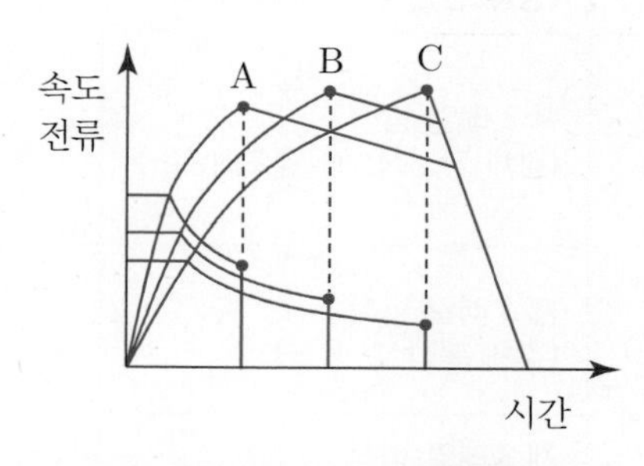

그림 2.21 ▶ 가속도 크게 한 경우

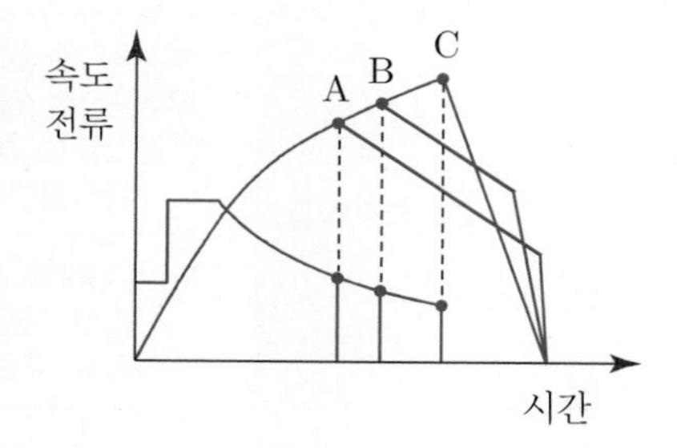

그림 2.22 ▶ 감속도 크게 한 경우

③ **표정 속도를 작게 한다. : 그림 2.23**의 곡선 D → C → B → A와 같이 동일한 거리에서 표정 속도를 작게 하는 것은 동일한 거리를 장시간 운전하는 것이며 타행 운전시간이 길어지게 되므로 전류차단도 빠르고 전력소비량은 감소하게 된다.
그러나 표정 속도를 작게 하기 위하여 서행 운전하거나 중간에 정차를 자주 하게 되면 전력소비량도 증가하여 바람직하지 않다. 따라서 정차시간을 줄이거나 정차역 거리를 길게 하여 타행 시간을 가능한 길게 하는 것이 가장 바람직한 방법이다.

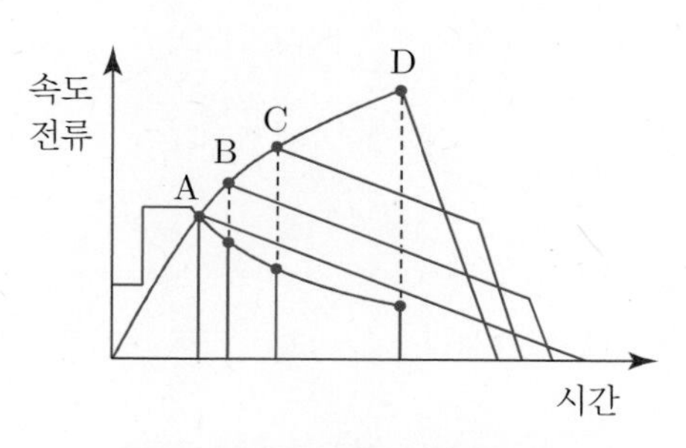

그림 2.23 ▶ 타행을 길게 한 경우

우리나라 전기 철도의 급전 전압과 가선 방식

표 2.2 ▶ 우리나라 전기 철도의 급전 전압과 가선 방식

급전 전압	적용 노선	가선 방식	차량
AC 25 [kV] DC 1,5 [KV]	서울 지하철 1~9호선 대구 지하철 1~2호선 부산 지하철 1~3호선	커티너리 방식 제 3 레일 방식 (강체 단선식, +) 궤도레일(−)	중량전철 (철재차륜)
DC 750 [V]	부산-김해 경전철 우이-신설 경전철 인천 2호선 경전철 용인 경전철	제 3 레일 방식 (강체 단선식, +) 궤도레일(−)	경전철 (철재차륜)
	부산 지하철 4호선 신립선 경전철 의정부 경전철	제 3 레일 방식 (강체 복선식, +, −)	경전철 (고무차륜)
DC 1,5 [KV]	대구 3호선	제 3 레일 방식 (강체 복선식, +, −)	모노레일

연습문제

객관식

01 전기 철도의 가선 방식이 아닌 것은?

① 제3 궤조식　② 직접 가선식　③ 가공 단선식　④ 가공 복선식

02 전차 선로의 조가 방식에서 스팬선이 이용되는 방식은 무엇인가?

① 직접 가선식　② 커티너리 가선식　③ 제3 궤조　④ 급전선

03 전기차에 적정한 전력을 공급하는 선로는 무엇인가?

① 전차 선로　② 조가 선로　③ 배전 선로　④ 송전 선로

04 전차 선로에서 커티너리 조가식의 이점은 무엇인가?

① 고속도의 전기 철도에 적합하므로
② 전기차의 진동이 작으므로
③ 가설비가 적게 들므로
④ 전기적 절연이 양호하므로

05 주행용 레일 외에 궤도 측면에 설치된 급전용 레일로부터 전기차에 전기를 공급하여 귀선으로 주행 레일을 사용하는 전차 선로의 가선 방식은 무엇인가?

① 단선 가공식　② 단선 복선식　③ 제3 궤조식　④ 강체 복선식

06 단선의 염려가 없으며, 터널이나 지하철용으로 많이 사용되는 전차선의 조가방식은 무엇인가?

① 강체 조가방식　② 단선식 조가방식
③ 복선식 조가방식　④ 제3 궤조식 조가방식

07 급전선의 급전 분기장치의 설치 방식이 아닌 것은?

① 스팬선식　② 암식　③ 커티너리식　④ 브래킷식

08 우리나라에서 사용되고 있는 전차선의 형상은 주로 무엇인가?

① 홈붙이 정사각형　② 홈붙이 원형
③ 홈붙이 사다리꼴형　④ 홈붙이 타원형

09 전기 철도에서 귀선궤조에서의 누설전류를 경감하는 방법과 관련이 없는 항은 어느 것인가?

① 보조 귀선　② 크로스 본드
③ 귀선의 전압강하 감소　④ 귀선을 정(+)극성으로 조절

10 전철에서 전식 방지를 위한 시설로 적당치 않은 것은?

① 레일에 본드를 실시한다.　② 변전소 간격을 좁힌다.
③ 도상의 배수를 잘 되게 한다.　④ 귀선을 부극성으로 한다.

11 전기 철도에서 귀선의 누설전류에 의한 전식이 일어나는 곳은?

① 지중관로에 전류가 들어가는 곳　② 궤조에서 전류가 나오는 곳
③ 지중관로에서 전류가 유출하는 곳　④ 궤조에 전류가 유입하는 곳

12 우리나라 전기 철도에서 주로 사용하는 집전 장치는?

① 트롤리봉　② 집전화　③ 팬터그래프　④ 뷔겔

13 전기 철도에서 집전 장치인 펜터그래프의 습동판의 압력은 대략 어느 정도인가?

① 1～5[kg]　② 5～11[kg]　③ 20～25[kg]　④ 30～35[kg]

14 기동토크가 크며 입력 변동이 적고 전차용 전동기로 적당한 전동기는?

① 직권형　② 분권형　③ 화동 복권형　④ 차동 복권형

15 전철 전동기에 감속기어를 사용하는 이유는?

① 동력전달을 위해　② 전동기의 소형화
③ 역률의 개선　④ 가격 저하

16 전차를 시속 100[km]로 운전하려 할 때 전동기의 출력[kW]이 얼마나 필요한가? 단, 치차 효율은 97[%], 차륜상의 견인력은 400[kg]이다.

① 95　② 100　③ 110　④ 112

17 레일 본드와 관계가 없는 것은?

① 진동 방지 ② 동연선 ③ 전기저항 저하 ④ 전압강하 저하

18 전차용 전동기에 보극을 설치하는 이유는 무엇인가?

① 역회전 방지 ② 정류 개선 ③ 섬락 방지 ④ 불꽃 방지

19 열차 저항의 분류에 들어가지 않는 것은?

① 복선 저항 ② 주행 저항 ③ 가속 저항 ④ 곡선 저항

20 열차의 기동 시에 기동저항과 관계 없는 것은?

① 열차의 마찰 계수에 관계된다.
② 열차의 견인력에 관계된다.
③ 열차의 속도에 관계된다.
④ 공기의 저항력에 관계된다.

21 열차의 곡선 저항에 대한 설명 중 옳은 것은?

① 열차의 중량에 반비례한다.
② 열차의 속도에 비례한다.
③ 궤간에 반비례한다.
④ 궤조 곡선의 반지름에 반비례한다.

22 표정속도의 정의는? 단, L : 정거장 간격, t : 정차 시간, n : 정거장 수 T : 전 주행 시간이다.

① $\dfrac{L}{(t+T)}$ ② $\dfrac{nL}{(nt+T)}$ ③ $\dfrac{(n-1)L}{(nt+T)}$ ④ $\dfrac{(n-1)L}{(n-2)t+T}$

23 전차의 표정 속도를 높이기 위한 수단은?

① 최대 속도를 높게 한다.
② 정차 시간을 짧게 한다.
③ 가속도를 크게 한다.
④ 제동도를 높인다.

24 전차 운전에서 최고 속도를 변화시키지 않고 표정속도를 크게 하려면 다음 중 어떤 방법이 좋은가?

① 가속도와 감속도를 크게 한다.
② 가속도를 크게 하고, 감속도를 작게 한다.
③ 가속도를 작게 하고, 감속도를 크게 한다.
④ 가속도와 감속도를 작게 한다.

25 전차의 경제적인 운전 방법은?

① 타성에 의하여 가는 것을 이용한다. ② 가속도를 크게 한다.

③ 감속도를 크게 한다. ④ 속도를 크게 한다.

주관식

(풀이와 정답은 부록에 수록되어 있습니다.)

01 열차 저항의 종류와 각각에 대하여 설명하라.

02 표정 속도의 의미와 표정 속도를 크게 하는 방법을 설명하라.

03 자중 100[t]이고 바퀴 위의 무게가 75[t]75[t]인 기관차의 최대 견인력[kg]을 구하라.
단, 바퀴와 레일의 점착 계수는 0.2라 한다.

04 50[t]의 전차가 20[‰]의 경사를 올라가는 데 필요한 견인력[kg]을 구하라.
단, 열차 저항은 무시한다.

05 일정한 가속도 2[km/h/s]로 가속될 때의 10[s] 후의 주행 거리[m]를 구하라.

06 전기열차에서 전기기관차의 중량 150[t], 부수차의 중량 550[t], 기관차 동륜 상의 중량 100[t]이다. 우천 시 올라갈 수 있는 최대 구배[‰]를 구하라.
단, 열차 저항은 무시하고, 우천 시의 부착 계수는 0.18이다.

Chapter 3

운전 설비와 속도 제어

3.1 전기 철도의 급전 방식

전기 철도에서 차량 운전용 전력은 변전소로부터 전차 선로에 급전되고 전기차를 구동시킨 후에 레일 등의 귀선을 경유하여 변전소로 귀환된다. 이와 같은 전기 회로를 전기 철도의 **급전 회로**라고 한다.

3.1.1 직류 급전 방식

그림 3.1과 같이 일반 전력계통으로부터 3상 특별고압 22.9[kV]의 교류를 수전 받고, 변압기의 2차 전압 AC 1200[V]로 강압한 후, 직류 변환 장치에 의해 DC 1500[V]로 변환하여 전차 선로를 통해 전기차에 전력을 공급하는 방식이다.

직류 급전 방식은 전압이 낮기 때문에 대전류가 필요하며 전차선만으로는 용량이 부족

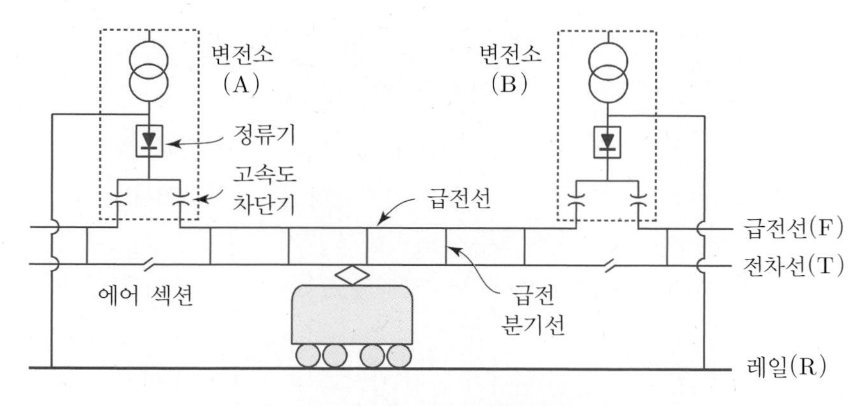

그림 3.1 ▶ 직류 급전 방식(병렬 방식)

하여 병렬로 별도의 급전선을 가선하게 되고, 250[m]마다 급전 분기선에서 전차선과 접속한다. 급전선의 추가 가선은 전차선을 적당한 거리마다 구분이 가능하고 사고를 일으킨 구간을 분리하여 전차선 계통에 사고의 영향이 파급되는 것을 방지할 수 있다. 단, 강체 가선식에서는 대전류의 용량을 흐르게 할 수 있기 때문에 급전선을 별도로 설치하지 않는 경우도 있다.

직류 급전 방식의 주요 특징은 다음과 같다.

① 교류 방식에 비해 전압강하가 커서 변전소 간격이 짧고, 직류 변환 장치가 필요하여 변전소의 설비비가 크다.
② 교류 방식에 비하여 전압이 낮기 때문에 절연계급을 낮출 수 있다.
③ 통신 유도 장해가 없으며, 경량 단거리 수송에 적합하다.
④ 운전 전류가 크므로 누설전류에 의한 전식의 우려가 높아 그 대책이 필요하다.

3.1.2 교류 급전 방식

일반 전력계통으로부터 3상 특별고압 154[kV]의 교류를 수전 받고, 변압기에 의해 AC 50[kV]로 강압한 후, 전차 선로에 단상의 AC 25[kV]를 공급하여 운용하는 단권 변압기 급전 방식을 주로 사용한다.

교류 급전 방식은 직접 급전 방식, **단권 변압기 급전 방식**, **흡상 변압기 급전 방식**으로 구분한다.

교류 급전 방식의 주요 특징은 다음과 같다.

① 사고 시 선택 차단이 용이하여 계통을 보호할 수 있다.
② 에너지의 이용률이 높아 경제적이다.
③ 전식의 우려는 없지만, 통신 유도 장해 대책이 필요하다.
④ 직류 방식에 비하여 변전소의 간격은 30～100[km]로 길다.
⑤ 대용량 중장거리 수송에 유리하다.

직접 급전 방식은 전차 선로가 전차선과 레일만으로 된 것과 레일과 병렬로 별도의 귀선을 설치한 것으로 구성되어 있는 가장 간단한 급전 회로이다.

회로 구성은 간단하기 때문에 보수가 용이하고 경제적이지만, 레일에 흐르는 귀선전류가 커서 대지 누설전류에 의한 통신 유도 장해가 크고 레일 전위가 큰 결점이 있으며, 거의 사용하지 않는 방식이다.

여기서는 교류 방식 중 단권 변압기 급전 방식과 흡상 변압기 급전 방식에 대하여 설명하기로 한다.

(1) 단권 변압기 급전 방식(AT 급전 방식)

그림 3.2의 **단권 변압기**(auto transformer, AT) **급전 방식**은 변전소에서 급전선을 전차 선로를 따라 가선하고, 급전선과 전차선 사이에 단권변압기를 약 10[km]마다 병렬로 설치하여 변압기의 중성점을 레일에 접속하는 방식이다.

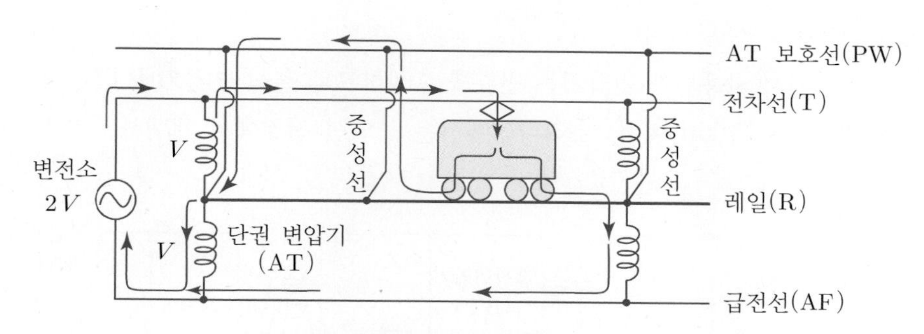

그림 3.2 ▶ 단권 변압기(AT) 급전 방식

이 방식은 대용량 열차 부하에서 전압변동, 전압 불평형이 적기 때문에 안정된 전력 공급이 가능하다. 레일에 흐르는 전류는 차량을 중심으로 각각 반대 방향의 단권 변압기 쪽으로 흐르기 때문에 근접 통신선에 대한 유도 장해를 경감하는 방식이다.

변전소의 간격은 약 40~100[km]이며, 우리나라에서는 수도권 전철 전 구간과 고속철도에서 채택하고 있는 방식이다.

교류 AT 급전방식은 전철용 변전소에서 전압을 전차선 전압보다 높게 하여 급전하여 전차 선로에 연속적으로 설치된 단권 변압기로 전차선 전압을 강하시켜 전차선으로 공급하기 때문에 전 선로에 AT 급전선을 전차선과 별도로 가선하고 있다.

단권 변압기 급전 방식(AT 급전 방식)의 전력공급 측면에서의 특징은 다음과 같다.

① 급전 전압은 차량 전압의 2배이므로 전압강하가 적고, 대전력 공급에 유리하다.
② 전압강하가 적으므로 변전소 이격 거리가 길다.
③ 철도용 변전소를 일반 전력용 변전소 근처에 선정이 가능하고 또한 변전소 간 거리를 멀리 할 수 있기 때문에 송전선이 건설비가 절감된다.
④ 급전 전압은 차량 전압의 2배이지만, 중성점이 접지되어 절연 레벨은 1/2이다.
⑤ 부하 전류는 차량이 인접한 양쪽의 단권 변압기로 흡상되므로 통신 유도 장해가 경감된다.
⑥ 흡상 변압기 급전 방식과 같은 섹션이 필요하지 않다.

(2) 흡상 변압기 급전 방식(BT 급전 방식)

그림 3.3의 **흡상 변압기**(booster transformer, BT) **급전 방식**은 권선비 1 : 1의 흡상 변압기를 약 4[km]마다 직렬로 설치하여 전차선에 부스터 섹션을 설치한다.

BT와 BT 사이의 중간점에서 레일과 부급전선을 흡상선으로 접속하여 레일에서 대지에 누설되는 전기차의 귀로전류를 강제적으로 부급전선에 흡상시켜 통신선로의 유도장해를 경감하는 방식이다.

이 방식에서 사용되는 변압기는 전류를 흡상하므로 **흡상 변압기**(BT)라 한다. 변전소의 간격은 약 30[km]이며, 우리나라에서는 산업선 전철에서 채택하고 있는 방식이다.

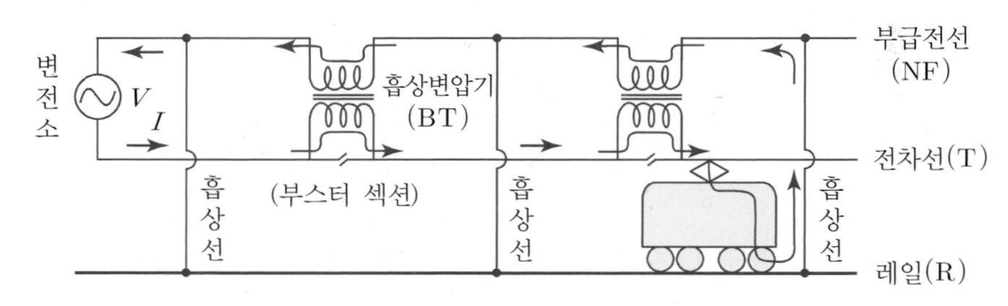

그림 3.3 ▶ 흡상 변압기(BT) 급전 방식

전기차가 부스터 섹션을 통과할 때 급전 전류를 차량의 팬터그래프에서 개폐하므로 아크가 발생한다. 아크 발생에 대한 대책으로 부급전선에 직렬 콘덴서를 삽입하여 부급전선 회로의 리액턴스를 작게 하거나 팬터그래프 통과 시 사이리스터 스위칭으로 단락하는 경우가 있다.

흡상 변압기 급전 방식에서 급전선을 설치하지 않고 변전소 전원에서 직접 전차선을 통하여 전력을 공급하는 경우에는 전기차와 변전소 간에 전기 저항이 크고 매우 큰 운전전류가 흐르게 된다. 따라서 전차선의 전류용량이 부족하여 단선 사고 및 전압강하가 커지게 된다.

전압강하가 커지게 되면 운전 속도 및 기동력이 저하되어 운전 불능 상태가 될 수 있고, 전차 선로의 사고가 발생하였을 때 전차선 계통에 사고의 영향이 전체적으로 파급될 우려가 있다.

표 3.1은 AT 급전 방식과 BT 급전 방식의 여러 가지 제반 특성에 관하여 비교하여 나타낸 것이다.

표 3.1 ▶ AT 급전 방식과 BT 급전 방식의 비교

구 분	AT 급전 방식	BT 급전 방식	비 고
급전 전압	교류 50 [kV] 변전소 간격 : 80~100 [km] 급전선과 전차 : 50 [kV] 전차선과 레일 : 25 [kV]	교류 25 [kV] 변전소 간격 : 30~40 [km] 전차선과 레일 : 25 [kV]	급전 거리는 급전 전압의 제곱에 비례하여 AT 방식의 송전선 건설비가 저렴
부스터 섹션	필요 없음 고속 대용량 집전에 적합	필요함 섹션 통과 시 아크 발생	
통신유도장해	BT와 동일	AT와 동일	
전압 강하	전압강하가 작다. 대용량 장거리 급전에 적합	급전 전압이 낮으므로 전차선로 전압강하 큼	급전 전압 2배로 되면 전류는 1/2, 전압강하 1/4
회로 해석	회로가 복잡하고 계산 난해	비교적 단순	
보호 회로	전압이 높으므로 보호가 비교적 용이	급전 전압이 낮으므로 고장 전류가 적어 보호에 어려움	
고 장 점	회로가 복잡하므로 난해	회로가 단순하므로 용이	
경 제 성	송전선로를 고려하면 AT측이 경제적	송전선로의 건설비가 많음	

3.2 전기 철도의 급전 계통

3.2.1 직류 변전 설비

그림 3.1과 같이 일반 전력계통으로부터 특별고압 AC 22.9 [kV]를 수전받고, 변압기의 2차 전압 AC 1200 [V]로 강압한 후, 변전소 내에 설치된 직류 변환 장치를 사용하여 DC 1500 [V]로 변환하고 전차 선로을 통해 전기차에 전력을 공급하는 방식이다.

도심 지하철은 DC 1500 [V], 경전철은 DC 750 [V]를 적용한다.

직류 급전은 저전압 대전류 계통이므로 전철 **변전소**는 전압강하 등을 고려하여 선로를 따라 대략 4~5 [km] 간격으로 설치하고, 변전소 상호 간은 전차 선로에 **병렬 급전**하도록 운용하고 있다.

직류 변전 설비는 변전소(SS, sub-station), 급전 구분소(SP, sectioning post), 급전 타이 포스트(TP, tie-post), 정류 포스트(RP, rectifying post) 등의 일체를 말한다.

급전 구분소(SP)와 급전 타이 포스트(TP)는 직류 복선 구간에서 변전소 중간에 설치하는 경우와 전차선을 병렬 급전할 수 없는 말단 부분의 상선과 하선을 고속도 차단기를 통하여 접속할 수 있도록 한 설비이다. 전차 선로의 전압강하를 경감시키고, 고장 검출을 용이하게 하며, 사고 구간을 한정 구분하고, 사고시나 작업 시에는 정전 구간을 단축하게 하는 역할을 한다.

정류 포스트(RP)는 급전 구간의 레일과 대지간의 누설전류를 줄이기 위하여 설치하는 것으로 누설전류의 경감을 목적으로 변전소를 설치하는 대신에 변전소 설비에서 고속도 차단기를 생략하여 건설비를 절감시킨 것이다.

용어의 정의

① 급전회로 : 전기 철도에 있어서 급전선, 가공전차선, 레일 등으로 구성되는 전기회로
② 급전선 : 도시철도 변전소와 전차선을 연결하는 정급전선과 변전소와 주행 레일을 연결하는 부급전선을 말한다.
③ 부급전선 : 도시철도의 직류 급전 방식에서 귀선으로 이용되고 있는 레일에 연결하여 변전소 정류기 부(−)측 단자에 연결되는 전선
④ 급전 구분소 : 본선과 측선과의 경계 개소의 급전 분기 등에 설치하여 전차선의 전압강하 경감 및 전차선의 고장 검출을 용이하게 하고 사고 구간을 한정하여 구분한다. 또 사고나 복구 등의 작업 시에 급전 정지 구간을 최소화시키는 기능을 하는 곳
⑤ 타이 포스트 : 상선과 하선의 중간이나 말단을 차단기로 결합하는 구분소를 지칭하며, 전압의 균압 작용 등의 기능을 하는 곳

3.2.2 교류 변전 설비

교류 변전 계통에서 급전 방식에 따라 전기 철도에서 운용하는 전압 방식은 다음과 같다.

① **단권 변압기(AT) 급전 방식**

일반 전력계통으로부터 3상 특별고압 154[kV]의 전압을 수전받고, **스코트 변압기**에 의해 단상 50[kV]로 변성하여 단권 변압기를 거쳐 전차 선로에 단상 25[kV]를 공급하는 급전 방식(코레일이 운용하는 전기 철도)

② **흡상 변압기(BT) 급전 방식**

일반 전력계통으로부터 3상 특별고압 66[kV] 또는 154[kV]의 전압을 수전하여 주변압기(급전용 변압기)로 단상 25[kV]로 변성하여 전차 선로에 공급하는 급전 방식

교류 급전 방식은 급전 전압이 높고 전류가 적으며 인접 변전소 상호 간의 전압 위상이 서로 다르기 때문에 일반적으로 변전소 상호 간에 **병렬 급전**을 하는 직류 급전 방식과 달리 **단독 급전**으로 운용하고 있다.

(1) 주변압기(급전용 변압기)

일반 3상 전력계통에서 대용량의 단상부하를 사용하면 전원 측에 불평형이 발생한다. 이를 해소하기 위하여 전철용 주변압기로 특수 변압기인 **스코트 변압기**를 사용한다.

스코트(Scott) 변압기는 **단상 변압기 2대를 스코트 결선하여 3상 전원에서 위상이 90° 다른 단상의 2회로를 얻는 변압기**이다. 대용량 단상부하에 의한 3상의 불평형을 경감시키기 위해 사용한다.

그림 3.4의 스코트 결선 방식은 3상 전력계통에 접속하여 단상 전력 2조(M좌, T좌)를 얻어 전차 선로에 급전하는 것이다.

변압기 M에서 1차 권선의 중심점에서 단자를 인출하고, 이 단자와 변압기 T의 1차 권선의 한쪽 단자와 연결하며, 변압기 T의 1차 권선은 권수의 $\sqrt{3}/2=0.866$되는 지점에 단자를 만든다. 이렇게 하여 변압기 M과 T의 1차 단자를 3상 전원에 접속하고 전압을 인가하면, 2차 권선에는 변압기 M과 T의 1차 권선에 대응하는 기전력이 유기된다.

이와 같이 단상 변압기 2대를 **스코트 결선**하면 3**상 전원을** 2**상 전원으로 변환**하여 2차 측에 90°의 위상차를 갖는 단상 전압 M상과 T상의 2조를 얻을 수 있다.

현재 사용하는 스코트 변압기는 M좌와 T좌 권선을 각각 별개의 철심에 감아서 동일 케이스에 수용하는 2철심형과 2개의 철심을 일체로 하는 1철심형으로 제작되고 있다. 단권 변압기 급전 방식에 채용되면서 수전 전압 187~275[kV]의 초고압용으로 1차 측 직접 접지가 가능한 변형 우드 브리지 변압기가 개발되었다.

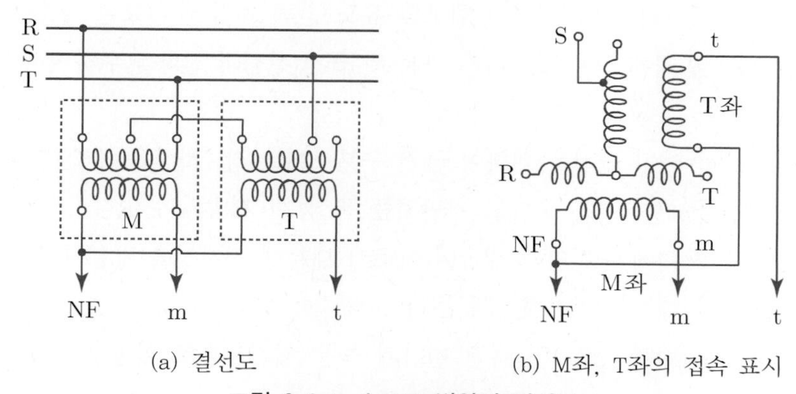

그림 3.4 ▸ 스코트 변압기 결선도

(2) 교류 급전 계통의 구성

교류 급전 방식은 종래에는 흡상 급전 방식을 사용하였다. 그러나 최근에는 부하의 대용량과 고속 운전 등으로 단권 변압기 급전 방식으로 대체되고 있으며, 일반적으로 교류의 급전 계통은 다음과 같이 구성하고 있다.

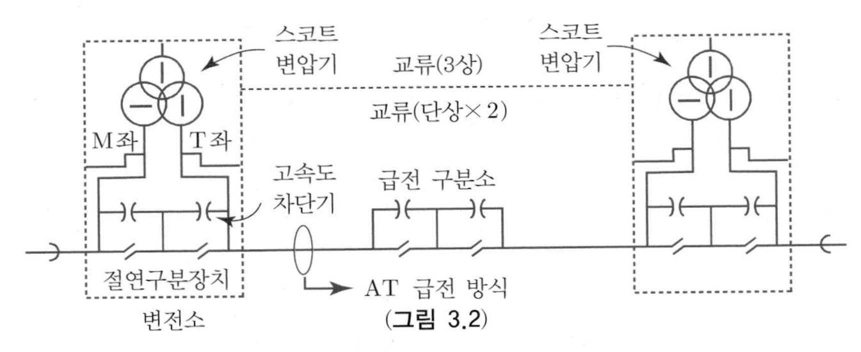

그림 3.5 ▶ 교류 급전 계통

① 변전소와 변전소 사이는 절연 구분 장치(데드 섹션)에 의해 전기적으로 구분해주는 급전 구분소(SP)를 설치한다. 급전은 변전소에서 급전 구분소간으로 한다.

② 급전회로에 이상이 발생하였을 때는 연장 급전이 가능하도록 하고, 급전 구분소의 절연 구분 장치 양단은 동상이 되도록 설계한다.

③ 변전소과 급전 구분소 중간에는 계통의 한정 구분, 전압보상과 사고시의 고장 복구 등을 위하여 보조 급전 구분소(SSP) 또는 병렬 급전소(PP)를 설치한다.

④ 단권 변압기의 설치 장소는 다음에 의한다.

· 표준 설치 간격은 10[km]로 하되 최소 간격은 6[km]로 한다.

· 급전 회로의 말단과 약전 회로의 유도 장해 저감에 필요한 장소에 설치한다.

⑤ 변전소 및 급전 구분소는 급전 구분 및 급전 전원의 전환을 위하여 전환 개폐장치를 설치한다.

⑥ 상, 하선 타이 급전을 위하여 급전 구분소에는 상, 하선을 결합할 수 있는 고속도 차단기를 설치한다. 고속도 차단기는 평상 시 개방되어 있다.

⑦ 변전소 사이에는 전압의 위상이 다르기 때문에 전차선을 구분하기 위해 절연 구분 장치에 의해 전기적으로 구분된다.

⑧ 변전소의 수전 선로 및 급전 변압기 등은 예비용으로 이중 구성을 한다.

3.3 전기 철도의 속도 제어

전기차에 사용되는 주전동기는 직류의 직권전동기와 교류의 유도전동기가 사용되고 있다. 직류용과 교류용 전동기에 관한 속도 제어에 대하여 설명한다.

3.3.1 직권전동기의 속도 제어

전기차의 직권전동기의 속도 제어는 저항 제어, 계자 제어, 전압 제어(직 · 병렬 제어, 초퍼 제어, 사이리스터 위상 제어)와 직류 정전류 제어법인 메타다인 제어 등이 있다.

전동차의 일반적인 속도 제어는 저항 제어와 직 · 병렬 제어를 동시에 병용하는 방법을 운용하고 있다.

(1) 저항 제어

직권전동기의 전기자 회로에 직렬로 접속한 저항기를 탭절환에 의하여 저항을 가변시켜 전기자 전류를 조정하여 속도를 제어하는 방법이다. 저항의 직렬 접속법과 직 · 병렬 접속법이 있다.

그림 3.6은 저항 제어의 직렬 접속법이고, a, b, c, d의 순서로 접점을 닫아서 저항을 감소시키는 방법이다. 이와 같이 저항을 적절히 조절하여 원하는 속도 제어를 실시한다.

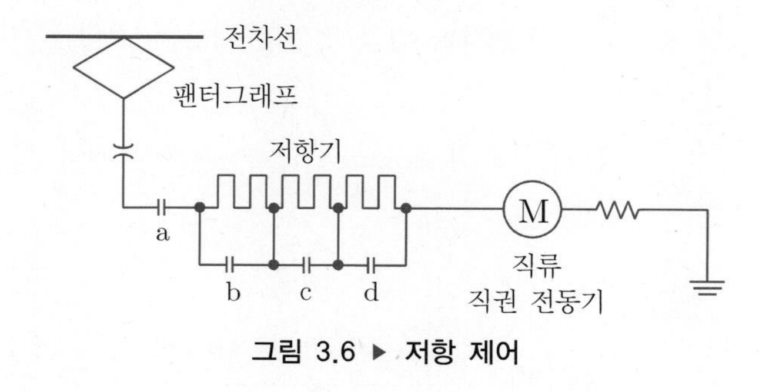

그림 3.6 ▸ 저항 제어

(2) 직 · 병렬 제어

그림 3.7과 같이 전동기 사용대수를 2배수로 하고, 기동 시에 직렬, 정상 운전 시에 병렬로 접속하여 전동기의 단자 전압을 변화시켜 최종적으로 전 전압을 가하여 운전하는 방법이다. 이 방식은 제어 효율의 개선과 소비전력의 감소 효과가 있다.

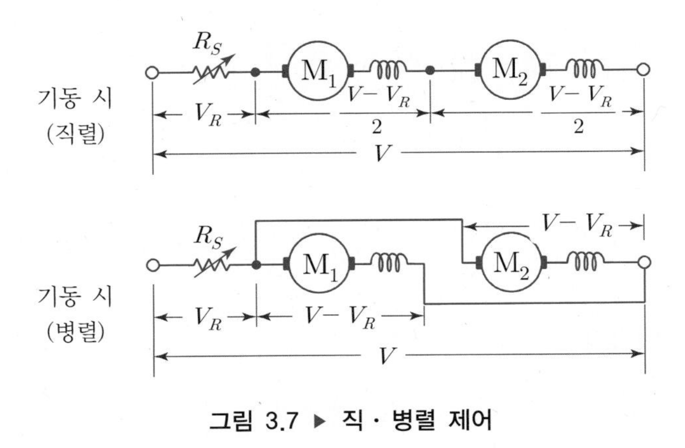

그림 3.7 ▶ 직 · 병렬 제어

(3) 초퍼 제어

직류 전압을 제어하기 위한 **직류 초퍼 방식**은 GTO 사이리스터 스위칭 소자의 ON, OFF를 빠른 속도로 반복하여 전동기에 걸리는 평균 전압을 조정하여 제어하는 방법이다.

초퍼 제어는 스위칭 소자의 온 오프 타이밍에 따라 출력 전압이 달라진다. 즉, 시간비 제어, 즉 통전율을 제어하는 방식과 전류의 순시치를 감시하여 제어하는 순시치 제어 방식이 있다.

그림 3.8은 전동차의 초퍼 제어 시스템을 나타낸 것이다. 시스템의 동작 모드는 **그림 3.12**의 서울 도심의 지하철 2호선을 참고하기 바란다.

① 역행(力行, 주행) 운전 모드

초퍼 ON 동작 시, 전동기의 인가 전압은 다음과 같다.

$$\text{전동기 인가 전압}(E_M) = \frac{T_{ON}}{T_{ON}+T_{OFF}} \times \text{가선 전압}(E_S) \qquad (3.1)$$

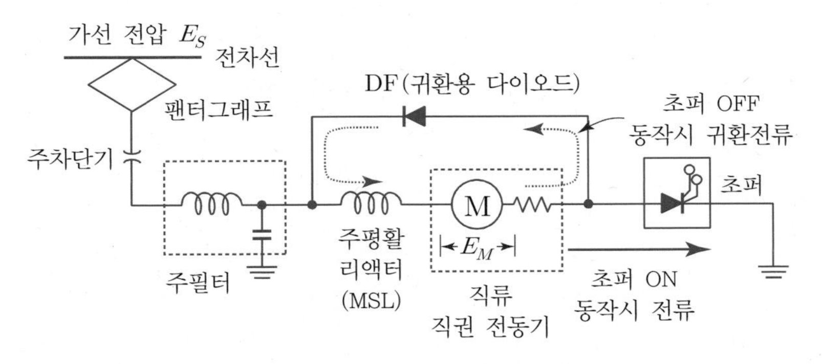

그림 3.8 ▶ 초퍼 제어 시스템

초퍼 OFF 동작 시에는 리액터에 저장된 에너지에 의하여 귀환용 다이오드를 통하여 전동기 전압을 유지시키게 되므로 통전 시간 T_{ON} 을 조절하면 전동기에 인가되는 전압이 가감되어 속도를 제어할 수 있다.

② 회생 제동 모드

초퍼 ON 동작 시에 전동기에서 발생된 전기 제동 에너지를 리액터에 저장하였다가 초퍼 OFF 동작 시에 전동기 발생 전압과 리액터 전압으로 가선에 회생시킨다. 전동기 발전 전압(E_M)은 가선 전압(E_S)보다 낮은 저속의 경우에도 회생이 가능하다. 저속으로 되면서 전동기 발생 전압이 낮아지더라도 T_{ON} 시간을 증가시키면 높은 회생 전압을 얻을 수 있다.

$$\text{회생 전압} \propto \frac{T_{ON}}{T_{ON}+T_{OFF}} \times \text{전동기 발생 전압}(E_M) \tag{3.2}$$

초퍼 제어의 특징은 운전 전류를 연속적으로 변화시킬 수 있으므로 평활 제어가 가능하고, 제어 저항이 없기 때문에 효율이 좋다. 또 가열 부분이 없으므로 온도 상승을 피할 수 있는 곳에 적합하며, 초퍼를 이용하여 전원 측으로 회생 전력을 되돌려주는 회생 제동이 가능하다.

고전압 대전류의 전력용 반도체 스위칭 소자로써 GTO 사이리스터가 주로 사용되고 있지만, 최근 스위칭 속도가 빠르므로 소음, 점착력 개선 제어, 고조파 발생량 등에서 유리한 IGBT가 대용량으로 개발되어 동력 분산식(일본, 독일)에서 채용하고 있으며, 동력 집중식(프랑스, TGV)에도 적용이 가능한 대용량 소자도 시험 중에 있다.

(4) 사이리스터 위상 제어

그림 3.9는 **사이리스터 위상 제어 정류기**로써 교류 전원의 정 · 부 반주기를 각각의

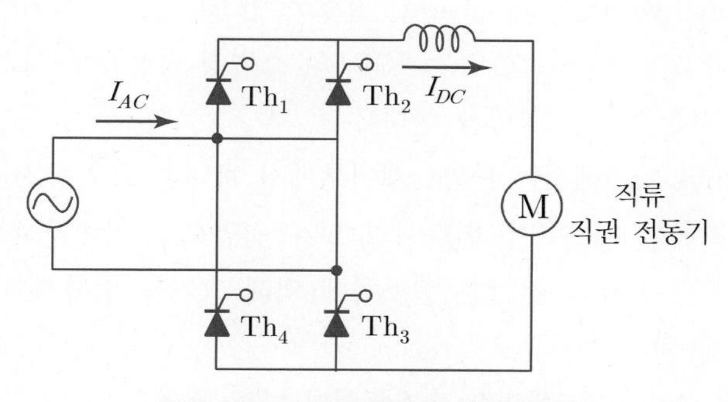

그림 3.9 ▸ 사이리스터 위상 제어

순방향 사이리스터를 통하여 직류로 정류시키고 해당 사이리스터를 위상각(제어각)으로 제어시켜 부하 측의 직류 단자 전압의 평균값을 제어하여 속도 제어를 하는 방법이다.

3.3.2 유도전동기의 속도 제어

전기 차량을 견인하는 데 사용하는 유도전동기는 교류 전원 전압과 전원 주파수를 조합하여 속도를 제어할 수 있다. 따라서 유도전동기의 가변속 제어는 가변 전압과 가변 주파수에 의한 VVVF(variable voltage variable frequence)용 인버터 제어 장치를 이용한다. VVVF용 인버터 제어 장치에 대하여 설명하기로 한다.

(1) VVVF용 인버터 제어

VVVF용 인버터 제어는 인버터 제어 회로의 마이크로프로세서에 의하여 GTO의 ON, OFF 시간을 제어하여 직류를 교류로 변환하며 전압과 주파수를 가변시켜 제어하는 방식이다. **그림 3.10**은 VVVF용 인버터 제어 시스템의 흐름도를 나타낸 것이다.

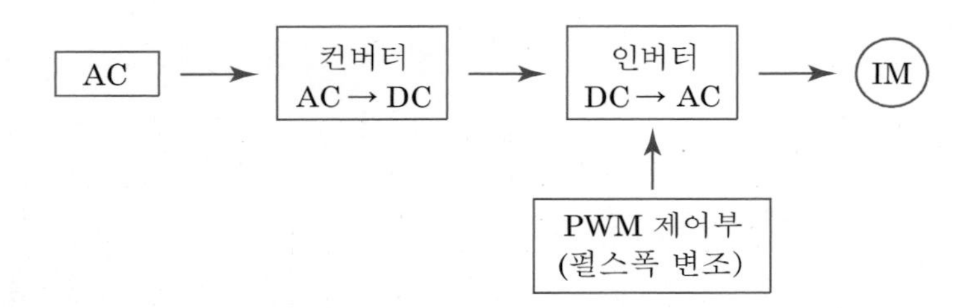

그림 3.10 ▶ VVVF용 인버터 제어 흐름도

① 컨버터(converter)는 정전압 정전류 장치로써 CVCF(constant voltage constant frequence)용이고, 입력 전원의 교류를 직류로 변환하는 정류부이다.

② PWM(pulse width modulation, 펄스폭 변조) 제어부는 마이크로프로세서에 의한 전력용 반도체 소자 GTO 또는 IGBT의 스위칭 작용으로 시간비(통전율) 제어 신호를 인버터에 보내는 역할을 한다.

③ 인버터(inverter)에서는 PWM 제어부에서 보내온 스위칭 신호에 의해 컨버터에서 정류된 직류를 펄스폭을 변화시켜 교류 전압으로 역변환하는 장치이다.
인버터의 출력 교류 전압은 펄스폭에 의해 크기를 변화시켜 유도전동기를 원하는 속도로 제어하게 된다.

④ 인버터에 의한 회생 제동은 주전동기가 타행 운전을 할 때 동력이 끊기면서 슬립은

부(−)로 되고 발전기 상태로 된다. 이 때 계자 코일에 전압이 유기되고 유기 전압은 전원 전압 이상이 되면 인버터를 통하여 가선으로 전력을 회생하게 된다.

회전자는 발생 전류에 의하여 역방향으로 회전하려고 하는 토크가 발생하므로 제동의 효과를 얻을 수 있다.

3.3.3 우리나라 전기 철도의 속도 제어 방식

우리나라에서 운행되고 있는 전기 철도에 관하여 주전동기의 대표적인 속도 제어 방식을 설명하기로 한다.

① 수도권 1호선(1974년) : 저항 제어, 직·병렬 제어 방식, 직권전동기(120[kW])
교류 60[Hz], 25[kV], 직류 1,500[V], 중공축 평행 카르단 동력 전달 방식

② 서울 지하철 2, 3호선 : 직류 초퍼 제어 방식, 직류 직권전동기(150[kW])
직류 1,500[V], 기어형 평행 카르단 동력전달방식

③ 서울 4호선(과천선, 안산선) : VVVF용 인버터 제어 방식, 유도전동기(200[kW])
교류 60[Hz], 25[kV], 직류 1,500[V], 기어형 평행 카르단 동력 전달 방식
(국철, 서울 도심 지하철, 서울 도시철도 및 대구, 인천 지하철 등 채택)

(1) 수도권 1호선

국내 최초(1974 개통)로 운행된 전철은 교류와 직류 겸용의 급전 방식이다.

교류 구간에서는 변압기와 직류 변환 장치(정류기)에 의해 교류를 직류로 변환하여 주전동기의 직권전동기를 구동하고, 직류 구간에서는 직접 전차선에 직류를 공급하여 직권전동기를 구동하여 운용하는 방식이다.

주전동기인 직권전동기의 속도 제어는 저항 접촉기를 개폐하여 전동기 주회로에 삽입된 저항을 가감하는 저항 제어와 전동기의 직·병렬 제어를 병용한 방식으로 전동기의 계자 권선에 전류를 약화시키는 약 계자 제어로 이루어진다.

그림 3.11은 수도권 1호선 전철의 속도 제어 시스템을 나타낸 것이다.

① **교류 구간** 운행
전원(교류 25[kV]) → 주차단기 → 교·직류 전환기 → 변압기(AC 1,850[V]) → 정류기(DC 1,500[V]) → 교·직 전환기 → 저항기 → 주전동기(직권전동기)

② **직류 구간** 운행
전원(직류 1,500[V]) → 주차단기 → 교·직 전환기 → 교·직 전환기 → 저항기 → 주전동기(직권전동기)

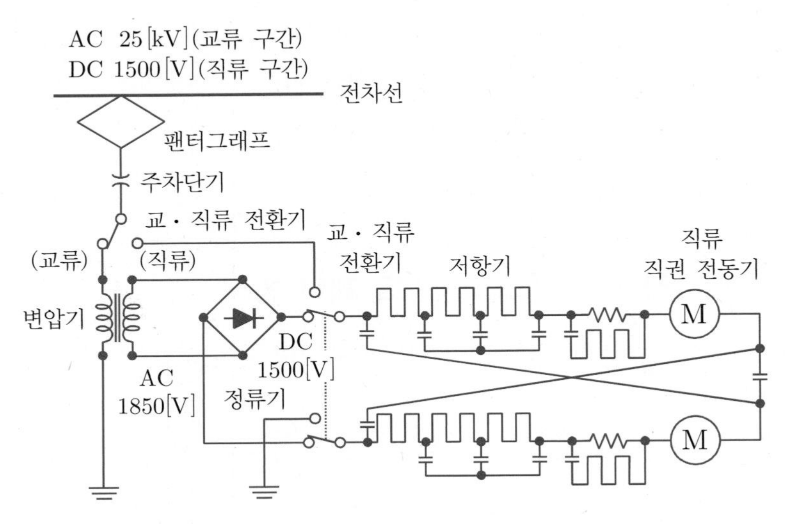

그림 3.11 ▶ 수도권 1호선 속도 제어 시스템

(2) 서울 지하철 2, 3호선

그림 3.12는 현재 서울 지하철 2, 3호선에 운용되고 있는 방식이다. 주행 시 초퍼가 OFF 시 주전동기에 들어가는 전류가 단속되는 것을 방지하기 위하여 평활 리액터와 귀환용 다이오드를 접속한 전동차의 초퍼 제어 시스템이다.

직류에서는 초퍼에 의하여 통전율로 전력을 자동적으로 조절할 수 있고, 초퍼 회로에 의해 조절하는 제어 회로로 직류 전동기를 원하는 속도로 운전하는 것을 초퍼 제어 방식이라 한다. 발전 제동시의 전기 에너지를 저항기에서 열로 방출하는 저항 제어 시스템과 달리 초퍼를 이용하여 전원 측으로 회생 전력을 되돌려주는 회생 제동이 가능한 방식이다.

초퍼가 ON으로 되면 전차선의 전류는 주전동기에 유입되고 평활 리액터에서 에너지가 축적된다. 또 초퍼가 OFF되면 전차선에서 유입되는 전류는 0으로 되고, 이때 평활 리액터

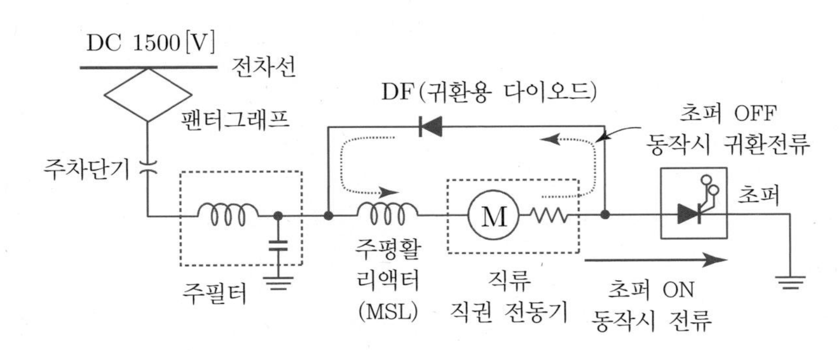

그림 3.12 ▶ 서울 2(3)호선의 초퍼 제어 시스템

에 축적된 에너지가 귀환용 다이오드를 거쳐 주전동기에 유입되어 전동기에는 항상 조화된 전력이 공급되므로 이상 전압이 발생하지 않도록 조절된다.

이와 같이 초퍼의 ON, OFF 동작의 반복제어로 주전동기에 흐르는 전류의 평균값은 일정한 값으로 유지되고, 초퍼의 스위칭 작용으로 속도 제어를 한다.

(3) 서울 4호선(과천선, 안산선) : 기타 국내 도시철도 채택

그림 3.13은 서울 4호선(과천선+안산선)의 인버터 제어 시스템 계통을 나타낸 것이다. 교류 유도전동기를 탑재한 VVVF용 인버터 제어 방식으로써 교류 구간에서는 교류 25[kV]의 전차선 전원을 변압기에서 적정 전압으로 강압하고, 주 변환장치인 교류에서 직류로 변환하는 컨버터와 직류에서 교류로 변환하는 인버터를 거쳐 교류 유도전동기를 구동한다. 또 직류 구간에서는 직류 1,500[V]의 전차선 전원을 인버터에서 교류로 변환하여 유도전동기에 전원을 공급하여 구동한다.

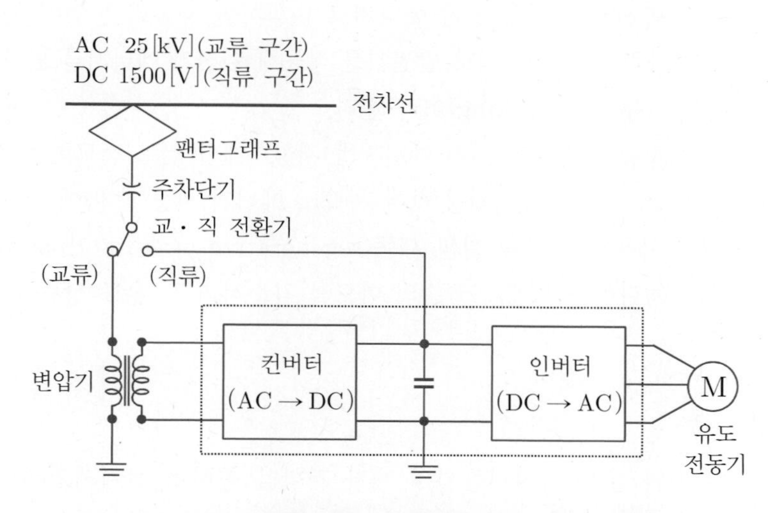

그림 3.13 ▶ 서울 4호선의 인버터 속도 제어 시스템

3.4 제동 장치

제동(brake) 장치는 주행하는 차량을 안전하고 확실하게 정차시키며, 정차된 차량이 굴러가는 현상을 방지하는 목적으로 사용한다.

제동 장치는 동작 원리에 따라 기계 제동 장치와 전기 제동 장치가 있다.

3.4.1 기계 제동 장치

주행 중인 차량의 속도를 감속시키려면 차량이 가지고 있는 운동 에너지를 소모해야 한다. 이 때 일반적인 차량은 마찰 브레이크를 통해 운동 에너지를 전부 열로 변환시켜 소모해야 한다.

기계 제동 장치는 차륜에 주철로 만든 **브레이크 슈**(brake shoe)를 직접 밀착시켜 차량의 운동 에너지를 직접 열에너지로 소비시키는 장치이다.

답면 브레이크가 가장 널리 이용되고 있고, 기계 제동 장치의 동력원은 일반적으로 압축 공기를 이용한 **유압식**을 많이 사용한다.

3.4.2 전기 제동 장치

주행 중인 차량의 전동기를 전원으로부터 분리하면 발전기로 작동된다. 이때 차량의 운동 에너지로 발전기를 돌려 전기 에너지로 변환하면 제동력을 얻어 제동할 수 있다.

이와 같이 차량의 운동 에너지로 발전기를 작동시켜 전기 에너지를 변환하여 제동하는 것을 **전기 제동**(electric braking)이라 한다.

특히 전기 제동에서 변환된 전기 에너지를 저항기에서 열로 소모하는 것을 **발전 제동**(dynamic braking), 전기 에너지를 밧데리(ESS, 에너지 저장 장치)에 저장하거나 전차선으로 되돌려 재사용하는 것을 **회생 제동**(regenerative braking)이라 한다.

전기 제동은 차량이나 브레이크 슈의 마모를 감소시키고, 온도 상승을 억제하는 장점이 있다.

(1) 발전 제동

그림 3.14(a)와 같이 직권전동기의 계자 저항을 통하여 접지시키면 전류의 방향은 반대가 되어 잔류자기를 소멸시키므로 제동 작용이 없어진다.

따라서 발전 제동은 **그림 3.14**(b) 또는 (c)와 같이 계자 또는 전기자 단자를 반대로 접속하고 저항기를 거쳐서 접지 측과 접속하여 발전기로 하고 나서 타행 운전 중의 차량의 운동 에너지를 전기 에너지로 변환시켜 저항기에서 열에너지로 소비시켜 제동을 얻는 방법이다.

발전 제동은 고속인 경우에 기전력이 커서 제동 작용이 크지만, 속도가 저하되면 점차 줄어들기 때문에 제동 작용을 일정하게 유지하기 위하여 공기 제동 장치와 병용할 필요가 있다.

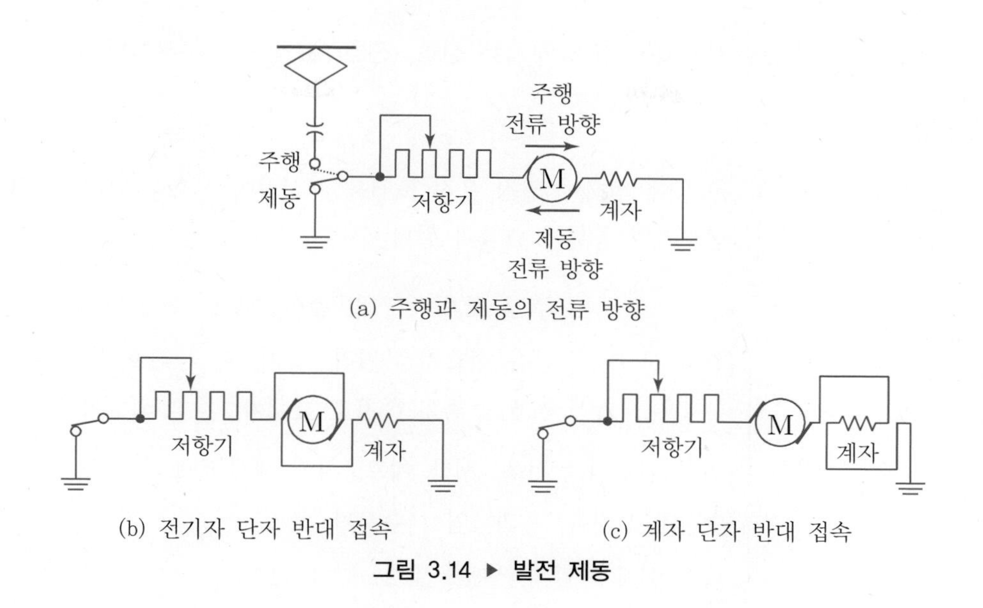

그림 3.14 ▶ 발전 제동

(2) 회생 제동

전기차가 급경사의 비탈길을 내려가는 경우, 차량의 중량으로 인하여 속도가 빨라져서 전동기에서 발생하는 유기 기전력이 전원 전압보다 높아지면 전기차의 주전동기는 발전기가 된다. 이 때 발생 전력을 가선 등의 전차 선로에 보내어 주행 중인 다른 차량에 전력을 공급하며, 전동기는 역회전력에 의하여 감속되는 제동력을 얻게 된다. 이 방식을 **회생 제동**이라 한다.

회생 제동은 직권 특성으로 하지 않고 분권 특성으로 하기 때문에 계자를 바꾸어 연결하여 타여자로 하는 것이 일반적이다.

3.5 신호 설비

신호 설비는 열차의 운행을 안전하고 수송능력을 극대화하기 위한 장치이다. 열차 운행에서 안전의 확보는 기본적인 사항으로써 각종의 신호 장치가 사용되고 있다.

3.5.1 신호 보안 장치

신호 장치는 일반적으로 형, 색, 음을 이용하여 사전에 부호를 정하는 것으로써 그 부호에 따라 운전 조건을 표시하고, 그 장소의 상태 등을 표시하여 상대방에게 전달하는 장치이다. 철도에 사용되는 신호 장치는 **신호**, **전호**, **표식**으로 구분한다.

(1) 신호

신호는 형, 색, 음 등에 의하여 일정 운전 조건을 지시하여 신호를 나타내는 기구를 신호기라고 한다. 신호기의 종류는 다음과 같다.

- 신호 장치
  - 상치 신호기
    - 주 신호기 : 장내, 출발, 폐색, 엄호, 입환 신호기
    - 종속 신호기 : 원격, 중계, 통과 신호기
    - 신호 부속기 : 진로 표시기, 진로 예고기
  - 임시 신호기 : 서행, 서행 예고, 서행 해제 신호기
  - 수신기 : 대용, 통과, 임시 수신기
  - 특수 신호 : 발뢰, 발염, 발광, 발보 신호

(a) 상치 신호기

일정 장소에 항상 설치되어 있는 신호기

① 주 신호기 : 일정한 방호구역을 가지고 있는 신호기

- 장내 신호기 : 역의 입구에 설치하여 진입차량의 진입의 가부 또는 속도를 지시하는 신호기
- 출발 신호기 : 역내 열차의 출발점 부근에 설치하여 역을 출발하는 열차에 진출의 가부 또는 속도를 지시하는 신호기
- 폐색 신호기 : 폐색 구간의 입구에 설치하여 그 구간에 진입의 가부 또는 속도를 지시하는 신호기
- 유도 신호기 : 역내 신호기의 하위에 마련된 신호기로써 정거장내 신호기가 정지 신호를 현시해도 열차를 유도하여 역에 진입시키기 위한 신호기
- 입환 신호기 : 역 구내에서 차량의 입환을 할 때에 사용하는 신호기

② 종속 신호기 : 주신호기에 종속하여 주신호기가 현시하는 신호의 확인거리를 보충하기 위하여 주신호기 이외의 장소에 설치하는 신호기

③ 신호 부속기 : 주신호기에 부속하여 주신호기가 지시하여야 할 조건을 보충하기 위한 신호기

(b) 임시 신호기

선로의 고장 또는 수리를 위하여 열차 또는 차량의 서행 시 사용

(2) 전호

전호는 형, 색, 음 등에 의하여 철도 종사자 상호 간에 의사를 표시하는 것을 말한다. 전호의 종류는 출발 전호기, 출발 지시 전호기, 추진 운전 전호, 입환 전호기, 대용 수신호 전호기, 정지 위치 지시 전호, 제동 시험 전호기, 입환 통고 전호, 이동 금지 전호, 전철 전호 등이 있다.

(3) 표식

표식은 형, 색 등으로 물건의 위치, 방향, 조건 등 그 장소의 상태를 표시하는 것을 말한다.

표식의 종류는 열차 표식, 입환 기관차 표식, 폐색 식별 표식, 속도 제한 표식, 전철기 표식, 속도 제한 해제 표식, 열차 정지 표식, 차량 정지 표식, 입환 신호기 식별 표식, 입환 표식, 가선 전원 식별 표식, 진로 전원 식별 표식, 가선 종단 표식, 가선 시구간 표식, 일단 정지 표식, 차량 접속 한계 표식 등이 있다.

3.5.2 연동 장치

연동 장치(interlocking device)는 역 구내에서 원활한 열차 운행을 위하여 신호기, 전철기 등을 상호간에 전기적 또는 기계적인 방법으로 연동시켜 동작하거나 관련을 가진 상태로 쇄정을 하는 것으로 쇄정 장치라고도 한다. 즉 열차가 통과 중인 구간에서는 통과 완료까지 구간 내 전철기의 운전 조작을 할 수 없도록 쇄정을 한다.

신호기 및 전철기의 취급에 일정한 순서와 규칙을 만들어 쇄정토록 하고, 이 관계를 유지, 동작하도록 하여 조작의 실수 및 취급상의 잘못을 방지하기 위한 것으로써 구내 작업의 능률을 높이는 데 중요한 장치이다.

3.5.3 폐색 장치

폐색 장치(blocking device)는 선로의 각 구간에 두 대 이상의 열차가 진입하지 못하도록 하기 위한 장치로써 충돌 등의 사고를 미연에 방지하는 운용 방식이며, 전기 철도에서는 자동 폐색 방식을 채용하고 있다.

자동 폐색 방식은 폐색 구간을 나눈 선로에 궤도 회로를 마련하고, 이것과 신호기를 연관시켜 신호기의 현시를 열차에 따라 자동적으로 제어하는 방법이다.

폐색 장치의 구성은 선로 변압기, 궤도 변압기, 궤도 리액터, 점등 변압기, 임피던스 본드, 궤도 계전기 등으로 되어 있다.

3.5.4 궤도 회로

궤도 회로(track circuit)는 레일을 이용하여 전기회로를 구성하고, 이 회로를 열차의 차축으로 단락하여 궤도 계전기를 여자 또는 소자시켜 열차의 유무를 검지할 수 있는 회로이다.

1궤도 회로는 1폐색 구간으로 구성하고 이 구간 길이가 짧을수록 열차 위치를 세밀하게 검지할 수 있으며 차량 간격을 줄일 수 있다.

궤도 회로는 전원장치, 한류장치, 레일 및 궤도 계전기 등으로 구성되며, 전기운전 구간에서는 신호 전류와 귀선 전류를 구별하기 위하여 임피던스 본드를 설치하고, 궤도의 전기 저항을 경감하기 위하여 레일 본드를 이용하여 전기적으로 접속한다.

궤도 회로는 사용 조건에 따라 다음과 같이 여러 가지 종류로 분류된다.

① 회로 구성 방법에 의한 분류 : 개전로식, 폐전로식
② 전원 장치에 의한 분류 : 단송전식, 중앙송전식
③ 귀선 전류의 귀로에 의한 분류 : 단궤조식, 복궤조식
④ 전원 종별에 따른 분류 : 직류, 교류, AF, 코드 궤도 회로
⑤ 신호 현시에 의한 분류 : 2위식, 3위식 궤도 회로

궤도 회로의 구성은 임피던스 본드, 궤도 변압기, 궤도 계전기, 궤도 리액터 등으로 되어 있다.

(1) 임피던스 본드

궤도 회로의 경계에 설치하여 전기차의 귀선 전류는 통과시키고, 신호 전류는 인접하는 궤도 회로에 유입되지 않도록 하는 장치로써 귀선 전류와 신호 전류를 구분하여 주는 설비이다. **그림 3.15**는 임피던스 본드와 궤도 회로를 나타낸 것이다.

임피던스 본드는 궤도 회로의 경계에 설치하며, 구조는 기본적으로 변압기와 같지만, 레일 접속단 코일은 좌우의 레일에 접속한다. 신호 전류에 대해서는 임피던스를 나타내며 변압기 권선으로 작용한다.

그러나 직류에 대하여는 임피던스를 나타내지 않고, 권선의 중성점이 인접 임피던스 본드의 중성점에 접속되기 때문에 레일에 흐르는 전차선 귀선 전류는 인접하는 궤도 회로에 그대로 흘러간다.

즉, 신호 전류에 대하여는 각 궤도 회로가 각각 독립 폐회로를 구성하고, 전차선 귀선 전류에 대하여는 모두 궤도 회로가 연속된 1본의 귀선을 구성하도록 한다.

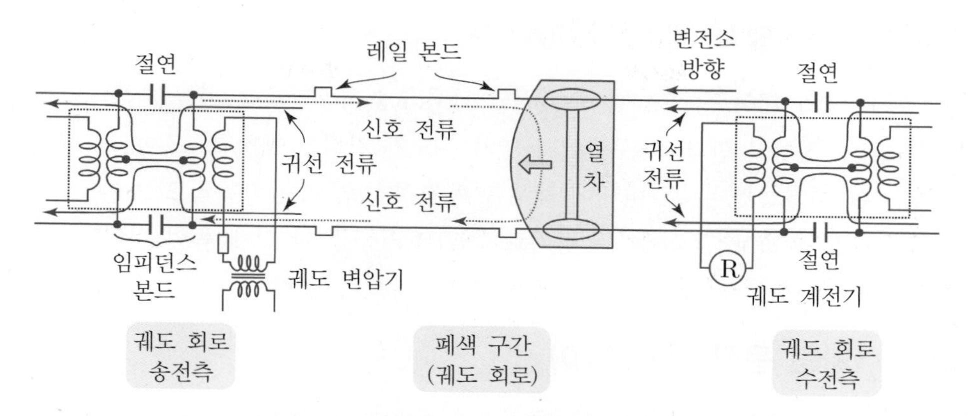

그림 3.15 ▶ 임피던스 본드와 궤도 회로

(2) 궤도 변압기

신호 전류를 공급하기 위한 소형 변압기로 송전 측에 사용하며, 2차 측에는 전류나 위상을 조정하기 위하여 궤도 리액터 또는 궤도 저항기를 접속한다.

(3) 궤도 계전기

교류 궤도회로의 수전 측에 설치하고 열차 또는 차량의 유무를 검지하기 위한 계전기이다.

그림 3.15와 같이 각 폐색구간마다 레일을 절연한 궤도회로에서 궤도변압기에 의하여 전원이 인가되면 수전측에 설치된 궤도계전기가 구간내 열차가 없으면 전류가 흐르게 되어 동작하고, 구간내 열차가 진입하면 열차의 차축을 통하여 전류가 흘러버리기 때문에 계전기에는 전류가 흐르지 않게 되어 동작하지 않는다.

이와 같이 궤도계전기의 동작에 의하여 신호기의 녹색과 적색램프가 동작하여 열차의 진입 가부를 알려주게 된다.

3.5.5 자동 열차 정지 장치(ATS)

자동 열차 정지 장치(ATS, automatic train stop device)는 열차의 제한 속도 신호를 받아서 열차의 실제 속도와 연속적으로 비교하여 열차의 속도가 제한 속도를 초과하면 경보를 발하고 운전자가 수 초 이내에 제동을 체결하지 않으면 자동적으로 제동을 걸어 열차를 정지시키는 장치이다.

3.5.6 자동 열차 제어 장치(ATC)

자동 열차 제어 장치(ATC, automatic train control device)는 폐색 구간마다 제한 속도를 지정하고 만약 그 구간에서 열차 속도가 지정된 제한 속도 이상이 되면 경보를 발한다. 운전자가 수 초 이내에 제동을 체결하지 않으면 자동적으로 제동을 체결하여 제한 속도 이하로 감소시키는 장치로써 ATS 기능을 한 단계 높인 것이다.

3.5.7 자동 운전 장치(ATO)

자동 운전 장치(ATO, automatic train operation device)는 제어 범위를 더욱 확대하여 기동이나 가속도를 자동화한 이상적인 운전 장치이다.

이 장치는 지상으로부터 연속적으로 속도 지령을 받아서 열차를 지령 속도에 추종하도록 자동 가감속 제어하는 정속도 운전 제어 기능과 열차가 정지 목표점에 근접하게 되면 지상자 신호에 의하여 제동 곡선 패턴을 연산하고 제동 패턴에 의하여 목표 지점에 정확히 정지할 수 있는 정위치 정지 기능을 지니고 있다.

ATO의 주요 기능은 출발 제어 기능, 정속 운전 기능, 정위치 정지 기능(TASC), 운행 패턴 수식 기능, 감속 제어 기능 등이 있다.

3.5.8 열차 집중 제어 장치(CTC)

자동 열차 제어 장치(ATC)가 주로 열차의 안전 운전을 목적으로 사용하는 데 비하여 **열차 집중 제어 장치**(CTC, central train control device)는 열차의 능률적인 운전 제어를 목적으로 하고 있다.

CTC는 구간 내 각 역에 있는 전철기와 신호기 등을 중앙 제어실에서 집중적으로 원격 제어하고, 그 표시 및 열차의 운행 상태를 감시하면서 열차의 운행을 능률적으로 정리, 통제하기 위한 제어 장치이다.

중앙 제어실에서는 각 역의 배선이 나타나 있는 표시판이 있고, 램프가 점멸하여 열차의 운행 상태가 표시되고, 현장의 신호기나 전철기의 개통 상황도 표시된다.

연습문제

객관식

01 교류 급전방식이 아닌 것은?

① 직접 급전 방식 ② 주변압기 방식
③ 흡상 변압기 방식 ④ 단권변압기 방식

02 변전소의 간격을 작게 하는 이유는 무엇인가?

① 건설비가 적게 든다. ② 효율이 좋다.
③ 전압강하가 적다. ④ 전식이 적다.

03 직류식 전기 철도의 최대 전압강하율을 교류식 송배전선보다 높게 취하는 이유는 무엇인가?

① 급전거리가 길다.
② 전차용 동선이 가늘다.
③ 전동기의 용량이 크다.
④ 동일 출력의 전동기에서 급전전압이 작다.

04 변전소 급전선을 통하여 병렬로 접속하였을 때 전압이 높은 변전소의 부하는 전압이 낮은 변전소에 비하여 어떻게 되는가?

① 첨두부하가 크다. ② 부하의 변동이 많다.
③ 부하율이 나쁘다. ④ 평균부하가 크다.

05 단상 교류식 전기 철도에서 전압 불평형을 경감하는 데 쓰이는 것은?

① 흡상 변압기 ② 단권변압기 ③ 크로스 결선 ④ 스코트 결선

06 단상 전철에서 3상 전원의 평형을 위한 방법은?

① T결선으로 변압기를 접속한다. ② 각 구간의 열차를 균등하게 배치한다.
③ 발전기의 전압변동률을 작게 한다. ④ 열차의 차량을 적게 접속한다.

07 흡상 변압기는 다음 설명 중 어느 것인가?

① 전원의 불평형을 조정하는 변압기이다.

② 궤도용 신호 변압기이다.

③ 전기 기관차의 보조 변압기이다.

④ 전자 유도 경감용 변압기이다.

08 흡상 변압기의 약호는?

① PT ② CT ③ BT ④ AT

09 흡상 변압기에 대한 설명이 아닌 것은?

① 권수비가 1 : 1이다. ② 단권변압기가 사용되기도 한다.

③ 전압방식에 무관하게 사용한다. ④ 인근 통신선에 유도 장해 방지용이다.

10 전기 기관차의 속도 제어법으로 사용되지 않는 것은?

① 저항 제어법 ② 극수 조정법

③ 사이리스터에 의한 초퍼 제어법 ④ 계자 제어법

11 전기 철도의 속도 제어법으로 사용되지 않는 방법은?

① 저항 제어법 ② 계자 분로법 ③ 직 · 병렬법 ④ 브리지 변환법

12 전차용 전동기의 사용 대수를 2의 배수로 하는 이유는 무엇인가?

① 균일한 중량의 증가 ② 제어효율 개선

③ 고장에 대비해서 ④ 부착 중량의 증가

13 전차용 전동기의 사용 대수를 2배로 하는 이유는 무엇인가?

① 고장 감소 ② 소비전력 감소 ③ 속도 증가 ④ 출력 증가

14 메타다인(metadyne) 제어법이라 함은?

① 직류 정전류 제어법 ② 직류 정전압 제어법

③ 정속도 제어법 ④ 정출력 제어법

15 회생제동 구간에 적당한 변전소의 직류 변환장치는 무엇인가?

① 회전변류기 ② 수은 정류기 ③ 전동발전기 ④ 인버터

16 대용량 고전압의 차량에 쓰이고, 최근에는 고성능의 노면 전차에 이용하고 있는 방식은?

① 직접 제어방식 ② 간접 제어방식 ③ 직류 초퍼제어 ④ 탭절환 제어

17 겨울에 전차의 비전력 소비량이 커지는 것은?

① 열차 운행의 무질서 ② 전압강하의 증대
③ 여객 중량의 증가 ④ 열차저항의 증가

18 동력방식으로 최근에 와서 복식 개별운전이 증가하고 있는데 그 이유가 되지 않는 것은?

① 기계의 구성이 간단하다. ② 동력 전달장치가 생략된다.
③ 정밀운전이 된다. ④ 총 설비용량이 적어진다.

19 전기 철도의 전기 제동에서 주전동기를 발전기로 쓰고 차량의 운동에너지를 전기에너지로 변환하여 저항기에 의하여 열에너지로 방사하는 제동을 무엇이라 하는가?

① 전력 회생 제동 ② 발전 제동 ③ 전자 제동 ④ 저항 제동

20 전기 철도에서 전력 회생 제동법을 채용하는 것이 가장 유리한 것은?

① 시가지 전차 ② 지하철
③ 평지의 간선 전기 철도 ④ 산악지대의 전기 철도

21 전차를 원활하게 운전하기 위하여 사용하는 보안법 중 임피던스 본드를 사용하는 방법은?

① 시간 표식 ② 표권식(ticket system)
③ 전기 통표식 ④ 자동 폐색식

22 궤조를 직류 전차선 전류의 귀로로 사용할 때에는 폐색 구간의 경계를 귀로전류가 흐르게 하여야 한다. 이와 같은 목적을 이루기 위하여 각 구간의 경계는 무엇으로 연결하여야 하는가?

① 열차 단락 감도 ② 궤도 회로
③ 임피던스 본드 ④ 연동 장치

주관식

01 전기 철도용 전력 공급 방식에 대하여 설명하라.

02 전기 철도용 주변압기로 스코트 결선 변압기를 사용하는 이유를 설명하라.

03 전기 철도의 제동법에 대하여 설명하라.

04 임피던스 본드와 레일 본드를 설명하고, 용도에 의한 차이점에 대하여 설명하라.

05 다음의 용어를 설명하라.

① 자동폐색장치
② 궤도 회로
③ ATC
④ ATS
⑤ ATO
⑥ CTC

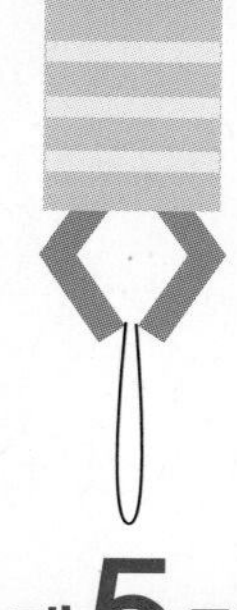

제5편

전기 화학

Chapter 1

전기 화학 일반

1.1 전기 화학 기초

1.1.1 전기 화학의 정의

화학은 물질의 결합 상태의 변화를 대상으로 하는 학문이고, 결합 상태의 변화는 결합에 관계하는 전자의 이동을 의미한다. **전기 화학**(electrochemistry)은 전자의 이동이 외부의 전기 회로를 통하여 이루어지고, 물질의 화학 에너지와 외부의 전기 에너지 사이에서 상호 변환을 행하면서 산화 · 환원의 화학 반응을 일으키는 것을 의미한다.

전기 화학 : 화학 에너지 ⇆ 전기 에너지(산화 · 환원 반응)

전기 화학은 다음과 같이 크게 분류할 수 있으며, 화학 에너지와 전기 에너지의 변환이 서로 반대로 이루어지는 반응인 것이다.

① 높은 에너지를 가진 활성 물질의 화학 에너지를 인출하여 전기 에너지로써 외부로 공급하는 것(예 : 화학 전지)

② 외부로부터 전기 에너지를 공급받아 화학 에너지가 높은 제품을 만드는 것 (예 : 전기 분해)

전기 화학계는 이종의 금속전극 M_1, M_2를 전해질(액체 또는 고체의 이온 전도체) 용액 S 중에 넣은 전극계의 조합으로 구성되고, 다음과 같이 나타낸다.

① 동일 전해질 : $M_1/S/M_2$

② 상이한 전해질 : $M_1/S_1/S_2/M_2$

두 종류의 상이한 전해액 사이에 다공성 격막 또는 KCl, KNO_3와 같은 염기성 전해질을 포함하는 수용성 겔로 채워져 있는 U 형관의 **염다리**(salt bridge)를 삽입한다.

이것은 전해액이 직접 혼합되지 않도록 물리적으로 분리하고, 액 사이에 접촉 전위를 줄여주며, 양이온과 음이온의 이동 통로의 역할을 하도록 한다.

갈바니 전지(Galvanic cell)는 전기 화학계의 기본 조합으로 구성된 이종의 금속 도체가 직렬로 연결되어 있고, 그 중 적어도 1개는 전해질 또는 그 용액으로 되어 있으며, 양단의 화학적 조성이 같은 계로 되어 있다. 갈바니 전지는 전기 화학에서 가장 기본적인 구성이고, 볼타 전지(Voltaic cell)와 다니엘 전지(Daniel cell) 등이 이에 해당한다.

1.1.2 전기 화학의 종류

전기 화학계는 화학 에너지와 전기 에너지의 상호 변환을 시키기 위한 장치로써 **화학 전지**(electrochemical cell)와 **전해 전지**(electrolysis cell)로 구분한다.

① **화학 전지** : 전기 화학계 내에서 일어나는 자발적 반응을 이용하여 전기를 일으키는 전지(cell), 즉 화학 에너지를 전기 에너지로 변환하는 장치를 화학 전지라 한다. 특히 전류를 만들어서 전기 에너지원으로 사용하는 화학 전지를 갈바니 전지라 한다.(볼타전지, 건전지, 납축전지, 연료전지 등 전지의 방전, 금속의 부식 등)

② **전해 전지**(전기 분해) : 외부 전원에서 공급되는 전류를 이용해서 비자발적 반응을 진행하게 하여 전기 에너지를 화학 에너지로 변환하는 장치(전지의 충전, 전기분해, 전해정련, 용융염 전해, 전기도금 등)

1.1.3 화학 반응

전기 화학계는 기본적으로 이종 금속의 전극에서 산화·환원의 화학 반응에 의한 계면에서 전자와 이온의 수수가 일어나는 것이고, 이 역할을 하는 것을 **전극 반응**이라 한다. 산화 및 환원의 전극 반응은 금속의 이온화 경향에 결정된다.

(1) 이온화 경향

금속은 수용액 중에서 전자를 방출하여 양이온으로 되기 쉬운 성질을 가지고 있으며, 이를 **이온화 경향**이라고 한다. 이온화 경향이 큰 금속의 순으로 배열한 것을 **이온화 계열**이라 하며 다음과 같다.

$K > Ca > Na > Mg > Al > Zn > Fe > Ni > Sn > Pb > (H_2) > Cu > Hg > Ag > Pt > Au$

표 1.1 ▶ 금속의 이온화 경향과 화학 반응

<table>
<tr><th>이온화 경향</th><th>K</th><th>Na</th><th>Mg</th><th>Al</th><th>Zn</th><th>Fe</th><th>Ni</th><th>Sn</th><th>Pb</th><th>(H_2)</th><th>Cu</th><th>Hg</th><th>Ag</th><th>Pt</th><th>Au</th></tr>
<tr><td>공 기
(산 소)</td><td colspan="3">상온에서 반응
(산화물 생성)</td><td colspan="9">가열하여 반응(산화물 생성)</td><td colspan="3">반응하지 않음</td></tr>
<tr><td>물</td><td colspan="3">상온에서 반응
(수소발생)</td><td colspan="3">수증기(고온)와
반응(수소발생)</td><td colspan="9">반응하지 않음</td></tr>
<tr><td>산</td><td colspan="9">묽은 산과 반응(수소발생)</td><td colspan="4">질산, 황산과 반응
(용해)</td><td colspan="2">반응 않음</td></tr>
</table>

금속의 화학적 성질은 다음과 같다.

① 산화되기 쉽다.(다른 물질을 환원시키는 힘이 크다.)
② 전자를 잃기 쉽고, 양이온이 되기 쉽다.
③ 이온화 경향이 클수록 산화성이 강하다.(예 : $Zn \rightarrow Zn^{2+} + 2e$ [해리, 전리])
④ 이온화 경향이 작을수록 환원성이 강하다.(예 : $Cu^{2+} + 2e \rightarrow Cu$ [금속 석출])
⑤ 산과 반응하고, 금속의 산화물은 염기성이다.

(2) 산화 · 환원 반응

산화는 어떤 물질이 **산소와 화합**하거나 수소 화합물이 **수소를 잃는** 화학 변화이다. 또 **환원**은 어떤 물질이 **수소와 화합**하거나 산소 화합물이 **산소를 잃는** 화학 변화이다.

그러나 개념은 확장되어 산소와 수소가 관여하지 않는 화학 반응에서도 **전자를 잃는 것을 산화**(oxidation), **전자를 얻는 것을 환원**(reduction)이라고 한다.

표 1.2는 산화와 환원의 정의를 정리하여 나타낸다.

이온화 경향이 큰 마그네슘을 공기 중에 방치하면 표면이 산소와 반응하여 산화마그네슘이 된다. 이때 산화 · 환원의 화학 반응은 다음과 같이 일어난다.

$$\text{반쪽 반응} \begin{cases} 2Mg \rightarrow 2Mg^{2+} + 4e \ (\text{산화}) \\ O_2 + 4e \rightarrow 2O^{2-} \ (\text{환원}) \end{cases} \quad (1.1)$$

$$\text{전체 반응(산화 · 환원 반응)} \ : 2Mg + O_2 \rightarrow 2MgO \quad (1.2)$$

화학 반응에서 산화와 환원은 동시에 일어나며, 산화 · 환원의 화학 반응을 식 (1.1)에서 두 개로 나누어서 생각할 때 각각의 반응을 **반쪽 반응**이라 한다. 식 (1.2)에서 두 반응을 합한 것을 산화 · 환원의 **전체 반응**이라고 한다.

산화 · 환원 반응에서 자신은 환원되면서 다른 것을 산화시키는 물질을 **산화제**라고 하고, 반대로 자신은 산화되면서 다른 것을 환원시키는 물질을 **환원제**라고 한다.

표 1.2 ▶ 산화와 환원의 정의

구 분	산 화	환 원
산 소(O)	결 합	잃 음
수 소(H)	잃 음	결 합
전 자(e)	잃 음	얻 음
산 화 수	증 가	감 소

1.1.4 계면 동전위

금속 표면과 전해액의 계면에서 전기이중층에 의한 계면에서의 전위를 **계면 동전위**(electrokinetic potential)라고 하며, ξ 전위라고도 한다. 직접 측정할 수 없지만 **전기 영동**과 **전기 침투**로 구할 수 있다.

(1) 전기 영동

전기 영동(electrophoresis)은 용액 속에 콜로이드 미립자를 넣고 직류 전원을 공급하면 많은 입자가 양극을 향하여 이동하는 현상이다. 즉, 물속에 점토 입자가 있을 때 입자는 음, 물은 양으로 대전하여 점토 입자가 양극으로 이동한다. 이 현상은 점토의 정제, 고무의 전착, 기름에 혼합된 수분 제거, 염색 등에 이용된다.

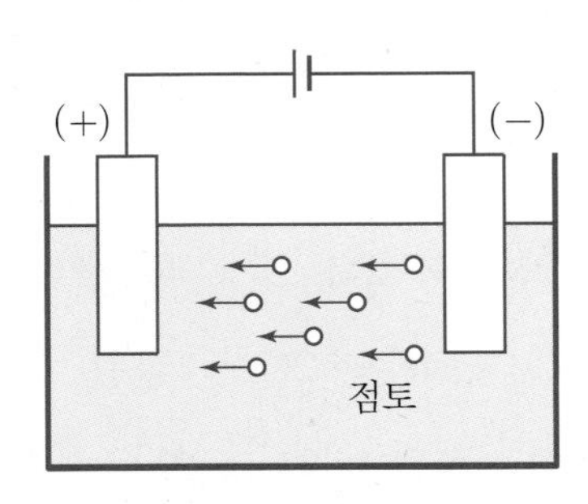

그림 1.1 ▶ 전기 영동

(2) 전기 침투

전기 침투(electro osmosis)는 용액 속에 다공질의 격막을 설치하고 그 양쪽에 전극을 넣고 직류 전압을 가하면 입자는 통과하지 못하고 용액만 격막을 통하여 한쪽으로 이동하여 수위가 높아지는 현상이다.

전기 침투는 전해 콘덴서의 제조, 재생고무의 제조, 점토의 탈수 등에 응용된다.

(3) 전기 투석

전해조에 2장의 다공질 격막에 의하여 3개의 전해실로 나누고, 중앙에 전해질 용액, 양쪽 전해실에 순수한 물을 넣은 다음 음극식과 양극실에 전압을 가하면 중앙의 양이온은 음극실로, 음이온은 양극실로 이동하여 중앙의 전해 물질이 제거된다.

이와 같은 현상을 **전기 투석**(electro dialysis)이라 한다. 전기 투석은 물, 설탕, 젤라틴, 한천 등의 정제에 이용된다.

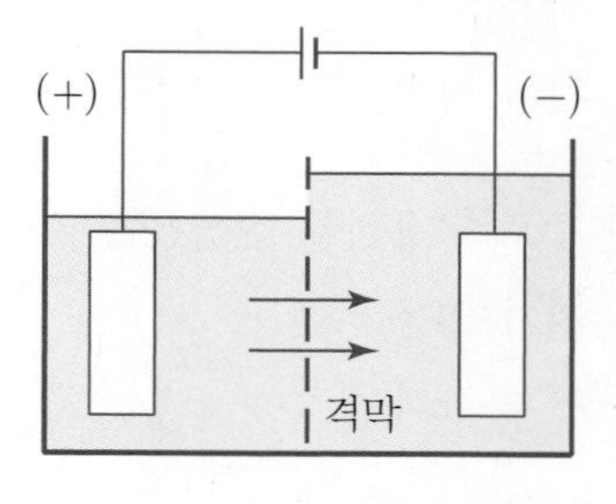

그림 1.2 ▶ 전기 침투

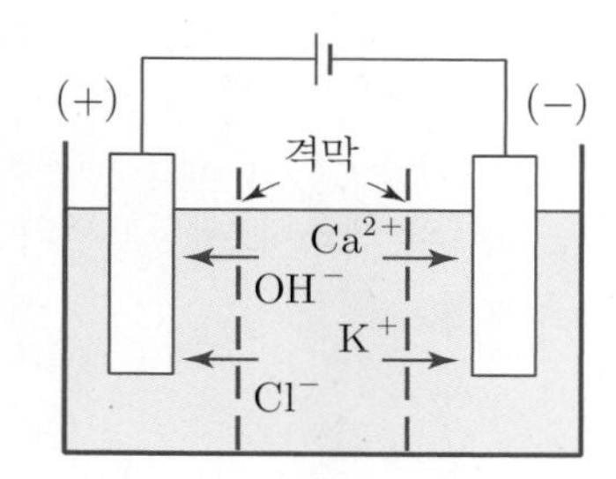

그림 1.3 ▶ 전기 투석

연습문제

객관식

01 금속 중 이온화 경향이 큰 물질은?

① Fe ② Zn ③ K ④ Na

02 전기 화학에서 양이온이 되는 것은?

① H_2 ② SO_4 ③ NO_3 ④ OH

03 기체 또는 액체에 고체의 입자가 분산되어 있을 경우, 이에 전압을 가하면 입자가 이동한다. 이러한 현상을 무엇이라 하는가?

① 전기 집진 ② 전기 투석
③ 전기 영동 ④ 전기 방식

04 전해 콘덴서의 제조나 재생고무의 제조 등에 주로 응용하는 현상은?

① 전기 침투 ② 전기 영동
③ 비산 현상 ④ 핀치 효과

주관식

01 전기 화학의 종류를 설명하라.

02 전기 집진 장치의 일단식과 이단식의 방전 전극에 인가하는 전압의 극성이 다르다. 그 이유를 설명하라.

03 전기 영동, 전기 침투, 전기 투석에 대하여 설명하라.

Chapter 2

기전력 응용

2.1 전지

2.1.1 전지의 분류

전지는 구성하는 계의 화학적, 물리적 변화에 수반하는 에너지의 감소분을 직접 전기 에너지로 변환하는 장치이다. 그러나 일반적으로 전지라고 하는 것은 화학 변화를 이용하는 화학 전지를 의미하며, 그 이외의 전지를 특수 전지 또는 물리 전지 등으로 불리어지고 있다.

① **화학 전지** : 전기 화학계 내에서 자발적으로 화학적 변화를 일으킬 때 발생하는 에너지를 전기 에너지로 변환하여 외부로 전류를 흐르게 하는 장치이다. 화학 전지는 1차 전지, 2차 전지 및 연료 전지가 이에 해당한다.

ⓐ **1차 전지** : 충전과 방전을 반복할 수 없는 전지로써 반복 사용이 불가능하여 일회용의 소모성 전지(망간 건전지, 공기 건전지, 수은 전지, 리튬 전지 등)

ⓑ **2차 전지** : 충전과 방전이 모두 가능한 전지로써 반복 사용이 가능한 전지 (납축전지, 알칼리 축전지, 소형 충전전지)

ⓒ **연료 전지** : 1차 전지 및 2차 전지의 전극 활물질은 전지 자체 내부에 내장되어 있지만, 연료 전지는 전극 활물질인 연료와 산화제가 외부로부터 연속적으로 공급하여 전기 에너지를 얻고 동시에 반응 생성물을 배출하는 전지

② **물리 전지** : 외부로부터 열, 광, 방사선 등의 에너지를 공급하여 전지를 불안정한 상태, 즉 에너지가 높은 상태에서 에너지가 낮은 안정한 상태로 되돌아오는 과정에서 물리적 변화 시의 에너지 감소분을 전기에너지로 변환하는 것으로써 태양전지, 열전지, 광전지, 원자력전지 등이 있다.

2.1.2 갈바니 전지의 전극 반응

화학 전지의 기본이 되는 갈바니 전지를 토대로 전지 반응과 기전력 발생에 대하여 알아본다.

전형적인 갈바니 전지는 볼타 전지와 다니엘 전지가 있으며; 금속의 이온화 경향 차이로 산화 · 환원 반응을 일으켜 전자의 이동을 외부 도선을 통하여 일어나게 하여 전자 이동의 반대 방향으로 전류를 흐르게 한 장치이며, 현재는 사용하지 않고 있다.

(1) 볼타 전지

볼타 전지(voltaic cell)는 **그림 2.1**과 같이 묽은 황산의 전해액 중에 두 전극의 아연판과 구리판을 이격시켜 놓은 것이다.

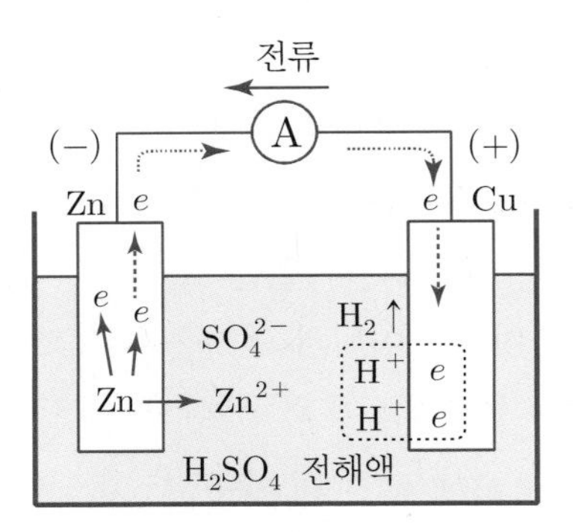

그림 2.1 ▶ 볼타 전지

먼저 외부 도선을 연결하지 않은 상태에서 전극 반응을 알아보면, 이온화 경향이 큰 아연은 묽은 황산 속에서 아연 이온 Zn^{2+}로 되어 전해액 중으로 용출하고, 아연판의 표면에 전자 e를 발생시켜 아연 전극에서만 다음과 같은 반응이 일어난다.

$$Zn \rightarrow Zn^{2+} + 2e \text{ (전자)} \tag{2.1}$$

$$2H^+ + 2e \rightarrow H_2 \uparrow \text{ (아연 표면)} \tag{2.2}$$

그러나 이온화 경향이 작은 구리 전극에서는 전혀 변화가 일어나지 않는다.

이제 외부 도선으로 **그림 2.1**과 같이 두 전극을 연결하면, 식 (2.1)에서 발생한 전자는 식 (2.2)의 반응을 일으키지 않고, 도선을 통하여 구리 전극 쪽으로 이동하게 되며, 묽은 황산의 수소 이온과 결합하여 구리 전극에서 수소가 발생하게 된다.

따라서 위의 식 (2.2)의 반응은 구리 전극 표면에서 일어난다.

이와 같이 전자는 아연 전극에서 구리 전극으로 이동하기 때문에 전류는 구리 전극에서 아연 전극 방향으로 흐르는 것이다. 이것을 **방전**(discharge)이라고 한다.

볼타 전지에서 화학 반응이 진행되면 아연 전극에서 생성된 전자는 외부 회로를 통하여 구리 전극으로 이동하고, 전해질의 수용액에서는 이온의 이동이 일어난다.

결국 볼타 전지의 반쪽 전지 반응과 전체 반응을 나타내면 다음과 같다.

① 반쪽 전지 반응

$$\text{Zn 전극(음극)} : Zn \rightarrow Zn^{2+} + 2e \text{(anode, 산화 전극)} \quad (2.3)$$

$$\text{Cu 전극(양극)} : 2H^{+} + 2e \rightarrow H_2 \uparrow \text{(cathode, 환원 전극)} \quad (2.4)$$

② 전체 반응

$$Zn + 2H^{+} \rightarrow Zn^{2+} + H_2 \uparrow \quad (2.5)$$

볼타 전지의 표기 : $(-)Zn \mid H_2SO_4(aq) \mid Cu(+)$

볼타 전지의 기전력 : 전지의 전위는 두 반쪽 전지 전위의 합

$$E_{cell} = E_{ox} + E_{red} = 1.1\ [V] \quad (2.6)$$

화학 전지의 두 이종 금속 전극에서 일어나는 화학 반응 및 그에 따른 명칭을 정의하면 **표 2.1**과 같다.

표 2.1 ▶ 화학 전지에서 전극의 화학 반응과 그에 따른 명칭

	이온화 경향(대)	이온화 경향(소)
화학 반응	산화 반응	환원 반응
화학 반응에 의한 명칭	anode(산화 전극)	cathode(환원 전극)
전기 극성	음극(-) (negative electrode)	양극(+) (positive electrode)
산 화 수	증 가	감 소

여기서 **애노드**(anode)는 산화가 일어나는 전극(산화 전극), **캐소드**(cathode)는 환원이 일어나는 전극(환원 전극)을 의미하며, 전기의 극성과는 다른 의미이다.

분극 작용과 국부 전지

(1) 분극 작용

① 구리 전극 표면에서 식 (2.4)의 반응에 의하여 생성된 수소의 일부가 얇은 막을 형성하게 되고, 지속적인 반응을 방해한다.

$$2H^{+} + 2e \rightarrow H_2 \uparrow \text{(반응 차단)} \qquad (2.7)$$

② 수소는 구리보다 이온화 경향이 크기 때문에 구리 전극에서 생성된 수소가 다시 수소 이온으로 되돌아가면서 전자를 구리 전극에 남긴다.

$$H_2 \rightarrow 2H^{+} + 2e \qquad (2.8)$$

외부 도선을 연결한 경우, 음극(아연)에서 이동한 전자와 수소 이온이 양극(구리면)에서 결합하여 수소 가스 발생의 지속적인 반응이 일어나야 한다. 그러나 생성된 수소 가스의 일부가 얇은 막을 형성하여 지속적인 반응을 억제하고 전자의 이동을 방해한다. 이때 전류는 줄어들고 전지의 내부 저항은 증가하여 전지의 기전력을 감소시킨다. 이와 같이 외부 도선을 연결한 경우에 전지의 기전력 감소 현상을 **분극 작용**이라 한다.

(2) 감극제

구리 전극에서 발생한 수소를 제거하기 위하여 산화제를 가하여 다음의 반응식과 같이 물이 생성되도록 한다. 즉, **분극 작용을 억제**하여 기전력의 감소를 방지하기 위한 산화제를 **감극제**라고 한다.

$$H_2 + O(\text{산화제}) \rightarrow H_2O \qquad (2.9)$$

감극제 : 이산화망간(MnO_2), 과산화수소(H_2O_2), 질산(HNO_3), 산화수은(HgO)

(3) 국부 전지(local cell)

외부 도선을 연결하지 않은 경우에 애노드 전극 금속(전지 음극) 또는 전해액 중에 미량의 불순물(Ni, Cu, Fe, Sb) 등이 혼입되어 있으면 불순물이 캐소드(전지 양극)가 되어 전극과 불순물 사이에 **국부 전지**를 만들어 단락 전류를 흘리고 자기방전이 일어난다. 미량의 불순물 Ni^{2+}을 함유한 H_2SO_4 수용액에 Zn을 넣으면 이온화 경향이 큰 Zn은 산화하고 아연 이온 Zn^{2+}와 전자 2e가 된다. 불순물 Ni^{2+}은 캐소드 작용으로 전자를 받아 환원하여 아연 전극 표면에서 금속으로 석출된다.

$$Ni^{2+} + Zn \rightarrow Ni + Zn^{2+} \qquad (2.10)$$

이와 같이 Zn 표면에 전위가 다른 Ni 부분이 형성되는 전지를 **국부 전지**라 한다. 국부 전지가 형성되면 전류는 외부로 흐르지 못하고 순환 전류에 의한 자기방전이 일어나며, 아연 전극은 국부적으로 용해되어 수명이 단축된다.

※ 자기방전 현상이 일어나는 **국부 전지를 방지**하기 위한 방법

① 고순도의 전극재료 사용 ② 전해액에 불순물 혼입 억제

③ 음극(아연 전극)에 수은 도금(아말감)

(2) 다니엘 전지

다니엘 전지(Daniel cell)는 아연판을 넣은 묽은 황산아연 용액과 구리판을 넣은 황산구리 용액을 염다리로 연결시킨 **그림 2.2**와 같은 구조의 전지이다.

다니엘 전지의 표기 : (−) Zn | $ZnSO_4$(aq) ‖ $CuSO_4$(aq) | Cu (+)

① 반쪽 전지 반응

Zn 전극(음극) : $Zn \rightarrow Zn^{2+} + 2e$ (anode, 산화 전극) (2.11)

Cu 전극(양극) : $Cu^{2+} + 2e \rightarrow Cu$ [석출](cathode, 환원 전극) (2.12)

② 전체 반응

$$Zn + Cu^{2+} \rightarrow Zn^{2+} + Cu \quad (2.13)$$

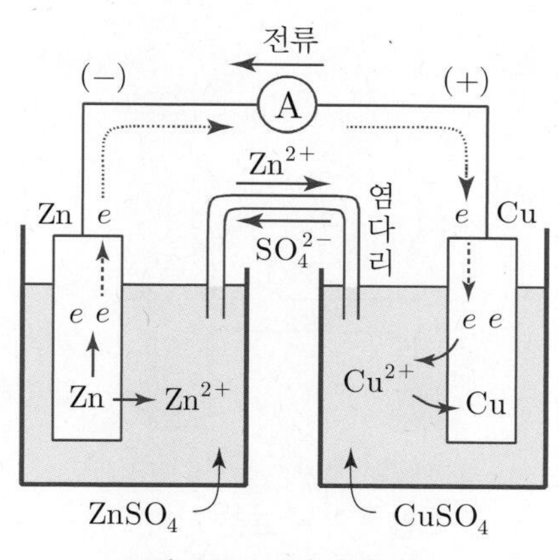

그림 2.2 ▶ 다니엘 전지

※ 다니엘 전지의 반응 과정 및 특징

㉠ 아연 전극은 이온화 경향이 구리보다 크기 때문에 표면에서 아연 이온을 용액 중으로 용출하고, 전자는 외부 도선을 통하여 구리 전극으로 이동한다.

㉡ 구리 전극에서 황산구리 용액 중의 구리 이온과 아연 전극에서 이동해 온 전자와 결합하여 구리를 석출하여 구리 전극의 표면에 부착한다.

㉢ 두 반쪽 전지 반응에 의하여 아연 전극 쪽의 용액은 아연 이온이 증가하고, 구리 전극 쪽의 용액은 구리 이온이 증가한다. 따라서 염다리를 통하여 반대 극성 방향으로 이동하게 된다.

㉣ 아연 전극은 질량이 감소하고 구리 전극은 질량이 증가한다.

㉤ 다니엘 전지는 구리 표면에 수소가 부착하지 않으므로 분극이 발생하지 않는다. 따라서 감극제도 필요하지 않다.

2.1.3 표준 전지

표준 전지(standard cell)는 기전력를 측정할 때 기전력의 표준으로 사용되는 전지이다. 표준 전지는 **카드뮴 전지**, 일명 **웨스턴 전지**를 사용한다.

표준 전지의 구성은 **그림 2.3**과 같이 음극에 카드뮴 아말감, 양극에 수은이 사용되며 분극을 작용을 방지하기 위하여 감극제를 첨가한다. 전해액은 황산카드뮴 용액을 항상 포화 상태로 하여 용액과 결정을 사용한다.

아말감(amalgam)은 수은과 다른 금속과의 합금을 의미한다. 특히 금, 은, 구리, 아연, 카드뮴, 납 등과 합금을 만들어 아말감이 된다. 상온에서도 액체 또는 무른 고체의 수은 합금이 된다.

표준 전지의 표기 : (−) Cd(아말감) | $CdSO_4$(aq) | Hg (+)

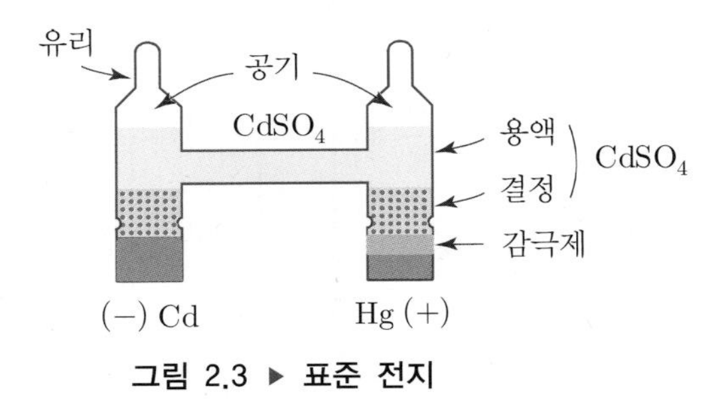

그림 2.3 ▶ 표준 전지

카드뮴 표준 전지는 온도가 일정하면 일정한 기전력을 가지며, 기전력의 표준으로써 일반 전지의 기전력 정밀 측정 또는 기준저항과 함께 전류 측정에 이용된다.

온도 20[℃]에서 기전력은 1.0183[V]이고, 온도가 1[℃] 상승할 때마다 0.04[mV] 감소하며 온도계수가 매우 작은 특징을 가지고 있다.

2.1.4 1차 전지

(1) 망간 건전지

망간 건전지는 건전지(dry cell)의 원형으로 대표적인 것으로써 일명 **르클랑세 건전지**라고도 한다. **그림 2.4**는 망간 건전지의 구조를 나타낸 것이다.

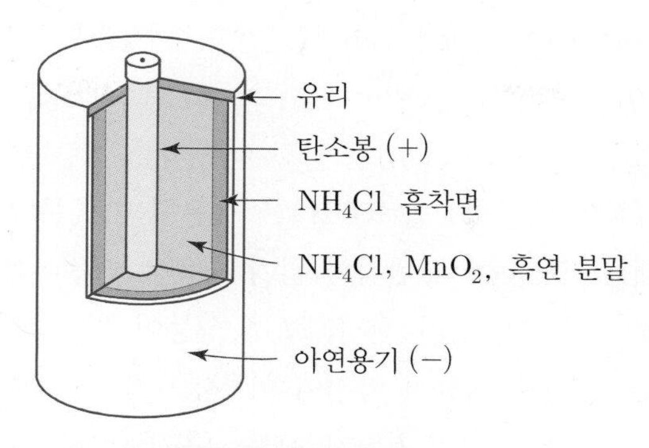

그림 2.4 ▶ 망간 건전지

양극은 탄소, 음극은 아연 용기 자체가 되고, 감극제로 MnO_2의 분말에 흑연을 혼합하여 도전성을 좋게 한다. 전해액으로 염화암모늄을 용액을 사용한다.

망간 건전지의 표기 : $(-)\ Zn \mid NH_4Cl,\ ZnCl_2\ (aq) \mid MnO_2 \cdot C\ (+)$

① **음극** : 아연 전극은 아연 이온 Zn^{2+}와 전자 e를 발생시킨다.

$$\text{음극} : Zn \rightarrow Zn^{2+} + 2e \tag{2.14}$$

② **이산화망간의 작용** : 음극인 아연 전극에서 양극으로 유입된 전자 e는 용액 중의 $NH_4^{\ +}$를 끌어들이고, MnO_2와 반응하기 때문에 분극은 일어나지 않는다. 즉, MnO_2는 감극제로 작용한다.

$$\text{양극} : 2NH_4 + 2MnO_2 + 2e \rightarrow 2MnO(OH) + 2NH_3 \tag{2.15}$$

③ **염화암모늄의 작용** : 음극에서 생긴 아연 이온 Zn^{2+}의 일부는 다음의 반응에 의하여 $[Zn(NH_3)_4]^{2+}$을 생성하기 때문에 Zn^{2+}의 농도는 증가하지 않는다. 따라서 아연 전극 표면에 Zn^{2+}이 축적되지 않으므로 아연의 이온화를 방해받지 않는다.

$$\text{양극} : Zn^{2+} + 4NH_3 \rightarrow [Zn(NH_3)_4]^{2+} \tag{2.16}$$

전해액은 염화암모늄에 염화아연 $ZnCl_2$를 첨가하여 배합을 하는 데, 아연의 부식 및 건조 등의 방지작용을 위한 것이다.

망간 건전지의 기전력은 1.5[V]이고, 값이 저렴하고, 가장 일반적인 건전지이다. 시계, 장난감, 라디오 등의 휴대용 장비에 널리 사용되고 있다.

망간 건전지를 직렬로 적층하여 고전압을 얻을 수 있도록 한 전지를 **적층 건전지**(layer built cell)라 한다.

알칼리 건전지(alkaline dry cell)는 망간 건전지를 개량한 것으로써 전해액을 PH의 변화가 적은 염기성의 수산화칼륨(KOH)을 사용하기 때문에 전압변동이 적다.

또 아연은 겔상을 사용하여 표면적이 넓기 때문에 대전류를 지속할 수 있다. 따라서 부하가 큰 기기에 적합하며 망간 전전지보다 성능이 우수하다.

망간 건전지는 아연이 용해하여 방전이 이루어지기 때문에 아연 용기가 부식이 되어 액이 새는 경우가 있지만, 알칼리 건전지는 철을 용기로 사용하기 때문에 전해액인 수산화칼륨은 철을 용해하지 못한다. 따라서 알칼리 건전지는 전해액이 누수되는 경우는 없고, 사용 수명이 긴 장점이 있다.

(2) 공기 전지

공기 중의 산소를 감극제로 사용하는 것으로 망간 건전지와 동일한 혼합제를 쓰는 **공기 건전지**와 전해액으로 수용액을 쓰는 **공기 습전지**가 있다.

음극은 아연, 양극은 탄소이고, 전해액은 염화암모늄(NH_4Cl) 또는 수산화나트륨($NaOH$)을 사용한다. 양극에는 촉매작용을 하는 특수한 활성탄을 사용하여 공기 중의 산소를 흡착하여 화학 반응을 원활하게 한다.

공기 전지의 표기 : $(-)\, Zn \mid NH_4Cl$ 또는 $NaOH(aq) \mid C\,(+)$

공기 전지의 전극 반응은 다음과 같다.

$$\text{음극} : Zn \rightarrow Zn^{2+} + 2e \qquad (2.17)$$

$$\text{양극} : O + H_2O + 2e \rightarrow 2OH^- \qquad (2.18)$$

이 반응에서 $Zn(OH)_2$가 생성되지만, 이것은 전해액인 염화암모늄 또는 수산화나트륨에 용해되고 기본 화학 반응은 2[F]의 전기량에 대하여 다음과 같이 된다.

$$Zn + 2NH_4Cl + O \rightarrow Zn(NH_3)_2Cl_2 + H_2O \qquad (2.19)$$

$$Zn + 2NaOH + O \rightarrow Na_2ZnO_2 + H_2O \qquad (2.20)$$

공기 전지의 기전력은 망간 건전지보다 약간 낮은 1.4[V] 정도이고, 특징은 방전 시 및 온도차에 의한 전압변동이 적고, 자기 방전이 적으며 장기간 보존할 수 있다.

또 내한, 내열, 내습성을 가지고 있으며 용량이 커서 경제적이다. 그러나 중부하 방전이 되지 않고 습전지는 이동 및 휴대가 불편하다.

공기 습전지는 과거 거치용 전지로써 전화, 통신용으로 사용되었으나 현재는 거의 사용되지 않고 있다. 공기 건전지는 장기간 안정 동작을 요구하는 통신용 전원, 보조전원 등에 사용된다.

(3) 수은 전지

수은 전지(mercury cell)는 음극에 아연(Zn), 양극에 산화수은(HgO), 전해액으로 염기성의 수산화칼륨(KOH) 또는 수산화칼륨 용액을 사용하고 있다.

수은 전지의 표기 : (−) Zn | KOH(s, aq) | HgO (+)

수은 전지의 기전력은 1.35[V]이며, 전극반응과 전체 반응은 다음과 같다.

$$\text{음극} : \begin{cases} Zn \rightarrow Zn^{2+} + 2e \\ Zn + 2OH^- \rightarrow ZnO + H_2O + 2e \end{cases} \tag{2.21}$$

$$\text{양극} : HgO + H_2O + 2e \rightarrow Hg + 2OH^- \tag{2.22}$$

$$\text{전체 반응} : Zn + HgO \rightarrow ZnO + Hg \tag{2.23}$$

그림 2.5는 수은 전지의 구조이며, 이 전지의 특징은 양극의 산화수은(HgO)이 감극제 역할도 하여 수소가 발생하지 않는다. 또 도전성의 수은이 석출되기 때문에 물질내의 저항이 적고, 방전 전압이 매우 안정적이며 소형으로 수명이 길다.

수은 전지의 용도는 전자기기, 계측기, 손목시계, 전자계산기 등 널리 사용되고 있지만, 수은을 다량으로 사용하므로 공해문제 등이 있다.

산화은 전지는 음극에 아연(Zn), 양극에 산화은(Ag_2O), 전해액으로 염기성의 수산화칼륨(KOH) 또는 수산화나트륨(NaOH) 용액을 사용하고 있다. 즉, 수은 전지와 같은 구조로 양극 물질이 산화수은에서 산화은으로 대체된 것이다.

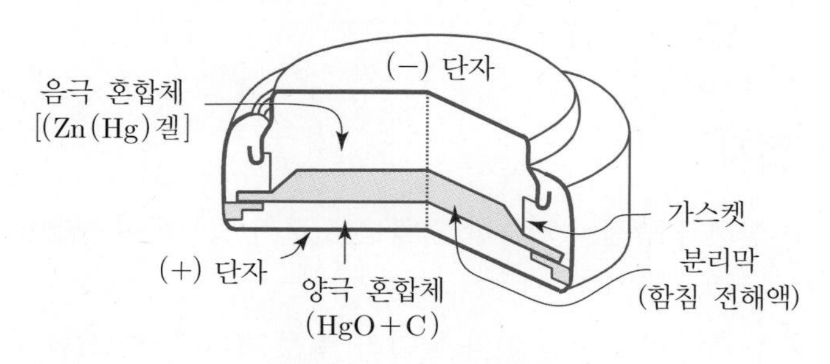

그림 2.5 ▶ 수은 전지

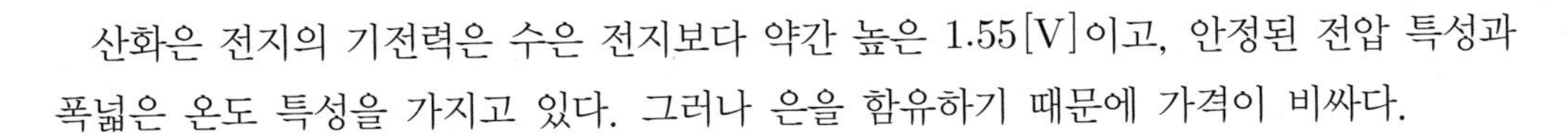

산화은 전지의 기전력은 수은 전지보다 약간 높은 1.55[V]이고, 안정된 전압 특성과 폭넓은 온도 특성을 가지고 있다. 그러나 은을 함유하기 때문에 가격이 비싸다.

(4) 리튬 전지

건전지는 일반적으로 음극에 아연(Zn)을 사용하고, 직접 전지의 용기로 사용하는 특징이 있다. 그러나 **리튬 전지**는 음극 물질로 리튬(Li)을 사용하며, 양극 물질은 이산화 망간(MnO_2) 등의 여러 재료가 사용되고 있다.

리튬은 상온에서 물과 격렬하게 반응하여 수산화물을 발생하기 때문에 전해액으로 유기 전해질을 사용한다.

이 전지의 특징은 소형이고, 기전력은 일반 건전지의 약 2배인 3[V] 정도로 고전압 대전류에 사용하며, 전기용량이 크고, 자기방전이 작다.

리튬 전지는 카메라용 CR 시리즈의 원통형, 카메라 또는 전자수첩의 코인형, 야간 낚시용의 핀형, 메모리 카드 또는 IC 카드용의 페이퍼형 등으로 용도에 따라 다양한 형태로 만들 수 있다.

표 2.2는 1차 전지의 종류와 용도를 정리하여 나타낸 것이다.

표 2.2 ▶ 1차 전지의 종류와 용도

1차 전지	공칭전압[V]	음극물질	전 해 질	양극물질 (감극제)	용 도
망간 건전지	1.5	Zn	NH_4Cl, $ZnCl_2$	MnO_2	통신용, 전등용
알칼리 건전지	1.5	Zn	KOH	MnO_2	망간전지보다 중부하용
공기 전지	1.4	Zn	NH_4Cl 또는 KOH	O_2	시 계
수은 전지	1.4	Zn	KOH 또는 NaOH	HgO	보 청 기
산화은 전지	1.55	Zn	KOH 또는 NaOH	Ag_2O	시계, 전자계산기
리튬 전지	3.0	Li	유기 전해질	MnO_2	카메라, 전자수첩

2.1.5 2차 전지

2차 전지는 방전과 충전이 가능한 **가역 전지**로써 반복하여 사용할 수 있는 전지를 말한다.

대표적으로 **납축전지**(연축전지)와 **알칼리 축전지**(니켈-카드뮴 축전지)가 있고, 소형의 충전 전지로 니켈-카드뮴 전지, 니켈-수소 전지, 리튬이온 전지 등이 있다.

(1) 방전율과 용량

축전지는 단자 전압이 0으로 될 때까지 방전하지 않고, 어느 한도의 전압까지 강하하면 방전을 멈춘다. 이때의 전압을 **방전 종지 전압**이라고 한다. 축전지의 방전 종지 전압은 대략 정격전압의 90[%] 정도가 된다.

방전율은 일정한 전류로 방전하는 경우, 단자 전압이 방전 종지 전압까지 감소하는 데 소요되는 시간을 의미한다. 어느 크기의 일정 전류로 방전했을 때 10시간의 방전이 가능하다면 방전율은 10시간율이라 한다.

납축전지(연축전지)는 10**시간 방전율**, **알칼리 축전지**는 5**시간 방전율**을 표준으로 하고 있다. 방전율을 기초로 **축전지의 용량**은 **암페어시**[Ah]로 나타낸다.

$$\text{용량}[Ah] = \text{방전전류}[A] \times \text{시간율}[h] \tag{2.24}$$

그림 2.6은 축전지의 용량을 나타낸 곡선이다.

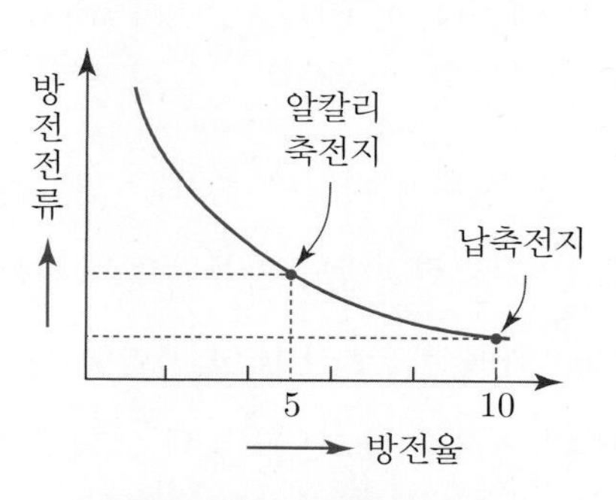

그림 2.6 ▶ 축전지의 용량

(2) 납축전지(연축전지)

납축전지는 **그림 2.7**과 같이 음극에는 납(Pb), 양극에는 이산화납(PbO_2), 전해액은 묽은 황산(H_2SO_4)으로 구성되어 있다.

납축전지의 표기 : $(-)\ Pb \mid H_2SO_4(aq) \mid PbO_2\ (+)$

충 · 방전 시의 전극 반응을 나타내면 다음과 같다.

$$\text{음극 반응} : Pb + SO_4^{2-} \rightleftarrows PbSO_4 + 2e \tag{2.25}$$

$$\text{양극 반응} : PbO_2 + 4H^+ + SO_4^{2-} + 2e \rightleftarrows PbSO_4 + 2H_2O \tag{2.26}$$

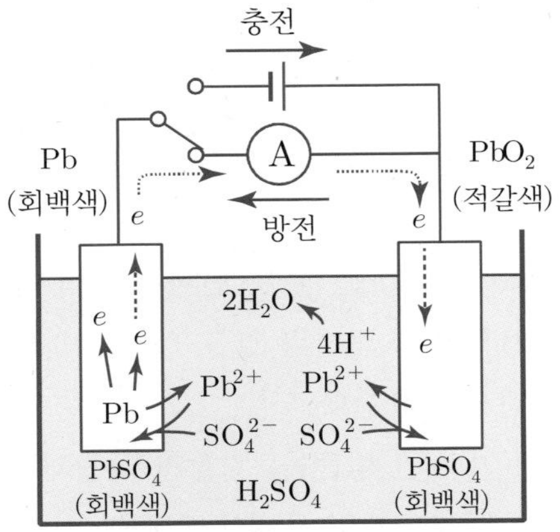

그림 2.7 ▶ 납축전지의 원리

축전지의 전체 전극 반응은 두 식에 의하여 다음과 같이 된다.

$$\textbf{전체 반응 :}\ Pb + 2H_2SO_4 + PbO_2 \underset{\text{충전}}{\overset{\text{방전}}{\rightleftarrows}} PbSO_4 + 2H_2O + PbSO_4 \quad (2.27)$$

(음극) (전해액) (양극) (음극) (양극)

납축전지의 방전과 충전 시에 나타나는 중요한 현상은 다음과 같다.

① 방전 시 두 전극 모두 회백색의 황산납으로 변색

- 음극 : (Pb, 회백색) → ($PbSO_4$, 회백색)
- 양극 : (PbO_2, 적갈색) → ($PbSO_4$, 회백색)

② 방전 시 물이 발생하므로 황산의 농도가 감소하고 비중 저하가 나타남

③ 충전 시 물의 전기분해에 의해 음극에서 발생한 수소가 방출하므로 증류수를 보충해야 함. 최근에는 주로 밀폐형(몰드형)을 사용하여 문제 해결

볼타전지 또는 건전지 등은 양극 표면에서 수소가 발생하는 분극 작용을 억제하기 위하여 산화제인 감극제가 필요하지만, 납축전지는 양극 물질의 이산화납이 감극제의 역할도 겸하고 있기 때문에 수소의 발생을 억제하고 있다.

납축전지의 형식은 양극판의 구조에 따라 **클래드식**(clad type, CS형)과 **페이스트식**(paste type, HS형)으로 구분한다. 두 형식 모두 음극판은 납 합금으로 된 격자에 납을 채운 것이다. 두 극판은 단락 보호용의 다공질 격리판(separator)으로 이격시킨다.

① **클래드식** : 유리섬유 등으로 짠 다공성 튜브에 이산화납의 물질을 채운 것이고, 형식 기호는 CS형이다.

② **페이스트식** : 납 또는 납과 주석의 합금을 격자식으로 만들어 이산화납으로 된 반죽을 바른 것이고, 형식 기호는 HS형이며 급방전형이라 한다.

납축전지는 전해액의 비중 1.2, 기전력 2.05~2.08[V/cell], 공칭전압 2[V/cell], 방전 종지 전압 1.8[V]이다. 용도는 자동차, 전차, 선박 및 거치용 등 매우 광범위하게 이용되고 있으며 약 95[%]를 점유하고 있다.

충전을 하게 되면 방전의 역반응이 일어나고 전해액 중의 물이 전기 분해되어 양극에서 산소, 음극에서 수소 가스가 발생한다. 따라서 가스가 방출한 만큼 물(증류수)의 보충이 필요하기 때문에 몰드형(밀폐형)을 사용한다.

높은 전압을 요구하는 부하에서는 셀(cell) 당의 공칭전압이 2[V]이므로 각 셀을 직렬로 접속하여 원하는 전압을 만들어 사용한다.

납축전지의 방전율은 10시간율이 표준이고, 방전 전류 I[A]와 방전 지속 시간 T[h]와의 사이에는 다음과 같은 실험식이 성립한다.

$$I^n \cdot T = \text{const}(\text{일정}) \ : \ n = 1.3 \sim 1.7 \tag{2.28}$$

과도한 방전 및 불순물의 혼입에 의하여 양극판은 상부가 두터워지거나 휘어지는 팽창과 만곡 현상이 발생하고, 음극판은 **설페이션**(황산화, sulfation) 현상에 의해 극판이 백색으로 변색되거나 비중 저하, 충전용량 감소 및 수명 감소 현상 등이 나타난다.

납축전지에서 일어나는 고장 현상의 원인 및 대책에 대하여 **표 2.3**에 나타낸다.

표 2.3 ▶ 축전지의 고장 원인과 대책

구 분	만곡, 팽창(양극판)	설페이션 현상(음극판)
현 상	① 극판의 상부가 두꺼워짐 ② 구부러지고 심하면 단락현상 발생	① 극판이 백색 또는 표면에 백색 반점 발생 ② 비중 저하와 충전용량 감소 ③ 충전시 전압 급상승, 가스발생 심하나 비중 증가하지 않음
원 인	① 전해액에 불순물 혼입 ② 과도한 방전 ③ 계속된 대전류의 충·방전 ④ 고온에서 사용	① 방전 상태로 장기간 방치 ② 충전 상태에서 보충하지 않고 방치 ③ 충전 부족 상태로 장기간 사용 ④ 전해액 부족으로 극판 노출 ⑤ 전해액에 불순물 혼입과 비중 과다
대 책	원인을 제거하고 단락 위험시에 세퍼레이터 교환	정도가 가벼우면 약 20시간을 과충전하고, 심하면 충·방전을 수 회 반복 실행
자기방전	· 현상 : 충전량 감소와 비중 저하 · 원인 : 불순물 혼입과 비중 과다 · 대책 : 전해액 교환	

(3) 알칼리 축전지

알칼리 축전지는 양극에 Ni, Ag의 산화물 등의 산화제, 음극에 Cd, Zn, Fe 금속을 사용하며, 전해액으로 알칼리성 수용액(KOH)을 사용하는 충·방전이 가능한 2차 전지의 총칭이다.

대표적으로 니켈-카드뮴 축전지가 있으며, 음극에 카드뮴(Cd), 양극에 수산화 제2니켈(NiOOH)을 사용한다. 20[℃]에서 셀 당 기전력은 1.32[V/cell]이고, 공칭 전압은 1.2[V]이다. 충·방전 시의 전극 반응을 나타내면 다음과 같다.

$$\text{음극 반응}: Cd + 2OH \rightleftarrows Cd(OH)_2 + 2e \tag{2.29}$$

$$\text{양극 반응}: 2NiO(OH) + 2H_2O + 2e \rightleftarrows 2Ni(OH)_2 + 2OH^- \tag{2.30}$$

축전지의 전체 전극 반응은 두 식에 의하여 다음과 같이 된다.

$$\text{전체 반응}: \underset{(\text{음극})}{Cd} + \underset{(\text{양극})}{2NiO(OH)} + \underset{(\text{전해액})}{2H_2O} \underset{\text{충전}}{\overset{\text{방전}}{\rightleftarrows}} \underset{(\text{음극})}{Cd(OH)_2} + \underset{(\text{양극})}{2Ni(OH)_2} \tag{2.31}$$

니켈-카드뮴 축전지는 과충전 시 물이 전해되어 산소와 수소 가스를 발생한다. 그러나 카드뮴은 산소를 흡수하는 성질이 있기 때문에 음극판의 용량을 양극판보다 크게 하여 음극에서 수소 가스의 발생을 방지하고, 양극의 산소를 흡수할 수 있어 완전한 밀폐가 가능하다.

수산화칼륨 KOH의 전해액은 전극 반응에서 직접적으로 참가하지 않고 단지 충·방전 시 수산기 OH^-가 두 전극 사이로 이동하도록 돕는 매개의 역할만을 하므로 전해액의 농도 및 비중 변화는 없다. 이것이 알칼리 축전지의 큰 장점으로 충·방전 특성, 온도 특성, 수명 등에 양호한 결과를 가져오는 요인이 된다.

알칼리 축전지의 형식은 극판의 구조에 따라 **포켓식**과 **소결식**으로 대별한다.

① **포켓식** : 다수의 구멍을 뚫은 니켈 도금 강판을 구부려 포켓 모양으로 만든 후, 이 속에 음극과 양극 물질을 채워 넣은 것으로써 음극과 양극판 모두 사용된다.

형식 기호 : AL(완방전형), AM(표준형), AMH(급방전형), AH(초급방전형)

② **소결식** : 니켈 분말을 소결하여 만든 다공성 기판 속에 음극과 양극 물질을 채워 넣은 것으로써 음극과 양극판 모두 사용된다.

형식 기호 : AH(초급방전형, 표준형), AHH(급방전형)

알칼리 축전지는 20[℃]에서 기전력이 1.32[V/cell]이고, 공칭 전압은 1.2[V/cell]이다. 알칼리 축전지는 밀폐형 전지로 기계적, 전기적인 특성이 매우 우수하며, 특히 급속 충・방전 특성, 온도 특성, 수명 등이 납축전지에 비하여 양호하지만 가격이 비싼 것이 단점이다.

알칼리 축전지의 용도는 열차 및 전기 차량의 제어회로 전원, 항공기, 선박, 및 수신기, 중계반의 예비전원과 노트북, 캠코더 및 휴대폰 등의 소형 휴대기기에 널리 사용되고 있다.

표 2.4는 납축전지와 알칼리 축전지의 특성 비교를 나타낸 것이다.

표 2.4 ▶ 납축전지와 알칼리 축전지의 특성 비교

구 분	납축전지(연축전지)	알칼리 축전지
음 극	납(Pb)	카드뮴(Cd)
양 극	이산화납(PbO_2)	수산화니켈(NiOOH)
전 해 액	황산(H_2SO_4)	수산화칼륨(KOH)
기 전 력	2.05~2.08[V]	1.32[V]
공 칭 전 압	2[V]/cell	1.2[V]/cell
수 명	10~20년	30년
충 전 시 간	길 다	짧 다
전기적 강도	과 충・방전에 약함	과 충・방전에 강함
방 전 특 성	보 통	고율 방전특성 우수
가 격	저 렴	고 가

2.1.6 연료 전지

연료 전지(fuel cell)는 전극 활물질인 연료(수소, 메탄올, 탄화수소 등)와 산화제(산소, 공기, 과산화수소, 염소 등)가 외부로부터 연속적으로 공급하여 전기 에너지를 얻고 동시에 반응 생성물을 배출하는 전지이다. 즉, 화학 에너지를 연속적으로 공급함으로써 연속 방전이 가능하기 때문에 다른 발전 방식에 비하여 열효율이 높은 특징이 있다. 또 공해가 적은 발전 시스템이므로 발전소 입지는 전력 수용가에 근접시킬 수 있다.

용도는 군용, 우주선용 전원 및 일반 가정, 학교, 병원 등의 전력 사업용과 자동차용으로 널리 사용하고 있다.

연료 전지는 연료나 전해질의 종류에 따라 분류할 수 있으며, 전해질에 의해 알칼리 전해질 연료 전지, 산성 전해질 연료 전지, 용융염 전해질 연료 전지 등이 있다.

① **알칼리 전해질 연료 전지** : 연료는 수소 H_2와 메탄올 CH_3OH가 사용되며, 전해액은 KOH가 사용된다. 산화제는 산소가 사용된다.

주로 25~50[%]의 KOH 수용액을 사용하고, 온도 60~90[℃] 정도의 저온에서 작동하며 효율이 좋다. 전해질의 부식성이 비교적 작으므로 구성 재료의 선택성이 크다. 군용, 우주개발용의 전원으로 실용화되어 있다.

② **산성 전해질 연료 전지** : 연료는 수소 H_2와 메탄올 CH_3OH가 사용되며, 전해질은 H_3PO_4 또는 H_2SO_4가 사용된다. 산화제는 산소 또는 공기가 사용된다.

전해질은 주로 96~100[%]의 H_3PO_4 수용액을 사용하고, 보통 상압 또는 가압하에서 온도 180~220[℃] 정도에서 작동된다. H_2SO_4의 전해질의 경우는 저온에서 작동된다. 전해질의 부식성이 크기 때문에 구성재료는 내식성 향상과 전극 촉매의 안정화 등이 필요하다.

③ **용융염 전해질 연료 전지** : 수소와 일산화탄소 또는 탄화수소가 연료로 사용되고, 전해질은 Li_2CO_3, K_2CO_3 또는 Na_2CO_3가 사용된다. 산화제는 O_2와 CO_2의 혼합기체가 사용된다.

보통 650[℃] 정도의 고온에서 작동되며, 효율이 높고, 전류 밀도가 크며, 귀금속 촉매가 필요 없다. 산화제는 상시 공급이 되어야 하고, 전해질에 의한 고온 부식, 전해질의 열화 등이 문제로 남아 있다. 석탄 가스 등을 연료로 한 분산 발전소나 중앙 발전소의 연구가 활발히 진행되고 있으며 천연 가스를 연료로 하는 가정 발전용으로 유망한 연료 전지이다.

그 외에 고체 전해질 연료 전지가 있으며, 이 연료 전지는 전해질의 전도율 향상과 박막화의 기술, 내열성 재료의 개발이 뒤따라야 한다. 석탄 가스 등을 연료로 하는 대규모의 발전용으로 주목을 받고 있다.

2.1.7 물리 전지

물리 전지는 반도체 PN 접합을 이용하여 광전효과에 의하여 태양광 에너지를 직접 전기 에너지로 변환하는 **태양 전지**, 열에너지를 전기 에너지로 직접 변환하는 열전대형과 열전자형의 **열전지** 및 방사선 동위 원소의 붕괴 에너지를 전기 에너지로 변환하는 **원자력 전지** 등이 있다. 본 절에서는 대표적인 물리 전지의 하나인 태양 전지에 대하여 설명한다.

그림 2.8은 실리콘계 태양 전지의 구조를 나타낸 것이다. N형 반도체 표면에 P형 반도체를 형성하고, 이 표면에 광을 조사하여 기전력을 발생하게 한다.

P형 반도체의 두께는 1~3[μm] 정도로 광이 접합부 부근에 도달하기 쉽도록 얇게 만들어져 있고, 전압은 약 0.5[V]를 발생하며, 전류의 크기는 광의 세기와 면적에 비례한다.

태양 전지의 형상은 얇은 원형 또는 사각형이고, 이것을 여러 개 사용하여 모듈로 하고 다시 모듈을 배열해서 패널을 형성함으로써 큰 기전력을 얻는다.

태양 전지는 태양 에너지로부터 변환 효율이 10[%] 정도이지만, 지구상에서 무료의 태양 에너지를 효과적으로 이용하기 위한 방법이 연구되고 있다. 현재는 소 전력기기, 인공위성, 등대, 무선 중계국 등의 전원으로 사용되고 있다.

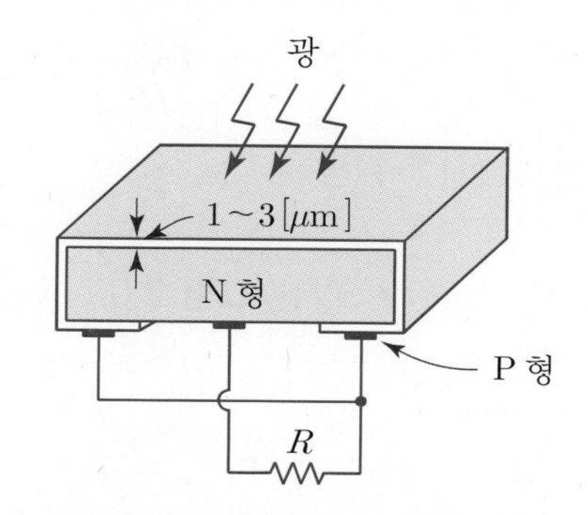

그림 2.8 ▶ 실리콘계 태양 전지의 구조

2.2 금속의 부식과 방식

2.2.1 철의 부식

부식(corrosion)은 금속이 화학적 반응에 의하여 산화되는 현상으로 계면에서 하전 입자가 이동하는 전기 화학 반응에 의해 발생하고, 본래 자연 상태인 산화물로 되돌아가려는 안정된 상태이다. 부식은 기체 상태의 산소(공기)와 관련하여 고온에서 진행하는 **건식**과 실온에서 산소(공기)와 물의 존재 하에서 진행하는 **습식**으로 분류된다.

(1) 건식

건식은 고온에서 가열 시간이 길어지면 철이 소모되어 두꺼운 산화 금속 피막(Fe_2O_3)이 생성된다. 산화 금속 피막은 산소와의 접촉을 방해하고 금속 내부를 보호하여 금속 고유의 광택을 유지한다. 그러나 습식은 산화철 등의 반응 생성물이 국부적으로 피막을 형성(녹, rust)하거나 용매화 이온으로 유실된다. 이와 같이 철의 부식은 얇은 산화 피막의 형성과 전기 화학 반응의 복잡한 양상으로 진행된다.

(2) 습식

그림 2.9(a), (b)에서 철의 표면에 떨어진 물방울은 화학 전지의 전해질과 같은 역할을 한다. 즉, 금속 내에서 애노드 반응으로 이온화 경향이 큰 철은 이온화하여 용해된다.

$$\text{애노드 반응}: Fe \rightarrow Fe^{2+}(aq) + 2e \quad (2.32)$$

이 반응을 계속적으로 진행하려면 **그림 2.9**(a)와 같이 전자를 소비하는 환원 반응인 캐소드 반응이 필요하다. 캐소드 반응으로 전해질에서 수소이온의 환원 반응인

$$\text{캐소드 반응}: 2H^+ + 2e \rightarrow H_2 \quad (2.33)$$

가 된다. 식 (2.32)와 식 (2.33)에 의한 **그림 2.9**(a)의 전체 반응은 다음과 같이 되어 부식이 발생한다.

$$\text{전체 반응}: Fe + 2H^+ \rightarrow Fe^{2+} + H_2 \quad (2.34)$$

그림 2.9(b)에서 식 (2.32)의 애노드 반응을 계속 진행하기 위한 캐소드 반응으로 용존 산소의 환원 반응인

$$\text{캐소드 반응}: O_2 + 2H_2O + 4e \rightarrow 4OH^- \quad (2.35)$$

가 된다. 식 (2.32)와 식 (2.35)에 의한 **그림 2.9**(b)의 전체 반응은 다음과 같이 되어 부식이 발생한다.

$$\text{전체 반응}: Fe + O_2 + 2H_2O \rightarrow Fe^{2+} + 4OH^- \rightarrow 2Fe(OH)_2 \downarrow \quad (2.36)$$

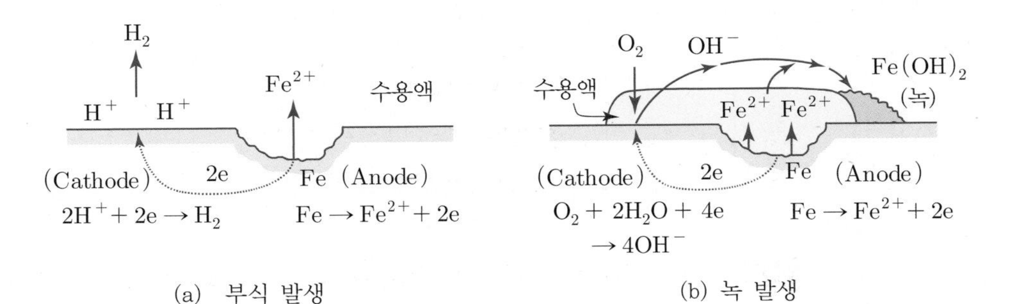

(a) 부식 발생

(b) 녹 발생

그림 2.9 ▶ 철의 부식

수산화 제일철 $Fe(OH)_2$은 용존 산소에 의하여 수산화 제이철 $Fe(OH)_3$의 붉은 침전물과 물의 제거에 의하여 산화철 Fe_2O_3가 생성되어 녹으로 반응 생성물이 된다.

$$\begin{cases} 4Fe(OH)_2 + O_2 + 2H_2O \rightarrow Fe(OH)_3 \downarrow \text{(적색 앙금)} \\ 2Fe(OH)_3 \rightarrow Fe_2O_3 + 3H_2O \end{cases} \quad (2.37)$$

이와 같이 철의 부식도 전지 반응에서 전극 및 전해질에 불순물을 포함하고 있는 경우와 같은 국부적으로 발생하는 산화·환원 반응으로 자기방전이 일어나는 국부 전지와 같은 작용을 한다.

2.2.2 전기 방식

금속 방식(corrosion protection)은 부식 방지법으로 다음과 같은 방법이 있다.

① 도장 또는 금속 도금에 의하여 산소, 수분의 접촉을 방지하는 방법
② 보호피막을 만들어 식 (2.32)의 애노드 반응을 억제하는 방법
③ 산소나 수분을 제거하여 식 (2.35)의 캐소드 반응을 억제하는 방법
④ 전기를 이용하는 전기 방식법

금속 방식의 종류에서 ①~③의 방법은 핀 홀(pin hole)이나 어떤 손상으로 인하여 완전하게 방식을 차단할 수 없지만, ④의 전기 방식은 완전히 차단할 수 있다.

부식 방지법 중에서 가장 우수한 전기 방식에 대하여 설명하기로 한다.

철은 물 또는 흙 속에 용해되어 있는 염류 등의 전해질에 닿으면 양이온이 되어 용출하면서 부식이 일어난다. 그러므로 철 구조물에 음극으로 약한 전류를 항상 흐르게 하여 철 분자가 이온화 되는 것을 막게 하여 강 구조물의 부식을 방지할 수 있다. 이와 같은 부식 방지법을 **전기 방식**(electrolytic corrosion protection)이라 한다.

전기 방식은 **애노드 방식**(anode protection)과 **캐소드 방식**(cathodic protection)이 있다.

(1) 애노드 방식

애노드 방식은 금속을 강, 스테인레스 강과 같이 애노드 분극에 의하여 부동태화 할 수 있는 금속에 한하여 유효하다. 일반 금속에 적용하는 경우 경비가 많이 소요되고, 어떤 범위를 넘어서면 도리어 부식이 조장되고 효과적으로 적용할 수 있는 금속과 전해액이 제한되어 있는 등의 이유로 **애노드 방식이 적용되는 경우가 극히 적다.**

(2) 캐소드 방식

캐소드 방식은 경제적으로 우수하고 방식 효과도 확실하여 널리 사용되고 있으며, 일반적으로 전기 방식은 **캐소드 방식**을 말한다.

캐소드 방식은 캐소드 분극하는 방법으로 다음과 같이 두 가지 방법이 있다.

① **희생 애노드법 : 그림 2.10**(a)와 같이 전극 전위가 피방식체보다 낮은 금속(Zn, Al, Mg)을 전기적으로 접속하여 유입하는 캐소드 전류를 이용하는 방법

② **외부 전원법 : 그림 2.10**(b)와 같이 저항 대신에 직류 전원을 삽입한 것으로써 불용성의 애노드 전극(고규소강, 흑연, 납[Pt], 납-은 합금, 혼합 금속 산화물, Pt-Ti 합금 등)에 강제로 직류 전원의 양극을 연결하고 피방식체에 음극을 연결하여 피방식체에 캐소드 전류를 흘려주는 방법

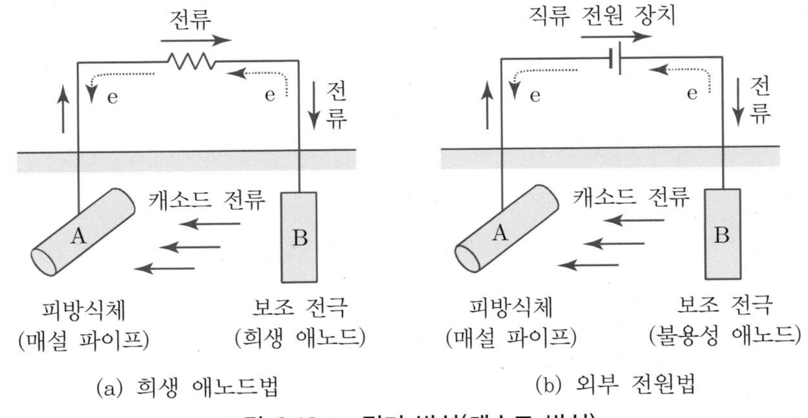

그림 2.10 ▶ 전기 방식(캐소드 방식)

연습문제

객관식

01 다음 중 표준 전지는?

① 다니엘 전지 ② 공기 전지 ③ 웨스턴 전지 ④ 르클랑세 전지

02 표준 전지로서 현재에 사용되고 있는 것은?

① 다니엘 전지 ② 클라크 전지 ③ 카드뮴 전지 ④ 태양열 전지

03 표준 전지에 쓰이는 것이 아닌 것은?

① $CdSO_4$ ② Cd ③ CdS ④ H_2SO_4

04 망간 건전지의 전해액은?

① NH_4Cl ② $NaOH$ ③ MnO_2 ④ $CuSO_4$

05 건전지와 감극제가 서로 옳게 표현된 것은?

① 보통 건전지 – MnO_3
② 공기 건전지 – $NaOH$
③ 표준 전지 – CuO
④ 수은 건전지 – HgO

06 일정한 전압을 가진 전지에 부하를 걸면 단자전압이 저하한다. 그 원인은?

① 이온화 경향
② 분극 작용
③ 전해액의 변색
④ 주위 온도

07 전지에서 분극작용에 의한 전압강하를 방지하기 위하여 사용되는 감극제는?

① H_2O ② H_2SO_4 ③ $CdSO_4$ ④ MnO_2

08 자체 방전이 작고 오래 저장할 수 있으며, 사용 중에 전압 변동률이 비교적 작은 것은?

① 보통 건전지 ② 공기 건전지 ③ 내한 건전지 ④ 적층 건전지

09 전지의 국부 작용을 방지하는 방법은?

① 감극제 ② 완전 밀폐 ③ 니켈 도금 ④ 수은 도금

10 공기 습전지의 내부 화학 반응식은 무엇인가?

① $Zn + 3NaOH + O \rightarrow Na_2ZnO_2 + H_2O$

② $2Zn + 2NaOH + H_2O \rightarrow Na_2ZnO_2 + O_2$

③ $Zn + 2NaOH + O \rightarrow Na_2ZnO_2 + H_2O$

④ $Zn + NaOH + O \rightarrow Na_2ZnO_2 + H_2O$

11 전지에는 1, 2차 전지가 있다. 2차 전지는?

① 알칼리 축전지 ② 망간 건전지 ③ 수은 전지 ④ 리튬 전지

12 2차 전지에 속하는 것은?

① 적층 전지 ② 내한 전지 ③ 공기 전지 ④ 자동차용 전지

13 납축전지가 충 · 방전할 때의 화학 방정식은?

① $Pb + 2H_2SO_4 + Pb \rightleftarrows PbSO_4 + 2H_2 + PbSO_4$

② $2PbO + 3H_2SO_4 + Pb \leftrightarrows 2PbSO_4 + 2H_2O + H_2 + PbSO_4$

③ $PbO_2 + 2H_2SO_4 + Pb \leftrightarrows PbSO_4 + 2H_2O + PbSO_4$

④ $2PbO_2 + 4H_2SO_4 + 2PbO \leftrightarrows 3PbSO_4 + 4H_2O + O_2 + PbSO_4$

14 납축전지의 양극재료는?

① $Pb(OH)_2$ ② Pb ③ $PbSO_4$ ④ PbO_2

15 납축전지의 충전 후의 비중은?

① 1.18 이하 ② 1.2 ~ 1.3 ③ 1.4 ~ 1.5 ④ 1.5 이상

16 연축전지의 방전이 끝나면 그 양극(+극)은 어느 물질로 되는지 다음에서 작당한 것을 고르면?

① Pb ② PbO ③ PbO_2 ④ $PbSO_4$

17 납축전지에서 충분히 방전했을 때 양극판의 빛깔은 무슨 색인가?

① 황색 ② 청색 ③ 적갈색 ④ 회백색

18 연축전지의 방전 시 방전 전류 I[A]와 방전 시간 T[h]와의 관계 실험식은?

① $I^{1.5}T$=(일정) ② IT^2=(일정)

③ $T/I^{1.5}$=(일정) ④ I^2/T=(일정)

19 다음 중 설명이 잘못된 것은?

① 납축전지의 전해액의 비중은 1.2 정도이다.

② 납축전지의 격리막은 양극과 음극의 단락 보호용이다.

③ 전지의 내부 저항은 클수록 좋다.

④ 전지 용량은 [Ah]로 표시하며 10시간 방전율을 많이 쓴다.

20 최근 알칼리 축전지의 사용이 증가되고 있는 데, 그 중요 장점의 하나는?

① 효율이 좋다. ② 수명이 길다.

③ 양극은 PbO_2를 쓴다. ④ 무겁다.

21 알칼리 축전지의 양극에 쓰이는 것은?

① 납 ② 철 ③ 카드뮴 ④ 산화니켈

22 알칼리 축전지의 전해액은?

① KOH ② PbO_2 ③ H_2SO_4 ④ NiOOH

23 알칼리 축전지의 공칭 용량은 얼마인가?

① 2[Ah] ② 4[Ah] ③ 5[Ah] ④ 10[Ah]

24 알칼리 축전지의 특징 중 잘못된 것은?

① 전지의 수명이 길다.

② 광범위한 온도에서 동작하고, 특히 고온에서 특성이 좋다.

③ 구조상 운반진동에 견딜 수 있다.

④ 급격한 충방전, 높은 방전율에 견디며 다소 용량이 감소되어도 사용불능이 되지 않는다.

25 전지에서 자체 방전 현상이 일어나는 것과 가장 관련이 깊은 것은?

① 전해액 농도　② 전해액 온도　③ 이온화 경향　④ 불순물 혼합

26 전해액에서 도전율은 어느 것에 의하여 증가되는가?

① 전해액의 빛깔　② 부하의 변동이 많다.

③ 전해액의 유효 단면적　④ 평균부하가 크다.

27 축전지를 사용할 때 극판이 휘고, 내부 저항이 대단히 커져서 용량이 감퇴되는 원인은?

① 전지의 황산화　② 과도 방전　③ 전해액의 농도　④ 감극 작용

28 태양 광선이나 방사선을 조사해서 기전력을 얻는 전지를 태양전지, 원자력 전지라고 하는데, 이것은 다음 어느 부류의 전지에 속하는가?

① 1차 전지　② 2차 전지　③ 연료 전지　④ 물리 전지

주관식

01 감극제의 역할을 설명하라.

02 1차 전지와 2차 전지에 대하여 설명하라.

03 화학전지에서 국부 작용을 억제하기 위한 대책을 설명하라.

Chapter 3

전해 및 전열 화학 공업

3.1 전해 화학 공업의 기초

전기 화학 공업은 화학 변화를 일으키는 수단에 따라 전해 화학 공업, 전열 화학 공업, 방전 화학 공업, 전지 공업 등으로 구분한다.

여기서 전지 공업을 제외한 분야는 전력이 중요한 요소를 차지하고, 본 장에서는 전해 화학 공업과 전열 화학 공업을 다루기로 한다.

전해 화학 공업은 전기 분해에 의하여 화학 변화를 일으키는 화학 공업이고, **전열 화학 공업**은 전기로에 의한 고온을 이용하여 화학 변화를 일으키는 화학 공업이다.

3.1.1 전기 분해(전해)

외부로부터 공급되는 전력에 의한 전류를 이용해서 비자발적으로 산화・환원 반응을 일으켜 전기 에너지를 화학 에너지로 변환하는 것을 **전기 분해** 또는 간단히 **전해**라고 한다. 전기 분해를 이용한 화학 공업을 **전해 화학 공업**이라 한다.

전기 분해에서 직류 전원은 한 전극으로부터 전자를 끌어들이고 다른 전극으로 전자를 보내는 전자 펌프와 같은 역할을 한다. 이때 전자를 외부 회로로 보내고(빼앗기고) 자신은 산화되는 전극을 **애노드**(anode, 산화 전극)라 하고, 전자를 받아들여(얻고) 자신은 환원되는 전극을 **캐소드**(cathode, 환원 전극)라고 한다.

즉, 전기 분해에서는 외부 전원의 양극에 접속된 전극이 산화 반응이 일어나는 애노드가 되고, 음극에 접속된 전극이 환원 반응이 일어나는 캐소드가 된다. 이것은 애노드가 음극, 캐소드가 양극이 되는 자발적인 전기 화학 반응인 화학 전지와 다른 점이다.

표 3.1은 전기 분해와 화학 전지의 전극 반응과 극성 관계를 비교한 것이다.

표 3.1 ▶ 화학 전지와 전기 분해의 비교

전 극	화학 전지		전기 분해	
	화학 반응	전기 극성	화학 반응	전기 극성
anode(산화 전극)	산화 반응	음극(−)	산화 반응	양극(+)
cathode(환원 전극)	환원 반응	양극(+)	환원 반응	음극(−)

전해(전기 분해) 장치는 **그림 3.1**과 같이 **전해조**(electrolytic cell), **전극**(electrode), **전해액**(electrolyte) 및 **격막**(diaphragm)으로 구성된다.

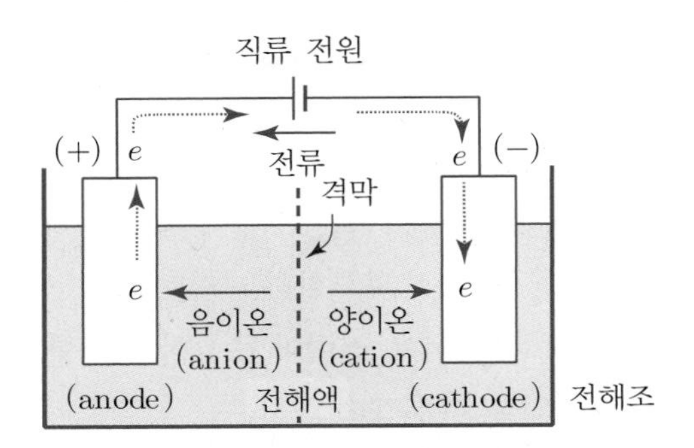

그림 3.1 ▶ 전해(전기 분해) 장치

격막은 두 종의 액체나 기체가 서로 혼합되지 않도록 설치하는 막이며, 전해 장치의 구성에 반드시 필요한 것은 아니다. 전해조의 격막은 석면이 많이 사용되며, 반응 생성물의 혼합을 억제하는 경우에 애노드실과 캐소드실을 분리하기 위하여 사용한다.

두 전극 사이에 직류 전압을 인가하면 애노드는 자체 전극 금속의 용해 또는 전해질의 음이온(anion)을 끌어들여 전자를 탈취하여 전원으로 보내고, 캐소드는 전해질의 양이온을 받아들여 전자를 소비하면서 양이온(cation)을 중성으로 만든다.

이때 반응 생성물이 두 전극 표면 또는 그 주위에서 발생하게 된다. 이와 같이 외부에서 공급되는 전기에 의하여 전해질이 분리되는 현상, 즉 전기 분해(전해)가 일어난다.

전기 분해에 의하여 생성된 반응 생성물을 회수하는 방법을 **전해 조작**이라 하고, 전해 조작법은 대략 다음과 같이 분류된다.

① 반응 생성물이 고체인 경우

양도전성 고체 : 전극 면에 석출시켜 채취(예 : 동의 전해 정련)

비도전성 고체 : 전극 면에서 벗겨내면서 채취(예 : 이산화망간의 제조)

② **반응에 의해 이온이 산화 · 환원되어 다른 이온으로 되는 경우**
격막 또는 이온수지 교환막을 이용하여 애노드실과 캐소드실을 분리하여 2차 반응을 억제(예 : 격막법 식염전해)

③ **가스를 발생하는 경우**
전극 면에서 발생하는 가스는 전해조 상부에서 채취하지만, 두 전극에서 동시에 발생하는 경우에는 혼합되지 않도록 석면 격막 사용(예 : 물의 전해)

3.1.2 패러데이 법칙

전기 분해에서 전해질을 통과하는 전하량과 전극에서 생성 또는 소모되는 물질의 양 사이에는 다음의 두 법칙이 성립하며, 이 법칙을 **패러데이 법칙**이라 한다.

① 전기 분해에 의해 석출 또는 소모되는 물질의 양은 통해 준 전기량에 비례한다.
② 일정한 전하량을 통과했을 때 얻어지는 물질의 양은 각 물질의 화학 당량(chemical equivalent)에 비례한다. 즉, 전자 1몰이 통과하면 각 물질의 화학 당량에 해당하는 질량 [g]이 석출된다.

화학당량과 전기 화학당량은 다음과 같이 정의한다.

$$\begin{cases} \text{화학 당량} = \dfrac{\text{원자량}}{\text{원자가}} \\ \\ \text{전기 화학 당량} = \dfrac{\text{화학당량}}{\text{패러데이 상수}(F)} = \dfrac{\text{화학당량}}{96500}\ [\text{g/C}] \end{cases} \qquad (3.1)$$

단, 패러데이 상수 F 는 전자 1몰의 전기량이고 물질에 관계없이 일정하다. 따라서 F 는 다음과 같다.

$$\begin{aligned} F &= 1.602 \times 10^{-19} [\text{C/개}] \times 6.02 \times 10^{23}\ [\text{개/mol}] \\ &\fallingdotseq 96500\ [\text{C/mol}] \end{aligned} \qquad (3.2)$$

전극에서 전해에 의한 **석출량** W는 패러데이의 두 법칙의 조합에 의해

$$\begin{aligned} \text{석출량}(W) &= \text{화학 당량} \times \text{전자의 몰수} \\ &= \text{화학 당량} \times \frac{Q}{F} = \text{화학 당량} \times \frac{It}{F}\ [\text{g}] \end{aligned} \qquad (3.3)$$

가 된다. 단, 전기량 Q[C], 전류 I[A], 시간 t[s]이다.

전류 효율 η는 식 (3.3)의 이론 석출량에 대한 실제 석출량의 비의 백분율로 나타낸다.

$$\eta = \frac{\text{실제 석출량}}{\text{이론 석출량}} \times 100\ [\%] \qquad (3.4)$$

예제 3.1

구리의 원자량은 63.54, 원자가 2일 때, 화학 당량 및 전기 화학 당량[mg/C]을 구하라.

풀이 식 (3.1)에서 화학 당량과 전기 화학 당량은 다음과 같이 얻어진다.

$$\text{화학 당량} = \frac{63.54}{2} = 31.77$$

$$\text{전기화학 당량} = \frac{31.77}{96500} = 0.3292 \times 10^{-3}[\text{g/C}] = 0.3292[\text{mg/C}]$$

예제 3.2

염화아연($ZnCl_2$)의 수용액을 전기 분해하였더니 전해 전류 15[A]에서 9[g]의 아연을 석출하는 데 33분을 요하였다. 아연의 원자량을 65.4라 할 때, 전류 효율 η[%]을 구하라.

풀이 실제 석출량 9[g], 이론 석출량 W은 식 (3.3)에 의하여

$$W = \text{화학 당량} \times \frac{I \cdot t}{F} = \frac{65.4}{2} \times \frac{15 \times 33 \times 60}{96500} = 10.064\ [\text{g}]$$

이다. 즉, 전류 효율 η는 식 (3.4)에 의해 다음과 같이 구해진다.

$$\therefore\ \eta = \frac{\text{실제 석출량}}{\text{이론 석출량}} \times 100 = \frac{9}{10.064} \times 100 = 89.4\ [\%]$$

3.1.3 전해의 종류

전해는 수용액에서 전극 금속이 변화하지 않는 전해와 전극 금속이 변화하는 전해가 있고, 또 비수용액에서의 전해로 크게 분류할 수 있다.

(1) 수용액인 경우

① **전극이 변화하지 않는 전해** : 물의 전해, 식염 전해

ⓐ 전극을 불활성 금속인 백금, 흑연, 니켈 등을 사용한다.

ⓑ 수용액에서 H^+, OH^-뿐만 아니라 H_2O도 전해에 참가한다.

ⓒ 수용액에서 NO_3^-, SO_4^{2-}, CO_3^{2-}, PO_4^{3-}, F^- 등은 애노드에서 산화시킬 수 없고 반응하지 않는 음이온이다. 이 때 애노드에서는 수용액 중의 물분자 H_2O로부터 전자를 빼앗고 산화하여 산소를 발생시킨다. 발생된 전자는 외부 전원의 양극으로 보내어진다.

애노드 반응 : $2H_2O \rightarrow O_2\uparrow + 4H^+ + 4e$ (산소 발생)

ⓓ 수용액에서 이온화 경향이 큰 활성금속 이온 K^+, Ca^{2+}, Na^+, Mg^{2+}, Al^{3+} 등은 캐소드에서 환원시킬 수 없고 반응하지 않는 양이온이다. 이 때 캐소드에서는 수용액 중의 물분자 H_2O가 외부 전원의 음극에서 온 전자와 반응하여 환원하면서 수소를 발생시킨다.

캐소드 반응 : $2H_2O + 2e \rightarrow 2OH^- + H_2\uparrow$ (수소 발생)

② **전극이 변화하는 전해** : 금속의 전해 정련

외부 전원의 양극에 주성분의 금속물 외에 불순물을 포함한 조금속물을 접속하여 애노드로 하고, 전해질의 수용액 중에 SO_4^{2-}, OH^-와 물분자 H_2O가 포함되어 있는 경우, 상기의 애노드 반응과 같이 물분자가 분해하여 산소가 발생할 것 같지만, 백금과 같은 안정된 전극이 아니기 때문에 전극 자신이 직접 용해하여 산화하게 된다. 이와 같이 전극 구성 물질에 따라 반응 생성물이 다르며, 이 방법은 캐소드에서 순수 금속을 석출하는 금속의 전해정련에 적용된다.

(2) 비수용액인 경우 : 용융염 전해

이온화 경향이 큰 금속 화합물 (K, Ca, Na, Mg, Al)의 수용액은 위의 설명과 같이 음극에서 이들의 금속이 석출되지 않고, 수소가 발생한다.

따라서 이온화 경향이 큰 금속을 석출하려면 수용액이 없는 NaCl, $MgCl_2$, $CaCl_2$, NaOH, Al_2O_3 등의 화합물을 직접 고온에서 용융시켜 이온을 자유롭게 이동할 수 있도록 하고, 이들을 전기분해하여 얻는 방법을 취한다. 이와 같은 전해를 **용융염 전해** 또는 **용융 전해**라고 한다.

3.2 전해 화학 공업의 응용

3.2.1 물의 전해

그림 3.2와 같이 애노드는 반응 생성물의 산소에 의하여 산화되지 않도록 니켈 도금한 철, 캐소드는 철을 사용하여 전극이 변화하지 않도록 채택한다.

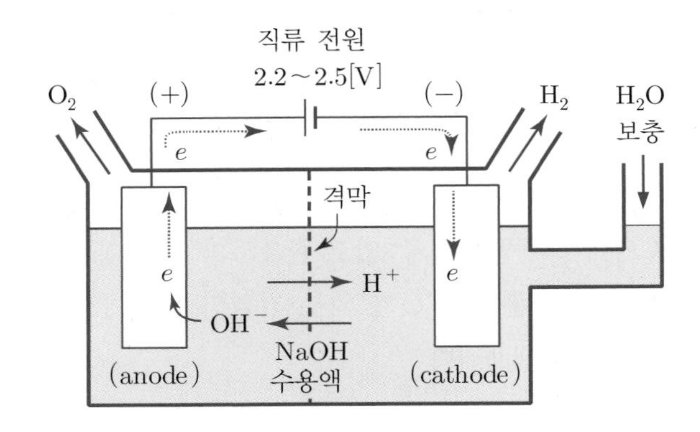

그림 3.2 ▶ 물의 전해

순수한 물은 도전율이 작고, 전리도가 매우 낮기 때문에 보통 염기성 수용액 NaOH 또는 KOH를 사용한다.

가격이 저렴한 NaOH 수용액을 전해하는 경우를 고려하면 수용액은 전리되어 다음의 4종류의 이온이 존재한다.

$$NaOH \rightarrow Na^+ + OH^- \text{(전리도가 매우 큼)} \tag{3.5}$$

$$H_2O \rightarrow H^+ + OH^- \text{(전리도가 매우 작음)} \tag{3.6}$$

① **캐소드 반응** : 양이온 중에서 Na^+은 환원되지 않는 이온이므로 H^+가 전자를 받아 음극에서 수소 가스를 발생한다.

$$2H^+ + 2e \rightarrow H_2 \uparrow \tag{3.7}$$

② **애노드 반응** : 수산화나트륨의 전리에 의하여 음이온 OH^-는 증가하고, 다음의 반응에 의하여 산소 가스를 발생한다.

$$4OH^- \rightarrow 2H_2O + O_2\uparrow + 4e \quad (3.8)$$

전해조는 두 전극 간에 발생한 수소와 산소가 혼합되지 않도록 격막으로 차단하고, 전해에 의하여 수분은 소모되므로 물은 항상 보급해야 한다.

물의 전해는 수소의 제조 방법으로 실용화되어 왔지만, 현재는 석유 화학 공업의 발달에 의해 부산물로써 수소가 생산되기 때문에 그다지 이용되지 않고 있다.

3.2.2 식염 전해

식염 전해는 **염소**, **수소**와 **수산화나트륨**의 제조 방법에 사용되고, 제조법에는 **격막법**과 **수은법**이 있다.

(1) 격막법

식염 전해에서 **격막을 사용하는 방법**은 수용액의 투과가 가능한 석면 재질의 격막을 사용하는 **격막법**과 양이온만을 통과시키는 양이온 교환 수지막을 이용한 **이온 교환막법**이 있다. 격막을 사용하는 방법의 전해 전압은 대략 3.8～4.0[V] 정도이다.

그림 3.3은 식염 전해의 이온 교환막법을 나타낸 것이다. 전극 재료는 반응 생성물에 견딜 수 있도록 애노드는 흑연(탄소)을 사용하고, 캐소드는 탄소강을 사용한다.

염화나트륨 수용액 NaCl 중에는 다음의 전리된 이온이 존재한다.

$$NaCl \rightarrow Na^+ + Cl^- \text{(전리도가 매우 큼)} \quad (3.9)$$

$$H_2O \rightarrow H^+ + OH^- \text{(전리도가 매우 작음)} \quad (3.10)$$

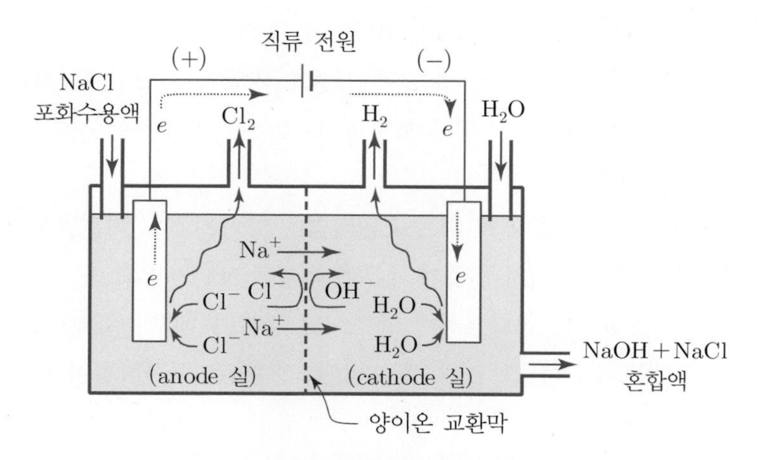

그림 3.3 ▸ 식염 전해(이온 교환막법)

① **애노드 반응** : 애노드 전극에 전자를 줄 수 있는 물질은 음이온 Cl^-, OH^-와 물분자 H_2O가 있다. 이 중에서 Cl^-가 가장 전자를 빼앗기기 쉽기 때문에 Cl^-가 애노드 전극에 전자를 주고 전극 표면에 염소를 발생시킨다. 이때 전자는 외부 전원의 양극으로 보내어진다.

$$2Cl^- \rightarrow Cl_2 \uparrow + 2e \qquad (3.11)$$

② **캐소드 반응** : 전해액 중에는 양이온 Na^+, H^+와 물분자 H_2O가 있다. Na은 이온화 경향이 커서 환원되지 않고, H^+의 양은 극히 적기 때문에 H_2O가 반응에 참여한다. 캐소드 전극에서는 다음의 반응식에 의해 수소 가스가 발생한다.

$$2H_2O + 2e \rightarrow 2OH^- + H_2 \uparrow \text{(수소 발생)} \qquad (3.12)$$

이 결과, 캐소드 전극 부근에서는 Na^+과 식 (3.12)에서 생성된 OH^-가 증가하기 때문에 $Na^+ + OH^-$(NaOH)가 생성된다. 즉, 캐소드 전극 부근의 수용액을 농축하면 수산화나트륨(NaOH)이 얻어진다.

두 전극 반응의 결과로부터 식염 전해는 애노드에서 염소가 발생하고, 캐소드에서 수소 및 수산화나트륨이 생성되며, **전체 반응**은 다음과 같다.

$$\textbf{전체 반응} : 2NaCl + 2H_2O \rightarrow Cl_2 + H_2 + 2NaOH \qquad (3.13)$$

격막은 전해 반응에서 생성된 식 (3.11)의 염소와 식 (3.12)의 OH^-이온이 화합하는 것을 방지하기 위한 것으로 애노드실과 캐소드실을 격리한다.

만약 격막이 설치되어 있지 않으면 OH^-이온이 애노드 전극으로 이동하고, 이 전극에서 발생한 염소와 결합하여 불균화 분해된 염소 화합물을 생성시키거나 염소의 순도를 저하시킨다. 또 캐소드 전극 측에서 보면 OH^-이온이 감소하는 것이므로 수산화나트륨의 제품 손실을 가져오게 된다.

격막을 사용하는 방법 중에서 **이온 교환막법**은 양이온 Na^+이온만을 선택적으로 투과시키고, 음이온은 통과시키지 못하기 때문에 투과된 Na^+이온과 캐소드 전극에서 생성된 OH^-이온에 의하여 수산화나트륨이 제조되고 순도가 매우 높은 장점이 있다.

따라서 최근에는 수산화나트륨의 제조 방법으로 이온 교환막법이 격막법보다 더 많이 사용되고 있다.

(2) 수은법

식염 전해에서 염소의 발생과 수산화나트륨의 제조를 각각의 반응 장치에서 처리하는 전해법을 **수은법**이라 한다. **그림 3.4**와 같이 반응 장치는 전해조와 분해조가 별도로 설치되어 있고, 전해조의 애노드는 흑연, 캐소드는 수은을 사용한다.

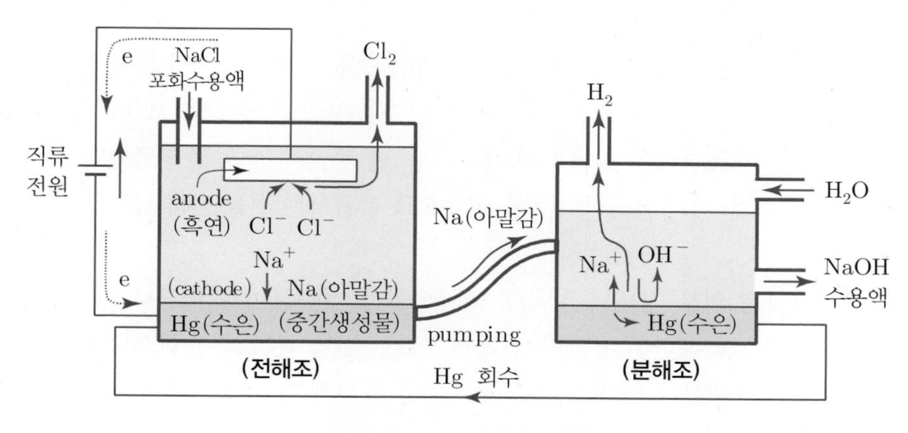

그림 3.4 ▶ 식염 전해(수은법)

① 전해조 반응

애노드 반응(양극) : $2Cl^- \rightarrow Cl_2\uparrow + 2e$ (3.14)

캐소드 반응(음극) : $2Na^+ + 2e \rightarrow 2Na$(금속 나트륨) (3.15)

(금속 Na과 캐소드의 수은이 반응하여 나트륨 아말감[Na－Hg] 생성)

② 분해조 반응

$$2Na-Hg + 2H_2O \rightarrow 2NaOH + H_2\uparrow \quad (3.16)$$

수은법의 반응을 살펴보면, 전해조의 애노드에서 염소가 발생하고, 전해액 중에 양이온 Na^+, H^+와 물분자 H_2O 중 캐소드에서 환원되는 것은 수은의 높은 수소 과전압 때문에 Na^+이온이 된다. 따라서 캐소드에서 나트륨 이온이 환원하여 금속 나트륨이 되고 즉시 수은과 반응하여 중간 생성물인 나트륨 아말감(Na－Hg)을 생성시킨다.

나트륨 아말감을 분해조로 넘겨서 물과 반응시키면 수산화나트륨과 수소 가스의 제품을 생성시킨다. 이때 발생되는 수은은 다시 전해조로 회수하여 애노드의 전극으로 재활용한다. 수은법의 전해 전압은 대략 4.2～4.5[V] 정도이다.

식염 전해의 수은법은 격막법보다 전류 밀도가 크고 생산성이 높으며, 수산화나트륨 제품의 순도가 매우 높은 장점이 있다. 그러나 현재 수은 공해의 문제가 되면서 다시 격막법을 이용하고 있다.

3.2.3 전해 정련

채취한 광석을 고온에서 탄소 등으로 환원하여 얻어지는 불순물을 포함한 화합물의 형태를 **조금속물**이라 한다. 이와 같이 조금속을 만드는 공정을 **제련**이라 하고, 제련에 의하여 얻어진 조금속을 사용하여 순수 금속을 추출하는 공정을 **정련**으로 구분한다.

특히 조금속을 전기 분해하여 순수 금속으로 추출하는 것을 **전해 정련**(electro refining)이라 한다.

전해 정련은 외부 전원의 양극에 조금속물을 접속하여 애노드로 하고, 목적 금속과 같은 금속염을 함유한 수용액을 전해액으로써 전기 분해하여 캐소드에서 순도가 높은 순수 금속을 석출한다. 애노드의 조금속물은 용해하고, 캐소드에서 목적하는 순수 금속이 석출되는 특징이 있다.

전해 정련에 의하여 얻어지는 순수 금속은 대표적으로 **구리**가 있고, 그 외에 금, 은, 백금, 니켈, 납, 주석 등이 있다. 이 방법은 99.99[%] 이상의 높은 순도를 가진 금속을 얻을 수 있는 특징이 있다.

여기서 대표적으로 사용되는 **구리의 전해 정련**에 관하여 설명하기로 한다.

(1) 제련 공정

구리의 주광석은 황동광($CuFeS_2$)이고, 이 황동광에 석회석, 코크스를 첨가하여 용광로에서 고온으로 가열하면 황화동(Cu_2S)이 만들어진다.

$$4CuFeS_2 + 9O_2 \rightarrow 2Cu_2S + 2Fe_2O_3 + 6SO_2 \tag{3.17}$$

황화동을 전로에 넣고, 산소를 가하면 조동(粗銅)이 만들어진다.

$$Cu_2S + O_2 \rightarrow 2Cu + SO_2 \tag{3.18}$$

이와 같이 용광로와 전로를 거쳐 제련되어 생성된 조동은 아직 금, 은, 철, 아연 등의 불순물을 함유하고 있으며, 순도는 약 99.4[%] 정도이다. 제련 공정이 이루어지는 공장을 **제련소**라 한다.

(2) 전해 정련 공정

조동으로부터 불순물을 제거하고 순동(순수 구리)을 얻기 위하여 전기 분해에 의하여 정련을 한다. **그림 3.5**는 구리의 전해 정련을 나타낸 것이다.

외부 전원의 양극에 조동, 음극에 순동을 접속하여 각각 애노드와 캐소드로 한다. 전해액은 목적 금속 구리를 포함하는 황산구리($CuSO_4$) 수용액을 사용한다.

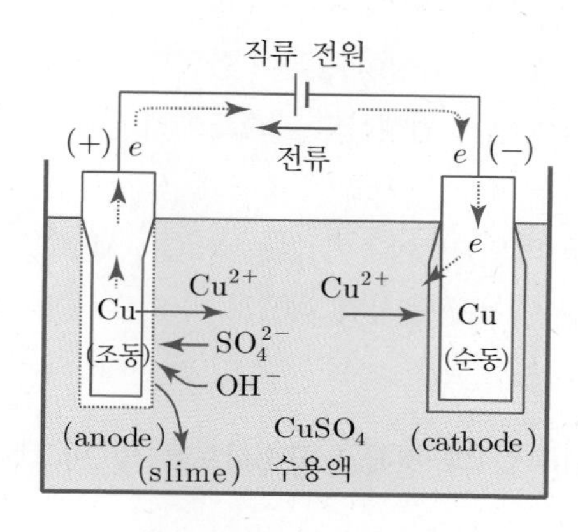

그림 3.5 ▶ 구리의 전해 정련

애노드에서는 조동이 용해하면서 주 금속 Cu는 산화하여 Cu^{2+} 이온이 되어 용액으로 들어가고, 전자는 전원으로 보내어진다. 마찬가지로 철, 아연의 불순물도 이온으로 되어 용액으로 들어간다. 그러나 구리보다 이온화 경향이 작은 금, 은의 불순물은 이온으로 되지 않고 애노드 아래에 침전물로 남는다. 이 침전물을 **슬라임**(slime)이라 한다. 슬라임은 양극에서 생성된 불활성 물질의 점토질 형태이다.

캐소드에서는 조동에서 용해된 이온 중에서 이온화 경향이 가장 작은 Cu^{2+} 이온이 환원성이 강하여 전자와 결합하고 순수 구리를 전착하여 석출된다.

두 전극 반응은 다음과 같이 일어난다.

애노드 반응(양극) : $Cu \rightarrow Cu^{2+} + 2e$ (조동의 용해) (3.19)

캐소드 반응(음극) : $Cu^{2+} + 2e \rightarrow Cu$ (순동의 석출) (3.20)

구리의 전해 정련 공정에서 애노드 아래의 슬라임으로 조은(粗銀)을 만들고, 전해 정련에 의해 순은을 석출한다. 은의 전해 정련의 과정에서 발생된 슬라임으로부터 조금(粗金)을 만들고, 전해 정련에 의하여 순금을 석출한다.

이와 같이 구리의 전해 정련은 순동의 석출과 귀금속성 물질을 회수하는 목적으로 사용한다.

3.2.4 용융염 전해

용융염 전해는 이온화 경향이 큰 활성 금속 K, Ca, Na, Mg, Al 등을 얻기 위하여 사용하는 전해법이다.

이온화 경향이 큰 금속은 산화성이 강하여 환원되지 않으려는 성질이 있다. 따라서 이들 금속 화합물의 수용액 중에서 전해하면 캐소드에서 금속이 석출되지 않고 물이 환원되어 수소를 발생시킨다.

용융염 전해는 수용액과 H^+ 이온이 없는 NaCl, $MgCl_2$, $CaCl_2$, NaOH, Al_2O_3 등의 화합물을 직접 고온에서 용융시켜 액체로 하고, 이들을 전해하여 캐소드에서 금속을 추출하는 방법이다.

(1) 염화물(NaCl, $MgCl_2$)의 전해 : 금속나트륨 및 마그네슘의 제조

애노드 반응(양극, 흑연) : $2Cl^- \rightarrow Cl_2 \uparrow + 2e$ (3.21)

캐소드 반응(음극, 철) : $2Na^+ + 2e^- \rightarrow 2Na$(금속 나트륨 석출) (3.22)

$Mg^{2+} + 2e^- \rightarrow 2Mg$(마그네슘 석출) (3.23)

(2) 산화물(Al_2O_3)의 전해 : 알루미늄의 제조

알루미늄은 광석인 보크사이트에서 제조되는 산화알루미늄(알루미나, Al_2O_3)을 원료로 사용한다. 산화 알루미늄은 융점이 2,015[℃]로 매우 높기 때문에 융점을 내리기 위하여 빙정석($AlNa_3F_6$)을 혼합하여 1,000[℃] 정도에서 용융한다. 산화알루미늄의 해리는 다음과 같은 반응이 일어난다.

산화 알루미늄의 해리 : $Al_2O_3 \rightarrow 2Al^{3+} + 3O^{2-}$ (3.24)

이 상태에서 전해하면 두 전극 반응은 다음과 같다.

애노드 반응(양극, 탄소) : $3O^{2-} + 3C$(전극) $\rightarrow 3CO + 6e$ (3.25)

캐소드 반응(음극, 탄소) : $2Al^{3+} + 6e \rightarrow 2Al$(알루미늄 제조) (3.26)

음극에는 알루미늄이 용융 상태로 석출되고, 양극에서는 산소가 발생하여 이것이 탄소 전극과 반응하고 일산화탄소를 발생시킨다.

따라서 양극 탄소 전극은 계속적으로 소모되기 때문에 보급할 필요가 있다.

3.2.5 전기 도금

전원의 **양극**에 **도금하고자 하는 금속**을 접속하여 애노드로 하고, **음극**에 **도금되는 금속**을 접속하여 캐소드로 한다. 전해액은 도금하고자 하는 금속이온을 함유한 수용액을 사용한다.

수용액을 전기 분해하면 애노드의 금속 전극은 용해하여 금속이온으로 되어 용액 중으로 들어가고, 음극의 캐소드에서 금속이온을 환원시켜 금속피막 형태로 전착하는 것을 **전기 도금**(electroplating)이라 한다. 전기 도금은 금속의 전해 정련법의 일종이다.

도금은 금속 표면에 다른 금속의 박막을 전착하여 금속 표면의 장식, 내식성과 내마모성을 목적으로 하는 **표면처리**를 의미한다.

양호한 도금을 얻기 위하여 전해조, 전해 조건이 알맞아야 하지만, 도금하기 전에 도금되는 금속의 녹과 기름을 완전히 제거하고 연마를 하는 등의 예비처리를 잘해야 한다. 또 세척, 건조 및 마무리 연마 등의 도금 후처리도 완벽해야 한다.

도금은 항상 제품의 마지막 손질 공정이므로 도금의 우열에 따라 제품의 소비자 만족도를 크게 좌우하게 된다.

그림 3.6은 니켈의 전기 도금을 나타낸 것이다.

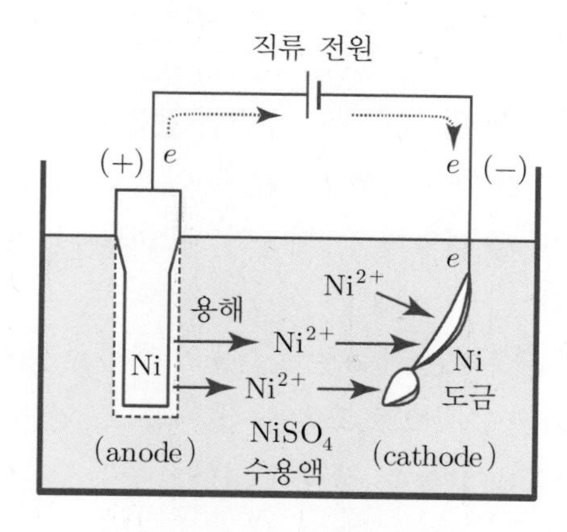

그림 3.6 ▶ 니켈의 전기 도금

3.2.6 전주

전주(electro forming)는 전기 도금에 의해 원형과 같은 모양의 복제품을 만드는 것을 말하며, 전기 도금보다 두껍게 도금을 한다.

전주가 끝나면 형으로부터 도금한 금속을 벗겨내야 하기 때문에 도금 전형의 표면에 엷은 산화물 피막을 만들어 벗기기 쉽게 한다.

전주는 원형의 요철을 정밀하게 복제할 수 있기 때문에 레코드의 원판 제작, 조각 공예품의 복제 등의 제작에 이용되고 있다.

3.2.7 전해 연마

전해 연마(electrolytic polishing)는 연마하고자 하는 금속을 양극으로 하고 음극은 불용성의 탄소 전극을 사용한 다음, 전기 분해하면 금속 표면의 요철이 평활하게 되는 것을 말한다.

전해 연마는 적당한 비교적 짧은 시간에 연마할 수 있고, 광택이 우수하며, 내식성이 향상된다. 주사침의 내면 등 형상적으로 기계적 연마가 곤란한 것과 스푼, 포크 등의 양식기, 정밀기계 부품 등에 이용한다. 또 기계적 연마와 병용하면 매우 큰 연마 효과를 거둘 수 있다.

3.3 전열 화학 공업의 실제

전기 에너지를 공급하여 열 에너지로 바꾸는 **전기로(전열)를 이용한 화학 공업을 전열 화학 공업**이라 한다. 전열 화학 공업의 제품은 인조 흑연, 탄화규소, 카바이드, 석회질소, 특수강 및 페로 알로이 등 다양하며, 제품의 제조에 사용되는 전기로는 저항로, 유도로, 아크로 등이 사용된다.

전기로를 사용하여 제조하는 제품은 불순물의 혼입을 방지할 수 있으므로 순수한 제품을 얻을 수 있고, 간단한 조작으로 고온을 집중적으로 얻을 수 있으며, 전류에 의한 온도 조절이 자유롭고, 열효율이 높은 장점이 있다.

(1) 인조 흑연

코크스 등의 탄소질 재료를 가압 성형하여 고온에서 가열하면 비결정성인 탄소가 결정성의 흑연으로 변하여 인조 흑연이 만들어진다. 인조 흑연은 천연 흑연보다 순도가 높고 도전성이 양호하다.

흑연의 제조는 직접식 저항로가 이용되며, 식염 전해용 전극, 전기로용 전극, 원자로용 감속제 등에 사용되고 있다.

(2) 탄화규소

탄화규소(SiC)는 카보런덤(carborundum)이라 하며, 규석(SiO_2)과 코크스(3C)의 혼합물을 흑연 저항체의 주변에 설치하고 단상 교류에 의해 전류를 흘려 약 2,000[℃]로 가열하면 다음과 같은 반응으로 제조된다.

$$SiO_2 + 3C \rightarrow SiC + 2CO \tag{3.27}$$

카보런덤로에서 제작된 탄화규소(카보런덤)는 주로 매우 단단한 연마제로 사용되며, 발열체, 내화재, 피뢰기의 특성요소 및 배리스터 등에 이용된다.

(3) 카바이드

카바이드(CaC_2, carbide)는 생석회(CaO)와 코크스(3C)를 혼합하여 상용 주파수의 3상 교류에 의해 약 2,000[℃]로 가열하면 다음과 같은 반응으로 제조된다.

$$CaO + 3C \rightarrow CaC_2 + CO(\text{흡열 반응}) \tag{3.28}$$

카바이드는 고온의 흡열반응으로써 페로 알로이 합금과 마찬가지로 아크 가열에 의해 제조하였지만, 과열로 인한 원료의 증발과 열손실이 크기 때문에 직접식 저항 가열로 바뀌게 되었다.

카바이드의 용도는 등화용, 용접 및 절단용 가스, 석회질소 및 유기합성화학의 원료 등에 사용된다.

(4) 석회질소

카바이드 분말에 고온에서 질소를 작용시키면 비료의 용도로 사용되는 석회질소가 다음의 반응에 의하여 제조된다.

$$CaC_2 + N_2 \rightarrow CaCN_2 + C(\text{발열 반응}) \tag{3.29}$$

이 반응은 발열 반응이므로 전기로 장입 초기에 가열해 주면 자기 반응을 하여 950~1,200[℃]의 반응 온도를 유지한다.

3.4 전기 화학용 직류 전원 장치

전기 화학 공업은 대용량의 직류 전원 장치가 필요하기 때문에 교류・직류 변환장치의 대형 정류기가 적용된다.

전기 화학 공업의 직류 전원으로 요구되는 사항은 다음과 같다.

① **저전압 대전류일 것** : 일반적으로 100~200[V]가 사용되며, 용융염 전해의 경우는 900[V] 정도의 전압이 사용된다. 이와 같이 전압은 비교적 낮지만, 전류는 5,000~40,000[A] 정도의 것이 요구된다.

② **효율이 높을 것** : 전력 요금이 제품 가격에 큰 비중을 차지하기 때문에 직류 전원의 효율을 높여야 한다. 즉, 대전류에 의한 저항손의 감소에 대응하여야 한다.

③ **일정한 전류로써 연속 운전에 견딜 것** : 전해조에 흐르는 전류는 일정해야 하며, 연속 운전을 하기 때문에 장시간 운전이 가능하도록 하여야 한다.

④ **기타** : 전압 조정 가능, 저렴한 시설비, 고 신뢰성 및 보수, 운전, 취급이 간단할 것 등이 있다.

전기 화학 공업용의 변류 장치는 회전 변류기, 수은 정류기 및 접촉 변류기 등이 있다. 회전 변류기는 비교적 저압용에 자주 사용하였고, 접촉 변류기는 부하 변동이 적은 경우에 사용하며, 수은 정류기는 600[V] 이상의 비교적 높은 전압용으로 사용하였다.

그러나 현재는 신뢰성 및 취급의 용이성 때문에 반도체 정류기를 대부분 사용하고 있으며, 특히 대전력용 실리콘 정류기(사이리스터, SCR)를 가장 많이 사용한다.

실리콘 정류기는 구조가 간단하고, 전압과 전류의 조정이 용이하며, 효율이 매우 높고, 전압 변동률이 적은 특징이 있다. 그러나 반도체 소자이므로 온도에 민감하여 정류 소자가 열화하여 소손된 우려가 있고, 서지(surge)에 약한 단점이 있다.

연습문제

객관식

01 전기분해에 의하여 전극에 석출되는 물질의 양은 전해액을 통과하는 총 전기량에 비례하고 또 그 물질의 화학 당량에 비례하는 법칙은?

① 암페어(Ampere)의 법칙

② 패러데이(Faraday)의 법칙

③ 톰슨(Thomson)의 법칙

④ 줄(Joule)의 법칙

02 전기분해에서 패러데이의 법칙은 어느 것이 적합한가? 단, $Q[\mathrm{C}]$: 통과한 전기량, $W[\mathrm{g}]$: 석출된 물질의 양, $E[\mathrm{V}]$: 전압을 각각 나타낸다.

① $W = K\dfrac{Q}{E}$　　② $W = \dfrac{1}{R}Q = \dfrac{1}{R}It$

③ $W = KQ = KIt$　　④ $W = KEt$

03 전기분해로 제조되는 것은?

① 암모니아　② 카바이드　③ 알루미늄　④ 철

04 전기 분해를 이용하여 순수한 금속만을 음극에 석출하여 정제하는 것을 무엇이라 하는가?

① 전착　② 전해 연마　③ 전해 정련　④ 전식

05 전해 정련 방법에 의하여 얻어지는 것은?

① 구리　② 철　③ 납　④ 망간

06 황산 용액에 양극으로 구리막대, 음극으로 은 막대를 두고 전기를 통하면 은 막대는 구리색이 난다. 이를 무엇이라고 하는가?

① 전기 도금　② 이온화 현상　③ 전기 분해　④ 분극 작용

07 전기 도금에 관한 설명 중 틀린 것은?

① 전원은 5～6[V] 또는 10～12[V]의 직류를 사용한다.

② 직류발전기를 사용하는 데 있어서 수하 특성이 있는 발전기를 사용한다.

③ 전류밀도가 다르더라도 도금 상태는 일정하다.

④ 표면의 산화물이나 기름을 없애기 위해 화학적으로 세척해야 한다.

08 전기 도금을 계속하여 두꺼운 금속층을 만든 후, 원형을 떼어서 그대로 복제하는 방법을 무엇이라 하는가?

① 전기 도금 ② 전주 ③ 전해 정련 ④ 전해 연마

09 다음은 가장 관계가 깊은 것끼리 짝지어 놓은 것이다. 잘못된 것은?

① 식염의 전해-격막법

② 알루미늄 전해-알루미늄 양극의 작용

③ 알루미늄의 양극처리-전해 콘덴서의 제조

④ 연료 전지-산수소 전지

10 다음 중 식염 전해와 가장 밀접한 관계가 있는 것은?

① 이산화망간 ② 유리 전극 ③ 시안화물 ④ 수은

주관식 (풀이와 정답은 부록에 수록되어 있습니다.)

01 식염의 전기 분해에서 100[Ah]의 전기량을 발생하는 NaOH는 약 몇 [g]인가? 단, Na의 원자량 : 23, O의 원자량 : 16, H의 원자량 : 1이다. 또 Na의 전기 화학 당량 : 0.858[g/Ah], 전류 효율은 95[%]이다.

02 전해 정련에 대하여 설명하고, 이 방법으로 제조되는 금속을 기술하라.

부록

부록 (1)

각종 광원의 특성

1. 백열전구의 초특성 및 수명(KSC 7501)

형 식	정격전압	초 특 성			수명 $\frac{1}{2}$일 때의 효율	수명[h]	베이스
		소비전력[W]	광속[lm]	효율[lm/W]			
L 100[V] 10[W]	100	10±0.7	76±12	7.6±1.2	5.8 이상	1,500	E_{26}
L 100[V] 20[W]	100	20±1.4	175±27	8.7±1.4	6.6 이상	1,500	〃
Ld100[V] 30[W]	100	30±2.1	330±50	11.0±1.7	8.4 이상	1,000	〃
L 100[V] 30[W]	100	30±2.1	290±45	9.7±1.5	7.4 이상	1,000	〃
Ld100[V] 40[W]	100	40±2.8	500±75	12.5±1.9	9.5 이상	1,000	〃
L 100[V] 40[W]	100	40±2.8	440±70	11.0±1.7	8.4 이상	1,000	〃
Ld100[V] 60[W]	100	60±3.0	830±125	13.9±2.1	10.6 이상	1,000	〃
L 100[V] 60[W]	100	60±3.0	760±115	12.6±1.9	9.6 이상	1,000	〃
Ld100[V] 100[W]	100	100±5.0	1570±240	15.7±2.4	11.5 이상	1,000	〃
L 100[V] 100[W]	100	100±5.0	1500±230	15.0±2.3	11.1 이상	1,000	〃
L 100[V] 150[W]	100	150±7.5	2450±370	16.4±2.5	12.1 이상	1,000	〃
L 100[V] 200[W]	100	200±1.0	3450±520	17.3±2.6	12.8 이상	1,000	〃
L 100[V] 300[W]	100	300±15	5500±990	18.3±1.5	15.8 이상	900	E_{39}
L 100[V] 500[W]	100	500±25	9900±1782	19.7±1.6	16.9 이상	900	〃
L 100[V] 1000[W]	100	1000±50	21000±3780	21.0±1.7	17.4 이상	900	〃

2. 형광등 특성(KSC 7061)

형 식	정격전압 [V]	초 특 성			동정특성 전광속[lm]
		방전개시전압[V]	관전류[A]	전광속[lm]	
FL-10D	100	94 이하	0.230±0.030	340 이상	3,000 이상
FL-10W	100	94 이하	0.230±0.030	380 이상	
FL-15D	100	94 이하	0.340±0.030	480 이상	3,500 이상
FL-15W	100	94 이하	0.340±0.030	540 이상	
FL-20D	100	94 이하	0.375±0.030	800 이상	3,500 이상
FL-20W	100	94 이하	0.375±0.030	910 이상	
FL-30D	100	94 이하	0.620±0.060	1,220 이상	4,000 이상
FL-30W	100	94 이하	0.620±0.060	1,390 이상	
FL-40D	200	180 이하	0.435±0.040	2,000 이상	7,500 이상
FL-40W	200	180 이하	0.435±0.040	2,300 이상	

[주] FL : 형광램프, D : 주광색(day light), W : 백색(white light)
(A : 220[V], B : 380[V])

3. 고압 수은등 특성(KSC 7604)

형 식	정격 전압 [V]	방전 개시 전압 [V]	크기 [W]	램프 전압 [V]	램프 전류 [A]	전광속 [lm]	점등시간	재점등 시간 [분]	베이스
HF100(HRF100)	200	180 이하	100	115	1.0±0.12	3200±900	8[분] 이하	10	E_{26}
H200(HR200)	200	180 이하	200	120	1.9±0.3	8500±1800	8[분] 이하	10	E_{39}
HF200(HRF200)	200	180 이하	200	120	1.9±0.3	7700±1900	8[분] 이하	10	〃
H250(FR250)	200	180 이하	250	130	2.1±0.3	11000±2200	8[분] 이하	10	〃
HF250(HRF250)	200	180 이하	250	130	2.1±0.3	10000±2300	8[분] 이하	10	〃
H300(HR300)	200	180 이하	300	130	2.5±0.35	14000±2800	8[분] 이하	10	〃
HF300(HRF300)	200	180 이하	300	130	2.5±0.35	13000±3000	8[분] 이하	10	〃
H400(HR400)	200	180 이하	400	130	3.3±0.4	20000±4000	8[분] 이하	10	〃
HF400(HRF400)	200	180 이하	400	130	3.3±0.4	18000±4100	8[분] 이하	10	〃
H700(HR700)	200	180 이하	700	130	5.9±0.4	37000±7500	8[분] 이하	10	〃
HF700(HRF700)	200	180 이하	700	130	5.9±0.4	34000±7800	8[분] 이하	10	〃
H1000A(HR100A)	200	180 이하	1000	130	8.3±1.0	55000±11000	8[분] 이하	10	〃
HF1000A(HRF1000)	200	180 이하	1000	130	8.3±1.0	50000±11500			
H1000B	460	400 이하	100	260	4.0±0.4	55000±11000			
HF1000B	460	400 이하	100	260	4.0±0.4	50000±11500			

[주] H : 고압수은등, F : 형광 고압수은등, R : 반사형 고압수은등

4. 고압 나트륨램프 특성(KSC 7610)

형 식	크기[W]	램프전류[A]	램프전압[V]	전광속[lm]
NH 150 NH 150F NHT 150	150	1.8±0.3	100+15 100−20	14,000 이상 13,000 이상 14,000 이상
NH 250 NH 250F NHT 250	250	3.0±0.5	100+15 100−20	25,000 이상 23,000 이상 25,000 이상
NH 400 NH 400F NHT 400	400	4.6±0.7	100+15 100−20	46,000 이상 43,000 이상 46,000 이상

[주] NH : 고압나트륨등, T : 관형, F : 형광물질 도포한 나트륨등

5. 메탈 할라이드등 특성(KSC 7604)

형식 \ 구분	정격전압 [V]	안정시간 [분]	재시동시간 [분]	초특성			전광속 [lm]
				램프전압 [V]	램프전류 [A]	램프전력 [W]	
MH 175(B)	220	8 이하	10이하	130±15	1.5	184 이하	14,000
MHF 175(B)							12,000
MHT 175(B)							14,000
MH 250(A)	220	8 이하	10이하	100±15	3.0	263 이하	17,000
MHF 250(A)							15,000
MHT 250(A)							17,000
MH 250(B)	220	8 이하	10이하	130±15	2.1	263 이하	20,500
MHF 250(B)							18,000
MHT 250(B)							20,500
MH 400(A)	220	8 이하	12이하	125±15	3.65	420 이하	28,800
MHF 400(A)							25,000
MHT 400(A)							28,800
MH 400(B)	220	8 이하	12이하	135±15	3.25	420 이하	34,000
MHF 400(B)							30,000
MHT 400(B)							34,000
MH 1000(A)	220	8 이하	15이하	130±15	8.3	1050 이하	80,000
MHF 1000(A)							72,000
MHT 1000(A)							80,000

[주] MH : 메탈할라이드등, MHT : 관형 메탈할라이드등,
MHF : 형광물질을 도포한 메탈할라이드등 (A : 220[V], B : 380[V])

[참고] 전압 종별

전기사업법 시행세칙(제2조)

구 분	개정 전 (~2020.12.31)	개정 후 (2021.1~)
저 압	직류 : 750[V] 이하 교류 : 600[V] 이하	직류 : 1,500[V] 이하 교류 : 1,000[V] 이하
고 압	직류 : 750[V] 초과 ~ 7,000[V] 이하 교류 : 600[V] 초과 ~ 7,000[V] 이하	직류 : 1,500[V] 초과 ~ 7,000[V] 이하 교류 : 1,000[V] 초과 ~ 7,000[V] 이하
특고압	7,000[V] 초과	7,000[V] 초과

부록 (2) 전력용 반도체 소자

전력용 반도체 소자는 실리콘 다이오드, 사이리스터, 파워 트랜지스터 등을 이용하여 전력기기, 공작기계, 자동화기기 및 DC 서보장치 등에 전력 제어 변환 및 고속 스위칭 소자 등으로 널리 사용되고 있다.

1. 사이리스터

사이리스터(thyristor)는 PNPN 구조를 갖는 두 신호의 안정된 동작(ON, OFF)을 하는 반도체 스위칭 소자의 총칭을 말한다. 사이리스터는 SCR, SSS, GTO, 트라이악(TRIAC) 등이 있으며, 일반적으로 사이리스터라고 하면 **SCR**(Silicon Controlled Rectifier, **실리콘 제어 정류기**)을 의미한다.

SCR은 단방향성(역저지형)의 3단자 소자이고, 주요 특성은 다음과 같다.

① 사이리스터 중에서 최고허용온도가 약 140～200[℃]로 가장 높고 온도의 영향을 적게 받는다.
② 역 내전압은 500～1,000[V] 정도로 매우 높으며, 부성저항 특성을 가진다.
③ 효율이 가장 좋고, 대용량 정류기에 적합하다.
④ 게이트 전류에 의해 한 번 전류가 도통하면 역방향 바이어스가 되기까지 게이트 전류의 유무에 관계없이 전류를 유지한다.
⑤ 일반 다이오드는 정류 작용만 하고 자체적으로 제어 능력이 없지만, 대전류까지도 제어할 수 있는 스위칭 소자
⑥ 용도 : 게이트 위상 제어, 스위칭 제어, 인버터, 초퍼 및 모터 속도 제어(위상, 속도, 주파수 제어) 등에 사용

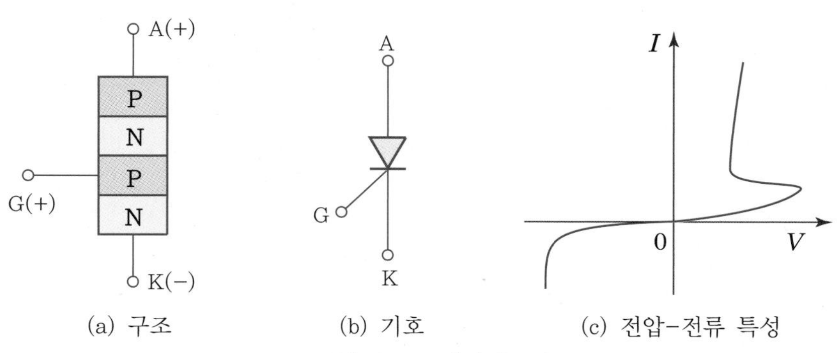

(a) 구조 (b) 기호 (c) 전압-전류 특성

그림 2.1 ▶ 사이리스터

2. 사이리스터의 종류와 특성

사이리스터에는 여러 가지 종류가 있지만, 일반적으로 많이 실용화되고 있는 것들의 대표적인 종류와 특성을 나타낸다.

표 2.1 ▶ 사이리스터의 종류와 특징

종 류	기 호	특징 및 용도
SCR 실리콘 제어 정류기	A, G, K	① 단방향(역저지) 3단자 사이리스터(P 게이트형) ■ PUT : 단방향 3단자 트리거 소자(N 게이트형) ② PNPN 접합의 4층 구조 ③ 게이트의 트리거 전류에 의해 도통(게이트 전류 0으로 해도 차단되지 않음. 단, 유지 전류 이하로 되면 다시 차단) ■ 자기 소호 능력이 없음 ④ 특성 곡선에서 부성 저항이 있음(다이오드는 없음) ⑤ 용도가 많고, AC 및 DC 전력 및 위상 제어
Triac 트라이악	T_1, G, T_2	① 쌍방향 3단자(3극) 사이리스터 ② 2개의 사이리스터(SCR)가 역병렬로 접속된 구조 ③ 게이트 신호의 극성에 관계없이 도통 ④ 부성 저항이 없음, 교류 전력 제어용
SSS	T_1, T_2	① 쌍방향 2단자(2극) 사이리스터 ② NPNPN의 5층 구조, 전기적 특성은 다이악과 유사 ③ 주회로 전압과 펄스전압을 중첩하여 트리거하고 SSS를 도통함 ④ SSS(Silicon Symmetrical Switch)
SCS	A, G, G, K	① 단방향 4단자(역저지 4극) 사이리스터 ② 게이트 전극 2개(양쪽 게이트의 어느 하나에 신호를 인가하여 도통시킬 수 있음) ③ SCS(Silicon Controlled Switch)
LASCR	–	① 단방향(역저지) 3단자 사이리스터 ② 빛의 입사에 의해 도통하는 일명 광 다이오드라 함 ③ 구조는 SCR과 비슷, 대전력용은 제조상 문제로 실용화가 안됨 ④ LASCR(Light Activated Silicon Controlled Rectifier)
GTO (Gate Turn Off)	–	① 게이트에 (+)의 펄스 신호를 가하면 도통하고, (−)의 펄스 신호를 가하면 차단되는 자기 소호 능력이 있는 소자로 매우 편리한 소자(SCR : 자기 소호 능력 없음) ② 제작상의 어려움으로 실용화에 곤란

3. 트리거용 반도체 소자

게이트에 펄스를 입력하여 도통(턴온)시키는 사이리스터의 트리거 회로에는 여러 가지가 있고 트리거용 반도체 소자가 사용되고 있다.

트리거용 반도체 소자는 대부분 **부성저항 특성**을 가지고 있으며, 일반적으로 트리거 펄스를 발생시키는 발진회로에 이용된다.

표 2.2에 대표적인 트리거용 사이리스터 소자의 종류와 특징을 나타낸다.

표 2.2 ▶ 트리거용 사이리스터 소자

종 류	기 호	특징 및 용도
UJT (단접합 Tr.)	E, B_1, B_2	① 최초로 개발한 사이리스터의 트리거 소자 ② PN 접합의 2층 구조로 된 3단자 소자 ③ 이장 발진 회로에 사용하여 트리거 펄스를 얻음
Diac (다이악)	T_1, T_2	① NPN의 3층 구조와 쌍방향 2단자 사이리스터 ② 트라이악의 트리거 소자로 많이 이용 ③ 교류전원에서 직접 트리거 펄스를 얻는 회로에 사용 ④ SSS와 비슷한 동작 특성 (쌍방향 2단자, 단 NPNPN의 5층 구조)
SBS (실리콘 쌍방향 스위치)	G, 1, 2	① 2개의 SCR과 2개의 제너 다이오드로 구성 ② 쌍방향 3단자 사이리스터 ③ 단자 1-2간에서 제너 전압 이상이 되면 게이트 전류가 흘러 도통 상태를 이용
PUT (프로그래머블 단접합 Tr.)	A, G, K	① N 게이트형의 단방향(역저지) 3단자 사이리스터 (SCR : P 게이트형의 단방향 3단자 사이리스터) ② 발신의 안정도를 UJT보다 높이기 위해 개발

부록 연습문제 정답 및 풀이

제 1 편 조명 공학

제1장 조명의 기초

객관식

01	02	03	04	05	06	07	08	09	10
①	④	①	①	①	④	①	②	①	②
11	12	13	14	15	16	17	18	19	20
③	④	②	①	①	①	②	③	②	③
21	22	23	24	25	26	27	28	29	30
②									

주관식

01 $R=\tau E=\dfrac{\tau I}{r^2}$ 이고, $R=\pi B$의 관계에서 휘도 B는

$$B=\frac{R}{\pi}=\frac{\tau I}{\pi r^2}=\frac{0.95\times 100}{\pi\times 0.25^2}=483.8\ [\text{cd/m}^2,\ \text{nt}]$$

$\therefore\ B=0.0484[\text{cd/cm}^2,\ \text{sb}]$

별해 $$B=\frac{\tau I}{A'}=\frac{\tau I}{\pi r^2}=\frac{0.95\times 100}{\pi\times 0.25^2}=483.8\ [\text{cd/m}^2]$$

$\therefore\ B=0.0484[\text{cd/cm}^2,\ \text{sb}]$

02 $R=\pi B$, $R=\tau E$의 관계에서 $\pi B=\tau E$이므로 조도 E는

$$E=\frac{\pi B}{\tau}=\frac{\pi\times 0.2\times 10^4}{0.5}=12{,}566\ [\text{lx}]$$

03 ① 원통 광원 광속 F_0와 수직 방향 광도 I_0의 관계

$F_0=\pi^2 I_0$

② 구형 글로브의 광속 F와 구면 광도 I의 관계

$F=4\pi I$

③ F_0와 F의 관계(투과율 τ) : $F=\tau F_0$

$$4\pi I=\tau\pi^2 I_0 \quad \therefore\ I_0=\frac{4I}{\tau\pi}=\frac{4\times 200}{\pi\times 0.8}=318.31\ [\text{cd}]$$

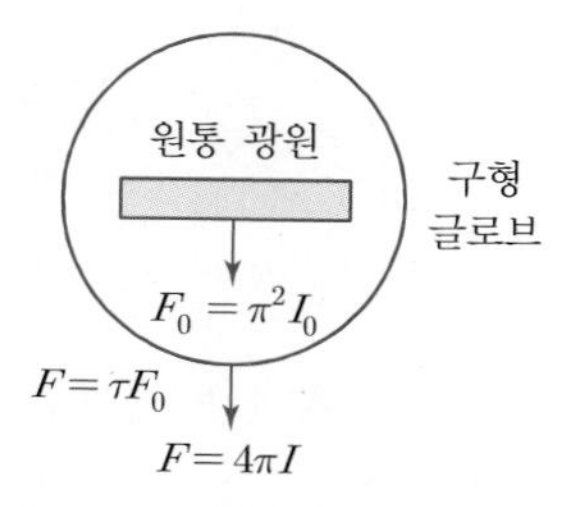

그림 1 ▶ 문제 03

04 조도 E는 수평면 조도 E_h를 의미한다.

수평면 조도 : $E_h=E_n\cos\theta=\dfrac{I}{r^2}\cos\theta$

$$\therefore\ E_h=\frac{1000}{10^2}\times\cos 30°=8.66\ [\text{lx}]$$

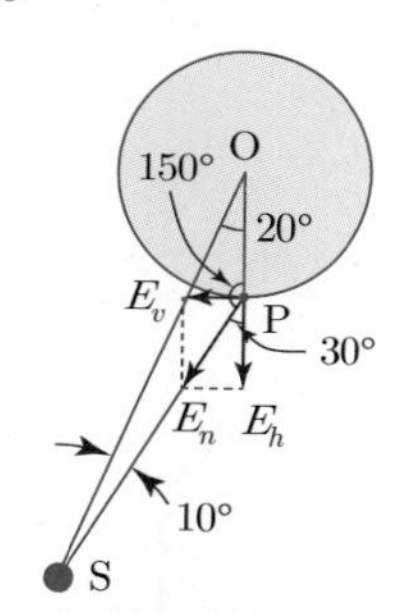

그림 2 ▶ 문제 04

05 점 P의 조도(수평면 조도) : $E=E_h=200\,[\text{lx}]$

수평면 조도 : $E_h=\dfrac{I}{r^2}\cos\theta\ (\theta=60°)$

$$\therefore\ I=\frac{r^2E_h}{\cos\theta}=\frac{1^2\times 200}{\cos 60°}=400\ [\text{cd}]$$

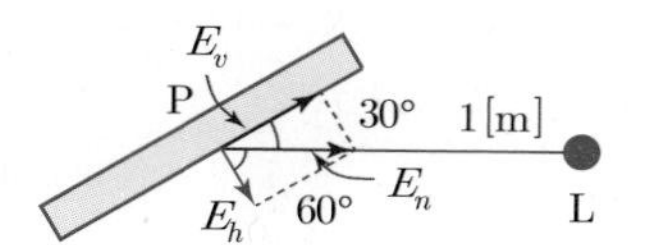

그림 3 ▶ 문제 05

06 점 B의 조도(수평면 조도) : $E = E_h = 20\,[\text{lx}]$

수평면 조도 : $E_h = \dfrac{I}{r^2}\cos\theta \left(\cos\theta = \dfrac{3}{5}\right)$

$$\therefore\ I = \frac{r^2 E_h}{\cos\theta} = \frac{5^2 \times 20}{3/5} = 833\,[\text{cd}]$$

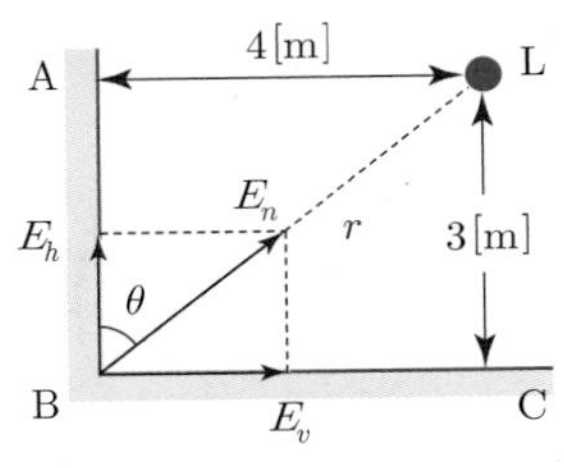

그림 4 ▶ 문제 06

07 ① 원통 광원(완전 확산형[균일한 휘도])의 전 광속 F (수직 방향 광도 $I = 150\,[\text{cd}]$)

$$F = \pi^2 I = \pi^2 \times 150 = 1480.4\,[\text{lm}]$$

② 균등 점광원(원통 광원)의 평균 구면 광도 I일 때 전 광속 $F = 4\pi I$에 의해

$$I = \frac{F}{4\pi} = \frac{1480.4}{4\pi} = 117.8\,[\text{cd}]$$

제2장 조도 계산

객관식

01	02	03	04	05	06	07	08	09	10
②	③	②	③	②	④				

주관식

01 식 (2.2)에 의해 두 개 이상의 광원에 의한 조도는 각각의 조도의 합 : $E_h = E_{hA} + E_{hB}$

$$\begin{cases} E_{hA} = E_{nA}\cos\theta_A = 1 \times \dfrac{3}{\sqrt{4^2+3^2}} = 0.6 \\ E_{hB} = E_{nB}\cos\theta_B = 0.8 \times \dfrac{3}{\sqrt{4^2+3^2}} = 0.48 \end{cases}$$

$$\therefore\ E_h = 0.6 + 0.48 = 1.08\,[\text{lx}]$$

02 $E = \pi B \sin^2\theta \left(\sin\theta = \dfrac{r}{\sqrt{r^2+a^2}}\right)$

$$\therefore\ E = \frac{\pi B r^2}{r^2+a^2} = \frac{\pi \times 4487 \times 0.3^2}{0.3^2+2.5^2} = 200\,[\text{lx}]$$

03 식 (2.18)에 의한 확산 조도

$$E_i = \eta_\rho E_0 = \eta_\rho \frac{F}{A} = \frac{\rho}{1-\rho} \cdot \frac{F}{4\pi r^2}$$

04 입체각 :

$$\omega = 2\pi(1-\cos\theta) = 2\pi \times \left(1 - \frac{3}{\sqrt{3^2+2^2}}\right)$$

$$\therefore\ \omega = 1.055\,[\text{sr}]$$

평균 조도 :

$$E_a = \frac{\omega I}{A} = \frac{\omega I}{\pi a^2} = \frac{1.055 \times 860}{\pi \times 2^2} = 72.2\,[\text{lx}]$$

05 수평면 조도 : $E_h = \dfrac{I}{r^2}\cos\theta = \dfrac{I}{r^2} \times \dfrac{h}{r}$

수직면 조도 : $E_v = \dfrac{I}{r^2}\sin\theta = \dfrac{I}{r^2} \times \dfrac{d}{r}$

$E_h = E_v \qquad \therefore\ h = d$

제3장 측광 및 배광

객관식

01	02	03	04	05	06	07	08	09	10
④	②	①	②						

주관식

01 두 광원의 광도 및 거리를 I_A, I_B, d_A, d_B라 하면, 측광 평형이므로 두 광원에 의한 조도가 같다. 즉, 거리의 역제곱 법칙에 의해 조도 I_B는

$$\frac{I_A}{{d_A}^2} = \frac{I_B}{{d_B}^2} \qquad \therefore\ I_B = \left(\frac{d_B}{d_A}\right)^2 I_A$$

$$\therefore\ I_B = \left(\frac{d_B}{d_A}\right)^2 I_A = \left(\frac{3}{1}\right)^2 \times 30 = 270\,[\text{cd}]$$

02 두 광원의 광도 및 거리를 I_1, I_2, d_1, d_2 라 하면, 측광 평형이므로 두 광원에 의한 조도가 같다. 즉, 거리의 역제곱 법칙에 의해

$$\frac{I_1}{{d_1}^2} = \frac{I_2}{{d_2}^2}$$

$$\therefore\ d_2 = d_1\sqrt{\frac{I_2}{I_1}} = 60 \times \sqrt{\frac{40}{10}} = 120\ [\text{cm}]$$

05 (직선 그래프) $r = I = 100$

기울기 : $-\dfrac{r}{I} = -\dfrac{100}{100} = -1$, y 절편 : 0

$\therefore\ y = -x$

$(x,\ y) = (I_\theta,\ -r\cos\theta)$, $x = I_\theta$, $y = -100\cos\theta$ 대입

$-100\cos\theta = -I_\theta$

배광 곡선 식 : $I_\theta = 100\cos\theta$

(참고) 전 광속은 하반부 광속과 같음

$$F = \frac{2\pi}{r}A = \frac{2\pi}{100} \times \left(100 \times 100 \times \frac{1}{2}\right) = 100\pi\ [\text{lm}]$$

06 광속 : $F = \dfrac{2\pi}{r}A$ $(r = I = 100)$

(1) 하반부 광속

루소 선도 면적 : $A = 100 \times 100$

광속 : $F = \dfrac{2\pi}{r}A = \dfrac{2\pi}{100} \times (100 \times 100) = 200\pi$

$\therefore\ F = 628\ [\text{lm}]$

(2) 상반부 광속

루소 선도 면적 : $A = \dfrac{1}{4} \times (\pi \times 100^2) = 2500\pi$

광속 : $F = \dfrac{2\pi}{r}A = \dfrac{2\pi}{100} \times (2500\pi) = 50\pi^2$

$\therefore\ F = 493\ [\text{lm}]$

(3) 전 광속(하반부 광속+상반부 광속)

$F = 628 + 493 = 1121\ [\text{lm}]$

제4장 광 원

객관식

01	02	03	04	05	06	07	08	09	10
③	②	④	②	③	④	①	④	④	③
11	**12**	**13**	**14**	**15**	**16**	**17**	**18**	**19**	**20**
②	④	①	①	①	③	④	①	③	③
21	**22**	**23**	**24**	**25**	**26**	**27**	**28**	**29**	**30**
③	④	④	④	③	③	③	③	①	③
31	**32**	**33**	**34**	**35**	**36**	**37**	**38**	**39**	**40**
③	④	②							

주관식

01 식 (4.1)의 스테판-볼쯔만 법칙에 의해

$W = \alpha T^4\ [\text{W/m}^2]$ $(T' = 2T)$

$W' = \alpha T'^4 = \alpha(2T)^4 = 16W$ $\therefore$ 16 배

02 식 (4.2)의 빈의 변위 법칙에 의해

$\lambda_m \propto \dfrac{1}{T}$(반비례), $4000 : \lambda_m = 555 : 730$

$\therefore\ \lambda_m = \dfrac{730}{555} \times 4000 = 5261\ [\text{K}]$

03 식 (4.2)의 빈의 변위 법칙에 의하여

$$\lambda_m = \frac{2,898}{T} = \frac{2,898}{3300} = 0.878\ [\mu\text{m}]$$

제5장 조명 설계

객관식

01	02	03	04	05	06	07	08	09	10
④	③	④	③	①	③	①	②	③	④
11	**12**	**13**	**14**	**15**	**16**	**17**	**18**	**19**	**20**
④	②								

주관식

01 $E = \dfrac{FNU}{DA} = \dfrac{2000 \times 30 \times 0.5}{1.5 \times 200} = 100\ [\text{lx}]\left(F = \dfrac{EDA}{NU}\right)$

02 $F=4\pi I=4\pi\times 100=400\pi$ [lm]

$$\therefore\ E=\frac{FNU}{DA}=\frac{400\pi\times 5\times 0.5}{1.5\times(25\pi)}\fallingdotseq 26.7\ [\text{lx}]$$

03 $\left(F=\dfrac{EDA}{NU}\right)$

$$\therefore\ N=\frac{EDA}{FU}=\frac{150\times 1.25\times 200}{2500\times 0.5}=30\ [\text{등}]$$

04 $F=\dfrac{EDBS}{NU}=\dfrac{5\times 1\times 20\times 12}{1\times 0.25}=4800$ [lm]

제 2 편 전열 공학

제1장 전열의 기초

객관식

01	02	03	04	05	06	07	08	09	10
①	③	③	③	③	②	③	④	①	③
11	**12**	**13**	**14**	**15**	**16**	**17**	**18**	**19**	**20**
②	①	③	④	②	①	①	②	②	①
21	**22**	**23**	**24**	**25**	**26**	**27**	**28**	**29**	**30**
②	③	①	④	②	②	③			

주관식

01 $W=Pt$

$$\therefore\ P=\frac{W}{t}=\frac{900000}{5\times 60}=3000\ ([\text{J/s}]=[\text{W}])$$

02 $0.24Pt\eta=mcT$(단위 주의하여 대입할 것)

(P[W], t[s], m[g], c[cal/g·℃], T[℃])

$$t=\frac{mcT}{0.24P\eta}=\frac{5000\times 1\times(70-20)}{0.24\times 1000\times 1}=1041.67\ [\text{s}]$$

$\therefore\ t=17.4$ [min]

별해 $860Pt\eta=mcT$(단위 주의하여 대입할 것)

(P[kW], t[h], m[kg], c[kcal/kg·℃], T[℃])

$$t=\frac{mcT}{860P\eta}=\frac{5\times 1\times(70-20)}{860\times 1\times 1}=0.29\ [\text{h}]$$

$\therefore\ t=17.4$ [min]

03 $0.24Pt\eta=mcT$(단위 주의하여 대입할 것)

(P[W], t[s], m[g], c[cal/g·℃], T[℃])

($m=1.2\,[l]=1.2\,[\text{kg}]=1200\,[\text{g}]$)

$$P=\frac{mcT}{0.24t\eta}=\frac{1200\times 1\times(75-15)}{0.24\times(10\times 60)\times 0.7}$$

$\therefore\ P=714.29$ [W]

별해 $860Pt\eta=mcT$(단위 주의하여 대입할 것)

(P[kW], t[h], m[kg], c[kcal/kg·℃], T[℃])

$$P=\frac{mcT}{860t\eta}=\frac{1.2\times 1\times(75-15)}{860\times(10/60)\times 0.7}$$

$\therefore\ P=0.717\ [\text{kW}]=717\ [\text{W}]$

04 (1) $Q=$ 융해열+현열 $=mH+mc(\theta_2-\theta_1)$

$Q=2.5\times 80+2.5\times 1\times 40=2.5\times(80+40)$

$\therefore\ Q=300$ [kcal]

(2) $Q=0.24Pt\eta$ [cal]

$$t=\frac{Q}{0.24P\eta}=\frac{300\times 10^3}{0.24\times 2000\times 0.8}$$

$\therefore\ t=781.25\ [\text{s}]\fallingdotseq 13\ [\text{min}]$

별해 $Q=860Pt\eta$ [kcal]

$$t=\frac{Q}{860P\eta}=\frac{300}{860\times 2\times 0.8}$$

$\therefore\ t=0.218\ [\text{h}]\fallingdotseq 13\ [\text{min}]$

05 $860Pt\eta=860W\eta=mcT$ ($W=Pt$ [kWh])

$$W=\frac{mcT}{860\eta}=\frac{100\times 1\times(90-40)}{860\times 0.9}=6.46\ [\text{kWh}]$$

$\therefore$ 전기요금 $=6.46\times 25=161.5$ [원]

06 (1) $Q=mcT+mH=m(cT+H)$

$=1000\times\{1\times(150-20)+500\}$

$\therefore\ Q=630\times 10^3$ [kcal]

(2) $860Pt\eta=mcT$ [kcal]

$$\therefore\ P=\frac{Q}{860t\eta}=\frac{630\times 10^3}{860\times 1\times 0.95}=771\ [\text{kW}]$$

제2장 전열의 응용

객관식

01	02	03	04	05	06	07	08	09	10
①	④	②	④	③	②	④	②	④	①
11	12	13	14	15	16	17	18	19	20
①	④	③	②	②	③	③	①	③	③
21	22	23	24	25	26	27	28	29	30
③	②	②	④	①	③	①	④	①	②
31	32	33	34	35	36	37	38	39	40
④	④	③	①	②	③	①			

주관식

01 $Q=5700\times(150\times10^3)=855\times10^6$ [kcal]

$Q'=860Pt=860W$ ($W=2\times10^5$ [kWh])

$\therefore\ Q'=860\times(2\times10^5)=172\times10^6$ [kcal]

발전소 효율 관계 : $Q\eta=Q'$

$$\eta=\frac{Q'}{Q}\times100=\frac{172\times10^6}{855\times10^6}\times100$$

$\therefore\ \eta=20.11 \fallingdotseq 20[\%]$

02 $P=VI=30\times200=6000$ [W]

$Q=0.24Pt$ [cal], $Q/t=0.24P$ [cal/s]

$Q/t=0.24P=0.24\times6000=1440$ [cal/s]

$\therefore\ Q/t=1.44$ [kcal/s]

03 $Q=860Pt\eta$

$$P=\frac{Q}{860t\eta}=\frac{158700}{860\times0.5\times0.75}$$

$\therefore\ P=492$ [kW]

04 $860Pt\eta=mcT$

$$P=\frac{mcT}{860t\eta}=\frac{5\times0.15\times(85-20)}{860\times\dfrac{35}{3600}\times1}$$

$\therefore\ P=5.83$ [kW]

제 3 편 전동력과 정전력 응용

제1장 전동력 응용

객관식

01	02	03	04	05	06	07	08	09	10
②	④	①	④	④	③	②	②	②	③
11	12	13	14	15	16	17	18	19	20
①	①	①	④						

주관식

01 $P=\dfrac{WVC}{6.12\eta}=\dfrac{5\times30\times1.2}{6.12\times0.7}=42$ [kW]

02 (1) $P[\text{kW}]=\dfrac{WVC}{6.12\eta}=\dfrac{1\times30\times1}{6.12\times1}=4.90$ [kW]

(2) $P[\text{HP}]=\dfrac{P[\text{kW}]}{0.746}=\dfrac{4.90}{0.746}=6.57$ [HP]

03 $P=\dfrac{KQH}{6.12\eta}$ [kW] (Q[m³/min], H[m])

① 100[m³]을 60분(1시간) 동안 만수 가정

: $Q=\dfrac{100}{60}$ [m³/min]

② 손실 수두를 고려한 양정

: $H=10+2=12$ [m]

③ $W=Pt=\dfrac{KQH}{6.12\eta}\times t=\dfrac{1\times\dfrac{100}{60}\times12}{6.12\times0.8}\times1$[h]

$\therefore\ W=4.08$ [kWh]

04 ① $Q=3$[m³/min], $K=1.2$, $\eta=0.75$

② 압력의 수두 환산(본문 표준 대기압 참고)

2.4[kg/cm²] = 24[mAq] $\therefore\ H=24$ [m]

(1) $P=\dfrac{KQH}{6.12\eta}=\dfrac{1.2\times3\times24}{6.12\times0.75}=18.82$ [kW]

(2) $P=\dfrac{P[\text{kW}]}{0.746}=\dfrac{18.82}{0.746}=25.23$ [HP]

05 매시간 t[min]씩 운전한다고 하면, 분당 양수량 Q는

$$Q = \frac{18}{t}\ [\mathrm{m^3/min}]$$

전동기의 출력 식에 대입하면 운전 시간은 다음과 같이 구해진다.

$$P = \frac{KQH}{6.12\eta}\ [\mathrm{kW}],\quad 5 = \frac{1.1 \times \frac{18}{t} \times 10}{6.12 \times 0.65}$$

$$\therefore\ t = \frac{1.1 \times 18 \times 10}{6.12 \times 0.65 \times 5} = 9.95\,[\mathrm{min}] \fallingdotseq 10\,[\mathrm{min}]$$

06 매시간 t[min]씩 운전한다고 하면, 분당 양수량 Q는

$$Q = \frac{12}{t}\ [\mathrm{m^3/min}]$$

전동기의 출력 식에 대입하면 운전 시간은 다음과 같이 구해진다.

$$P = \frac{KQH}{6.12\eta}\ [\mathrm{kW}],\quad 5 = \frac{1.1 \times \frac{12}{t} \times 5}{6.12 \times 0.75}$$

$$\therefore\ t = \frac{1.1 \times 12 \times 5}{6.12 \times 0.75 \times 5} = 2.88\,[\mathrm{min}] \fallingdotseq 3\,[\mathrm{min}]$$

제2장 정전력 응용

객관식

01	02	03	04	05	06	07	08	09	10
①	③	②	③	④					

제 4 편 전기 철도

제1장 전기 철도

객관식

01	02	03	04	05	06	07	08	09	10
③	③	③	①	④	④	①	②	③	②
11	12	13	14	15	16	17	18	19	20
②	②	②	④						

제2장 전차선로와 전기 차량

객관식

01	02	03	04	05	06	07	08	09	10
②	①	①	①	③	①	③	②	④	③
11	12	13	14	15	16	17	18	19	20
③	③	②	①	②	④	①	①	①	③
21	22	23	24	25	26	27	28	29	30
④	④	②	①	①					

주관식

03 최대 견인력 F_m[kg]은 식 (2.14)과 식 (2.15)에 의하여 다음과 같이 구해진다.

$$F_m = 1000\mu W_0 = 1000 \times 0.2 \times 75 = 15{,}000\ [\mathrm{kg}]$$

04 $g = 20\,[‰]$, $W = 50\,[\mathrm{t}]$이고 식 (2.7)에 의해

$$F = gW = 20 \times 50 = 1{,}000\ [\mathrm{kg}]$$

별해 기울기는 $\tan\theta$이고, 구배가 작은 경우에는 $\tan\theta \fallingdotseq \sin\theta$로 볼 수 있다. 따라서 전차의 견인력 F는 식 (2.7)에 의하여

$$F = R_g{}' = W\sin\theta \fallingdotseq W\tan\theta = 50 \times 10^3 \times \frac{20}{1000}$$

$$\therefore\ F = 1{,}000\ [\mathrm{kg}]$$

05 $a=2[\text{km/h/s}]=\dfrac{2000}{3600}[\text{m/s}^2]$

$\therefore\ S=\dfrac{1}{2}at^2=\dfrac{1}{2}\times\dfrac{2000}{3600}\times10^2=27.78 \fallingdotseq 28\,[\text{m}]$

06 견인력은 열차저항과 가속저항의 합이고, 식 (2.13)과 식 (2.14)에 의하여 다음과 같다.

$F=(R+R_a)W=(R_r+R_g+R_c)W+R_aW$

단, $R_r=0$, $R_c=0$, $R_a=0$이므로 $F=R_gW$

최대구배에서 견인력은 최대견인력을 의미하므로 $F=F_m$의 관계가 된다.

$F_m=R_gW \begin{cases} F_m=1000\mu W_0 \\ R_g=g[‰] \end{cases}$

$\therefore\ 1000\mu W_0=gW$

최대 구배 $g=\dfrac{1000\mu W_0}{W}=\dfrac{1000\times0.18\times100}{150+550}$

$\therefore\ g=25.71\,[\%]=2.57\,[‰]$

제3장 운전 설비와 속도 제어

객관식

01	02	03	04	05	06	07	08	09	10
②	③	④	④	④	①	④	③	③	④
11	**12**	**13**	**14**	**15**	**16**	**17**	**18**	**19**	**20**
④	②	②	①	①	③	④	④	②	④
21	**22**	**23**	**24**	**25**	**26**	**27**	**28**	**29**	**30**
④	③								

제 5 편 전기 화학

제1장 전기 화학

객관식

01	02	03	04	05	06	07	08	09	10
③	①	③	①						

제2장 기전력 응용

객관식

01	02	03	04	05	06	07	08	09	10
③	③	③④	①	④	②	④	②	④	③
11	**12**	**13**	**14**	**15**	**16**	**17**	**18**	**19**	**20**
①	④	③	④	②	④	④	①	③	②
21	**22**	**23**	**24**	**25**	**26**	**27**	**28**	**29**	**30**
④	①	③	②	④	②	①	④		

제3장 전해 및 전열 화학 공업

객관식

01	02	03	04	05	06	07	08	09	10
②	③	③	③	①	①	③	②	②	④

주관식

03 식염의 전기 분해 반응식

$NaCl + H_2O \rightarrow NaOH + HCl$

100[Ah]의 전기량으로 생성되는 NaOH의 양

$23(Na)+16(O)+1(H)=40$

100[Ah]로 생성되는 Na의 양

$0.858\times100=85.8\,[\text{g}]$

이에 상당하는 NaOH의 양은

$85.8\times\left(\dfrac{40}{23}\right)=149.2\,[\text{g}]$

$\therefore\ 149.2\times0.95=141.74 \fallingdotseq 142\,[\text{g}]$

부록

찾아보기

ㄹ

ㅁ

ㅂ

ㅅ

ㅇ

ㅈ

ㅊ

ㅋ

ㅌ

ㅍ

ㅎ

참고문헌

1. 전기응용, 지철근, 문운당
2. 전기응용, 강대하, 동일출판사
3. 전기응용, 대학교재편찬위원회, 조원사
4. 전열공학, 이덕출, 동일출판사
5. 고전압공학, 정성주, 문운당
6. 방전 · 고전압공학, 전춘생, 동명사
7. 전기설비, 지철근, 문운당
8. 전기응용, 이현수, 태영문화사
9. 신편 전기기기, 이윤종, 동명사
10. 전력전자공학, 박민호, 동명사
11. 철도공학 핸드북, 백남욱 역저, 골든 벨
12. 전기철도공학, 김양수, 동일출판사
13. 전기철도공학, 양병남, 성안당
14. 전기철도공학, 김종겸, 웅보
15. 철도의 속도향상, 백남욱 역저, 골든 벨
16. 소방기계시설론, 허만성, 동일출판사
17. 소방유체역학, 허만성, 동일출판사
18. 소형 이단식 전기 집진장치의 집진특성 향상에 관한 연구, 임헌찬, 박사학위 논문
19. 静電氣ハンドブック, 静電氣學會, オーム社
20. 空氣清淨ハンドブック, 日本空氣清淨協會, オーム社
21. 静電氣工學演習, 淺野和俊, 朝倉書店
22. 静電氣マニュアル, 橋本淸隆, オーム社
23. 電氣化學便覽, 電氣化學協會, 丸善
24. 工業電解の化學, 高橋正雄, アグネ
25. Electrostatic : Principle, Problem and Applications, Jean Cross, Adam Hilger

알차게 배우는 전기응용

1판 1쇄 / 2020년 3월 5일
1판 3쇄 / 2022년 9월 20일

저 자 / 임 헌 찬
펴 낸 이 / 정 창 희
펴 낸 곳 / 동일출판사
주 소 / 서울시 강서구 곰달래로31길7 (2층)
전 화 / (02) 2608-8250
팩 스 / (02) 2608-8265
등록번호 / 제109-90-92166호

ISBN 978-89-381-1332-0-93560
값 / 27,000원

국가공인 한자급수자격검정대비

추천 도서

漢字

대한검정회

漢字

漢字급수자격 8급

8급

- 가장 빠른 한자자격취득 지침서
- 8급 100%합격 프로그램
- 실전대비 예상문제 10회 수록

漢字